高等学校教材

高等数学（上册）

东华大学应用数学系　编

高等教育出版社·北京

内容提要

本书是参照"工科类本科数学基础课程教学基本要求",根据培养应用型创新人才的需要,并结合近年来教学改革实际和教学实践经验,经过大量的教学研究和探索后编写而成的。全书的体系结构和内容安排充分考虑了教学需要,降低了入门门槛,对微积分的基本概念和方法的介绍,力求做到结构合理、浅显易懂、易教易学,同时确保在数学上的正确性。书中着力突出微积分的应用,以帮助学生理解微积分与现实世界的紧密联系。习题的配备既考虑了对数学基本能力的训练,又适当满足部分学生能力提高和知识拓展的需要。为了方便学生学习和使用本书,书中配备了高等数学学习辅导视频供学生根据需要观看,每章还提供了客观自测题,以帮助学生自行检测学习情况。

本书分上、下两册出版。上册内容包括预备知识、一元微积分学的基本理论、方法及其应用和微分方程;下册内容包括无穷级数、空间解析几何和多元微积分学的基本理论、方法及其应用。

本书可作为工科和其他非数学类专业的高等数学(微积分)教材或教学参考书,也可供科技工作者参考。

图书在版编目(CIP)数据

高等数学.上册/东华大学应用数学系编.--北京:高等教育出版社,2019.9(2024.7重印)

ISBN 978-7-04-052451-2

Ⅰ.①高… Ⅱ.①东… Ⅲ.①高等数学-高等学校-教材 Ⅳ.①O13

中国版本图书馆 CIP 数据核字(2019)第 161806 号

策划编辑 张彦云   责任编辑 张彦云   封面设计 姜 磊   版式设计 马 云
插图绘制 于 博   责任校对 张 薇   责任印制 赵义民

出版发行	高等教育出版社	网 址	http://www.hep.edu.cn
社 址	北京市西城区德外大街4号		http://www.hep.com.cn
邮政编码	100120	网上订购	http://www.hepmall.com.cn
印 刷	三河市春园印刷有限公司		http://www.hepmall.com
开 本	787mm×960mm 1/16		http://www.hepmall.cn
印 张	22.5		
字 数	400 千字	版 次	2019 年 9 月第 1 版
购书热线	010-58581118	印 次	2024 年 7 月第 3 次印刷
咨询电话	400-810-0598	定 价	44.60 元

高等数学

东华大学应用数学系

1　计算机访问 http://abook.hep.com.cn/1252942，或手机扫描二维码、下载并安装 Abook 应用。

2　注册并登录，进入"我的课程"。

3　输入封底数字课程账号（20位密码，刮开涂层可见），或通过 Abook 应用扫描封底数字课程账号二维码，完成课程绑定。

4　单击"进入课程"按钮，开始本数字课程的学习。

课程绑定后一年为数字课程使用有效期。受硬件限制，部分内容无法在手机端显示，请按提示通过计算机访问学习。

如有使用问题，请发邮件至 abook@hep.com.cn。

扫描二维码
下载 Abook 应用

http://abook.hep.com.cn/1252942

前　言 >>>

微积分学是微分学(differential calculus)和积分学(integral calculus)的统称，英文简称 calculus，其意为计算，因为早期的微积分学主要用于解决天文、力学、几何中的计算问题。

微积分是有关运动和变化的数学分支，自诞生后的三个多世纪以来，在描述、阐明和解决来自数学、物理学、化学、工程科学、生物科学以及管理科学、经济学、社会学等诸多领域的问题的过程中，以其高度严密的理论体系、科学而优美的数学语言、灵活而缜密的逻辑思想，显示出自身强大的威力。微积分已成为举世公认的人类智慧最伟大的成就之一，并成为数学的重要组成部分之一。尤其自 20 世纪后半叶以来，科学技术迅猛发展，特别是信息技术取得了超乎想象的进展，为数学的应用开辟了无限广阔的前景。正因如此，微积分也成为现代社会中各类人才的必备知识。在全球范围内，高等数学(微积分)已经成为理工科类大学生的必修课程，同时也是其他专业大学生重要的必修或选修课程。

为了适应着力培养应用型创新人才办学目标的需要，从 2013 年秋季学期起，东华大学对数学类课程进行了分层次教学改革。经过这几年的改革实践，取得了显著成效。为了进一步巩固前期教学改革的成果，提升教学质量，适应不同专业、不同层次和不同水平的学生的学习需要，满足不同专业的培养需要以及学生今后发展所必须达到的基本要求，东华大学理学院组织编写了这套教材。本书具有以下特点：

第一，编写目标明确。数学教学的根本目的是培养和提高学生运用数学理论分析和解决实际问题的能力，必须以学生为中心，这是我们编写本书的宗旨，并为此付出了最大的努力。而高等数学(微积分)教学的根本目的是帮助学生为今后进入科学、工程及其他领域做好准备。因此，贯穿全书，我们把加强技能训练作为重点，鼓励学生直观地、形象地、解析地进行思考，以求深刻理解数学和现实世界的紧密联系。

第二，力求博采众长，形成自身的特点。学习高等数学(微积分)的方法和途径是多种多样的，各种版本的教材可谓琳琅满目，各有千秋。在编写过程中，我们十分注意吸取国内外优秀教材的优点和长处,在保持微积分知识体系完整的前提下,对微积分基本概念、方法和应用的介绍尽量做到浅显易懂,并不过分强调严密的逻辑推理,但是仍确保在数学上是正确的。

第三,注重把数学建模的思想和方法融入课程。数学建模是一切应用科学的基础,用数学解决实际问题都是通过数学建模的过程来进行的。我们注意到,数学建模往往与各领域的实际问题以及具体的数学方法(常常可能是高深的数学方法)紧密联系。因此,我们尽量选取只涉及较为初等的数学知识同时又能体现数学建模思想和精神的案例,引导和训练学生把实际问题用数学语言明确表述,然后根据求解数学问题得到的结论和成果去解释和解决实际问题,这样可以使得学生获得运用数学建模的思想和方法去解决问题的初步能力,提高学生学习高等数学(微积分)以及更多数学知识的兴趣和积极性,提升学生的自学能力,使学生在后续专业课程的学习中更为主动。

第四,降低了课程的入门要求。考虑到选修高等数学(微积分)课程学生情况的多样性,其基础参差不齐,对微积分重要性的理解各有差异,并且不同专业的要求也不尽相同。因此,我们通过降低门槛,学生入门后再进行逐步引导的方式,来帮助学生了解和掌握本课程。

第五,习题的配备力求符合教学要求,以帮助学生加深对相关知识的理解和掌握,训练学生分析和解决问题的能力;同时适度配备了一些有一定难度的拓展性习题,以波浪线加以分隔,供学生选择性练习之用。

第六,在数字课程网站配套了高等数学学习辅导视频,为学生突破时空限制灵活安排学习提供了极大方便,且每章配备了客观自测题,以方便学生对自己的学习情况进行自主测评。

本书分上、下两册。上册介绍了预备知识、一元微积分学的基本理论、方法及其应用和微分方程;下册介绍了无穷级数、空间解析几何和多元微积分学的基本理论、方法及其应用。书中的教学内容自 2015 年秋季起在东华大学的数学类课程分层次教学改革实践中广泛试用,并在教学实践中不断修改和完善,受到了学生和教师的欢迎。

全书的编写工作由寇春海主持进行。第 0.1 节和第二、九章由李晋秀编写;第 0.2 节和第六、十章由谢峰编写;第 0.3 节和第一、七章由尤苏蓉编写;第 0.4 节和第四章由朱忠华编写;第 0.5 节和第五、八章由陈敏编写;第三、十一章由寇春海编写。初稿完成后,编者进行了反复的集体讨论,经修改后定稿。上海理工大学张卫国教授认真审阅了全书,并提出了宝贵的修改意见。在编写过程中,高等教育出版社的领导和编辑对本书的出版给予了积极帮助,东华大学教务处和理学院也给予了大力支持,在此一并致谢。

　　由于编者水平有限，加之编写时间仓促，错谬之处在所难免。希望各位读者在使用过程中提出宝贵的意见。我们将在今后对本书进行不断的修改，使之日臻完善。

编　者

2019 年 5 月

目 录 >>>

第○章　预备知识 ▶▶▶

－ 0.1　函数和图形 －

> 函数是用数学术语来描述现实世界的重要工具,它是微积分研究的主要对象.

■ 映射与函数

一个变量的值常常取决于另一个变量的值,如:

- 圆的面积 A 取决于圆的半径 R;
- 物体做自由落体运动时产生的位移 S 取决于运动时间 t.

在上述情形中,面积 A 和位移 S 分别取决于半径 R 和运动时间 t,我们称 A 和 S 为因变量,因为它们的值是由它们所依赖的值决定的,而称 R 和 t 为自变量.

定义 1　映射

设 X 和 Y 是两个非空集合,如果存在一个对应法则 T,使得 X 中的每个元素 x 按对应法则 T 在 Y 中有唯一的元素 y 与之对应,那么称 T 为从 X 到 Y 的映射,记作

$$T:X \to Y.$$

元素 y 称为元素 x 在映射 T 下的像,记作 $y = T(x)$.

元素 x 称为元素 y 在映射 T 下的原像,集合 X 称为映射 T 的定义域,Y 的子集 $T(X) = \{T(x) \mid x \in X\}$ 称为 T 的值域.

注　(1) 映射的三要素:定义域、对应法则、值域;

(2) 元素 x 的像 y 是唯一的,但 y 的原像不一定唯一.

函数

根据集合 X 和 Y 的不同情况,在不同的数学分支中,术语"映射"有着不同

的惯用名称,例如"函数""泛函""变换""算子"等.如果 X 是非空数集,Y 是一个数集(实数集 $\mathbf{R}$ 或复数集 $\mathbf{C}$),那么从 X 到 Y 的映射通常称为定义在 X 上的函数.

一元函数

设数集 $D \subset \mathbf{R}$,则把从 D 到 $\mathbf{R}$ 的任一映射 f 称为定义在 D 上的一元函数,通常把这个函数简记为

$$y = f(x), \quad x \in D,$$

x 称为函数的自变量,y 称为函数的因变量,习惯上也称 y 为 x 的函数.

例如,一个班级的学生按学号对应身高就构成一个一元函数.

例1   若设计一个体积为 V 的无盖圆柱形铁桶,求该铁桶表面积 S 和底面半径 R 之间的函数关系.

解   设铁桶的高为 H,则其表面积为

$$S = \pi R^2 + 2\pi R H.$$

又由体积 $V = \pi R^2 H$ 可得 $H = \dfrac{V}{\pi R^2}$,代入上式得

$$S = \pi R^2 + 2\pi R \cdot \frac{V}{\pi R^2} = \pi R^2 + \frac{2V}{R}.$$

函数的定义域是由问题的背景限定的.例如上例中的自变量 R 是半径,故定义域是 $\{R \mid R>0\}$.

当我们用算式定义函数但没有明显给出定义域时,约定把使得算式有意义的一切实数组成的集合称为函数的自然定义域.

例2   试确定函数 $y = \ln(1+x) + \dfrac{1}{\sqrt{x^2-4}}$ 的定义域.

解   要使 $y = \ln(1+x) + \dfrac{1}{\sqrt{x^2-4}}$ 有意义,必须满足

$$\begin{cases} 1+x>0, \\ x^2-4>0. \end{cases}$$

由 $1+x>0$ 得到 $x>-1$,而由 $x^2-4>0$ 得到 $x>2$ 或 $x<-2$. 所以其定义域是 $(2,+\infty)$.

对于定义域,除了考虑数学表达式本身的意义外,还应考虑函数的实际意义,例如一天中的气温 T(单位:℃)是时间 t 的函数 $T = T(t)$,定义域是 $[0,24)$.

■   **图形**

平面上的点集 $\{(x,y) \mid y=f(x), x \in D\}$ 称为函数 $y=f(x)$,$x \in D$ 的图形(或

图像).

注 按照函数的定义,对定义域中的每个 x,总有唯一的函数值与之对应,这就是说,作为函数的对应法则,必须满足单值性的要求,但往往会遇到这样的对应法则,在此法则下,对定义域中的每个 x 有多于一个的值与之对应,尽管这样的对应法则不符合函数的定义,但为应用方便,习惯上仍称这种法则确定了一个多值函数(广义上的函数).如果添加适当限制条件,使原来的对应法则满足了单值性的要求,就确定了一个函数,称这样得到的函数为多值函数的单值分支.例如:对于方程 $y^2-x=0$ 给出的对应法则,如果添加 $y \geqslant 0$ 的条件,就可得到一个单值分支 $y=\sqrt{x}$;如果添加 $y \leqslant 0$ 的条件,则得到另一个单值分支 $y=-\sqrt{x}$.

■ 增函数与减函数

从直观来看,当自变量从左向右变化时,如果函数的图形是往上爬或升高的,则该函数是增函数;如果函数的图形是向下走或降低的,则该函数是减函数.

定义 2 增函数、减函数

设函数 $f(x)$ 的定义域是 D,区间 $I \subset D$.若对任意的 $x_1, x_2 \in I$,当 $x_1 < x_2$ 时,总有

$$f(x_1) < f(x_2),$$

则称函数 $f(x)$ 在区间 I 上是单调递增的,或称为增函数.若对任意的 $x_1, x_2 \in I$,当 $x_1 < x_2$ 时,总有

$$f(x_1) > f(x_2),$$

则称函数 $f(x)$ 在区间 I 上是单调递减的,或称为减函数.

增函数、减函数统称为单调函数.

■ 偶函数与奇函数

偶函数和奇函数的图形具有对称性的表征.

定义 3 偶函数、奇函数

设函数 $y=f(x)$ 的定义域 D 关于原点对称,若对任意的 $x \in D$,总有

$$f(-x) = f(x),$$

则称函数 $f(x)$ 是偶函数;若对任意的 $x \in D$,总有

$$f(-x) = -f(x),$$

则称函数 $f(x)$ 是奇函数.

偶函数的图形是关于 y 轴对称的;奇函数的图形是关于原点对称的.

例 3　判断函数 $f(x) = \ln(x + \sqrt{1+x^2})$ 的奇偶性.

解　对任意实数 x,

$$f(-x) = \ln\left[-x + \sqrt{1+(-x)^2}\right] = \ln\left(\frac{1}{x + \sqrt{1+x^2}}\right) = -\ln(x + \sqrt{1+x^2}) = -f(x),$$

因此 $f(x) = \ln(x + \sqrt{1+x^2})$ 是奇函数.

■ 分段定义的函数

有些函数在定义域的不同部分用不同的式子来表示,称这种函数为分段函数.

例 4　画出函数 $y = \begin{cases} -x, & x < 0, \\ x^2, & 0 \leqslant x \leqslant 1, \\ 1, & x > 1 \end{cases}$ 的图形.

解　函数的图形如图 0-1 所示.

例 5(绝对值函数)　函数 $y = |x| = \begin{cases} -x, & x < 0, \\ x, & x \geqslant 0 \end{cases}$ 的定义域是实数集 **R**,值域是 $[0, +\infty)$,图形如图 0-2 所示.

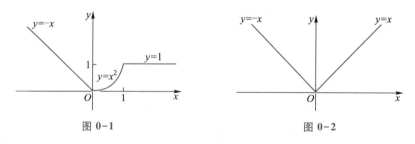

图 0-1　　　　　　　　　　　　图 0-2

例 6(取整函数)　对任意的 $x \in$ **R**,用记号 $[x]$ 表示不超过 x 的最大整数,从而得到定义在 **R** 上的函数

$$y = [x].$$

例如,$[2.5] = 2$,$[-2.5] = -3$,$[\pi] = 3$. $y = [x]$ 的定义域是实数集 **R**,值域是整数集 **Z**. 图形如图 0-3 所示.

例 7　某市出租车按如下规定收费:当行驶里程不超过 3 km 时,一律收起步费 14 元;当行驶里程超过 3 km 时,除起步费外,对超过 3 km 且不超过 10 km 的部分按每千米 2.4 元计费;对超过 10 km 的部分按每千米 3 元计费,试写出车费 y 与行驶里程 s 之间的函数关系.

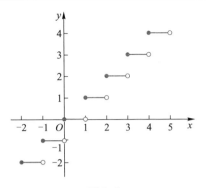

图 0-3

解　以 $y=y(s)$ 表示这个函数,其中 s 的单位是 km, y 的单位是元.

当 $0<s\leqslant3$ 时, $y=14$;

当 $3<s\leqslant10$ 时, $y=14+2.4(s-3)=2.4s+6.8$;

当 $s>10$ 时, $y=14+2.4(10-3)+3(s-10)=3s+0.8$.

所以

$$y(s)=\begin{cases}14, & 0<s\leqslant3, \\ 2.4s+6.8, & 3<s\leqslant10, \\ 3s+0.8, & s>10.\end{cases}$$

■ 复合函数

在很多情况下,变量之间的关系不那么直接,一个变量与另一个变量的关系要通过第三个变量(中间变量)来得到. 如在物体的自由落体过程中,动能 E 与时间 t 之间的关系就要通过速度 v 获得:设物体的质量是 m ,动能与瞬时速度的函数关系是 $E=\dfrac{1}{2}mv^{2}$,瞬时速度又是时间的函数 $v=gt$,所以动能 E 就可写成时间 t 的函数 $E=\dfrac{1}{2}mg^{2}t^{2}$.

定义 4　复合函数

设函数 $y=f(u)$ 的定义域是 D_{1} ,函数 $u=g(x)$ 的定义域为 D_{2} ,且 $g(D_{2})\subset D_{1}$,则由

$$y=f[g(x)], \quad x\in D_{2}$$

定义的函数称为由函数 $u=g(x)$ 、 $y=f(u)$ 构成的复合函数. 变量 u 称为中间变量,用 $f\circ g$ 来记这个复合函数.

例如,函数 $y=\sqrt{u}$, $u\in[0,+\infty)$ 与 $u=1+2x^{2}$, $x\in(-\infty,+\infty)$ 构成的复合函数是

$$y = \sqrt{1+2x^2}, \quad x \in (-\infty, +\infty).$$

例 8 设函数 $g(x) = x^2, f(x) = x-7$，求 $f[g(x)]$，并求 $f[g(2)]$。

解 用 $g(x)$ 的表达式代替 $f(x) = x-7$ 中的 x，得到

$$f[g(x)] = g(x) - 7 = x^2 - 7,$$
$$f[g(2)] = g(2) - 7 = 2^2 - 7 = -3.$$

习题 0.1

1. 试把正方形的边长 L 表示为该正方形对角线长度 d 的函数，并把该正方形的面积 S 表示为对角线长度 d 的函数。

2. 求下列函数的定义域和值域：

(1) $f(x) = 1 - \sqrt{x}$；   (2) $f(x) = \dfrac{1}{1+\sqrt{x}}$；   (3) $f(x) = \sqrt[3]{x-3}$。

3. 画出 $|y| = x$ 的图形，并解释它为什么不是 x 的函数。

4. 指出下列函数是偶函数还是奇函数。

(1) $f(x) = x^2 + x$；   (2) $f(x) = \dfrac{1}{x^2-1}$；   (3) $f(x) = \sqrt[3]{x-3}$。

5. 若函数 $f(x) = x-1, g(x) = \dfrac{1}{x+1}$，求 $f\left[g\left(\dfrac{1}{2}\right)\right]$ 和 $g\left[f\left(\dfrac{1}{2}\right)\right]$。

— 0.2 指 数 函 数 —

在中学里我们已经初步了解到，指数函数在生产实际和科学研究中有着重要的应用。例如，$y = 2^x$ 可以描述细胞分裂时细胞的个数 y 与分裂次数 x 的关系，放射性物质的衰减过程也可以用指数函数来刻画。在本节我们将回顾指数函数的定义和基本性质，并通过一些具体模型来理解指数增长和指数衰减这两种与日常生活密切相关的现象。

■ 定义与基本性质

定义 指数函数

设 $a > 0$，且 $a \neq 1$，我们称函数 $f(x) = a^x$ 是底数为 a 的指数函数。

指数函数 $f(x) = a^x$ 的定义域为 $(-\infty, +\infty)$，值域为 $(0, +\infty)$.

注　需要指出的是，在中学教材中，尽管我们已经知道如上指数函数的定义，但事实上，仅证明了当 x 为有理数时指数函数的诸多性质，而对于 x 为任意实数的情形并未严格论证. 因为在中学，我们首先遇到的是正整数指数幂，然后其被推广到零指数幂和负整数指数幂，最后拓展到有理数指数幂. 当然，这里我们也不准备给出无理数指数幂相关性质的严格证明，因为这需要用到函数极限的理论. 我们直接指出：当指数从有理数推广到实数后，指数的运算法则仍然成立.

运算法则

设 $a > 0, b > 0 (a, b \neq 1)$，则对任何实数 x 和 y，以下运算法则成立：

（1）$a^x \cdot a^y = a^{x+y}$；

（2）$(a^x)^y = a^{xy}$；

（3）$a^x \cdot b^x = (ab)^x$.

基本性质

（1）指数函数 $f(x) = a^x$ 的图像经过点 $(0, 1)$；

（2）当 $a > 1$ 时，$f(x) = a^x$ 在 $(-\infty, +\infty)$ 内是增函数；当 $0 < a < 1$ 时，$f(x) = a^x$ 在 $(-\infty, +\infty)$ 内是减函数. 如图 0-4 所示.

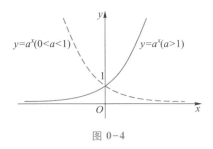

图 0-4

我们经常用到一类特殊的指数函数 e^x，即以无理数 e 为底的指数函数. 无理数 e 是数列 $\left\{ \left(1 + \dfrac{1}{n}\right)^n \right\}$ 当 n 趋于无穷大时的极限，精确到小数点后 9 位时是 2.718 281 828. 根据对数的定义，

$$a^x = e^{\ln a^x} = e^{x \ln a}. \tag{1}$$

因此，任何指数函数 $f(x) = a^x$ 都可以转化为 e^{kx} 的形式，这里 $k = \ln a$ 是常数. 在后面学习微分学和积分学时，我们将看到用 e 作为底数时很多计算公式会显得更简洁.

■ 指数增长

在自然界和经济社会中,有许多量是按照指数函数 $e^{kx}(k>0)$ 的趋势增长的, 我们称之为指数增长(或"爆炸"式增长),k 称为连续增长率.

银行复利问题

如果我们某年年初在某一家银行存入 100 元,该银行每年以 3% 的利率支付 利息.那么到年底该账户中有多少钱? 要回答这个问题,首先要弄清楚银行如 何计算利息.如果每年计息一次,那么一年后账户中的余额为 $100(1+3\%)=103$ (元);如果每 6 个月计息一次(即 1 年计息两次),则一年后账户中的余额为 $100\left(1+\dfrac{3\%}{2}\right)^{2}=103.022\,5$(元);如果每季度计息一次(即 1 年计息 4 次),则一年 后账户中的余额为 $100\left(1+\dfrac{3\%}{4}\right)^{4}\approx103.033\,919\,1$(元).一般来说,计息越频繁,获 得的利息越多(尽管增加的额度不大).如果计息更频繁,比如每年计息 n 次,则 t 年后的余额为 $100\left(1+\dfrac{3\%}{n}\right)^{nt}$.我们在第一章将会看到,当 n 达到某个限度时,增 加复利的频率所得到的好处就变得微不足道.我们把当 n 取充分大时的计息方 式称为连续复利,此时,余额是 $100\left(1+\dfrac{3\%}{n}\right)^{nt}$ 当 $n\to+\infty$ 时的极限.一般有如下 结论:

金额为 M_0 的钱存入银行账户,该账户每年以 r 的利率支付利息,$M(t)$ 表示 年后账户中的余额.

(1) 如果每年计息 n 次,则 $M(t)=M_0\left(1+\dfrac{r}{n}\right)^{nt}$;

(2) 如果按连续复利计息,则 $M(t)=M_0e^{rt}$.

例 1 一家银行的年利率为 2.75%,如果你存入 2 万元,当按如下方式计息 时,5 年后账户中的钱是多少?

(1) 按每年计息;(2) 按每季度计息;(3) 按连续复利计息.

解 (1) 对于按每年计息,$M=20\,000(1+0.027\,5)^{5}=22\,905.47$(元);

(2) 对于按每季度计息,$M=20\,000\left(1+\dfrac{0.027\,5}{4}\right)^{20}=22\,937.24$(元);

(3) 对于按连续复利计息,$M=20\,000e^{0.027\,5\times5}=22\,948.03$(元).

例 2 某地区 2004 年人口数为 540 万,并且以 3.4% 的年增长率增长.设时

间 t 是 2004 年以来的年数.

(1) 写出该地区人口数 $P(t)$ 的函数表达式;

(2) 把 $P(t)$ 表示成以 e 为底的指数函数;

(3) 比较它的年增长率和连续增长率.

解　(1) $P(t) = 540(1+0.034)^t = 540 \times 1.034^t$;

(2) 由(1) 的结论, $P(t) = 540\mathrm{e}^{(\ln 1.034)t} \approx 540\mathrm{e}^{0.033\,4t}$;

(3) 由(2)知,它的连续增长率约为 $0.033\,4 = 3.34\%$,略小于其年增长率.

■　指数衰减

有很多量,如药物在身体内的代谢、放射性元素的衰减是按照指数函数 $\mathrm{e}^{kx}(k<0)$ 的趋势减少的,我们称之为指数衰减,k 称为连续下降率. 对于一个指数衰减的量,该量减少一半所需要的时间称为半衰期.

例 3　某地区发生了放射性碘的泄露事件,碘源的放射水平每小时以 -0.4% 的连续下降率下降. 现场放射性水平大约是 2.4 mrem/h, 而人体对于放射性水平的最大可接受限为 0.6 mrem/h, 于是政府下达了疏散周边地区居民的命令. 问:

(1) 24 h 后的放射性水平是多少?

(2) 求放射性水平达到最大可接受限的小时数,这时居民可以返回.

解　(1) 设 $t=0$ 时刻对应的放射性水平为 2.4 mrem/h, 则 t 时刻的放射性水平为

$$R(t) = 2.4\mathrm{e}^{-0.004t}.$$

因此,24 h 后放射性水平 $R(24) = 2.4\mathrm{e}^{-0.004 \times 24} = 2.18(\mathrm{mrem/h})$.

(2) 问题即为当 $R(t) = 0.6$ 时,求时间 t. 为此解方程

$$2.4\mathrm{e}^{-0.004t} = 0.6,$$

即

$$\mathrm{e}^{-0.004t} = 0.25,$$

上式取对数可得

$$t = \frac{\ln 0.25}{-0.004} = 346.57(\mathrm{h}).$$

因此,居民要在 346.57 h 后才能返回.

例 4　一杯咖啡含有 100 mg 的咖啡因,它以每小时 -17% 的连续下降率排出人体.

(1) 写出喝一杯咖啡 t h 后体内咖啡因含量 A(单位:mg) 的公式;

(2) 求咖啡因的半衰期.

解　（1）注意连续下降率为 -0.17，所以 $A = 100\mathrm{e}^{-0.17t}$；

（2）解方程 $100\mathrm{e}^{-0.17t} = 50$，可得

$$t = \frac{\ln 2}{0.17} = 4.08\,(\mathrm{h}).$$

因此，半衰期为 4.08 h.

习题 0.2

1. 假设在一个账户中存入 10 万元，银行每年按 3% 的利率支付利息. 若按如下形式计息时，6 年后账户中的钱是多少？

（1）按每年计息；（2）按每 6 个月计息；（3）按连续复利计息.

2. 如果银行以每年 3% 的利率按连续复利计息，需要多长时间账户中的余额翻倍？

3. 某国家 1984 年的人口数为 1 950 万，2004 年的人口数为 3 200 万. 假设该国人口数呈指数增加，求该国人口数关于时间的函数表达式.

4. 某百货公司 2010 年销售收入为 200 万元，计划今后平均每年按 15% 的增长率增长，时间 t 是 2010 年以来的年数. 求 t 年后的销售收入表达式.

5. 某种细菌，开始时数量为 1，每隔 1 h 细菌数量倍增，问 24 h 后细菌数量是多少？

6.（植物"爆炸"式扩张）　薇甘菊是热带和亚热带地区危害严重的杂草之一，它生长迅速，能够快速蔓延，被称为植物"杀手". 如无有效的控制措施，其危害的林区面积将呈指数增长. 已知某林区面积共有 60 000 hm^2，2021 年受害面积已达 3 150 hm^2，比 2020 年的 3 000 hm^2 增长了 5%. 问：如果不及时采取有效的防治措施，那么到 2035 年该林区受薇甘菊危害的面积将达到多少？几年后该林区 60 000 hm^2 将被薇甘菊全部侵占？

7. 全世界海洋捕获量在 1950 年是 1 700 万吨，在 2001 年是 9 900 万吨，如果海洋捕获量是呈指数增长的，求它的连续增长率，并由此算出 2035 年的海洋捕获量的估计值.

8. 抗抑郁药物百忧解有大约 3 天的半衰期，一天后体内药物剩下百分之几？一个星期后呢？

9. 某种挥发性化学物质，其总量在 12 h 后减少 5%，求它的半衰期.

10. 一个生物体死后 t 年放射性元素碳-14 的剩余量可由公式

$$W = W_0\mathrm{e}^{-0.000\,12t}$$

给出,其中 W_0 为初始量.

（1）在考古挖掘地有一个裸露的颅骨显示的碳-14含量是原来的15%,试估计它的年代;

（2）计算碳-14的半衰期.

11. 该 $f(x)=ma^x$,已知 $f\left(x+\dfrac{1}{2}\right)=3f(x)$,求 a 的值.

― 0.3　反函数与对数函数 ―

在函数的作用下,一个自变量值对应唯一的函数值.但是反过来,一个函数值可能对应多个自变量值.比较函数 $y=x^2$ 和 $y=x^3$, $y=x^2$ 有多对一的现象,如自变量取 1 和 -1 有相同的函数值;而 $y=x^3$ 是一对一的,即不同的自变量值一定对应不同的函数值.我们首先给出 $y=x^3$ 所具有的这类性质的具体定义,其次对具有这类性质的函数进一步分析.

■ 反函数

定义 1　一对一的函数

假设函数 $y=f(x)$ 的定义域为 D ,值域为 $R=\{f(x)\mid x\in D\}$.若对于任意的 $x_1,x_2\in D$, $x_1\neq x_2$,都有 $f(x_1)\neq f(x_2)$,则称函数 $y=f(x)$ 为一对一的函数.

例 1　函数 $y=\sin x$, $y=x^2$ 以及 $y=|x|$ 都不是一对一的函数;而 $y=e^x$, $y=\sqrt{x}$ 和 $y=\sqrt[3]{x}$ 都是一对一的函数.

例 2　单调函数一定是一对一的函数.

定义 2　反函数

对于一对一的函数 $y=f(x)$,可以建立另一个从 R 到 D 的函数 g :

$$若 f(x_0)=y_0,则定义 g(y_0)=x_0,$$

称函数 $x=g(y)$ 为函数 $y=f(x)$ 的反函数,通常也记为 $x=f^{-1}(y)$.

例 3　如图 0-5,按照函数 f 的表现,可以直接写出其反函数 f^{-1} .

基本性质

根据反函数的定义,可以得到反函数的一些简单性质:

（1） f^{-1} 的定义域为 f 的值域,而 f^{-1} 的值域为 f 的定义域;

（2）对任意 $x\in D$, $x=f^{-1}[f(x)]$,同样对于任意 $y\in R$, $y=f[f^{-1}(y)]$;

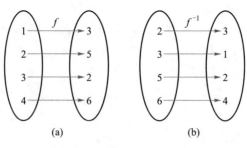

图 0-5

（3）f^{-1} 和 f 互为反函数，即 $(f^{-1})^{-1} = f$.

由于通常用 x 表示自变量，y 表示因变量，因此在得到 $x = f^{-1}(y)$ 后，用 $y = f^{-1}(x)$ 表示反函数. 求反函数的具体步骤为

（1）从 $y = f(x)$ 出发，用 y 表示 x 为 $x = g(y)$；

（2）将反函数写成 $y = f^{-1}(x) = g(x)$.

例 4　$y = x^2$ 在定义域 $[0, +\infty)$ 上是一对一的函数，从而存在反函数，即有

$$y = x^2 \Rightarrow x = \sqrt{y},$$

因此 $y = x^2$ 在 $[0, +\infty)$ 上存在反函数 $y = \sqrt{x}$.

同样地，函数 $y = x^2$ 在定义域 $(-\infty, 0]$ 上也是一对一的，也存在反函数，即有

$$y = x^2 \Rightarrow x = -\sqrt{y},$$

因此 $y = x^2$ 在 $(-\infty, 0]$ 上存在反函数 $y = -\sqrt{x}$.

从例 4 也可以看出，有些函数在整个定义域上不存在反函数，但是在某个部分区间上存在反函数. 在本章，大家会看到三角函数也具有这样的特征.

例 5　$y = x$ 的反函数是其本身，$y = \dfrac{1}{x}$ 的反函数也是其本身.

例 6　$y = \dfrac{x}{x+1} (x \neq -1)$ 的反函数是 $y = -\dfrac{x}{x-1} (x \neq 1)$.

接着讨论反函数的几何表现，从函数图形上看，$y = f(x)$ 和 $x = f^{-1}(y)$ 表示的其实是同一条曲线，在用 $y = f^{-1}(x)$ 表示反函数后（即对调 x 轴和 y 轴的位置），可以得到如下重要性质：

曲线 $y = f(x)$ 与其反函数曲线 $y = f^{-1}(x)$ 关于直线 $y = x$ 对称.

定理　假设 $y = f(x)$ 的定义域为 D，值域为 R. 若 $y = f(x)$ 存在反函数 $x = f^{-1}(y)$，且 $y = f(x)$ 在 D 内单调，则 $x = f^{-1}(y)$ 在 R 内也单调，且两者有相同的单调性.

证明 假设 $y=f(x)$ 单调递增. 对于 $x=f^{-1}(y)$, 给定 $y_1>y_2$, 令 $y_1=f(x_1)$, $y_2=f(x_2)$, 则必定有 $x_1>x_2$. 因为若 $x_1 \leqslant x_2$, 则必定有 $f(x_1) \leqslant f(x_2)$, 即 $y_1 \leqslant y_2$, 与 $y_1>y_2$ 矛盾. 因此, 若 $y_1>y_2$, 则 $f^{-1}(y_1)>f^{-1}(y_2)$, 这说明 $x=f^{-1}(y)$ 也单调递增.

■ 对数函数

对任意 $a>0$, $a\neq 1$, 指数函数 $y=a^x$ 一定是严格单调函数, 因此必定为一对一的函数, 从而有反函数. 将 $y=a^x$ 的反函数称为以 a 为底的对数函数, 记为 $y=\log_a x$. 在 $\log_a x$ 中 a 称为底数, 必须满足 $a>0$, $a\neq 1$; x 称为真数, 取值一定为正值, 即

对任意底数 $a>0$, $a\neq 1$, 对数函数 $y=\log_a x$ 的定义域为 $(0,+\infty)$.

例 7 由 $4=2^2$, 可得 $\log_2 4=2$; 类似地, $\log_3 81=4$.

例 8 函数 $y=\log_2(x^2-1)$ 的定义域为 $\{x \mid x^2-1>0\}$, 即 $(-\infty,-1) \cup (1,+\infty)$.

利用指数函数的性质, 可以得到对数函数的如下运算法则和基本性质:

■ 运算法则和基本性质

对任意 $a>0$, $a\neq 1$, 有

(1) $\log_a 1=0$, $\log_a a=1$;

(2) 对任意正数 x,y, $\log_a(xy)=\log_a x+\log_a y$;

(3) 对任意正数 x,y, $\log_a\left(\dfrac{x}{y}\right)=\log_a x-\log_a y$;

(4) 对任意实数 b 和正数 x, $\log_a x^b=b\log_a x$;

(5) 取 $c>0$, $c\neq 1$, 对任意正数 b, $\log_a b=\dfrac{\log_c b}{\log_c a}$;

(6) 对任意正数 b, $a^{\log_a b}=b$.

由指数函数的单调性, 对数函数有如下单调性结论:

(1) 当 $a>1$ 时, $y=\log_a x$ 为增函数;

(2) 当 $0<a<1$ 时, $y=\log_a x$ 为减函数.

对数函数的图像如图 0-6 所示.

常用对数是以 10 为底的对数函数, 常记为 $\lg x$; 自然对数是以 e 为底的对数函数, 常记为

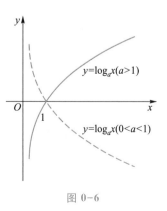

图 0-6

$\ln x$. 函数 $y = \ln x$ 的定义域为 $(0, +\infty)$，它是单调递增的，并且其图形与指数函数 $y = e^x$ 的图形关于直线 $y = x$ 对称. $y = \ln x$ 在微积分中有着非常好的性质，并且起到重要的桥梁作用，我们经常使用下列关系式将复杂的函数化为简单的复合函数形式：

$$f(x)^{g(x)} = e^{g(x)\ln f(x)}.$$

习题 0.3

1. 讨论以下函数在所给定义区间上是否存在反函数：

(1) $y = \sqrt[3]{x^2}, x \in [-1, 1]$;　　　　(2) $y = \sin x, x \in \left[\dfrac{\pi}{2}, \dfrac{3\pi}{2}\right]$;

(3) $y = x^3 + x, x \in (-\infty, +\infty)$.

2. 求下列函数的反函数，并给出反函数的定义区间：

(1) $y = x^2 + 1, x \in [-2, -1]$;　　　　(2) $y = \sqrt[3]{x} - 1$;

(3) $y = \dfrac{x^3 - 1}{x^3 + 1}, x \neq -1$.

3. 证明：若奇函数 $f(x)$ 存在反函数 $f^{-1}(x)$，则 $f^{-1}(x)$ 也是奇函数.

4. 求下列函数的定义域：

(1) $y = \log_2(3^x - 2)$;　　　　(2) $y = \ln(9 - x^2)$;

(3) $y = \sqrt{\log_{\frac{1}{2}}(2x - 1)}$.

5. 证明：对任意 $a > 0, b > 0$，有 $a^{\ln b} = b^{\ln a}$ 成立.

6. 设 $f(x) = \ln(x + \sqrt{x^2 + a^2})$，其中 $a > 0$，证明：$f(x) + f(-x) = 2\ln a$，并由此说明 $g(x) = \ln(x + \sqrt{x^2 + 1})$ 为奇函数.

— 0.4　三角函数及其反函数 —

　　本节复习三角函数及其反函数. 三角函数是一类重要的基本初等函数，其周期性使得我们可以通过它们对诸如地球大气的日温度浮动、乐曲的波动形态、血压的变化等许多自然界发生的周期过程进行建模. 而当我们要从三角形的边长计算角度时就会利用三角函数的反函数.

■ **弧度(rad)**

如图 0-7,在单位圆中心处的 ∠AOB 的弧度(rad)等于从单位圆周上切割下的圆弧 θ 的长度,所以,∠AOB 的弧度就是以 O 为圆心的单位圆上弧 $\overset{\frown}{AB}$ 的长度 θ,也可从其他任何圆心为 O、半径为 r 的圆算得 θ 值为 $\dfrac{s}{r}$(其中 s 为 ∠AOB 在该圆周所对应的弧长).

1 rad 的定义是单位圆上长度为 1 的弧所对应的圆心角的大小,整个圆周对应的圆心角的大小是 2π rad 或 $360°$. 同样,一个平角为 π rad 或 $180°$,于是得到弧度与度的转换公式为

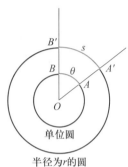

图 0-7

$$1° = \frac{\pi}{180}\text{rad} \approx 0.02 \text{ rad}, 1 \text{ rad} = \left(\frac{180}{\pi}\right)° \approx 57°.$$

在计算中,当我们遇到用角度制表示的角,通常先将它转化成弧度制的角,再进行计算. 如 $\sin 31.6° = \sin\left(31.6 \times \dfrac{\pi}{180}\right) \approx \sin 0.552.$

例 1 一辆自行车车轮的半径是 30 cm,当它转 100 圈时,驶过的距离是多少?

解 一圈对应圆周长 $s = 2\pi r = 2\pi \times 30 (\text{cm})$,所以 100 圈驶过的距离为
$$s = 100 \times 2\pi \times 30 = 6\,000\pi \approx 18\,849.6(\text{cm}) \approx 188.5(\text{m}).$$

■ **三角函数及其图形**

当弧度为 θ 的角置于半径为 r 的圆的标准位置时(图 0-8),θ 的六个基本三角函数定义如下:

正弦函数:$\sin\theta = \dfrac{y}{r}$,　　　　　　余弦函数:$\cos\theta = \dfrac{x}{r}$,

正切函数:$\tan\theta = \dfrac{y}{x}$,　　　　　　余切函数:$\cot\theta = \dfrac{x}{y} = \dfrac{1}{\tan\theta}$,

正割函数:$\sec\theta = \dfrac{r}{x} = \dfrac{1}{\cos\theta}$,　　余割函数:$\csc\theta = \dfrac{r}{y} = \dfrac{1}{\sin\theta}$.

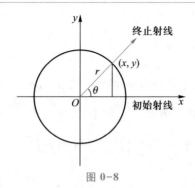

图 0-8

在坐标平面上画三角函数的图形时,通常不用 θ 而用 x 来记自变量(弧度).
图 0-9 到图 0-14 是六个基本三角函数的图形以及定义域和值域.

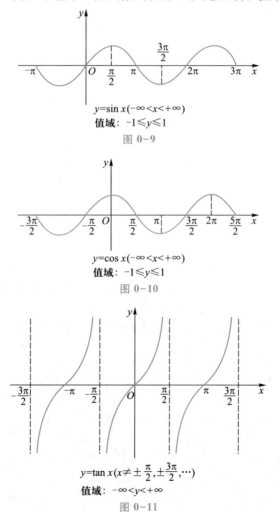

$y=\sin x(-\infty<x<+\infty)$
值域: $-1\leqslant y\leqslant 1$

图 0-9

$y=\cos x(-\infty<x<+\infty)$
值域: $-1\leqslant y\leqslant 1$

图 0-10

$y=\tan x(x\neq\pm\dfrac{\pi}{2},\pm\dfrac{3\pi}{2},\cdots)$
值域: $-\infty<y<+\infty$

图 0-11

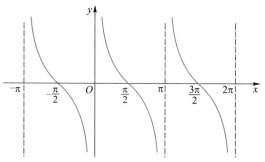

$y=\cot x\,(x\neq 0,\pm\pi,\pm 2\pi,\cdots)$

值域: $-\infty<y<+\infty$

图 0-12

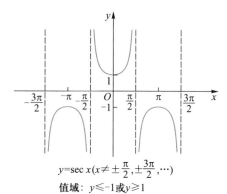

$y=\sec x\,(x\neq\pm\dfrac{\pi}{2},\pm\dfrac{3\pi}{2},\cdots)$

值域: $y\leqslant-1$ 或 $y\geqslant 1$

图 0-13

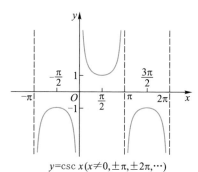

$y=\csc x\,(x\neq 0,\pm\pi,\pm 2\pi,\cdots)$

值域: $y\leqslant-1$ 或 $y\geqslant 1$

图 0-14

例 2   当 $0<x<\dfrac{\pi}{2}$ 时，证明不等式 $\sin x<x<\tan x$.

证明   在单位圆中（图 0-15），假设圆心角

$$\angle AOB = x\left(0<x<\dfrac{\pi}{2}\right),$$

因为

△AOB 的面积<扇形 AOB 的面积<△AOD 的面积，

故得 $\dfrac{1}{2}\sin x<\dfrac{1}{2}x<\dfrac{1}{2}\tan x$，即 $\sin x<x<\tan x$.

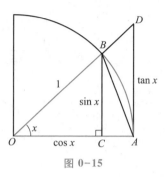

图 0-15

■ 三角函数的周期性

定义 1   周期函数

设有函数 $f(x)$，如果存在正数 p，使得对于其定义域内的任意实数 x 和 $x+p$，有 $f(x+p)=f(x)$ 成立，则称函数 $f(x)$ 为周期函数，而最小的正数 p 就称为函数的最小正周期，也称为函数的周期.

从三角函数的图形可以得出：

$\sin(x+2\pi)=\sin x$，$\cos(x+2\pi)=\cos x$，所以函数 $\sin x$，$\cos x$ 是周期为 2π 的函数.

$\tan(x+\pi)=\tan x$，$\cot(x+\pi)=\cot x$，所以函数 $\tan x$，$\cot x$ 是周期为 π 的函数.

$\sec(x+2\pi)=\sec x$，$\csc(x+2\pi)=\csc x$，所以函数 $\sec x$，$\csc x$ 是周期为 2π 的函数.

因为 $\sin\left[a\left(t+\dfrac{2\pi}{a}\right)\right]=\sin(at+2\pi)=\sin(at)$，所以函数 $\sin(at)$ 的周期是 $\dfrac{2\pi}{a}$.

定义 2   周期函数的振幅

如果一个周期函数 $f(x)$ 有一个最小值和一个最大值，那么周期函数的振幅 A 定义为函数上最高点与最低点距离的一半.

例 3   （1）$\sin\left(\dfrac{\pi t}{6}\right)$ 的值域是 $[-1,1]$，所以振幅为 $A=1$；

（2）$3\cos(2t)$ 的值域是 $[-3,3]$，所以振幅为 $A=3$；

（3）对于 $f(t)=50+21\sin\left(\dfrac{\pi t}{6}+3\right)$，因为 $21\sin\left(\dfrac{\pi t}{6}+3\right)$ 的值域是 $[-21,21]$，所以 $f(t)=50+21\sin\left(\dfrac{2\pi t}{12}+3\right)$ 的值域为 $[50-21,50+21]=[29,71]$，它的振幅为 $A=$

$$\frac{71-29}{2}=21.$$

总结 对 $a>0, A>0$，函数 $C+A\sin[a(t+b)]$ 和 $C+A\cos[a(t+b)]$ 的周期为 $\frac{2\pi}{a}$，振幅为 A.

三角函数可以用于模拟许多物理现象，包括每天的潮汐水平、每年的温度变化，等等.

例 4 某地区的正常气温范围是从 1 月 15 日的 2 ℃ 到 7 月 15 日的 32 ℃，假设这两天的气温是一年中的最低气温与最高气温，且正常气温关于时间的函数图形大致是一条正弦曲线 $T(t)=C+A\sin[a(t+b)]$，其中 t 的单位是月.

（1）求气温函数 $T(t)$ 的表达式；

（2）估计 5 月 15 日的正常气温.

解 （1）由于季节每 12 个月重复一次，因此所要求的函数一定是周期函数. 由 $\frac{2\pi}{a}=12$，得 $a=\frac{\pi}{6}$. 振幅 A 的值等于气温最大值与最小值差的一半，即 $A=\frac{32-2}{2}=15$. 气温函数 $T(t)$ 的最大值为 $C+A=32$，最小值为 $C-A=2$，所以值 C 等于气温最大值与最小值和的一半，即 $C=\frac{32+2}{2}=17$. 由此，可得气温函数

$$T(t)=17+15\sin\left[\frac{\pi}{6}(t+b)\right].$$

接下来，只需再求出常数 b 的值. 因已知最低气温 2 ℃ 是在 1 月 15 日，而 1 月 15 日相当于一年中过了 $\frac{1}{2}$ 个月（把 1 月 1 日看作开始），取 $t=\frac{1}{2}$ 代入 $T(t)$，则 $T\left(\frac{1}{2}\right)=2$ 且是最小值（图 0-16），即 $17+15\sin\left[\frac{\pi}{6}\left(\frac{1}{2}+b\right)\right]=2$，整理得 $\sin\left[\frac{\pi}{6}\left(\frac{1}{2}+b\right)\right]=-1$，所以 $\frac{\pi}{6}\left(\frac{1}{2}+b\right)=-\frac{\pi}{2}$，即 $b=-\frac{7}{2}$，则所求气温函数 $T(t)=17+15\sin\left[\frac{\pi}{6}\left(t-\frac{7}{2}\right)\right]$.

（2）计算 5 月 15 日的正常气温，因 5 月 15 日相当于一年中过了 4.5 个月（把 1 月 1 日看作开始），取 $t=4.5$ 代入 $T(t)$，得到

$$T(4.5)=17+15\sin\left[\frac{\pi}{6}\left(4.5-\frac{7}{2}\right)\right]=24.5.$$

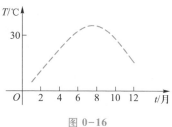

图 0-16

实际上,该地区 5 月 15 日的正常气温是 24 ℃,计算所得的结论比实际高出了 0.5 ℃. 可以看到,虽然只有很少的信息,但可得到十分精确的结果.

■ 三角函数的奇偶性

从三角函数的图形可以看出 $\cos x, \sec x$ 是偶函数,因为它们的图形关于 y 轴对称,而其余四个基本三角函数是奇函数.

例 5(奇偶性)   证明余弦函数是偶函数,而正弦函数是奇函数.

证明   由三角函数的定义(图 0-17),有

$$\cos(-\theta) = \frac{x}{r} = \cos \theta, \quad \sin(-\theta) = \frac{-y}{r} = -\sin \theta.$$

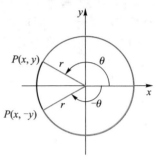

图 0-17

所以余弦函数 $\cos x$ 是偶函数,而正弦函数 $\sin x$ 是奇函数.

根据上例的结果可确定其余四个基本三角函数的奇偶性.

因 $\tan(-\theta) = \dfrac{\sin(-\theta)}{\cos(-\theta)} = \dfrac{-\sin \theta}{\cos \theta} = -\tan \theta$,即正切函数 $\tan x$ 是奇函数.

类似地,$\sec(-\theta) = \dfrac{1}{\cos(-\theta)} = \dfrac{1}{\cos \theta} = \sec \theta$,即正割函数 $\sec x$ 是偶函数.

同样可得出 $\cot x, \csc x$ 是奇函数.

■ 常用三角恒等式

由三角函数的定义,很容易得到三角函数中最常用的恒等式:

$$\sin^2 x + \cos^2 x = 1. \tag{1}$$

把该恒等式依次除以 $\cos^2 x, \sin^2 x$,可给出下面两个公式:

$$1 + \tan^2 x = \sec^2 x, \quad 1 + \cot^2 x = \csc^2 x.$$

这几个平方和的公式是三角学中重要的恒等式,大家可把它们作为常用公式记住.

下面两个三角恒等式也是非常有用的,称为和角公式:

$$\sin(x+y) = \sin x \cos y + \cos x \sin y, \tag{2}$$

$$\cos(x+y) = \cos x \cos y - \sin x \sin y. \tag{3}$$

利用公式(1)(2)和(3),可推导出本书所需要的所有三角恒等式.

在和角公式中,令 $y=x$,就得到了倍角公式:

$$\sin 2x = 2\sin x\cos x,$$

$$\cos 2x = \cos^2 x - \sin^2 x = 2\cos^2 x - 1 = 1 - 2\sin^2 x.$$

利用和角公式,我们还可推导出以下四个和差化积公式:

$$\sin x + \sin y = 2\sin\frac{x+y}{2}\cos\frac{x-y}{2},$$

$$\cos x + \cos y = 2\cos\frac{x+y}{2}\cos\frac{x-y}{2},$$

$$\sin x - \sin y = 2\sin\frac{x-y}{2}\cos\frac{x+y}{2},$$

$$\cos x - \cos y = -2\sin\frac{x+y}{2}\sin\frac{x-y}{2}.$$

我们来证明第一个和差化积公式,其余读者可自行证明.

证明 由和角公式(2),有 $\sin(\alpha+\beta) = \sin\alpha\cos\beta + \cos\alpha\sin\beta$,且

$$\sin(\alpha-\beta) = \sin\alpha\cos\beta - \cos\alpha\sin\beta,$$

将以上两式相加,得

$$\sin(\alpha+\beta) + \sin(\alpha-\beta) = 2\sin\alpha\cos\beta,$$

令 $x=\alpha+\beta, y=\alpha-\beta$,则 $\alpha=\dfrac{x+y}{2}, \beta=\dfrac{x-y}{2}$. 代入上式,即得

$$\sin x + \sin y = 2\sin\frac{x+y}{2}\cos\frac{x-y}{2}.$$

利用和角公式,我们也可推导出以下三个积化和差公式:

$$\sin x\cos y = \frac{1}{2}\big[\sin(x+y) + \sin(x-y)\big],$$

$$\cos x\cos y = \frac{1}{2}\big[\cos(x+y) + \cos(x-y)\big],$$

$$\sin x\sin y = -\frac{1}{2}\big[\cos(x+y) - \cos(x-y)\big].$$

我们也来证明第一个积化和差公式,其余读者可自行证明.

证明   由和角公式（2），有 $\sin(x+y)=\sin x\cos y+\cos x\sin y$，且

$$\sin(x-y)=\sin x\cos y-\cos x\sin y,$$

将以上两式相加，得

$$\sin(x+y)+\sin(x-y)=2\sin x\cos y,$$

整理得

$$\sin x\cos y=\frac{1}{2}\left[\sin(x+y)+\sin(x-y)\right].$$

　　和差化积与积化和差公式将在本书的后续学习中经常用到. 三角恒等式很多，也很难记忆，不建议大家死记硬背，而是记住和角公式，然后回想倍角公式、和差化积与积化和差公式是怎样推导而来的，你会发现这是非常有好处的.

■ 反三角函数

　　以上六个基本三角函数在整个定义域内都不是一对一的，故这些函数都没有反函数. 但是，若对这一类函数限制其定义域，就会产生一个有反函数的新函数，所得到的反函数称为反三角函数，其定义域和值域就成为反三角函数定义的一部分.

反正弦函数

　　如图 0-18 和图 0-19，$y=\sin x$ 在 $\left[-\dfrac{\pi}{2},\dfrac{\pi}{2}\right]$ 上是单调递增的，它的反函数 $y=\arcsin x$ 称为反正弦函数，其定义域是 $[-1,1]$，值域是 $\left[-\dfrac{\pi}{2},\dfrac{\pi}{2}\right]$，且与 $y=\sin x$，$x\in\left[-\dfrac{\pi}{2},\dfrac{\pi}{2}\right]$ 有相同的单调性和奇偶性，即 $y=\arcsin x$ 也是单调递增的奇函数.

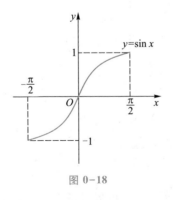

图 0-18

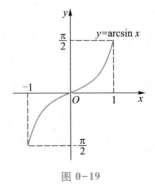

图 0-19

反余弦函数

如图 0-20 和图 0-21, $y = \cos x$ 在 $[0, \pi]$ 上是单调递减的, 它的反函数 $y = \arccos x$ 称为反余弦函数, 其定义域是 $[-1, 1]$, 值域是 $[0, \pi]$. $y = \arccos x$ 也是单调递减的函数.

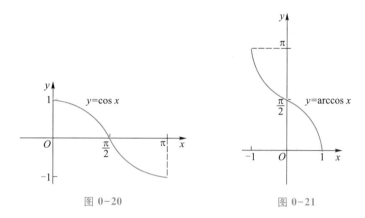

图 0-20 图 0-21

例 6 (反正弦、反余弦函数的一些常用值)

(1) $\arcsin\left(\dfrac{\sqrt{2}}{2}\right) = \dfrac{\pi}{4}$. 因为 $\sin\dfrac{\pi}{4} = \dfrac{\sqrt{2}}{2}$, 且 $\dfrac{\pi}{4} \in \left[-\dfrac{\pi}{2}, \dfrac{\pi}{2}\right]$.

(2) $\arccos\left(-\dfrac{1}{2}\right) = \dfrac{2\pi}{3}$. 因为 $\cos\left(\dfrac{2\pi}{3}\right) = -\dfrac{1}{2}$, 且 $\dfrac{2\pi}{3} \in [0, \pi]$.

(3) $\cos\left(\arccos\left(\dfrac{1}{5}\right)\right) = \dfrac{1}{5}$. 因为 $\cos(\arccos x) = x, x \in [-1, 1]$.

(4) $\arcsin\left(\sin\dfrac{3\pi}{2}\right) = \arcsin(-1) = -\dfrac{\pi}{2}$.

注意第 (4) 小题的答案比较微妙, 若给出的答案是 $\dfrac{3\pi}{2}$, 则是错误的, 因为反正弦函数的值域是 $\left[-\dfrac{\pi}{2}, \dfrac{\pi}{2}\right]$.

■ 反正切函数

如图 0-22 和图 0-23, $y = \tan x$ 在 $\left(-\dfrac{\pi}{2}, \dfrac{\pi}{2}\right)$ 上是单调递增的, 它的反函数 $y = \arctan x$ 称为反正切函数, 其定义域是 $(-\infty, +\infty)$, 值域是 $\left(-\dfrac{\pi}{2}, \dfrac{\pi}{2}\right)$, 且与 $y =$

$\tan x$有相同的单调性和奇偶性,即 $y = \arctan x$ 也是单调递增的奇函数.

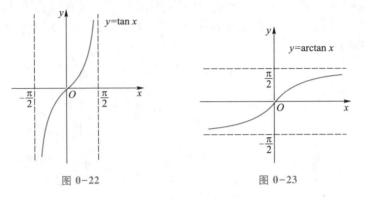

图 0-22   图 0-23

例7(反正切函数的一些常用值)

(1) $\arctan 1 = \dfrac{\pi}{4}$. 因为 $\tan \dfrac{\pi}{4} = 1$,且 $\dfrac{\pi}{4} \in \left(-\dfrac{\pi}{2}, \dfrac{\pi}{2} \right)$.

(2) $\arctan\left(-\sqrt{3} \right) = -\dfrac{\pi}{3}$. 因为 $\tan\left(-\dfrac{\pi}{3} \right) = -\sqrt{3}$,且 $-\dfrac{\pi}{3} \in \left(-\dfrac{\pi}{2}, \dfrac{\pi}{2} \right)$.

利用限制定义域的办法,还可以类似地得到:反余切函数 $y = \operatorname{arccot} x$,反正割函数 $y = \operatorname{arcsec} x$,反余割函数 $y = \operatorname{arccsc} x$. 有兴趣的同学可以尝试着画出它们的图形,并了解基本的性质.

■ 基本初等函数与初等函数

我们把幂函数、指数函数、对数函数、三角函数和反三角函数统称为基本初等函数.

由常数和基本初等函数经过有限次的四则运算和函数复合步骤所构成的并可以用一个算式表示的函数统称为初等函数. 例如,

$$y = \sqrt{x^2 + 1} \,, \quad y = e^{\frac{1}{1-x}} \,, \quad y = \sin^2 x$$

等都是初等函数,在本课程中讨论的函数绝大多数都是初等函数. 后续的学习中还会遇到指数函数 $y = e^x$ 和 $y = e^{-x}$ 所产生的双曲函数. 它们的定义如下:

双曲正弦 $\operatorname{sh} x = \dfrac{e^x - e^{-x}}{2}$,   双曲余弦 $\operatorname{ch} x = \dfrac{e^x + e^{-x}}{2}$,

双曲正切 $\operatorname{th} x = \dfrac{\operatorname{sh} x}{\operatorname{ch} x} = \dfrac{e^x - e^{-x}}{e^x + e^{-x}}$.

这几个双曲函数在工程中比较常见,有兴趣的同学可以去探究一下双曲函数的性质.

习题 0.4

1. 画出下列函数的草图：

（1）$y = \sin 2x$；　　　　　（2）$y = 2\cos x$；　　　　　（3）$y = \cos\left(x + \dfrac{\pi}{3}\right)$.

2. 指出下列函数的周期：

（1）$y = 2 + 3\sin(x + 3)$；　　　　　（2）$y = 3\cos\left(x - \dfrac{\pi}{2}\right) - 1$.

3. 讨论下列函数的奇偶性：

（1）$y = \cos t + \sin t$；　　　　　（2）$y = 2\sec t$；　　　　　（3）$y = \cos(\sin t)$.

4. 求圆心角为 2 rad，半径为 5 cm 的扇形的面积.

5.（1）证明积化和差公式 $\cos x \cos y = \dfrac{1}{2}\left[\cos(x+y) + \cos(x-y)\right]$；

（2）把 $\cos\dfrac{x}{2}\cos\dfrac{x}{4}$ 化成和差形式；

（3）求出下列余弦积对应的和差形式

$$\cos\frac{x}{2}\cos\frac{x}{4}\cos\frac{x}{8}\cos\frac{x}{16}.$$

你能总结出一个普遍的表达式吗？

6. 一个半径是 60 cm 的轮子沿水平地面滚动，当它转过 150 圈时，经过的路程是多少？

7. 某海域某日的潮汐变化规律如下：假设高潮发生在中午 12:00，海平面高度为 3.6 m，6 h 后低潮发生，此时海平面高度为 1.4 m；另外一个高潮发生在深夜 0:00，海平面高度也为 3.6 m. 假设海平面的高度随时间是呈周期性变化的. 利用以上信息，找出海平面高度随时间变化的函数，并计算下午 5:30 时海平面的高度.

－ 0.5　参数方程和极坐标 －

当在平面上的质点沿着如图 0-24 所示的曲线运动时，我们不能用形如 $y = f(x)$ 的方程来描述该曲线，因为存在与曲线相交多于一点的铅直线. 类似地，

我们也不能用形如 $x=g(y)$ 的方程来描述该曲线. 但是质点的 x 坐标和 y 坐标都是时间 t 的函数,所以可以借助时间 t 这个参数变量将曲线表示为 $x=f(t)$ 和 $y=g(t)$. 本节将介绍借助参数变量来描述曲线的方法. 这个强有力的方法也可用来描述通常的函数曲线. 另外,在本节中还将介绍由牛顿引入的坐标系,称为极坐标系.

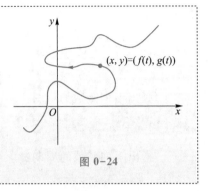

图 0-24

定义　参数曲线、参数方程

如果 x 和 y 均由第三个变量 t 的函数

$$\begin{cases} x=f(t), \\ y=g(t) \end{cases}$$

给出,则称由此方程组定义的点集 $(x,y)=(f(t),g(t))$ 是一条**参数曲线**,这个方程组称为曲线的**参数方程**,变量 t 是曲线的**参数**,其取值范围 I 就是**参数区间**. 如果 I 是闭区间,不妨设 $a\le t\le b$,则点 $(f(a),g(a))$ 是曲线的**起点**,点 $(f(b),g(b))$ 是曲线的**终点**. 当给出了曲线的参数方程和参数区间,我们就说**参数化**了该曲线. 参数方程和参数区间构成了曲线的**参数化形式**.

■　平面曲线的参数化

当在平面上运动的质点的路径如图 0-24 所示时,我们可以把质点的每一个坐标表示为第三个变量 t 的函数,并用一对方程 $x=x(t)$ 和 $y=y(t)$ 来描述该路径. 在研究运动的情形时,通常 t 表示时间,这样的方程有时比用 $y=f(x)$ 或 $x=g(y)$ 更合适,因为它可以表示质点在任何时刻 t 的位置 $(x,y)=(x(t),y(t))$.

例 1(沿抛物线运动)　在 xOy 平面上运动质点的位置 $P(x,y)$ 由参数方程和参数区间 $\begin{cases} x=t^2-2t, \\ y=t+1 \end{cases}$ $(-2\le t\le 4)$ 给出. 试识别质点所走的路径并写出 x 与 y 之间的关系式.

解　对 t 在每个整数点取值,求得 x 和 y 的相应值如下表所示. 由此我们可以用描点法画出质点的运动图形,如图 0-25.

我们通过消去方程 $x=t^2-2t$ 和 $y=t+1$ 中的 t,可以得到 x 和 y 之间的代数关系式为

$$x=t^2-2t=(y-1)^2-2(y-1)=y^2-4y+3,$$

即 $x=y^2-4y+3$，所以质点沿抛物线运动，起点为 $(8,-1)$，终点为 $(8,5)$.

t	x	y
-2	8	-1
-1	3	0
0	0	1
1	-1	2
2	0	3
3	3	4
4	8	5

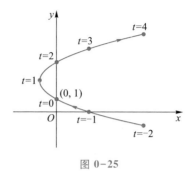

图 0-25

若给定的参数区间为 $0 \leqslant t \leqslant 4$，则相应的图形为图 0-26. 该图是图 0-25 的一部分，质点运动的起点为 $(0,1)$，终点为 $(8,5)$.

例 2（在圆周上沿逆时针运动）　画出参数曲线图形：

(1) $\begin{cases} x=\cos t, \\ y=\sin t \end{cases} (0 \leqslant t \leqslant 2\pi)$；

(2) $\begin{cases} x=a\cos t, \\ y=a\sin t \end{cases} (0 \leqslant t \leqslant 2\pi)$.

解　(1) 因为 $x^2+y^2=\cos^2 t+\sin^2 t=1$，所以参数曲线位于单位圆 $x^2+y^2=1$ 上. 当 t 从 0 增加到 2π 时，点 $(x,y)=(\cos t,\sin t)$ 从 $(1,0)$ 出发沿逆时针方向走过整个圆周一圈（如图 0-27）.

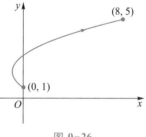

图 0-26

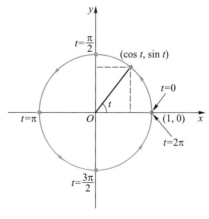

图 0-27

(2) 对 $\begin{cases} x=a\cos t, \\ y=a\sin t \end{cases} (0\leqslant t\leqslant 2\pi)$，有 $x^2+y^2=a^2\cos^2 t+a^2\sin^2 t=a^2$. 参数方程描述了从点 $(a,0)$ 出发沿逆时针方向走过圆周 $x^2+y^2=a^2$ 一圈，在 $t=2\pi$ 时又回到起点 $(a,0)$ 的运动.

■ 直线和其他曲线

包括直线和直线段在内的许多其他的曲线也可以利用参数方程来定义.

例 3（沿直线运动）　画图并识别参数曲线 $\begin{cases} x=3t, \\ y=2-2t \end{cases} (0\leqslant t\leqslant 1)$. 如果把对 t 的限制去掉会怎样?

解　当 $t=0$ 时，方程为 $\begin{cases} x=0, \\ y=2, \end{cases}$ 当 $t=1$ 时，方程为 $\begin{cases} x=3, \\ y=0. \end{cases}$ 如果我们把 $t=\dfrac{x}{3}$ 代入 y 的方程，得到

$$y=2-2\cdot\frac{x}{3}=-\frac{2}{3}x+2.$$

因此该参数曲线表示直线 $y=-\dfrac{2}{3}x+2$ 从 $(0,2)$ 到 $(3,0)$ 的一段（如图 0-28）.

如果去掉对 t 的限制，把参数区间从 $[0,1]$ 改为 $(-\infty,+\infty)$，那么参数曲线表示整条直线 $y=-\dfrac{2}{3}x+2$.

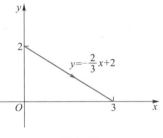

图 0-28

例 4（参数化直线段）　试将端点为 $(-2,1)$ 和 $(3,5)$ 的直线段参数化.

解　利用 $(-2,1)$ 来创建参数方程，设

$$\begin{cases} x=-2+at, \\ y=1+bt, \end{cases}$$

这代表一条直线，因为我们可以由每个方程解出 t，并令它们相等，得到

$$\frac{x+2}{a}=\frac{y-1}{b}.$$

从而可知这是一条直线方程. 当 $t=0$ 时，该直线通过点 $(-2,1)$. 若该直线在 $t=1$ 时过点 $(3,5)$，则可以确定 a 和 b，即

当 $t=1$ 时，$x=3$，即 $3=-2+a$，解得 $a=5$，

当 $t=1$ 时，$y=5$，即 $5=1+b$，解得 $b=4$，

所以 $\begin{cases} x=-2+5t, \\ y=1+4t \end{cases}(0\leqslant t\leqslant 1)$ 是起点为 $(-2,1)$、终点为 $(3,5)$ 的直线段的参数方程.

注　参数方程不唯一，该直线段的参数方程也可以有其他表达式，如

$$\begin{cases} x=t, \\ y=\dfrac{4}{5}t+\dfrac{13}{5} \end{cases}(-2\leqslant t\leqslant 3).$$

例 5 $\left(\text{沿椭圆}\dfrac{x^2}{a^2}+\dfrac{y^2}{b^2}=1\text{ 运动}\right)$　已知 t 时刻运动质点的位置 $P(x,y)$ 由

$$\begin{cases} x=a\cos t, \\ y=b\sin t \end{cases}(0\leqslant t\leqslant 2\pi)$$

给出，写出 x 与 y 之间的关系式.

解　通过消去方程

$$\cos t=\frac{x}{a}, \quad \sin t=\frac{y}{b}$$

中的 t 来求解.

由恒等式 $\cos^2 t+\sin^2 t=1$ 易得

$$\frac{x^2}{a^2}+\frac{y^2}{b^2}=1.$$

质点的坐标 (x,y) 满足方程 $\dfrac{x^2}{a^2}+\dfrac{y^2}{b^2}=1$，所以质点沿椭圆运动（如图 0-29）. 当 $t=0$ 时，质点坐标为

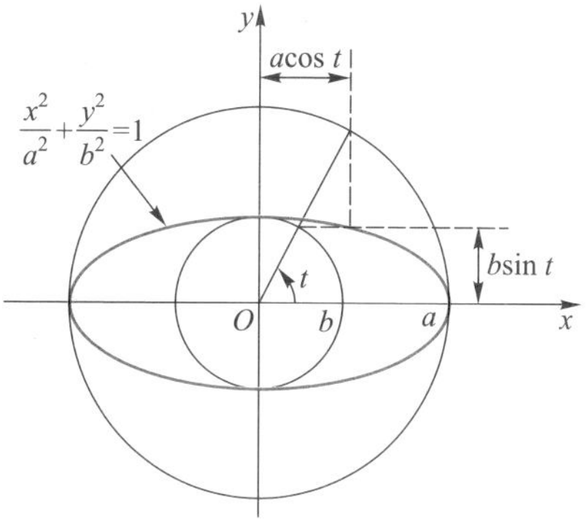

图 0-29

$$x=a\cos 0=a, \quad y=b\sin 0=0,$$

所以质点从点 $(a,0)$ 开始运动，当 t 增加时，质点绕椭圆沿逆时针方向运动，当 $t=2\pi$ 时回到起点 $(a,0)$.

例 6（摆线方程）　摆线（cycloid）是数学中众多的迷人曲线之一. 它是这样定义的：一个圆沿直线缓慢地滚动，则在圆上一固定点所经过的轨迹称为摆线. 试推导摆线方程.

解　如图 0-30，我们设 x 轴为定直线，圆上定点的初始位置为原点. 当圆滚动 θ 角以后，圆上的定点从 O 点位置到 P' 点位置，则 $|OT|=|\overset{\frown}{P'T}|=r\theta$，圆心的位置为 $C(r\theta,r)$.

设点 P' 的坐标为 (x,y)，则
$$x=|OT|-|P'Q|=r\theta-r\sin\theta=r(\theta-\sin\theta),$$
$$y=|TC|-|QC|=r-r\cos\theta=r(1-\cos\theta).$$

所以，我们得到**摆线**的参数方程为
$$\begin{cases}x=r(\theta-\sin\theta),\\y=r(1-\cos\theta)\end{cases}(\theta\in\mathbf{R}).$$

注意到当圆滚动一周，即 θ 从 0 到 2π 时，动圆上的定点描画出摆线的第一拱，再向前滚动一周，动圆上的定点描画出第二拱，继续滚动，可得第三拱，第四拱……所有这些拱的形状完全相同，每一拱的高为 $2r$（即圆的直径），拱宽为 $2\pi r$（即圆的周长）.

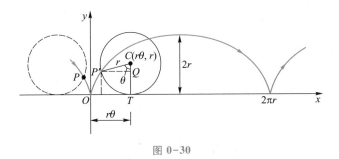

图 0-30

例 7（星形线方程）　星形线也叫圆内旋轮线，它是由半径为 $\dfrac{a}{4}$ 的圆在半径为 a 的圆内侧转动形成的，如图 0-31 所示，已知星形线满足方程 $x^{\frac{2}{3}}+y^{\frac{2}{3}}=a^{\frac{2}{3}}$ $(a>0)$，求其参数方程.

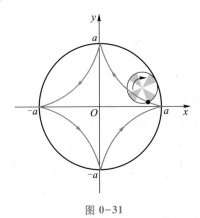

图 0-31

解　由恒等式 $\cos^2 t + \sin^2 t = 1$，我们发现，令 $x^{\frac{1}{3}} = \cos t, y^{\frac{1}{3}} = \sin t$，有 $x = \cos^3 t$，$y = \sin^3 t$，且 $x^{\frac{2}{3}} + y^{\frac{2}{3}} = 1$。所以，稍加调整，令 $x = a\cos^3 t, y = a\sin^3 t$，则有

$$x^{\frac{2}{3}} + y^{\frac{2}{3}} = a^{\frac{2}{3}},$$

所以星形线的参数方程为

$$\begin{cases} x = a\cos^3 t, \\ y = a\sin^3 t \end{cases} (0 \leqslant t \leqslant 2\pi)$$

■　极坐标系

雷达显示器上所用的坐标就是极坐标. 我们先来认识极坐标. 首先建立极坐标系(如图 0-32)，在平面上取定一点 O，称为极点，并自 O 引一条射线 Ox，称为极轴. 于是平面上任意一点 M(不在极点)的位置，可以由两个数 $|OM|$ 及 θ 来决定，其中 θ 就是射线 OP 绕 O 点由 Ox 位置按逆时针方向旋转，转到 OM 位置时所转过的角；r 是射线 OP 上由 O 到 M 的距离. 有序数 r,θ 称为点 M 的极坐标，记作 $M(r,\theta)$，r 称为极径，θ 称为极角.

根据上述定义，任意给定一对数 r,θ，平面上就对应着唯一的一个点 M；反之，平面上除极点 O 以外的任意一点 M，必有一对数 r,θ 与它对应. 当点 M 为极点时，$r = 0$ 而 θ 可任意取值.

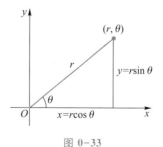

图 0-32

在极坐标系中，对同一点不止一个表示方法. 以极轴上极径为 1 的点为例，它的极角是 0 rad，所以它的极坐标 $(r,\theta) = (1,0)$，但是我们也可以写成 $(1,2\pi)$，$(1,4\pi)$ 等. 而极点本身，除了 $(0,0)$ 之外，还可以写成 $(0,\pi)$，$\left(0,\dfrac{\pi}{2}\right)$，$(0,7.3\pi)$ 等.

■　极坐标和直角坐标的关系

如图 0-33 所示，根据三角函数的定义及勾股定理，我们可以得到换算直角坐标与极坐标的基本关系式：

$$x = r\cos\theta,$$
$$y = r\sin\theta,$$
$$r = \sqrt{x^2 + y^2},$$

图 0-33

$$\tan\theta=\frac{y}{x}(\text{假定 }x\neq0).$$

例 8（从直角坐标转换为极坐标）　求圆 $x^2+(y-3)^2=9$ 的极坐标方程.

解　将 $x^2+(y-3)^2=9$ 展开并整理得

$$x^2+y^2-6y=0,\tag{1}$$

由 $x=r\cos\theta,y=r\sin\theta$,则 $x^2+y^2=r^2$,(1)式可化简为 $r^2-6r\sin\theta=0$,即

$$r-6\sin\theta=0\text{ 或 }r=0,$$

所以圆 $x^2+(y-3)^2=9$ 的极坐标方程为 $r=6\sin\theta$(包含 $r=0$ 的情形).

注　圆的方程在极坐标表示下更为简洁.

例 9（从极坐标转换为直角坐标）　将以下极坐标方程转化为等价的直角坐标方程:

（1）$r^2=4r\cos\theta$;　　（2）$r=\dfrac{4}{2\cos\theta-\sin\theta}$.

解　（1）由 $r^2=4r\cos\theta,r^2=x^2+y^2,x=r\cos\theta$,有 $x^2+y^2=4x$,整理可得 $(x-2)^2+y^2=4$,这是圆心为 $(2,0)$,半径为 2 的圆.

（2）由 $r=\dfrac{4}{2\cos\theta-\sin\theta}$,则 $r\cdot(2\cos\theta-\sin\theta)=4$,即 $2r\cos\theta-r\sin\theta=4$,又因为 $x=r\cos\theta,y=r\sin\theta$,所以 $2x-y=4$,即 $y=2x-4$,这是斜率为 2,截距为 -4 的直线.

■　画极坐标图形

例 10（画圆）　画出 $r=3$ 的图形.

分析　方程式里没有 θ,表示 θ 可以取任何值,但是 r 取固定长度 3. 因此我们得到的图形就是以极点为圆心,半径为 3 的圆（如图 0-34）.

注　$r=3$ 等价于直角坐标系中的圆方程 $x^2+y^2=9$,极坐标大大简化了某些常用图形的表示形式,特别是以极点为圆心的圆.

例 11（画极坐标图）　画出 $r=2\sin\theta$ 的图形.

解　首先在等式两边乘 r,于是得到 $r^2=2r\sin\theta$. 由关系式 $r^2=x^2+y^2$ 以及 $y=r\sin\theta$,就可以把这个方程转换成直角坐标系下的方程,即 $x^2+y^2=2y$,经整理后得 $x^2+(y-1)^2=1$,这是圆心为 $(0,1)$,半径为 1 的圆. 如图 0-35 所示.

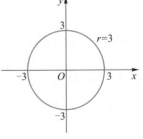

图 0-34

由例 8、例 9、例 11 容易看出(如图 0-36):

一个半径为 a,圆心直角坐标为 $(0,a)$ 的圆,极坐标方程为 $r=2a\sin\theta$.

同理,

一个半径为 a,圆心直角坐标为 $(a,0)$ 的圆,极坐标方程为 $r=2a\cos\theta$.

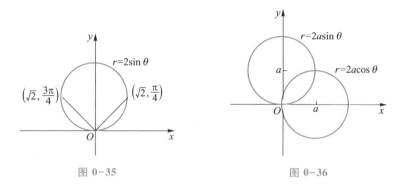

图 0-35　　　　　　　　　图 0-36

例 12(画极坐标图)　画出 $r=1+\sin\theta$ 的图形.

解　按照例 11 的方法把原方程转换成直角坐标系下的方程对作图并没有帮助. 由描点法,当 $0\le\theta\le 2\pi$ 时,随着极角的变化,我们得到极径的值,如下表所示,通过描若干点可以想象图形的大致形状.

θ	0	$\dfrac{\pi}{4}$	$\dfrac{\pi}{2}$	$\dfrac{3\pi}{4}$	π	$\dfrac{5\pi}{4}$	$\dfrac{3\pi}{2}$	$\dfrac{7\pi}{4}$	2π
$r=1+\sin\theta$	1	1.707	2	1.707	1	0.293	0	0.293	1

通过计算机软件可得如图 0-37 所示的图形. 这个图形跟心脏的外形相似,所以称为"心形线"(也称为心脏线).

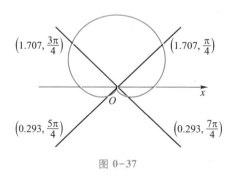

图 0-37

形式为 $r=a(1\pm\sin\theta)$ 或 $r=a(1\pm\cos\theta)$ 的方程的图形都是心形线(如图 0-38 至图 0-41 所示).

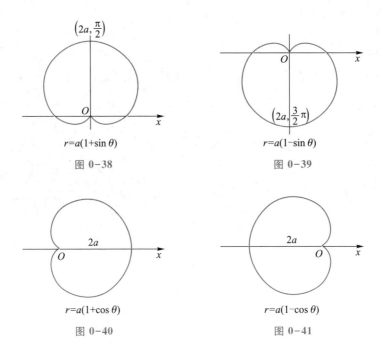

$r=a(1+\sin\theta)$

图 0-38

$r=a(1-\sin\theta)$

图 0-39

$r=a(1+\cos\theta)$

图 0-40

$r=a(1-\cos\theta)$

图 0-41

常见的极坐标图形还有阿基米德螺线、伯努利双纽线、三叶玫瑰线、四叶玫瑰线,请读者自行查阅它们的图形.

▓ 求极坐标图形的交点

在极坐标系中,一个点可以用不同方式表示的这一事实使我们在讨论图形的交点时要格外小心,问题的关键在于一个点满足一条曲线方程的坐标可能跟该点满足另一条曲线方程的坐标不同. 这样,同时解两个曲线方程未必能确定它们的所有交点. 此时我们可以通过画图观察曲线在极轴上的交点来确定.

例 13(易漏的交点)   求 $r=1+\cos\theta$ 与 $r=3\cos\theta$ 的交点.

解   将两个等式联立,消去 r,可得

$$\begin{cases} r=1+\cos\theta, \\ r=3\cos\theta, \end{cases}$$

解得 $\cos\theta=\dfrac{1}{2}$, $\theta=\pm\dfrac{\pi}{3}$,即交点为

$$\left(\frac{3}{2},\frac{\pi}{3}\right),\left(\frac{3}{2},-\frac{\pi}{3}\right).$$

画图(如图 0-42)验证,发现还有一个交点$(0,\pi)$漏掉了.

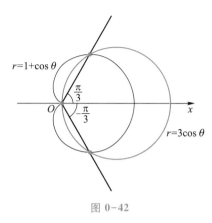

图 0-42

　　所以,这两个方程有三个交点,分别是$\left(\dfrac{3}{2},\dfrac{\pi}{3}\right)$,$\left(\dfrac{3}{2},-\dfrac{\pi}{3}\right)$,极点(不妨取为$(0,\pi)$).

　　思考一下,为什么第三个点(极点)在解联立方程时没被发现? 这是因为在极点处,$r=0$,而 θ 可以取任意值. 在两条曲线上,极点对应于不同的 θ 值. 事实上,$(0,\pi)$在曲线 $r=1+\cos\theta$ 上,而在曲线 $r=3\cos\theta$ 上该点在 $\theta=\dfrac{\pi}{2}$ 处取到,即该点坐标为$\left(0,\dfrac{\pi}{2}\right)$. 此题无法通过联立方程解出,但通过作图,可以清楚地看出有三个交点.

习题 0.5

1. 将以下参数方程转化为直角坐标方程:

(1) $\begin{cases} x=\cos 2t, \\ y=\sin 2t \end{cases}(0\leqslant t\leqslant \pi)$;

(2) $\begin{cases} x=4\cos t, \\ y=2\sin t \end{cases}(0\leqslant t\leqslant 2\pi)$;

(3) $\begin{cases} x=\sec^2 t-1, \\ y=\tan t \end{cases}\left(-\dfrac{\pi}{2}<t<\dfrac{\pi}{2}\right)$;

(4) $\begin{cases} x=3-3t, \\ y=2t \end{cases}(0\leqslant t\leqslant 1)$;

(5) $\begin{cases} x = e^t + e^{-t}, \\ y = e^t - e^{-t} \end{cases}$ $(-\infty < t < +\infty)$;

(6) $\begin{cases} x = \sqrt{t+1}, \\ y = \sqrt{t} \end{cases}$ $(t \geq 0)$.

2. 试将以下曲线参数化:

(1) 端点为 $(-1,-3)$ 和 $(4,1)$ 的直线段;

(2) 抛物线 $y = x^2 + 2x$ 的左半部分;

(3) 起点为 $(-1,2)$,且通过点 $(0,0)$ 的射线(半直线);

(4) 抛物线 $x - 1 = y^2$ 的下半部分.

3. 将极坐标方程转化为等价的直角坐标方程:

(1) $r = 4\csc\theta$;

(2) $r\cos\theta + r\sin\theta = 1$;

(3) $r^2 \sin 2\theta = 2$;

(4) $r = 2\cos\theta + 2\sin\theta$;

(5) $r^2 = a^2 \sin 2\theta$;

(6) $\cos^2\theta = \sin^2\theta$.

4. 将直角坐标方程转化为等价的极坐标方程:

(1) $x = 7$;

(2) $x^2 - y^2 = 1$;

(3) $\dfrac{x^2}{9} + \dfrac{y^2}{4} = 1$;

(4) $(x-3)^2 + (y+1)^2 = 4$;

(5) $xy = 2$;

(6) $x^2 + xy + y^2 = 1$.

5. 求以下各组曲线的交点:

(1) $r = 1, r = 2\cos\theta$;

(2) $r = 1, r = 1 + \cos\theta$;

(3) $r = 1, r^2 = 2\sin 2\theta$.

第一章　极限与连续 ▶▶▶

─ 1.1　极限与微积分 ─

　　现代微积分起源于 17 世纪,牛顿(Newton)和莱布尼茨(Leibniz)各自独立地创立了微积分.经过此后的不断发展,逐渐形成了内容丰富的微积分体系.微积分是研究函数变化的数学分支,内容包括极限、导数、微分、积分和无穷级数等,其中极限是贯穿微积分各个知识点的重要概念.在中学数学的学习中,大家都接触过极限的描述性定义.一个无穷数列的极限定义为:若当项数无限增大时,数列的项趋近于某个常数,则称该常数为数列的极限.本章我们将介绍极限的严格数学定义.本节先从两个实例出发,介绍微积分的基本内容,大家可从中体会极限的重要作用.

■　圆的面积

　　我们熟知圆的面积公式是 $S=\pi r^2$,其中 r 是圆的半径. 这个公式是怎么得来的? 最早用于求圆面积的方法是古希腊的"穷竭法"(method of exhaustion). 如图 1-1,穷竭法的基本思想是利用能计算面积的正多边形作为圆的近似. 具体地,考虑用圆的内接正多边形的面积作为圆面积的近似(当然也可以用圆外接正多边形的面积近似).

　　(1) 用正三角形近似:将内接正三角形分成三个部分,可以计算得到其面积为

$$S_3 = 3 \cdot \frac{r^2}{2} \sin \frac{2\pi}{3};$$

　　(2) 用正方形近似:将正方形分成四个部分,可以计算得到其面积为

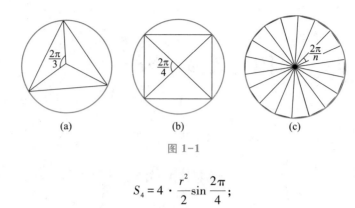

图 1-1

$$S_4 = 4 \cdot \frac{r^2}{2} \sin \frac{2\pi}{4};$$

（3）一般地，用正 n 边形近似时，连接圆心和 n 个顶点，将正 n 边形分成 n 个部分，可以计算得到其面积为

$$S_n = n \cdot \frac{r^2}{2} \sin \frac{2\pi}{n}.$$

当 n 无限增大时，正 n 边形的面积将趋于圆面积.

■ 曲边梯形的面积

再看一个微积分中的著名例子，如何求一个曲边梯形的面积？如图 1-2，求位于非负曲线 $y=f(x)$ 下方，x 轴上方，夹在 $x=1$ 与 y 轴之间部分（类似于一个梯形，称之为曲边梯形）的面积.

首先将 $[0,1]$ 区间 n 等分，$n+1$ 个等分点分别为 $0,\frac{1}{n},\cdots,\frac{n-1}{n},1$. 按这些等分点把曲边梯形分割为 n 个小曲边梯形. 将每个小曲边梯形的面积用矩形面积近似，如第 k 个小曲边梯形近似看作底边是区间 $\left[\frac{k-1}{n},\frac{k}{n}\right]$，高为 $f\left(\frac{k}{n}\right)$ 的矩形，这样第 k 个小曲边梯形的面积近似为 $A_k = \frac{1}{n}f\left(\frac{k}{n}\right)$，而整个曲边梯形的面积近似为

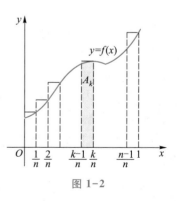

图 1-2

$$S \approx \sum_{k=1}^{n} A_k = \frac{1}{n} \sum_{k=1}^{n} f\left(\frac{k}{n}\right).$$

当分割足够细,即 n 无限增大时,上述近似值将趋于曲边梯形的面积.

上述求解方法中包含了处理类似问题的三个步骤:分割,近似求和,取极限,这正是今后会学习的定积分的定义方式.

— 1.2 数列的极限 —

■ 数列极限的基本概念

定义 1 数列

按照一定的规律排列的一列数称为数列,记作 $\{a_n\}_{n=1}^{\infty}$ 或者 $\{a_n\}$,其中 n 表示项数,a_n 是数列的一般项,或称为通项.

当 n 为有限数时,a_n 的值可以通过通项公式直接计算得到. 现在分析当 n 无限增大时 a_n 的变化趋势.

首先,考虑数列 $\left\{\dfrac{1}{n}\right\}$,可以发现,当项数 n 无限增大时,数列的值越来越小且无限接近 0.

其次,考虑数列 $\left\{\dfrac{n+(-1)^{n-1}}{2n+1}\right\}$,数列的前几项为

$$\frac{2}{3},\frac{1}{5},\frac{4}{7},\frac{1}{3},\cdots,$$

要从中看出数列的变化趋势是比较困难的. 现考虑 $a_n=\dfrac{n+(-1)^{n-1}}{2n+1}$ 与 $\dfrac{1}{2}$ 之间的距离

$$\left|a_n-\frac{1}{2}\right|=\frac{\left|2(-1)^{n-1}-1\right|}{2(2n+1)}<\frac{3}{4n}<\frac{1}{n},$$

可以发现当 n 无限增大时,$\left|a_n-\dfrac{1}{2}\right|$ 越来越小,即 a_n 无限接近 $\dfrac{1}{2}$. 具体地,

(1)要使 a_n 与 $\dfrac{1}{2}$ 的距离小于 0.1,只要 $n>10$ 即可;

(2)要使 a_n 与 $\dfrac{1}{2}$ 的距离小于 0.01,只要 $n>100$ 即可;

（3）要使 a_n 与 $\dfrac{1}{2}$ 的距离小于 0.001，只要 $n>1\ 000$ 即可；

…………

因此，当 n 无限增大（记为 $n\to\infty$ ）时，a_n 趋于 $\dfrac{1}{2}$.

按照这样的思路，我们给出数列极限的精确定义，称为"ε-N"定义.

定义 2   数列的极限

给定数列 $\{a_n\}$ 和实数 A，若对于任意给定的数 $\varepsilon>0$，存在正整数 N，使得当 $n>N$ 时，$|a_n-A|<\varepsilon$ 成立，则称当 $n\to\infty$ 时，a_n 的极限为 A，记为

$$\lim_{n\to\infty}a_n=A.$$

定义 3   数列的收敛与发散

若存在实数 A，使得 $\lim\limits_{n\to\infty}a_n=A$，则称数列 $\{a_n\}$ 收敛于 A；若这样的 A 不存在，则称数列 $\{a_n\}$ 发散.

按照数列极限的定义，若数列 $\{a_n\}$ 收敛于 A，则在某项以后数列的值都在极限值 A 的附近，并且只要项数充分大，$\{a_n\}$ 可以和 A 任意接近. 图 1-3 给出了收敛数列与其极限的几何直观示意图.

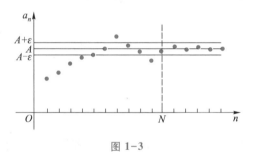

图 1-3

由数列极限的定义直接可以得到

$$对任意常数\ C, \lim_{n\to\infty}C=C.$$

例 1   利用数列极限的定义证明：$\lim\limits_{n\to\infty}\dfrac{1}{n}=0$.

证明   对任意 $\varepsilon>0$，要使得 $\left|\dfrac{1}{n}-0\right|<\varepsilon$，即 $\dfrac{1}{n}<\varepsilon$，只要 $n>\dfrac{1}{\varepsilon}$ 即可. 取 $N=\left[\dfrac{1}{\varepsilon}\right]$，则当 $n>N$ 时，总有 $\dfrac{1}{n}\leqslant\dfrac{1}{N+1}<\varepsilon$. 由极限定义知 $\lim\limits_{n\to\infty}\dfrac{1}{n}=0$.

利用同样的方法可以证明

$$对任意正数 \alpha>0,都有 \lim_{n \to \infty} \frac{1}{n^\alpha}=0.$$

例 2　证明:当 $|q|<1$ 时,$\lim\limits_{n \to \infty} q^n=0$.

证明　当 $q=0$ 时,结论显然成立.

假设 $0<|q|<1$. 对任意 $0<\varepsilon<1$,为使得 $|q^n-0|<\varepsilon$,注意到 $|q^n|=|q|^n<\varepsilon$ 等价于 $n(\ln|q|)<\ln\varepsilon$,由于 $\ln|q|<0$,只要 $n>\dfrac{\ln\varepsilon}{\ln|q|}$ 即可. 取 $N=\left[\dfrac{\ln\varepsilon}{\ln|q|}\right]$,则当 $n>N$ 时,总有 $|q^n-0|=|q|^n<\varepsilon$. 由极限定义可知,$\lim\limits_{n \to \infty} q^n=0$.

例 3　证明:$\lim\limits_{n \to \infty} \dfrac{n^2-1}{n^2+2n}=1$.

证明　对任意 $\varepsilon>0$,为使得 $\left|\dfrac{n^2-1}{n^2+2n}-1\right|<\varepsilon$,注意到

$$\left|\frac{n^2-1}{n^2+2n}-1\right|=\frac{2n+1}{n^2+2n}<\frac{3n}{n^2}=\frac{3}{n},$$

只要 $\dfrac{3}{n}<\varepsilon$,即 $n>\dfrac{3}{\varepsilon}$. 取 $N=\left[\dfrac{3}{\varepsilon}\right]$,则当 $n>N$ 时,总有 $\left|\dfrac{n^2-1}{n^2+2n}-1\right|<\varepsilon$. 由极限定义可知,$\lim\limits_{n \to \infty} \dfrac{n^2-1}{n^2+2n}=1$.

下面对运用定义证明数列极限的方法进行总结.

证明 $\lim\limits_{n \to \infty} a_n=A$ 的基本思想是:对任意 $\varepsilon>0$ 找到某个 $N(\varepsilon)$,使得当 $n>N(\varepsilon)$ 时不等式 $|a_n-A|<\varepsilon$ 成立. 得到 $N(\varepsilon)$ 通常有两种方法:

（1）直接从不等式 $|a_n-A|<\varepsilon$ 求解出 $n>N(\varepsilon)$;

（2）若不能直接求解或者难以求解,可对 $|a_n-A|$ 进行适当放缩,经常放缩为 $|a_n-A|<\dfrac{a}{n^\alpha}(\alpha>0)$ 或者 $|a_n-A|<a|q|^n(|q|<1)$ 形式后,再令 $\dfrac{a}{n^\alpha}<\varepsilon$ 或者 $a|q|^n<\varepsilon$ 求解得到 $N(\varepsilon)$.

在得到 $N(\varepsilon)$ 后,令 $N=[N(\varepsilon)]$,则当 $n>N$ 时,$|a_n-A|<\varepsilon$ 成立.

■ 收敛数列的性质

定理 1　极限的唯一性

若数列 $\{a_n\}$ 收敛,则其极限必定唯一.

定义 4　数列的有界性

给定数列 $\{a_n\}$,

（1）若存在实数 A，使得对于任意 n，有 $a_n \geq A$，则称数列 $\{a_n\}$ 有下界，A 为其一个下界；

（2）若存在实数 B，使得对于任意 n，有 $a_n \leq B$，则称数列 $\{a_n\}$ 有上界，B 为其一个上界；

（3）若存在实数 $M>0$，使得对于任意 n，有 $|a_n| \leq M$，则称数列 $\{a_n\}$ 有界．若不存在这样的 M，则称数列 $\{a_n\}$ 无界.

例 4   数列 $\left\{\dfrac{1}{n}\right\}$，$\{\sin n\}$ 有界，而数列 $\{2^n\}$，$\{n\sin n\}$ 无界.

定理 2   有界性

若数列 $\{a_n\}$ 收敛，则其一定有界.

需要说明的是，有界性是一个数列收敛的必要条件，而不是充分条件，即有界数列未必收敛. 如数列 $0,1,0,1,\cdots$ 有界，但却不收敛于任何数.

定理 3   比较定理

若数列 $\{a_n\}$，$\{b_n\}$ 分别收敛于 A,B，并且存在某个正整数 N，使得当 $n>N$ 时总有 $a_n \leq b_n$ 成立，则 $A \leq B$.

需要注意的是，当两个收敛数列的对应项满足严格的大小关系，即定理 3 中不等式关系改为"$a_n<b_n$"时，结论仍然是 $A \leq B$，而非 $A<B$. 比如对任意正整数 n，$\dfrac{1}{n}<\dfrac{2}{n}$，但是 $\lim\limits_{n\to\infty}\dfrac{1}{n}=\lim\limits_{n\to\infty}\dfrac{2}{n}=0$.

定理 4   保号性

若数列 $\{a_n\}$ 收敛于 A，并且 $A>0$（或者 $A<0$），则必定存在某个正整数 N，使得当 $n>N$ 时 $a_n>0$（或者 $a_n<0$）成立.

定义 5   子列

从数列 $\{a_n\}$ 中抽取无数多项，并按它们原来的次序排列，这样形成的新数列称为原数列 $\{a_n\}$ 的子列.

如第一次抽取数列 $\{a_n\}$ 中的第 n_1 项，第二次抽取第 n_2 项，……第 k 次抽取第 n_k 项，……这样形成子列 $\{a_{n_k}\}_{k=1}^{\infty}$. 当考察极限时，原数列 $\{a_n\}$ 考察的是当 $n\to\infty$ 时 a_n 的极限；而其子列 $\{a_{n_k}\}$ 考察的是当 $k\to\infty$ 时 a_{n_k} 的极限.

例 5   数列 $1,\dfrac{1}{2},\dfrac{1}{3},\dfrac{1}{4},\cdots,\dfrac{1}{n},\cdots$ 中所有的奇数项形成子列 $1,\dfrac{1}{3},\dfrac{1}{5},\dfrac{1}{7},\cdots,\dfrac{1}{2k-1},\cdots$；而所有的偶数项形成子列 $\dfrac{1}{2},\dfrac{1}{4},\dfrac{1}{6},\cdots,\dfrac{1}{2k},\cdots$.

定理 5   数列极限的归结原理

设 $\lim\limits_{n\to\infty}a_n=A$，则对数列 $\{a_n\}$ 的任意子列 $\{a_{n_k}\}$，都有 $\lim\limits_{k\to\infty}a_{n_k}=A$.

注　归结原理的逆命题不成立,也就是说,**存在收敛子列的数列未必收敛**.如数列 $1,1,2,1,3,1,4,1,\cdots,n,1,\cdots$ 的偶数项子列为常数列 $\{1\}$,必定收敛,但是该数列本身发散.

我们可以使用归结原理的逆否命题证明一个数列发散,主要有两种方法:

(1)若数列 $\{a_n\}$ 存在两个收敛子列 $\{a_{n_k}\}$ 和 $\{a_{m_k}\}$,使得 $\lim\limits_{k\to\infty}a_{n_k}=A$,$\lim\limits_{k\to\infty}a_{m_k}=B$,但是 $A\neq B$,则数列 $\{a_n\}$ 发散;

(2)若数列 $\{a_n\}$ 存在发散子列,则 $\{a_n\}$ 发散.

例 6　(1)分析数列 $1,\dfrac{1}{2},3,\dfrac{1}{4},\cdots,2n-1,\dfrac{1}{2n},\cdots$,可以发现其存在发散子列 $1,3,5,\cdots,2n-1,\cdots$,因此数列 $1,\dfrac{1}{2},3,\dfrac{1}{4},\cdots,2n-1,\dfrac{1}{2n},\cdots$ 发散.

(2)考虑数列 $0,1,0,1,\cdots,0,1,\cdots$,其奇数项子列为常数列 $\{0\}$,收敛于 0;而偶数项子列为常数列 $\{1\}$,收敛于 1,因此数列 $0,1,0,1,\cdots,0,1,\cdots$ 发散.

例 7　数列 $\left\{\dfrac{(-1)^n n}{1+n}\right\}$ 是否收敛?

解　令 $a_n=\dfrac{(-1)^n n}{1+n}$. 分别考虑该数列的偶数项子列 $\{a_{2k}\}=\left\{\dfrac{(-1)^{2k}2k}{1+2k}\right\}=\left\{\dfrac{2k}{1+2k}\right\}$ 和奇数项子列 $\{a_{2k+1}\}=\left\{\dfrac{(-1)^{2k+1}(2k+1)}{1+(2k+1)}\right\}=\left\{-\dfrac{1+2k}{2+2k}\right\}$,不难看出

$$\lim\limits_{k\to\infty}a_{2k}=1,\quad \lim\limits_{k\to\infty}a_{2k+1}=-1,$$

因此 $\left\{\dfrac{(-1)^n n}{1+n}\right\}$ 发散.

■ 数列极限的运算法则

利用定义证明数列极限存在时,首先需要知道数列的极限,再进行严格证明. 而对于复杂的收敛数列,往往需要结合已知数列的极限,运用极限的运算法则进行计算.

定理 6　数列极限的四则运算法则

假设 $\lim\limits_{n\to\infty}a_n=A$,$\lim\limits_{n\to\infty}b_n=B$ 均存在,则以下运算法则成立:

(1)**加法法则**　$\lim\limits_{n\to\infty}(a_n+b_n)=A+B$;

(2)**减法法则**　$\lim\limits_{n\to\infty}(a_n-b_n)=A-B$;

(3)**乘法法则**　$\lim\limits_{n\to\infty}(a_n b_n)=AB$;

（4）除法法则   当 $B \neq 0$ 时，$\lim\limits_{n \to \infty} \dfrac{a_n}{b_n} = \dfrac{A}{B}$.

例 8   计算极限 $\lim\limits_{n \to \infty} \dfrac{(n+1)^3 - n^3}{3n^2 + 1}$.

解   利用已知极限 $\lim\limits_{n \to \infty} \dfrac{1}{n^\alpha} = 0 \, (\alpha > 0)$，并根据定理 6 可得

$$\lim_{n \to \infty} \frac{(n+1)^3 - n^3}{3n^2 + 1} = \lim_{n \to \infty} \frac{3n^2 + 3n + 1}{3n^2 + 1} = \lim_{n \to \infty} \frac{1 + \dfrac{1}{n} + \dfrac{1}{3n^2}}{1 + \dfrac{1}{3n^2}} = 1.$$

例 9   计算极限 $\lim\limits_{n \to \infty} \left(\sqrt{n^2 + n} - n \right)$.

解   将分子有理化变形后再计算，有

$$\lim_{n \to \infty} \left(\sqrt{n^2 + n} - n \right) = \lim_{n \to \infty} \frac{\left(\sqrt{n^2 + n} - n \right) \left(\sqrt{n^2 + n} + n \right)}{\sqrt{n^2 + n} + n}$$

$$= \lim_{n \to \infty} \frac{n}{\sqrt{n^2 + n} + n} = \lim_{n \to \infty} \frac{1}{\sqrt{1 + \dfrac{1}{n}} + 1} = \frac{1}{2}.$$

例 10   计算极限 $\lim\limits_{n \to \infty} \left(\dfrac{1}{n^2} + \dfrac{2}{n^2} + \cdots + \dfrac{n}{n^2} \right)$.

解 $\lim\limits_{n \to \infty} \left(\dfrac{1}{n^2} + \dfrac{2}{n^2} + \cdots + \dfrac{n}{n^2} \right) = \lim\limits_{n \to \infty} \dfrac{1 + 2 + \cdots + n}{n^2} = \lim\limits_{n \to \infty} \dfrac{n(n+1)}{2n^2} = \dfrac{1}{2}$.

注   本例和式中的每一项极限均为 0，但是不能使用极限的加法法则. 极限的加法法则只能用于项数有限的情形. 而在本例中，一共有 n 项，当 $n \to \infty$ 时是对无限项之和求极限. 正确的做法是先求和再计算极限.

例 11   计算极限 $\lim\limits_{n \to \infty} \dfrac{1 + 2 + 2^2 + \cdots + 2^n}{1 + 3 + 3^2 + \cdots + 3^n}$.

解   利用等比数列求和公式，有

$$\lim_{n \to \infty} \frac{1 + 2 + 2^2 + \cdots + 2^n}{1 + 3 + 3^2 + \cdots + 3^n} = \lim_{n \to \infty} \frac{\dfrac{1 - 2^{n+1}}{1 - 2}}{\dfrac{1 - 3^{n+1}}{1 - 3}} = \lim_{n \to \infty} 2 \times \frac{2^{n+1} - 1}{3^{n+1} - 1} = \lim_{n \to \infty} 2 \times \frac{\left(\dfrac{2}{3} \right)^{n+1} - \left(\dfrac{1}{3} \right)^{n+1}}{1 - \left(\dfrac{1}{3} \right)^{n+1}} = 0.$$

例 12　计算极限 $\lim\limits_{n\to\infty}\left(1+\dfrac{1}{2}\right)\left(1+\dfrac{1}{2^2}\right)\left(1+\dfrac{1}{2^4}\right)\cdots\left(1+\dfrac{1}{2^{2^n}}\right)$.

解

$$\lim_{n\to\infty}\left(1+\frac{1}{2}\right)\left(1+\frac{1}{2^2}\right)\left(1+\frac{1}{2^4}\right)\cdots\left(1+\frac{1}{2^{2^n}}\right)$$

$$=\lim_{n\to\infty}\frac{\left(1-\dfrac{1}{2}\right)\left(1+\dfrac{1}{2}\right)\left(1+\dfrac{1}{2^2}\right)\left(1+\dfrac{1}{2^4}\right)\cdots\left(1+\dfrac{1}{2^{2^n}}\right)}{1-\dfrac{1}{2}}$$

$$=\lim_{n\to\infty}2\left(1-\frac{1}{2^{2^{n+1}}}\right)=2.$$

定理 7　数列极限的夹逼准则

假设三个数列 $\{a_n\}_{n=1}^{\infty}$，$\{b_n\}_{n=1}^{\infty}$ 和 $\{c_n\}_{n=1}^{\infty}$ 满足

（1）存在某个正整数 N，使得当 $n>N$ 时，$b_n\leqslant a_n\leqslant c_n$；

（2）$\lim\limits_{n\to\infty}b_n=\lim\limits_{n\to\infty}c_n=A$；

则 $\lim\limits_{n\to\infty}a_n=A$.

证明　对于任意 $\varepsilon>0$，由 $\lim\limits_{n\to\infty}b_n=A$ 可知，存在正整数 N_1，使得当 $n>N_1$ 时，$|b_n-A|<\varepsilon$，即 $-\varepsilon<b_n-A$ 在 $n>N_1$ 时成立.

由 $\lim\limits_{n\to\infty}c_n=A$ 可知，存在正整数 N_2，使得当 $n>N_2$ 时，$|c_n-A|<\varepsilon$，即 $c_n-A<\varepsilon$ 在 $n>N_2$ 时成立.

令 $\overline{N}=\max\{N,N_1,N_2\}$，则当 $n>\overline{N}$ 时，

$$-\varepsilon<b_n-A\leqslant a_n-A\leqslant c_n-A<\varepsilon,$$

即 $|a_n-A|<\varepsilon$. 由极限定义可知 $\lim\limits_{n\to\infty}a_n=A$.

夹逼准则可简单理解为：若 $\{b_n\}$ 与 $\{c_n\}$ 均趋于 A，而 $\{a_n\}$ 的取值位于 $\{b_n\}$ 和 $\{c_n\}$ 之间，则 $\{a_n\}$ 必定趋于 A.

例 13　证明：对任意实数 $a>0$，$\lim\limits_{n\to\infty}\sqrt[n]{a}=1$.

证明　当 $a=1$ 时，结论显然成立.

当 $a>1$ 时，令 $\sqrt[n]{a}=1+h_n$，$h_n>0$. 由二项式定理知 $a=(1+h_n)^n>1+nh_n$，则

$$0<h_n<\frac{a-1}{n}.$$

而 $\lim\limits_{n\to\infty}\dfrac{a-1}{n}=0$，利用夹逼准则可得 $\lim\limits_{n\to\infty}h_n=0$，从而 $\lim\limits_{n\to\infty}\sqrt[n]{a}=1$．

当 $0<a<1$ 时，$\dfrac{1}{a}>1$，此时 $\lim\limits_{n\to\infty}\sqrt[n]{a}=\lim\limits_{n\to\infty}\dfrac{1}{\sqrt[n]{\dfrac{1}{a}}}=1$．

综上所述，对任意实数 $a>0$，都有 $\lim\limits_{n\to\infty}\sqrt[n]{a}=1$．

例 14　证明：$\lim\limits_{n\to\infty}\sqrt[n]{1+2^n+3^n}=3$．

证明　对于任意 n，

$$3\leqslant\sqrt[n]{1+2^n+3^n}\leqslant\sqrt[n]{3\cdot3^n}=3\sqrt[n]{3},$$

利用例 13 的结论可得 $\lim\limits_{n\to\infty}\sqrt[n]{3}=1$，由夹逼准则即得 $\lim\limits_{n\to\infty}\sqrt[n]{1+2^n+3^n}=3$．

一般地，设 $a_1,\cdots,a_k$ 是 k 个给定的正数，则

$$\lim\limits_{n\to\infty}\sqrt[n]{a_1^n+a_2^n+\cdots+a_k^n}=\max\{a_1,a_2,\cdots,a_k\}.$$

例 15　求极限 $\lim\limits_{n\to\infty}\left(\dfrac{1}{n^2+1}+\dfrac{2}{n^2+2}+\cdots+\dfrac{n}{n^2+n}\right)$．

解　此例中的和是不可求的，但是其中的每一项都可以适当放缩，即

$$\dfrac{k}{n^2+n}\leqslant\dfrac{k}{n^2+k}\leqslant\dfrac{k}{n^2+1}.$$

从而 $S_n=\dfrac{1}{n^2+1}+\dfrac{2}{n^2+2}+\cdots+\dfrac{n}{n^2+n}$ 满足

$$\dfrac{1}{2}=\sum_{k=1}^{n}\dfrac{k}{n^2+n}\leqslant S_n\leqslant\sum_{k=1}^{n}\dfrac{k}{n^2+1}=\dfrac{n^2+n}{2(n^2+1)}.$$

而 $\lim\limits_{n\to\infty}\dfrac{1}{2}=\lim\limits_{n\to\infty}\dfrac{n^2+n}{2(n^2+1)}=\dfrac{1}{2}$，由夹逼准则可得

$$\lim\limits_{n\to\infty}\left(\dfrac{1}{n^2+1}+\dfrac{2}{n^2+2}+\cdots+\dfrac{n}{n^2+n}\right)=\dfrac{1}{2}.$$

定理 8　夹逼准则的特殊应用

若数列 $\{a_n\}$ 满足 $\lim\limits_{n\to\infty}a_n=0$，而数列 $\{b_n\}$ 有界，则 $\lim\limits_{n\to\infty}(a_nb_n)=0$．

注　本定理不能简单地应用极限的乘法法则证明．$\lim\limits_{n\to\infty}(a_nb_n)=\left(\lim\limits_{n\to\infty}a_n\right)\cdot\left(\lim\limits_{n\to\infty}b_n\right)$ 成立的前提是 $\lim\limits_{n\to\infty}a_n$ 和 $\lim\limits_{n\to\infty}b_n$ 都存在，但是在本定理中，数列 $\{b_n\}$ 仅为有界

数列,未必收敛. 正确的方法是利用 $|a_n b_n| \leqslant M |a_n|$, 以及 $\lim\limits_{n \to \infty} a_n = 0$ 等价于 $\lim\limits_{n \to \infty} |a_n| = 0$(习题 1.2 第 8 题)的结论来证明,请读者自证.

例 16　求极限 $\lim\limits_{n \to \infty} \dfrac{\sin n}{\sqrt{n}}$.

解　将 $\dfrac{\sin n}{\sqrt{n}}$ 视为 $\sin n$ 和 $\dfrac{1}{\sqrt{n}}$ 的乘积,由 $\lim\limits_{n \to \infty} \dfrac{1}{\sqrt{n}} = 0$, $|\sin n| \leqslant 1$,利用定理 8 可以得到 $\lim\limits_{n \to \infty} \dfrac{\sin n}{\sqrt{n}} = 0$.

习题 1.2

1. 通过观察下列数列,判断它们是否收敛. 若收敛,确定其极限:

(1) $0, 1, \dfrac{1}{2}, 1, \dfrac{1}{4}, 1, \dfrac{1}{6}, \cdots$;

(2) $1 - \dfrac{1}{2}, 2 - \dfrac{1}{3}, 3 - \dfrac{1}{4}, 4 - \dfrac{1}{5}, \cdots$;

(3) $\left\{ \dfrac{n}{n+1} \right\}$;

(4) $\left\{ \dfrac{(-1)^n (n+1)}{n^2} \right\}$;

(5) $\left\{ \dfrac{2^n + 1}{3^n + 1} \right\}$;

(6) $\left\{ \dfrac{n}{2^n} \right\}$.

2. 利用数列极限的定义证明下列极限:

(1) $\lim\limits_{n \to \infty} \dfrac{n-1}{n^2 + n + 1} = 0$;

(2) $\lim\limits_{n \to \infty} \dfrac{2^n}{3^n + 1} = 0$.

3. 计算下列极限:

(1) $\lim\limits_{n \to \infty} \dfrac{(n+2)^3 - n^3}{(n+3)^3 - n^3}$;

(2) $\lim\limits_{n \to \infty} \dfrac{\left(\sqrt{n^2 + 1} + n \right)^2}{\sqrt[3]{n^6 + 1}}$;

(3) $\lim\limits_{n \to \infty} \left(\sqrt{n^2 - n} - n \right)$.

4. 利用夹逼准则证明 $\lim\limits_{n \to \infty} \sqrt[n]{n} = 1$. 并计算极限 $\lim\limits_{n \to \infty} \sqrt[n]{\ln n}$.

5. 求下列和式的极限:

(1) $\lim\limits_{n \to \infty} \left(\dfrac{1}{1 \cdot 3} + \dfrac{1}{2 \cdot 4} + \cdots + \dfrac{1}{n(n+2)} \right)$;

(2) $\lim\limits_{n \to \infty} \left(\dfrac{1}{2!} + \dfrac{2}{3!} + \cdots + \dfrac{n-1}{n!} \right)$;

(3) $\lim\limits_{n \to \infty} \left(\dfrac{1}{\sqrt{n^2 + 1}} + \dfrac{1}{\sqrt{n^2 + 2}} + \cdots + \dfrac{1}{\sqrt{n^2 + n}} \right)$;

（4） $\lim\limits_{n\to\infty}\left(\dfrac{1}{\sqrt{n^4+1^2}}+\dfrac{2}{\sqrt{n^4+2^2}}+\cdots+\dfrac{n}{\sqrt{n^4+n^2}}\right)$.

6. 证明：数列 $\left\{\sin\dfrac{n\pi}{3}\right\}$ 发散.

7. 假设数列 $\{x_n\}$ 的奇数项子列 $\{x_{2k+1}\}$ 和偶数项子列 $\{x_{2k}\}$ 均收敛于 A ，证明：数列 $\{x_n\}$ 收敛于 A .

8. 证明：数列 $\{a_n\}$ 收敛于 0 的充要条件为 $\{|a_n|\}$ 收敛于 0.

9. 若数列 $\{x_n\}$ 满足 $|x_{n+1}|\leqslant q|x_n|(n=1,2,\cdots)$ ，其中 $0<q<1$ ，证明： $\lim\limits_{n\to\infty}x_n=0$.

— 1.3 函数的极限 —

数列可以理解为自变量离散取值的函数，因此只能考虑项数趋于无穷大时的极限. 而函数的自变量是连续取值，可以考虑的自变量变化趋势形式多样，共 6 种，具体包括：

自变量趋于有限值：$x\to x_0$, $x\to x_0^+$, $x\to x_0^-$ ；

自变量趋于无穷大：$x\to\infty$, $x\to+\infty$, $x\to-\infty$.

本节将针对自变量的上述 6 种变化过程，分别介绍相应的函数极限定义.

■ 函数在自变量趋于有限值时的极限

首先结合图 1-4，考察以下三个函数在自变量 x 趋于 1 时函数值的变化趋势

$$f_1(x)=x+1,f_2(x)=\frac{x^2-1}{x-1},f_3(x)=\begin{cases}\dfrac{x^2-1}{x-1}, & x\neq 1,\\[2mm] 1, & x=1.\end{cases}$$

对于 $f_1(x)=x+1$ ，通过图像可以发现，当 x 趋于 1 时，函数值 $f_1(x)$ 趋于 2. $f_2(x)$ 与 $f_1(x)$ 的区别仅在于 $f_2(x)$ 在 $x=1$ 处无定义，在其他部分与 $f_1(x)$ 完全相同. 不难看出，虽然 $f_2(x)$ 在 $x=1$ 处无定义，但是当 x 趋于 1 时，$f_2(x)$ 也趋于 2. $f_3(x)$ 其

实是将 $f_1(x)$ 在 $x=1$ 处的函数值重新定义为 1,可以发现当 x 趋于 1 时,$f_3(x)$ 仍趋于 2. 由此可见,函数 $f(x)$ 当 x 趋于某个有限数 x_0 时的变化趋势(或极限)与 $f(x)$ 在 x_0 点是否有定义无关. 三个函数的图形表明当 x 趋于 1 时,$f_1(x)$,$f_2(x)$ 和 $f_3(x)$ 都趋于 2(极限为 2).

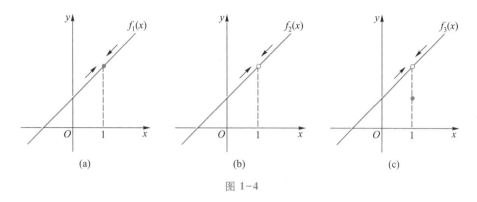

图 1-4

在函数极限的分析中,涉及两个距离:一是自变量 x 与 x_0 的距离(度量 x 趋近 x_0 的程度);二是函数 $f(x)$ 与极限值 A 之间的距离(度量 $f(x)$ 趋近 A 的程度). 粗略地讲,若当 x 充分靠近 x_0 时,$f(x)$ 充分靠近数 A,则称当 $x \to x_0$ 时,$f(x)$ 的极限为 A. 为准确地表述函数极限的概念,首先给出点 x_0 的邻域概念.

定义 1 邻域、去心邻域

对于实数 x_0 及正数 $\delta>0$,

(1) 所有到 x_0 的距离小于 δ 的数构成的集合,称为点 x_0 的 δ 邻域,记为 $U(x_0,\delta)$,其中 x_0 为邻域的中心,δ 为邻域的半径;

(2) $U(x_0,\delta)$ 中去掉中心点 x_0,形成点 x_0 的去心 δ 邻域,记为 $\mathring{U}(x_0,\delta)$;

(3) $\mathring{U}(x_0,\delta)$ 中比 x_0 大的数构成点 x_0 的右 δ 邻域,比 x_0 小的数构成点 x_0 的左 δ 邻域.

例 1 中心为 1,半径为 1 的邻域 $U(1,1)$ 就是开区间 $(0,2)$;而中心为 0,半径为 2 的去心邻域 $\mathring{U}(0,2)$ 是 $(-2,0) \cup (0,2)$.

类似于数列极限的"$\varepsilon\text{-}N$"定义,下面给出函数在自变量趋于有限值时的极限定义,称为"$\varepsilon\text{-}\delta$"定义.

定义 2 函数在自变量趋于有限值时的极限

设函数 $f(x)$ 在点 x_0 的某个去心邻域内有定义. 若对于任意给定的(小)正数 ε,存在 $\delta>0$,使得当 $0<|x-x_0|<\delta$ 时,总有 $|f(x)-A|<\varepsilon$,则称当 $x \to x_0$ 时,$f(x)$ 的极限为 A,记为

$$\lim_{x \to x_0} f(x) = A.$$

对于图 1-4 中的三个函数 $f_1(x), f_2(x)$ 与 $f_3(x)$，可以发现当 $x \neq 1$ 时，$|f_1(x) - 2| = |f_2(x) - 2| = |f_3(x) - 2| = |x - 1|$，因此只要 x 与 1 之间的距离小于 ε（即 $|x - 1| < \varepsilon$），函数值与 2 之间的距离就小于 ε.

利用函数极限的定义可以直接得到

$$\text{对任意常数 } C \text{ 和 } x_0, \lim_{x \to x_0} C = C.$$

例 2　利用函数极限的定义证明：$\lim_{x \to 1}(2x + 1) = 3$.

证明　对任意 $\varepsilon > 0$，要使得 $|(2x + 1) - 3| < \varepsilon$，即 $2|x - 1| < \varepsilon$，只要 $|x - 1| < \frac{\varepsilon}{2}$ 即可. 取 $\delta = \frac{\varepsilon}{2}$，当 $0 < |x - 1| < \delta$ 时，有 $|(2x + 1) - 3| < \varepsilon$. 由极限定义可知，$\lim_{x \to 1}(2x + 1) = 3$.

例 3　证明：对任意 $x_0 > 0, \lim_{x \to x_0} \sqrt{x} = \sqrt{x_0}$.

证明　对任意 $\varepsilon > 0$，要使得 $|\sqrt{x} - \sqrt{x_0}| < \varepsilon$，注意到

$$\left| \sqrt{x} - \sqrt{x_0} \right| = \frac{|x - x_0|}{\sqrt{x} + \sqrt{x_0}} < \frac{|x - x_0|}{\sqrt{x_0}},$$

只要 $\frac{|x - x_0|}{\sqrt{x_0}} < \varepsilon$ 即可，即 $|x - x_0| < \sqrt{x_0}\,\varepsilon$. 取 $\delta = \sqrt{x_0}\,\varepsilon$，当 $0 < |x - x_0| < \delta$ 时，有 $|\sqrt{x} - \sqrt{x_0}| < \varepsilon$. 由极限定义可知，$\lim_{x \to x_0} \sqrt{x} = \sqrt{x_0}$.

例 4　证明：对任意 $x_0, \lim_{x \to x_0} \sin x = \sin x_0$.

证明　对任意 $\varepsilon > 0$，要使得 $|\sin x - \sin x_0| < \varepsilon$. 注意到

$$|\sin x - \sin x_0| = 2\left| \sin \frac{x - x_0}{2} \cos \frac{x + x_0}{2} \right| \leqslant 2 \cdot \frac{|x - x_0|}{2} \cdot 1 = |x - x_0|,$$

取 $\delta = \varepsilon$，则当 $0 < |x - x_0| < \delta$ 时，有 $|\sin x - \sin x_0| \leqslant |x - x_0| < \varepsilon$. 由极限定义可知，$\lim_{x \to x_0} \sin x = \sin x_0$.

例 5　证明：对任意 $x_0, \lim_{x \to x_0} e^x = e^{x_0}$.

证明　这里仅证明 $\lim_{x \to 0} e^x = 1$.

对任意 $0 < \varepsilon < 1$，要使得 $|e^x - 1| < \varepsilon$，即 $1 - \varepsilon < e^x < 1 + \varepsilon$，只要

$$\ln(1 - \varepsilon) < x < \ln(1 + \varepsilon).$$

取 $\delta = \min\{|\ln(1 - \varepsilon)|, |\ln(1 + \varepsilon)|\}$，则当 $0 < |x| < \delta$ 时，有 $|e^x - 1| < \varepsilon$. 由极限

定义可知,$\lim\limits_{x\to 0}e^x = 1$.

当 $x_0 \neq 0$ 时,可以利用 $e^x = e^{x_0}e^{x-x_0}$ 证明 $\lim\limits_{x\to x_0}e^x = e^{x_0}$,留给读者作为练习.

例 6　证明:当 $x_0 > 0$ 时,$\lim\limits_{x\to x_0}\ln x = \ln x_0$.

证明　对任意 $\varepsilon > 0$,要使得 $|\ln x - \ln x_0| < \varepsilon$,即 $\ln x_0 - \varepsilon < \ln x < \ln x_0 + \varepsilon$,只要 $x_0 e^{-\varepsilon} < x < x_0 e^{\varepsilon}$ 或者 $x_0(e^{-\varepsilon}-1) < x - x_0 < x_0(e^{\varepsilon}-1)$ 即可. 取 $\delta = \min\{x_0(1-e^{-\varepsilon}), x_0(e^{\varepsilon}-1)\}$,则当 $0 < |x-x_0| < \delta$ 时,有 $|\ln x - \ln x_0| < \varepsilon$. 由极限定义可知,$\lim\limits_{x\to x_0}\ln x = \ln x_0$.

例 7　证明:$\lim\limits_{x\to 1}x^2 = 1$.

证明　预先限定 $0 < |x-1| < 1$.

对任意 $\varepsilon > 0$,由于当 $0 < |x-1| < 1$,即 $0 < x < 2$ 且 $x \neq 1$ 时,$|x+1| < 3$ 成立,进而 $|x^2-1| = |x+1||x-1| < 3|x-1|$ 成立. 因此要使得 $|x^2-1| < \varepsilon$,只要 $|x-1| < \dfrac{\varepsilon}{3}$ 即可. 令 $\delta = \min\left\{\dfrac{\varepsilon}{3}, 1\right\}$,则当 $0 < |x-1| < \delta$ 时,$0 < |x-1| < 1$ 以及 $0 < |x-1| < \dfrac{\varepsilon}{3}$ 同时满足,此时 $|x^2-1| < \varepsilon$. 由极限定义可知,$\lim\limits_{x\to 1}x^2 = 1$.

以上几个例子分析的都是基本初等函数的极限值. 一般地,

若 $f(x)$ 是基本初等函数,且 $f(x)$ 在点 x_0 的某个邻域内有定义,则

$$\lim\limits_{x\to x_0}f(x) = f(x_0).$$

对运用函数极限定义证明函数极限的方法进行总结:

证明 $\lim\limits_{x\to x_0}f(x) = A$ 的基本思想是:对任意 $\varepsilon > 0$,从 $|f(x)-A| < \varepsilon$ 倒推出 $0 < |x-x_0| < \delta$,注意 δ 与 x 无关,只与 x_0,ε 及其他常数有关. 得到这样的 δ 一般有三种方法:

(1) 直接从不等式 $|f(x)-A| < \varepsilon$ 求解出 $0 < |x-x_0| < \delta$;

(2) 将 $|f(x)-A|$ 放缩为 $|x-x_0|$ 的函数形式,如 $|f(x)-A| < g(|x-x_0|)$,再求解 $g(|x-x_0|) < \varepsilon$ 得到 $0 < |x-x_0| < \sigma$;

(3) 先限定 $0 < |x-x_0| < \delta_0$(δ_0 经常取小的正数),在此范围内对 $|f(x)-A|$ 进行适当放缩,再求解得到 $0 < |x-x_0| < \delta_1$,最终令 $\delta = \min\{\delta_0, \delta_1\}$.

■　单侧极限

如图 1-5,对于某些函数,如 $f(x) = \sqrt{x}$,仅在 $x \geq 0$ 时有定义,因此只能考察 $\sqrt{x}$ 在 0 点右侧的变化趋势;又如分段函数 $f(x) = \begin{cases} x+1, & x > 0, \\ x-1, & x < 0, \end{cases}$ 在 0 点左右两侧,$f(x)$ 有不同的表达式,因此无法用统一的形式进行分析,只能分别考虑它在 0 点

左右两侧的性态.

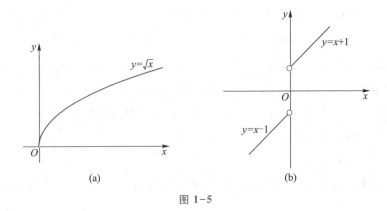

图 1-5

定义 3   右极限、左极限

(1) 假设 $f(x)$ 在点 x_0 的某个右邻域内有定义. 若对于任意给定的 $\varepsilon>0$, 存在 $\delta>0$, 使得当 $0<x-x_0<\delta$ 时, $|f(x)-A|<\varepsilon$ 成立, 则称当 $x\to x_0$ 时 $f(x)$ 的右极限为 A, 记为 $\lim\limits_{x\to x_0^+}f(x)=A$;

(2) 假设 $f(x)$ 在点 x_0 的某个左邻域内有定义. 若对于任意给定的 $\varepsilon>0$, 存在 $\delta>0$, 使得当 $-\delta<x-x_0<0$ 时, $|f(x)-A|<\varepsilon$ 成立, 则称当 $x\to x_0$ 时 $f(x)$ 的左极限为 A, 记为 $\lim\limits_{x\to x_0^-}f(x)=A$.

$f(x)$ 在点 x_0 的左、右极限统称为单侧极限, 单侧极限的定义表明 $\lim\limits_{x\to x_0^+}f(x)$ 仅与 $f(x)$ 在 x_0 右侧附近的定义有关; 而 $\lim\limits_{x\to x_0^-}f(x)$ 仅与 $f(x)$ 在 x_0 左侧附近的定义有关. 当函数在 x_0 点左右两侧的表达式不同 (主要是分段函数) 时, 需要分析其左、右极限.

例 8   设 $f(x)=\begin{cases}x+1, & x>0, \\ x-1, & x<0,\end{cases}$ 求 $\lim\limits_{x\to 0^+}f(x)$, $\lim\limits_{x\to 0^-}f(x)$, $\lim\limits_{x\to 1^+}f(x)$ 和 $\lim\limits_{x\to(-1)^-}f(x)$.

解 $\lim\limits_{x\to 0^+}f(x)=\lim\limits_{x\to 0^+}(x+1)=1$, $\lim\limits_{x\to 0^-}f(x)=\lim\limits_{x\to 0^-}(x-1)=-1$,

$\lim\limits_{x\to 1^+}f(x)=\lim\limits_{x\to 1^+}(x+1)=2$, $\lim\limits_{x\to(-1)^-}f(x)=\lim\limits_{x\to(-1)^-}(x-1)=-2$.

定理 1   函数在有限点处极限存在的充要条件

假设 $f(x)$ 在点 x_0 的某个去心邻域内有定义. 极限 $\lim\limits_{x\to x_0}f(x)=A$ 成立的充要条件是 $\lim\limits_{x\to x_0^+}f(x)=\lim\limits_{x\to x_0^-}f(x)=A$.

证明   先证明必要性. 根据函数极限的定义, 对于任意 $\varepsilon>0$, 由 $\lim\limits_{x\to x_0}f(x)=A$

可知,存在 $\delta>0$,使得当 $0<|x-x_0|<\delta$ 时,有 $|f(x)-A|<\varepsilon$,即在 $0<x-x_0<\delta$ 和 $-\delta<x-x_0<0$ 内,都有 $|f(x)-A|<\varepsilon$. 分别由右极限和左极限的定义可得 $\lim\limits_{x\to x_0^+}f(x)=A$, $\lim\limits_{x\to x_0^-}f(x)=A$. 这就证明了 $\lim\limits_{x\to x_0^+}f(x)=\lim\limits_{x\to x_0^-}f(x)=A$.

再证明充分性. 若已知 $\lim\limits_{x\to x_0^+}f(x)=\lim\limits_{x\to x_0^-}f(x)=A$,则对任意 $\varepsilon>0$,存在某个 $\delta_1>0$,使得当 $0<x-x_0<\delta_1$ 时,$|f(x)-A|<\varepsilon$;也存在某个 $\delta_2>0$,使得当 $-\delta_2<x-x_0<0$ 时,$|f(x)-A|<\varepsilon$. 取 $\delta=\min\{\delta_1,\delta_2\}>0$,则当 $0<|x-x_0|<\delta$ 时,$|f(x)-A|<\varepsilon$,由函数极限定义可得 $\lim\limits_{x\to x_0}f(x)=A$.

定理 1 的逆否命题给出了函数 $f(x)$ 在 $x\to x_0$ 时极限不存在的两种情形:

(1) 若左极限 $\lim\limits_{x\to x_0^-}f(x)$ 与右极限 $\lim\limits_{x\to x_0^+}f(x)$ 中有一个不存在,则极限 $\lim\limits_{x\to x_0}f(x)$ 不存在.

(2) 若左极限 $\lim\limits_{x\to x_0^-}f(x)=A$ 与右极限 $\lim\limits_{x\to x_0^+}f(x)=B$ 都存在,但 $A\neq B$,则极限 $\lim\limits_{x\to x_0}f(x)$ 不存在.

例 9   考察 $\lim\limits_{x\to 0}\dfrac{|x|}{x}$ 是否存在.

解   当 $x>0$ 时,$\dfrac{|x|}{x}=1$,因此 $\lim\limits_{x\to 0^+}\dfrac{|x|}{x}=\lim\limits_{x\to 0^+}1=1$;而当 $x<0$ 时,$\dfrac{|x|}{x}=-1$,因此 $\lim\limits_{x\to 0^-}\dfrac{|x|}{x}=\lim\limits_{x\to 0^-}(-1)=-1$. 所以 $\lim\limits_{x\to 0}\dfrac{|x|}{x}$ 不存在.

例 10   设 $f(x)=\begin{cases}x^2, & x\geq 0,\\ -x^2, & x<0,\end{cases}$ 分别计算 $\lim\limits_{x\to 0}f(x)$,$\lim\limits_{x\to 1}f(x)$ 和 $\lim\limits_{x\to -1}f(x)$.

解   根据函数 $f(x)$ 的定义可知,求 $x\to 0$ 时的函数极限必须分析左、右极限,而求 $x\to 1$ 和 $x\to -1$ 时的极限不需要考虑左、右极限.

因为 $\lim\limits_{x\to 0^+}f(x)=\lim\limits_{x\to 0^+}x^2=0$,$\lim\limits_{x\to 0^-}f(x)=\lim\limits_{x\to 0^-}(-x^2)=0$,所以有 $\lim\limits_{x\to 0}f(x)=0$.

直接计算可得 $\lim\limits_{x\to 1}f(x)=\lim\limits_{x\to 1}x^2=1$,$\lim\limits_{x\to -1}f(x)=\lim\limits_{x\to -1}(-x^2)=-1$.

■ 函数在自变量趋于无穷大时的极限

下面给出函数在自变量趋于无穷大时的极限定义,称为"ε-X"定义.

定义 4   函数在自变量趋于无穷大时的极限

设 M 是一个大的正数,A 是某个给定的实数.

(1) 假设 $f(x)$ 在区间 $(-\infty,-M)\cup(M,+\infty)$ 上有定义. 若对于任意的 $\varepsilon>0$,

存在 $X>0$,使得当 $|x|>X$ 时, $|f(x)-A|<\varepsilon$,则称当 $x\to\infty$ 时,$f(x)$ 的极限为 A,记为

$$\lim_{x\to\infty}f(x)=A.$$

（2）假设 $f(x)$ 在区间 $(M,+\infty)$ 上有定义. 若对于任意的 $\varepsilon>0$,存在 $X>0$,使得当 $x>X$ 时, $|f(x)-A|<\varepsilon$,则称当 $x\to+\infty$ 时,$f(x)$ 的极限为 A,记为

$$\lim_{x\to+\infty}f(x)=A.$$

（3）假设 $f(x)$ 在区间 $(-\infty,-M)$ 上有定义. 若对于任意的 $\varepsilon>0$,存在 $X>0$,使得当 $x<-X$ 时, $|f(x)-A|<\varepsilon$,则称当 $x\to-\infty$ 时,$f(x)$ 的极限为 A,记为

$$\lim_{x\to-\infty}f(x)=A.$$

例 11　证明: $\lim\limits_{x\to\infty}\dfrac{1}{x^2}=0$.

证明　对任意 $\varepsilon>0$,要使得 $\left|\dfrac{1}{x^2}-0\right|=\dfrac{1}{x^2}<\varepsilon$,只要 $x^2>\dfrac{1}{\varepsilon}$ 即可,即 $|x|>\dfrac{1}{\sqrt{\varepsilon}}$. 取 $X=\dfrac{1}{\sqrt{\varepsilon}}$,当 $|x|>X$ 时, $\left|\dfrac{1}{x^2}-0\right|<\varepsilon$. 由极限定义可得 $\lim\limits_{x\to\infty}\dfrac{1}{x^2}=0$.

一般地,利用极限定义可以证明

$$当 n 为正整数时,有 \lim_{x\to\infty}\frac{1}{x^n}=0.$$

例 12　证明: $\lim\limits_{x\to-\infty}e^x=0$, $\lim\limits_{x\to+\infty}e^{-x}=0$.

证明　对任意 $0<\varepsilon<1$,要使得 $|e^x-0|=e^x<\varepsilon$,只要 $x<\ln\varepsilon$ 即可. 取 $X=-\ln\varepsilon>0$,则当 $x<-X$ 时, $|e^x-0|<\varepsilon$. 由极限定义可得 $\lim\limits_{x\to-\infty}e^x=0$.

同理,对任意 $0<\varepsilon<1$,要使得 $|e^{-x}-0|=e^{-x}<\varepsilon$,只要 $x>-\ln\varepsilon$ 即可. 仍取 $X=-\ln\varepsilon>0$,则当 $x>X$ 时, $|e^{-x}-0|<\varepsilon$. 由极限定义可得 $\lim\limits_{x\to+\infty}e^{-x}=0$.

例 13　证明: $\lim\limits_{x\to-\infty}\arctan x=-\dfrac{\pi}{2}$, $\lim\limits_{x\to+\infty}\arctan x=\dfrac{\pi}{2}$.

证明　我们仅证明 $\lim\limits_{x\to-\infty}\arctan x=-\dfrac{\pi}{2}$.

由于对任意 x 都有 $-\dfrac{\pi}{2}<\arctan x<\dfrac{\pi}{2}$ 成立,因此对任意 $0<\varepsilon<\dfrac{\pi}{2}$,要使得 $\left|\arctan x-\left(-\dfrac{\pi}{2}\right)\right|<\varepsilon$,只要 $\arctan x<-\dfrac{\pi}{2}+\varepsilon$ 即可,由于反正切函数 $\arctan x$ 是单

调递增的,这等价于 $x < \tan\left(-\dfrac{\pi}{2}+\varepsilon\right) = -\cot\varepsilon$. 取 $X = \cot\varepsilon > 0$,则当 $x < -X$ 时,

$\left|\arctan x - \left(-\dfrac{\pi}{2}\right)\right| < \varepsilon$,由极限定义可得 $\lim\limits_{x\to-\infty}\arctan x = -\dfrac{\pi}{2}$.

读者可以用同样的方法证明 $\lim\limits_{x\to+\infty}\arctan x = \dfrac{\pi}{2}$.

例 14　分别计算极限 $\lim\limits_{x\to+\infty}\dfrac{|x|}{x}$,$\lim\limits_{x\to-\infty}\dfrac{|x|}{x}$.

解　$x\to+\infty$ 意味着自变量取正值,$x\to-\infty$ 意味着自变量取负值,而当 $x>0$ 时,函数 $\dfrac{|x|}{x}$ 的值为 1;而当 $x<0$ 时 $\dfrac{|x|}{x}$ 的值为 -1. 因此

$$\lim\limits_{x\to+\infty}\dfrac{|x|}{x} = \lim\limits_{x\to+\infty}1 = 1,\ \lim\limits_{x\to-\infty}\dfrac{|x|}{x} = \lim\limits_{x\to-\infty}(-1) = -1.$$

若当自变量取正值或负值时函数有不同的表达式,则在考察 $x\to\infty$ 的极限时,需要分别考察 $x\to+\infty$ 和 $x\to-\infty$ 时的极限,再按照下面的定理得出结论.

定理 2　$\lim\limits_{x\to\infty}f(x) = A$ 存在的充要条件是 $\lim\limits_{x\to+\infty}f(x) = \lim\limits_{x\to-\infty}f(x) = A$.

注意到 $|x|>X$ 包含两个部分 $x>X$ 和 $x<-X$,因此定理 2 与定理 1 的证明过程完全类似,请读者自行证明.

例 15　根据定理 2,由例 11,例 13 和例 14 的分析可得 $\lim\limits_{x\to\infty}\arctan x$ 与 $\lim\limits_{x\to\infty}\dfrac{|x|}{x}$ 均不存在,而 $\lim\limits_{x\to\infty}\dfrac{1}{x^2} = 0$.

习题 1.3

1. 观察下列函数在所给的自变量变化趋势下是否存在极限,若存在,写出其极限值:

(1) $f(x) = x^2 - x\ (x\to1)$;　　　　　(2) $f(x) = x\cos\dfrac{1}{x}\ (x\to0)$;

(3) $f(x) = 1+\cos x\ (x\to-\infty)$;　　　(4) $f(x) = \dfrac{\sin x}{1+\cos x}\ (x\to0)$.

2. 利用函数极限的定义证明下列极限:

(1) $\lim\limits_{x\to1}\dfrac{x-1}{\sqrt{x}-1} = 2$;　　　　　(2) $\lim\limits_{x\to2}(2x+1) = 5$;

（3）$\lim\limits_{x\to+\infty}\dfrac{x+1}{x^2}=0$；

（4）$\lim\limits_{x\to-\infty}e^{\frac{1}{x}}=1$.

3. 设 $f(x)=\begin{cases}\dfrac{2}{x}, & x\geqslant 1,\\ e^x, & x<1.\end{cases}$ 分别计算 $\lim\limits_{x\to1^+}f(x)$，$\lim\limits_{x\to1^-}f(x)$，$\lim\limits_{x\to+\infty}f(x)$，$\lim\limits_{x\to-\infty}f(x)$，并

分别说明 $\lim\limits_{x\to1}f(x)$，$\lim\limits_{x\to\infty}f(x)$ 是否存在.

4. 设 $f(x)=\dfrac{3x+|x|}{5x-|x|}$，分别计算 $\lim\limits_{x\to0^+}f(x)$，$\lim\limits_{x\to0^-}f(x)$，$\lim\limits_{x\to+\infty}f(x)$，$\lim\limits_{x\to-\infty}f(x)$.

— 1.4　函数极限的性质与运算法则 —

■　函数极限的性质

本小节将介绍函数极限的性质. 为简单起见，本节的性质都是对函数在有限点处的极限 $\lim\limits_{x\to x_0}f(x)$ 进行阐述，但是完全可以把这些性质推广到其他自变量变化趋势下的函数极限，主要区别仅在于性质成立的区间不同. 不同的自变量变化趋势与性质成立的区间之间的对应关系如下表（其中 $\delta,X>0$）：

自变量变化趋势	性质成立的区间
$x\to x_0$	$(x_0-\delta,x_0)\cup(x_0,x_0+\delta)$
$x\to x_0^+$	$(x_0,x_0+\delta)$
$x\to x_0^-$	$(x_0-\delta,x_0)$
$x\to\infty$	$(-\infty,-X)\cup(X,+\infty)$
$x\to+\infty$	$(X,+\infty)$
$x\to-\infty$	$(-\infty,-X)$

定理 1　函数极限的唯一性

若 $\lim\limits_{x\to x_0}f(x)$ 存在，则其极限值必定唯一.

定理 2　局部有界性

若 $\lim\limits_{x\to x_0}f(x)$ 存在，则存在点 x_0 的某个去心邻域 $\mathring{U}(x_0,\delta)$，使得函数 $f(x)$ 在该去心邻域内有界.

证明　记 $\lim\limits_{x\to x_0}f(x)=A$. 对 $\varepsilon=1$, 根据函数极限定义, 存在某个 $\delta>0$, 使得当 $0<|x-x_0|<\delta$ 时, 有 $|f(x)-A|<1$. 因此对所有 $0<|x-x_0|<\delta$, 都有

$$|f(x)|=|f(x)-A+A|\leqslant|f(x)-A|+|A|<1+|A|,$$

这说明函数 $f(x)$ 在邻域 $\mathring{U}(x_0,\delta)$ 内有界.

收敛数列的有界性是全局有界, 而由函数极限存在只能得到在极限点的某个去心邻域内函数有界, 也就是局部有界. 例如, 由极限 $\lim\limits_{x\to1}\dfrac{1}{x}=1$ 可得函数 $y=\dfrac{1}{x}$ 在 $x=1$ 的某个去心邻域 $\left(\text{如 }0<|x-1|<\dfrac{1}{2}\right)$ 内有界, 但是 $y=\dfrac{1}{x}$ 在区间 $(0,2)$ 内却是无界的.

定理 3　比较定理

假设在点 x_0 的某个去心邻域内 $f(x),g(x)$ 都有定义, 且 $f(x)\geqslant g(x)$ 成立. 若极限 $\lim\limits_{x\to x_0}f(x)=A,\lim\limits_{x\to x_0}g(x)=B$ 都存在, 则有 $A\geqslant B$.

定理 4　局部保号性

若 $\lim\limits_{x\to x_0}f(x)=A>0$, 则存在点 x_0 的某个去心邻域 $\mathring{U}(x_0,\delta)$, 使得对任意 $x\in\mathring{U}(x_0,\delta)$, 都有 $f(x)>0$.

定理 5　函数极限的归结原理

假设 $\lim\limits_{x\to x_0}f(x)=A$ 存在, 任取某个自变量数列 $\{x_n\}$, 满足 $x_n\neq x_0$, 且 $\lim\limits_{n\to\infty}x_n=x_0$, 则有 $\lim\limits_{n\to\infty}f(x_n)=A$.

证明　对任意 $\varepsilon>0$, 由函数极限定义, $\lim\limits_{x\to x_0}f(x)=A$ 意味着存在 $\delta>0$, 使得当 $0<|x-x_0|<\delta$ 时, 有 $|f(x)-A|<\varepsilon$. 对同样的 δ, 根据数列极限定义, 由 $\lim\limits_{n\to\infty}x_n=x_0$ 以及 $x_n\neq x_0$ 可知, 存在正整数 N, 使得当 $n>N$ 时, 有 $0<|x_n-x_0|<\delta$, 进而有 $|f(x_n)-A|<\varepsilon$, 这正说明 $\lim\limits_{n\to\infty}f(x_n)=A$ 成立.

根据定理 5, 我们可以利用函数极限计算数列极限.

例 1　计算极限 $\lim\limits_{n\to\infty}\arctan\dfrac{n^2}{1+n^2}$.

解　对极限 $\lim\limits_{x\to1}\arctan x=\dfrac{\pi}{4}$ 使用归结原理, 选取自变量数列 $\{x_n\}$ 进行分析, 其中 $x_n=\dfrac{n^2}{1+n^2}$ 满足 $\lim\limits_{n\to\infty}x_n=1$, 则有 $\lim\limits_{n\to\infty}\arctan\dfrac{n^2}{1+n^2}=\dfrac{\pi}{4}$.

根据定理 5, 我们可以得到两个说明函数极限 $\lim\limits_{x\to x_0}f(x)$ 不存在的方法:

（1）若存在某个自变量数列 $\{x_n\}$，使得 $x_n \neq x_0$ 且 $\lim\limits_{n \to \infty} x_n = x_0$，但是 $\lim\limits_{n \to \infty} f(x_n)$ 不存在，则 $\lim\limits_{x \to x_0} f(x)$ 不存在；

（2）若存在两个自变量数列 $\{x_n\}$，$\{x_n'\}$，使得 $x_n, x_n' \neq x_0$ 且 $\lim\limits_{n \to \infty} x_n = \lim\limits_{n \to \infty} x_n' = x_0$，$\lim\limits_{n \to \infty} f(x_n) = A$，$\lim\limits_{n \to \infty} f(x_n') = B$，但是 $A \neq B$，则 $\lim\limits_{x \to x_0} f(x)$ 不存在.

例 2　证明极限 $\lim\limits_{x \to 0} \sin\left(\dfrac{\pi}{x}\right)$ 不存在.

证明　分别取自变量数列 $\{x_n^1\}$，$\{x_n^2\}$ 进行分析，其中 $x_n^1 = \dfrac{1}{n}$，$x_n^2 = \dfrac{1}{2n + \dfrac{1}{2}}$. 显

然有 $\lim\limits_{n \to \infty} x_n^1 = \lim\limits_{n \to \infty} x_n^2 = 0$，但是

$$\lim_{n \to \infty} \sin\left(\frac{\pi}{x_n^1}\right) = \lim_{n \to \infty} \sin(n\pi) = 0, \ \lim_{n \to \infty} \sin\left(\frac{\pi}{x_n^2}\right) = \lim_{n \to \infty} \sin\left[\left(2n + \frac{1}{2}\right)\pi\right] = 1,$$

两者不相等，因此 $\lim\limits_{x \to 0} \sin\left(\dfrac{\pi}{x}\right)$ 不存在.

例 3　证明极限 $\lim\limits_{x \to 0} \dfrac{1}{x} \sin\left(\dfrac{1}{x}\right)$ 不存在.

解　分别取自变量序列 $\{x_n^1\}$，$\{x_n^2\}$ 进行分析，其中 $x_n^1 = \dfrac{1}{n\pi}$，$x_n^2 = \dfrac{1}{\left(2n + \dfrac{1}{2}\right)\pi}$.

显然 $\lim\limits_{n \to \infty} x_n^1 = \lim\limits_{n \to \infty} x_n^2 = 0$，$\lim\limits_{n \to \infty} \dfrac{1}{x_n^1} \sin\left(\dfrac{1}{x_n^1}\right) = 0$，而 $\lim\limits_{n \to \infty} \dfrac{1}{x_n^2} \sin\left(\dfrac{1}{x_n^2}\right) = \lim\limits_{n \to \infty} \left(2n + \dfrac{1}{2}\right)\pi$ 不存在.

因此极限 $\lim\limits_{x \to 0} \dfrac{1}{x} \sin\left(\dfrac{1}{x}\right)$ 不存在.

■ 函数极限的运算法则

对于复杂的函数极限，我们可以使用函数极限的运算法则进行计算. 这里列举的运算法则适用于自变量的任意变化趋势.

定理 6　函数极限的四则运算法则

设 $\lim\limits_{x \to x_0} f(x) = A$，$\lim\limits_{x \to x_0} g(x) = B$ 均存在，则以下运算法则成立：

（1）**加法法则**　$\lim\limits_{x \to x_0} [f(x) + g(x)] = A + B$；

（2）**减法法则**　$\lim\limits_{x \to x_0} [f(x) - g(x)] = A - B$；

（3）乘法法则　$\lim\limits_{x \to x_0}[f(x)g(x)] = AB$；

（4）除法法则　当 $B \neq 0$ 时，$\lim\limits_{x \to x_0}\dfrac{f(x)}{g(x)} = \dfrac{A}{B}$.

例 4　计算极限 $\lim\limits_{x \to 0}\dfrac{e^x + x}{\sin x + \cos x}$.

解　$\lim\limits_{x \to 0}\dfrac{e^x + x}{\sin x + \cos x} = \dfrac{\lim\limits_{x \to 0}e^x + \lim\limits_{x \to 0}x}{\lim\limits_{x \to 0}\sin x + \lim\limits_{x \to 0}\cos x} = \dfrac{1+0}{0+1} = 1$.

例 5　计算极限 $\lim\limits_{x \to 1}\dfrac{x^3 + 2x - 3}{x^4 - 1}$.

解　分别计算分子和分母的极限，可得 $\lim\limits_{x \to 1}(x^3 + 2x - 3) = \lim\limits_{x \to 1}(x^4 - 1) = 0$，因此不能直接使用函数极限计算的除法法则. 通过约去公因式对原分式化简后再使用除法法则计算，有

$$\lim\limits_{x \to 1}\dfrac{x^3 + 2x - 3}{x^4 - 1} = \lim\limits_{x \to 1}\dfrac{(x-1)(x^2+x+3)}{(x^2+1)(x+1)(x-1)} = \lim\limits_{x \to 1}\dfrac{x^2+x+3}{(x^2+1)(x+1)} = \dfrac{5}{4}.$$

例 6　分别计算极限 $\lim\limits_{x \to \infty}\dfrac{(x+1)^3 - (x-1)^3}{(x+2)^3 - (x-2)^3}$ 和 $\lim\limits_{x \to \infty}\dfrac{(x+1)^3 - (x-1)^3}{(x+1)^4 - x^4}$.

解　将两个分式化简后，利用 $\lim\limits_{x \to \infty}\dfrac{1}{x} = 0$ 可以得到

$$\lim\limits_{x \to \infty}\dfrac{(x+1)^3 - (x-1)^3}{(x+2)^3 - (x-2)^3} = \lim\limits_{x \to \infty}\dfrac{6x^2+2}{12x^2+16} = \lim\limits_{x \to \infty}\dfrac{6+\dfrac{2}{x^2}}{12+\dfrac{16}{x^2}} = \dfrac{1}{2},$$

以及

$$\lim\limits_{x \to \infty}\dfrac{(x+1)^3 - (x-1)^3}{(x+1)^4 - x^4} = \lim\limits_{x \to \infty}\dfrac{6x^2+2}{4x^3+6x^2+4x+1} = \lim\limits_{x \to \infty}\dfrac{\dfrac{6}{x}+\dfrac{2}{x^3}}{4+\dfrac{6}{x}+\dfrac{4}{x^2}+\dfrac{1}{x^3}} = 0.$$

定理 7　复合函数的极限运算法则

假设 $f(x)$ 在点 x_0 的某个去心邻域内有定义，$f(x) \neq u_0$，$\lim\limits_{x \to x_0}f(x) = u_0$，函数 $g(u)$ 在点 u_0 的某个去心邻域内有定义，且 $\lim\limits_{u \to u_0}g(u) = A$，则 $\lim\limits_{x \to x_0}g[f(x)] = A$.

证明　根据函数极限定义，对任意 $\varepsilon > 0$，由 $\lim\limits_{u \to u_0}g(u) = A$ 可知存在 $\delta' > 0$，使得当 $0 < |u - u_0| < \delta'$ 时，$|g(u) - A| < \varepsilon$ 成立. 对同样的 $\delta' > 0$，由 $\lim\limits_{x \to x_0}f(x) = u_0$ 可知，存在

$\delta>0$, 当 $0<|x-x_0|<\delta$ 时, 有 $|f(x)-u_0|<\delta'$. $f(x)\neq u_0$ 说明当 $0<|x-x_0|<\delta$ 时, $0<|f(x)-u_0|<\delta'$ 成立, 进而有 $|g[f(x)]-A|<\varepsilon$ 成立, 即 $\lim\limits_{x\to x_0}g[f(x)]=A$ 得证.

根据定理 7, 对于比较复杂的复合函数, 可以按照复合的次序, 分析每个中间过程的极限, 再计算整体极限.

例 7　计算函数极限 $\lim\limits_{x\to 2}\sqrt{e^{\frac{x}{x-1}}-1}$.

解　引入 $u=\dfrac{x}{x-1}$, $v=e^{\frac{x}{x-1}}-1$, 函数 $y=\sqrt{e^{\frac{x}{x-1}}-1}$ 可以分解为如下三个函数的复合:

$$y(v)=\sqrt{v}, v(u)=e^u-1, u(x)=\frac{x}{x-1}.$$

分别计算每个复合环节涉及函数的极限, 可得 $\lim\limits_{x\to 2}u(x)=\lim\limits_{x\to 2}\dfrac{x}{x-1}=2$, $\lim\limits_{u\to 2}v(u)=\lim\limits_{u\to 2}(e^u-1)=e^2-1$, $\lim\limits_{v\to e^2-1}y(v)=\lim\limits_{v\to e^2-1}\sqrt{v}=\sqrt{e^2-1}$. 总结以上过程, 可以得到

$$\lim\limits_{x\to 2}\sqrt{e^{\frac{x}{x-1}}-1}=\sqrt{e^2-1}.$$

例 8　计算极限 $\lim\limits_{x\to 0}\dfrac{\sqrt{1+x}-1}{\sqrt[3]{1+x}-1}$.

解　分别对分子和分母有理化.

$$\lim\limits_{x\to 0}\frac{\sqrt{1+x}-1}{\sqrt[3]{1+x}-1}=\lim\limits_{x\to 0}\frac{(\sqrt{1+x}-1)(\sqrt{1+x}+1)(\sqrt[3]{(1+x)^2}+\sqrt[3]{1+x}+1)}{(\sqrt{1+x}+1)(\sqrt[3]{1+x}-1)(\sqrt[3]{(1+x)^2}+\sqrt[3]{1+x}+1)}$$

$$=\lim\limits_{x\to 0}\frac{x(\sqrt[3]{(1+x)^2}+\sqrt[3]{1+x}+1)}{(\sqrt{1+x}+1)x}$$

$$=\lim\limits_{x\to 0}\frac{\sqrt[3]{(1+x)^2}+\sqrt[3]{1+x}+1}{\sqrt{1+x}+1}=\frac{3}{2}.$$

本例也可以使用变量代换方法进行计算. 令 $u=\sqrt[6]{1+x}$, 则 $\lim\limits_{x\to 0}u=\lim\limits_{x\to 0}\sqrt[6]{1+x}=1$, 并且函数 $\dfrac{\sqrt{1+x}-1}{\sqrt[3]{1+x}-1}$ 可以变形为 $\dfrac{u^3-1}{u^2-1}$, 因此由定理 7 可得

$$\lim\limits_{x\to 0}\frac{\sqrt{1+x}-1}{\sqrt[3]{1+x}-1}=\lim\limits_{u\to 1}\frac{u^3-1}{u^2-1}=\lim\limits_{u\to 1}\frac{u^2+u+1}{u+1}=\frac{3}{2}.$$

例 9　讨论极限 $\lim\limits_{x\to\infty}\dfrac{\sqrt{1+x^2}}{x}$ 是否存在. 若存在求其值; 若不存在, 说明理由.

解　当 $x>0$ 时, $\dfrac{\sqrt{1+x^2}}{x}=\sqrt{1+\dfrac{1}{x^2}}$; 而当 $x<0$ 时, $\dfrac{\sqrt{1+x^2}}{x}=-\sqrt{1+\dfrac{1}{x^2}}$.

因此 $\lim\limits_{x\to+\infty}\dfrac{\sqrt{1+x^2}}{x}=\lim\limits_{x\to+\infty}\sqrt{1+\dfrac{1}{x^2}}=1$, 而 $\lim\limits_{x\to-\infty}\dfrac{\sqrt{1+x^2}}{x}=\lim\limits_{x\to-\infty}-\sqrt{1+\dfrac{1}{x^2}}=-1$, 这说明

$\lim\limits_{x\to\infty}\dfrac{\sqrt{1+x^2}}{x}$ 不存在.

计算幂指函数 $f(x)^{g(x)}(f(x)>0)$ 的极限时, 可以将幂指函数改写为 $f(x)^{g(x)}=\mathrm{e}^{g(x)\ln f(x)}$, 再利用复合函数的极限运算法则, 得到以下结论

若 $\lim\limits_{x\to x_0}f(x)=A>0$ 与 $\lim\limits_{x\to x_0}g(x)=B$ 都存在, 则 $\lim\limits_{x\to x_0}f(x)^{g(x)}=A^B$.

将同样的方法应用于数列极限, 也有类似的结论:

若 $\lim\limits_{n\to\infty}a_n=A>0$ 与 $\lim\limits_{n\to\infty}b_n=B$ 都存在, 则 $\lim\limits_{n\to\infty}(a_n)^{b_n}=A^B$.

例 10　计算极限 $\lim\limits_{x\to-1}\left(\dfrac{x^2-1}{x^2-2x-3}\right)^{\frac{x^2}{x^2+1}}$.

解　由 $\lim\limits_{x\to-1}\dfrac{x^2-1}{x^2-2x-3}=\lim\limits_{x\to-1}\dfrac{x-1}{x-3}=\dfrac{1}{2}$ 以及 $\lim\limits_{x\to-1}\dfrac{x^2}{x^2+1}=\dfrac{1}{2}$ 可得

$$\lim\limits_{x\to-1}\left(\dfrac{x^2-1}{x^2-2x-3}\right)^{\frac{x^2}{x^2+1}}=\left(\dfrac{1}{2}\right)^{\frac{1}{2}}=\dfrac{\sqrt{2}}{2}.$$

注　幂指函数极限计算的上述法则要求 $\lim\limits_{x\to x_0}f(x)$, $\lim\limits_{x\to x_0}g(x)$ 均存在, 并且 $\lim\limits_{x\to x_0}f(x)=A>0$, 对于不满足这些要求的幂指函数, 不能使用此法则.

　　两个重要极限

定理 8　自变量趋于有限值时的函数极限夹逼准则

假设在点 x_0 的某个去心邻域内, $g(x)\leqslant f(x)\leqslant h(x)$ 成立, 并且 $\lim\limits_{x\to x_0}g(x)=\lim\limits_{x\to x_0}h(x)=A$, 则 $\lim\limits_{x\to x_0}f(x)=A$.

证明　设当 $0<|x-x_0|<\delta_0$ 时, $g(x)\leqslant f(x)\leqslant h(x)$ 成立.

对任意 $\varepsilon>0$, 由 $\lim\limits_{x\to x_0}g(x)=\lim\limits_{x\to x_0}h(x)=A$ 的定义可知, 存在两个正数 δ_1,δ_2, 使得当 $0<|x-x_0|<\delta_1$ 时, 有 $|g(x)-A|<\varepsilon$; 而当 $0<|x-x_0|<\delta_2$ 时, 有 $|h(x)-A|<$

ε. 令 $\delta = \min\{\delta_0, \delta_1, \delta_2\}$，则当 $0 < |x - x_0| < \delta$ 时，$A - \varepsilon < g(x) \leq f(x) \leq h(x) < A + \varepsilon$，即 $|f(x) - A| < \varepsilon$ 成立. 由极限定义可得 $\lim\limits_{x \to x_0} f(x) = A$.

例 11　假设函数 $f(x)$ 在 $(-1, 0) \cup (0, 1)$ 内有定义，且满足 $x < f(x) < x + x^2$，求极限 $\lim\limits_{x \to 0} \dfrac{f(x)}{x}$.

解　由于函数 $f(x)$ 的表达式未知，不能直接计算 $\lim\limits_{x \to 0} \dfrac{f(x)}{x}$，只能按照 $f(x)$ 满足的不等式分析.

由 $x < f(x) < x + x^2$ 可知，当 $x > 0$ 时，有 $1 < \dfrac{f(x)}{x} < 1 + x$，而 $\lim\limits_{x \to 0^+}(1 + x) = 1$，由定理 8 可得 $\lim\limits_{x \to 0^+} \dfrac{f(x)}{x} = 1$；而当 $x < 0$ 时，不等式 $1 + x < \dfrac{f(x)}{x} < 1$ 成立，再次利用定理 8 可得 $\lim\limits_{x \to 0^-} \dfrac{f(x)}{x} = 1$. 从而 $\lim\limits_{x \to 0} \dfrac{f(x)}{x} = 1$.

利用定理 8 可以证明第一个重要极限

$$\lim_{x \to 0} \frac{\sin x}{x} = 1.$$

利用三角函数的性质，当 $0 < x < \dfrac{\pi}{2}$ 时，不等式 $\sin x < x < \tan x$ 成立. 由 $\sin x > 0$ 可得 $1 < \dfrac{x}{\sin x} < \dfrac{1}{\cos x}$，因此有

$$\cos x < \frac{\sin x}{x} < 1.$$

而 $\cos x$，$\dfrac{\sin x}{x}$ 都是偶函数，因此对任意 $x \in \left(-\dfrac{\pi}{2}, 0\right) \cup \left(0, \dfrac{\pi}{2}\right)$，都有 $\cos x < \dfrac{\sin x}{x} < 1$.

由 $\lim\limits_{x \to 0} \cos x = 1$ 及 $\lim\limits_{x \to 0} 1 = 1$，利用定理 8 可得 $\lim\limits_{x \to 0} \dfrac{\sin x}{x} = 1$.

例 12　利用重要极限 $\lim\limits_{x \to 0} \dfrac{\sin x}{x} = 1$ 分别计算极限 $\lim\limits_{x \to 0} \dfrac{\tan x}{x}$，$\lim\limits_{x \to 0} \dfrac{1 - \cos x}{x^2}$ 和 $\lim\limits_{x \to 0} \dfrac{\arcsin x}{x}$.

解
$$\lim_{x \to 0} \frac{\tan x}{x} = \lim_{x \to 0}\left(\frac{\sin x}{x} \cdot \frac{1}{\cos x}\right) = 1 \cdot 1 = 1,$$

$$\lim_{x \to 0} \frac{1 - \cos x}{x^2} = \lim_{x \to 0} \frac{2\sin^2\left(\dfrac{x}{2}\right)}{x^2} = \lim_{x \to 0} \frac{1}{2}\left[\frac{\sin\left(\dfrac{x}{2}\right)}{\dfrac{x}{2}}\right]^2 = \frac{1}{2}.$$

对于 $\dfrac{\arcsin x}{x}$, 令 $u = \arcsin x$, 则当 $x \to 0$ 时, $u \to 0$, 从而

$$\lim_{x \to 0} \frac{\arcsin x}{x} = \lim_{u \to 0} \frac{u}{\sin u} = \lim_{u \to 0} \frac{1}{\dfrac{\sin u}{u}} = 1.$$

例 13 计算极限 $\displaystyle\lim_{x \to 0} \dfrac{\tan x - \sin x}{x^3}$.

解 利用例 12 中的两个极限结论, 直接计算可得

$$\lim_{x \to 0} \frac{\tan x - \sin x}{x^3} = \lim_{x \to 0} \frac{\tan x(1 - \cos x)}{x^3} = \lim_{x \to 0} \frac{\tan x}{x} \cdot \lim_{x \to 0} \frac{1 - \cos x}{x^2} = 1 \cdot \frac{1}{2} = \frac{1}{2}.$$

定理 9 **自变量趋于无穷大时的函数极限夹逼准则**

假设存在某个 $X > 0$, 使得对任意 $|x| > X$, $g(x) \le f(x) \le h(x)$ 成立, 并且 $\displaystyle\lim_{x \to \infty} g(x) = \lim_{x \to \infty} h(x) = A$, 则 $\displaystyle\lim_{x \to \infty} f(x) = A$.

仿照定理 8 的证明过程, 结合自变量趋于无穷大时函数极限的定义, 可以类似地证明定理 9, 请读者自证. 定理 8 和定理 9 的结论可以推广到其他自变量的变化趋势, 只需要相应地修改不等式成立的范围.

例 14 计算极限 $\displaystyle\lim_{x \to \infty} \dfrac{[x]}{x}$.

解 对任意实数 x, 不等式 $x - 1 < [x] \le x$ 成立.

当 $x > 0$ 时, 不等式 $\dfrac{x-1}{x} < \dfrac{[x]}{x} \le 1$ 成立, 由 $\displaystyle\lim_{x \to +\infty} \dfrac{x-1}{x} = 1$ 和 $\displaystyle\lim_{x \to +\infty} 1 = 1$ 可得 $\displaystyle\lim_{x \to +\infty} \dfrac{[x]}{x} =$

1. 当 $x < 0$ 时, 不等式 $1 \le \dfrac{[x]}{x} < \dfrac{x-1}{x}$ 成立, 由 $\displaystyle\lim_{x \to -\infty} \dfrac{x-1}{x} = 1$ 以及 $\displaystyle\lim_{x \to -\infty} 1 = 1$ 得 $\displaystyle\lim_{x \to -\infty} \dfrac{[x]}{x} = 1$.

因此 $\displaystyle\lim_{x \to \infty} \dfrac{[x]}{x} = 1$.

函数极限计算经常使用的第二个重要极限为

$$\lim_{x \to \infty} \left(1 + \frac{1}{x}\right)^x = \mathrm{e},$$

或者其等价形式

$$\lim_{x \to 0} (1 + x)^{\frac{1}{x}} = \mathrm{e},$$

其中 e 是自然对数的底数. 证明此极限需要使用关于数列极限的单调有界收敛准则.

定理 10   单调有界收敛准则

若数列 $\{a_n\}$ 为单调有界数列,则 $\{a_n\}$ 必定收敛,即 $\lim\limits_{n\to\infty} a_n$ 存在.

具体地,若 $\{a_n\}$ 是单调递增并且有上界的数列,或者是单调递减并且有下界的数列,则 $\lim\limits_{n\to\infty} a_n$ 存在. 需要说明的是,定理 10 可用来证明一个数列收敛,但往往需要结合其他方法得到其极限值.

例 15   设数列 $\{a_n\}$ 满足递推关系 $a_1=2$, $a_{n+1}=\sin(a_n)$,证明:$\lim\limits_{n\to\infty} a_n$ 存在并求其值.

证明   由递推关系以及正弦函数的性质可知,当 $n\geqslant 2$ 时,$a_{n+1}=\sin a_n\leqslant a_n$ 成立,即数列 $\{a_n\}$ 单调递减;而 $|\sin a_n|\leqslant 1$ 说明该数列有界. 由定理 10 可知 $\lim\limits_{n\to\infty} a_n$ 存在. 为求其值,记 $\lim\limits_{n\to\infty} a_n=A$,由递推关系 $a_{n+1}=\sin a_n$ 可得 $\lim\limits_{n\to\infty} a_{n+1}=\lim\limits_{n\to\infty}\sin a_n$,利用复合函数的极限运算法则可得关于 A 的方程 $A=\sin A$,解得 $A=0$.

例 16   设数列 $\{a_n\}$ 满足递推关系 $a_1=\sqrt{2}$, $a_{n+1}=\sqrt{2+a_n}$,证明:极限 $\lim\limits_{n\to\infty} a_n$ 存在并求其值.

证明   (1)由递推关系 $a_{n+1}=\sqrt{2+a_n}$ 可知,对任意 $n\geqslant 2$,$a_{n+1}-a_n=\sqrt{2+a_n}-\sqrt{2+a_{n-1}}=\dfrac{a_n-a_{n-1}}{\sqrt{2+a_n}+\sqrt{2+a_{n-1}}}$ 成立,由此可见 $a_{n+1}-a_n$ 与 a_n-a_{n-1} 同号,进而与 a_2-a_1 同号. 直接计算 $a_2-a_1=\sqrt{2+\sqrt{2}}-\sqrt{2}>0$,因此对任意 n,$a_{n+1}>a_n$,即数列 $\{a_n\}$ 单调递增.

(2)在 $\{a_n\}$ 单调递增的前提下,只要证明该数列有上界即可. 我们用数学归纳法证明:对任意自然数 n,有 $a_n\leqslant 2$. 事实上,

(ⅰ)当 $n=1$ 时,$a_1=\sqrt{2}<2$;

(ⅱ)设 $a_n<2$,则 $a_{n+1}=\sqrt{a_n+2}<\sqrt{2+2}=2$.
因此,对任意 n,有 $a_n\leqslant 2$.

(3)由定理 10 可知 $\lim\limits_{n\to\infty} a_n$ 存在,记其值为 A,同样由递推关系 $a_{n+1}=\sqrt{2+a_n}$ 和复合函数的极限运算法则可得关于 A 的方程

$$A=\sqrt{A+2},$$

解得 $A=2$,即 $\lim\limits_{n\to\infty} a_n=2$.

接下来我们利用单调有界收敛准则证明关于数列的重要极限

$$\lim_{n\to\infty}\left(1+\frac{1}{n}\right)^n=\mathrm{e}.$$

记 $x_n = \left(1+\dfrac{1}{n}\right)^n$,为证明 $\{x_n\}$ 的单调性,需要用到以下不等式:对于正整数 n 和非负数 $a_i, i=1,2,\cdots,n$,有 $a_1 a_2 \cdots a_n \leqslant \left(\dfrac{a_1+a_2+\cdots+a_n}{n}\right)^n$,且等号成立的条件为 $a_1 = a_2 = \cdots = a_n$.由此,

$$x_n = \left(1+\frac{1}{n}\right) \cdot \left(1+\frac{1}{n}\right) \cdots \left(1+\frac{1}{n}\right) \cdot 1 < \left(\frac{n\left(1+\dfrac{1}{n}\right)+1}{n+1}\right)^{n+1} = x_{n+1},$$

即 $\{x_n\}$ 单调递增.

其次,由二项式定理可知

$$x_n = 1+1+\frac{1}{2!}\left(1-\frac{1}{n}\right)+\cdots+\frac{1}{n!}\left(1-\frac{1}{n}\right)\left(1-\frac{2}{n}\right)\cdots\left(1-\frac{n-1}{n}\right)$$

$$< 1+1+\frac{1}{2!}+\cdots+\frac{1}{n!} < 1+1+\frac{1}{2}+\cdots+\frac{1}{2^{n-1}} = 1+2\left(1-\frac{1}{2^n}\right) < 3,$$

这说明 $\{x_n\}$ 有上界.由定理 10 可知 $\lim\limits_{n\to\infty} x_n$ 存在,记其值为 e.

自然对数的底数 e 是一个无理数,其值为 $2.718\,28\cdots$. 有两个常用方法可以计算 e 的近似值:

(1) 由 $\lim\limits_{n\to\infty}\left(1+\dfrac{1}{n}\right)^n = e$,以及 $\left(1+\dfrac{1}{n}\right)^n$ 随 n 单调递增可知,当 n 越大时,$\left(1+\dfrac{1}{n}\right)^n$ 的值越接近于 e.

(2) 在第七章,我们还将学到 e 的另一种极限形式

$$e = \lim_{n\to\infty}\left(1+1+\frac{1}{2!}+\cdots+\frac{1}{n!}\right).$$

当 n 越大时,$1+1+\dfrac{1}{2!}+\cdots+\dfrac{1}{n!}$ 的值也越接近于 e.

例 17 计算极限 $\lim\limits_{n\to\infty}\left(1-\dfrac{1}{n}\right)^n$.

解 将 $\left(1-\dfrac{1}{n}\right)^n$ 改写为 $\left(1-\dfrac{1}{n}\right)^n = \left(\dfrac{n-1}{n}\right)^n = \left[\left(1+\dfrac{1}{n-1}\right)^n\right]^{-1}$,而

$$\lim_{n\to\infty}\left(1+\frac{1}{n-1}\right)^n = \lim_{n\to\infty}\left(1+\frac{1}{n-1}\right)^{n-1}\left(1+\frac{1}{n-1}\right) = e \cdot 1 = e,$$

因此 $\lim\limits_{n \to \infty} \left(1 - \dfrac{1}{n}\right)^n = \dfrac{1}{\lim\limits_{n \to \infty} \left(1 + \dfrac{1}{n-1}\right)^n} = \dfrac{1}{e}.$

一般地，有以下结论：

$$\lim_{\square \to \infty} \left(1 + \frac{1}{\square}\right)^{\square} = e,$$

其中□是 n 的函数，并且当 $n \to \infty$ 时，有□$\to \infty$（$+\infty$ 或者 $-\infty$）.

例 18   计算极限 $\lim\limits_{n \to \infty} \left(\dfrac{n^2+1}{n^2+2n}\right)^{n-1}.$

解   将 $\left(\dfrac{n^2+1}{n^2+2n}\right)^{n-1}$ 按照第二个重要极限的形式改写，则

$$\lim_{n \to \infty} \left(\frac{n^2+1}{n^2+2n}\right)^{n-1} = \lim_{n \to \infty} \left[\left(1 + \frac{1}{\dfrac{n^2+2n}{1-2n}}\right)^{\frac{n^2+2n}{1-2n}}\right]^{\frac{(n-1)(1-2n)}{n^2+2n}}.$$

由于 $\lim\limits_{n \to \infty} \left(1 + \dfrac{1}{\dfrac{n^2+2n}{1-2n}}\right)^{\frac{n^2+2n}{1-2n}} = e$，而 $\lim\limits_{n \to \infty} \dfrac{(n-1)(1-2n)}{n^2+2n} = -2$，因此 $\lim\limits_{n \to \infty} \left(\dfrac{n^2+1}{n^2+2n}\right)^{n-1} = e^{-2}.$

接下来我们推导函数形式的重要极限 $\lim\limits_{x \to \infty} \left(1 + \dfrac{1}{x}\right)^x = e$. 对任意正数 $x > 0$，存在正整数 n，使得 $n \leq x < n+1$，因此有

$$\left(1 + \frac{1}{n+1}\right)^n < \left(1 + \frac{1}{x}\right)^x < \left(1 + \frac{1}{n}\right)^{n+1}.$$

且 $x \to +\infty$ 等价于 $n \to \infty$，而

$$\lim_{n \to \infty} \left(1 + \frac{1}{n+1}\right)^n = \lim_{n \to \infty} \left[\left(1 + \frac{1}{n+1}\right)^{n+1} \left(1 + \frac{1}{n+1}\right)^{-1}\right] = e;$$

$$\lim_{n \to \infty} \left(1 + \frac{1}{n}\right)^{n+1} = \lim_{n \to \infty} \left(1 + \frac{1}{n}\right)^n \cdot \lim_{n \to \infty} \left(1 + \frac{1}{n}\right) = e;$$

因此由夹逼准则可得 $\lim\limits_{x \to +\infty} \left(1 + \dfrac{1}{x}\right)^x = e.$

再说明 $\lim\limits_{x \to -\infty} \left(1 + \dfrac{1}{x}\right)^x = e$. 令 $u = -x$，则 $x \to -\infty$ 等价于 $u \to +\infty$，从而

$$\lim_{x\to-\infty}\left(1+\frac{1}{x}\right)^{x}=\lim_{u\to+\infty}\left(1-\frac{1}{u}\right)^{-u}=\lim_{u\to+\infty}\left(1+\frac{1}{u-1}\right)^{u}=\lim_{u\to+\infty}\left(1+\frac{1}{u-1}\right)^{u-1}\left(1+\frac{1}{u-1}\right)=\mathrm{e}.$$

综合两种情况,可以得到 $\lim\limits_{x\to\infty}\left(1+\dfrac{1}{x}\right)^{x}=\mathrm{e}.$

按照变量代换思想,在使用两个重要极限时,有如下一般形式:

$$\lim_{\square\to0}\frac{\sin\square}{\square}=1,\ \lim_{\square\to\infty}\left(1+\frac{1}{\square}\right)^{\square}=\mathrm{e},\ \lim_{\square\to0}(1+\square)^{\frac{1}{\square}}=\mathrm{e}.$$

例 19 计算极限 $\lim\limits_{x\to0}\dfrac{\ln(1+x)}{x}$.

解 $\lim\limits_{x\to0}\dfrac{\ln(1+x)}{x}=\lim\limits_{x\to0}\ln(1+x)^{\frac{1}{x}}=1.$

例 20 计算极限 $\lim\limits_{x\to\infty}\left(\dfrac{1+x^{2}}{1+x+x^{2}}\right)^{x}$.

解 $\lim\limits_{x\to\infty}\left(\dfrac{1+x^{2}}{1+x+x^{2}}\right)^{x}=\lim\limits_{x\to\infty}\left(1-\dfrac{x}{1+x+x^{2}}\right)^{x}=\lim\limits_{x\to\infty}\left[\left(1-\dfrac{x}{1+x+x^{2}}\right)^{\left(-\frac{1+x+x^{2}}{x}\right)}\right]^{\left(-\frac{x^{2}}{1+x+x^{2}}\right)}=\mathrm{e}^{-1}.$

例 21 计算极限 $\lim\limits_{x\to0}(\cos x)^{\frac{1}{x^{2}}}$.

解 $\lim\limits_{x\to0}(\cos x)^{\frac{1}{x^{2}}}=\lim\limits_{x\to0}\left\{[1+(\cos x-1)]^{\frac{1}{\cos x-1}}\right\}^{\frac{\cos x-1}{x^{2}}}$,由 $\lim\limits_{x\to0}\dfrac{1-\cos x}{x^{2}}=\dfrac{1}{2}$ 以及
$\lim\limits_{x\to0}[1+(\cos x-1)]^{\frac{1}{\cos x-1}}=\mathrm{e}$,可得 $\lim\limits_{x\to0}(\cos x)^{\frac{1}{x^{2}}}=\mathrm{e}^{-\frac{1}{2}}.$

习题 1.4

1. 计算下列函数极限:

(1) $\lim\limits_{x\to1}\dfrac{x^{2}+2x-1}{x^{2}+1}$;

(2) $\lim\limits_{x\to\sqrt{3}}\dfrac{x^{2}-3}{x^{4}+x^{2}+1}$;

(3) $\lim\limits_{x\to1}\dfrac{x^{n}-1}{x-1}$;

(4) $\lim\limits_{x\to\infty}\dfrac{x^{2}+2x+3}{x^{2}-x+1}$;

(5) $\lim\limits_{x\to\infty}\dfrac{x^{3}+2x+3}{x^{4}-x+1}$;

(6) $\lim\limits_{x\to a^{+}}\dfrac{\sqrt{x}-\sqrt{a}}{\sqrt{x-a}}\ (a>0)$.

2. 若 $\lim\limits_{x\to2}\dfrac{f(x)-x}{x-2}=3$,求 $\lim\limits_{x\to2}f(x)$.

3. 求常数 a,b,使得 $\lim\limits_{x\to2}\dfrac{x^{2}+ax+b}{x^{2}-x-2}=2$.

4. 求常数 a,b 使得 $\lim\limits_{x\to\infty}\left(\dfrac{x^3+1}{x^2+1}-ax-b\right)=0$.

5. 计算下列函数极限:

(1) $\lim\limits_{x\to0}\dfrac{\sin 3x}{x}$;

(2) $\lim\limits_{x\to0}\dfrac{\sin^2 x}{2-2\cos x}$;

(3) $\lim\limits_{x\to0}\dfrac{\sin(3x)-\sin x}{2x}$;

(4) $\lim\limits_{x\to\frac{\pi}{4}}\dfrac{\tan x-1}{x-\dfrac{\pi}{4}}$;

(5) $\lim\limits_{x\to0}\dfrac{\arcsin(3x)}{\sin x}$;

(6) $\lim\limits_{x\to\infty}\dfrac{x+\sin x}{x-\sin x}$.

6. 计算下列函数极限:

(1) $\lim\limits_{x\to0}(1-2x)^{\frac{1}{x}}$;

(2) $\lim\limits_{x\to1}\dfrac{\ln x}{x-1}$;

(3) $\lim\limits_{x\to\infty}\left(\dfrac{x^2-1}{x^2+1}\right)^{x^2}$;

(4) $\lim\limits_{x\to0}(1+3\tan^2 x)^{\cot^2 x}$.

7. 证明:单调递减的正数列一定收敛.

8. 假设数列 $\{x_n\}$ 满足 $x_1=2$, $x_{n+1}=\dfrac{x_n}{1+x_n}$,证明 $\{x_n\}$ 收敛并求其极限.

9. 假设数列 $\{x_n\}$ 满足 $x_1=a>0$, $x_{n+1}=\sqrt{2+x_n}$,对 a 的不同取值分别说明数列 $\{x_n\}$ 的收敛性,并在收敛时求其极限.

10. 证明:当 $x\to0$ 时,函数 $y=\cos\dfrac{2\pi}{x}$ 的左极限与右极限均不存在.

11. 证明:极限 $\lim\limits_{x\to\infty}\sin(\sqrt{x^2+1}\,\pi)$ 不存在.

12. 讨论极限 $\lim\limits_{x\to\infty}\left(\dfrac{2}{\pi}\arctan x-\dfrac{x}{|x|}\right)$ 是否存在,若存在则求其值.

— 1.5 无穷小与无穷大 —

■ 无穷小

首先给出无穷小的定义. 需要指出的是,下述定义和结论对于自变量的其他几种变化过程同样适用.

定义 1   无穷小

若 $\lim\limits_{x\to x_0}\alpha(x)=0$,或者,对于任意 $\varepsilon>0$,存在 $\delta>0$,使得当 $0<|x-x_0|<\delta$ 时,有 $|\alpha(x)|<\varepsilon$,则称 $\alpha(x)$ 是当 $x\to x_0$ 时的无穷小.

例 1 $e^x-1,\ln(1+x),\sin x,\tan x,1-\cos x,\arctan x,\arcsin x$ 都是 $x\to0$ 时的无穷小;$\sqrt{x}$ 是 $x\to0^+$ 时的无穷小;$\dfrac{1}{x}$ 是 $x\to\infty$ 时的无穷小;$\sqrt[n]{2}-1$ 是 $n\to\infty$ 时的无穷小.

定理 1 $\lim\limits_{x\to x_0}f(x)=A$ 成立当且仅当 $f(x)$ 可以表示为 A 与 $\alpha(x)$ 的和,其中 $\alpha(x)$ 是 $x\to x_0$ 时的无穷小.

证明   定义 $\alpha(x)=f(x)-A$,则 $\lim\limits_{x\to x_0}f(x)=A$ 成立当且仅当 $\lim\limits_{x\to x_0}\alpha(x)=0$ 成立.

定理 2 $\alpha(x)$ 是 $x\to x_0$ 时的无穷小,当且仅当 $|\alpha(x)|$ 是 $x\to x_0$ 时的无穷小.

证明   由无穷小的定义,$\alpha(x)$ 和 $|\alpha(x)|$ 是 $x\to x_0$ 时的无穷小,要求的都是存在 $\delta>0$,使得当 $0<|x-x_0|<\delta$ 时,有 $|\alpha(x)|<\varepsilon$.

利用函数极限的运算法则以及夹逼准则,可以得到以下关于无穷小的运算关系.

定理 3   无穷小的运算关系

（1）若 $\alpha(x),\beta(x)$ 都是 $x\to x_0$ 时的无穷小,则 $\alpha(x)+\beta(x)$ 和 $\alpha(x)-\beta(x)$ 都是 $x\to x_0$ 时的无穷小;

（2）若 $\alpha(x),\beta(x)$ 都是 $x\to x_0$ 时的无穷小,则 $\alpha(x)\cdot\beta(x)$ 也是 $x\to x_0$ 时的无穷小;

（3）若 $\alpha(x)$ 是 $x\to x_0$ 时的无穷小,而 $\beta(x)$ 在点 x_0 的某个去心邻域内有界,则 $\alpha(x)\cdot\beta(x)$ 也是 $x\to x_0$ 时的无穷小;

（4）若 $\alpha(x),\beta(x)$ 都是 $x\to0$ 时的无穷小,且 $\beta(x)\neq0$,则复合函数 $\alpha[\beta(x)]$ 也是 $x\to0$ 时的无穷小量.

在自变量的相同变化趋势下,存在无数多个无穷小,虽然这些无穷小都趋于 0,但是它们趋于 0 的速度会有所不同,比如 $x\to0$ 时,x^2 比 x 更快地趋于 0. 这就引出了无穷小的比较问题.

定义 2   无穷小的比较

假设 $\alpha(x),\beta(x)$ 都是 $x\to x_0$ 时的无穷小,

（1）若 $\lim\limits_{x\to x_0}\dfrac{\beta(x)}{\alpha(x)}=0$,则称 $\beta(x)$ 是 $\alpha(x)$ 的高阶无穷小,记为

$$\beta(x)=o(\alpha(x))\quad(x\to x_0);$$

（2）若 $\lim\limits_{x \to x_0} \dfrac{\beta(x)}{\alpha(x)} = C$（$C$ 为非零常数），则称 $\beta(x)$ 是 $\alpha(x)$ 的同阶无穷小，记为

$$\beta(x) = O(\alpha(x)) \quad (x \to x_0);$$

（3）若 $\lim\limits_{x \to x_0} \dfrac{\beta(x)}{\alpha(x)} = 1$，则称 $\beta(x)$ 是 $\alpha(x)$ 的等价无穷小，记为

$$\beta(x) \sim \alpha(x) \quad (x \to x_0).$$

例2 当 $x \to 0$ 时，有以下常用等价无穷小关系：

$$\sin x \sim \tan x \sim \arcsin x \sim \arctan x \sim e^x - 1 \sim \ln(1+x) \sim x,$$

$$1 - \cos x \sim \frac{1}{2}x^2, (1+x)^\alpha - 1 \sim \alpha x, a^x - 1 \sim x \ln a, \log_a(1+x) \sim \frac{x}{\ln a}.$$

上述等价关系中的 x 可以替换为任意趋于 0 的量，如当 $x \to 0$ 时，$\sin(x^2) \sim x^2$，而 $\arctan(e^{\sqrt[3]{x}} - 1) \sim e^{\sqrt[3]{x}} - 1 \sim \sqrt[3]{x}$.

定理4 等价无穷小替换

假设在 x 的某个相同变化趋势（$x \to \square$）下，无穷小 $\alpha(x), \alpha'(x), \beta(x)$, $\beta'(x)$ 满足 $\alpha(x) \sim \alpha'(x), \beta(x) \sim \beta'(x)$，则 $\lim\limits_{x \to \square} \dfrac{\alpha(x)}{\beta(x)} = \lim\limits_{x \to \square} \dfrac{\alpha'(x)}{\beta'(x)}$.

证明 利用

$$\frac{\alpha(x)}{\beta(x)} = \frac{\alpha(x)}{\alpha'(x)} \frac{\alpha'(x)}{\beta'(x)} \frac{\beta'(x)}{\beta(x)}$$

以及 $\lim\limits_{x \to \square} \dfrac{\alpha(x)}{\alpha'(x)} = \lim\limits_{x \to \square} \dfrac{\beta'(x)}{\beta(x)} = 1$ 即得结论.

注 从定理 4 的证明过程可以看出，当函数的分子或分母是多个因式的乘积时，可以将其中的无穷小因式用其等价无穷小替换.

例3 计算极限 $\lim\limits_{x \to 0} \dfrac{\sin(5x)}{\tan(3x + x^2)}$.

解 利用当 $x \to 0$ 时，$\sin(5x) \sim 5x, \tan(3x + x^2) \sim 3x + x^2$，可得

$$\lim\limits_{x \to 0} \frac{\sin(5x)}{\tan(3x + x^2)} = \lim\limits_{x \to 0} \frac{5x}{3x + x^2} = \lim\limits_{x \to 0} \frac{5}{3 + x} = \frac{5}{3}.$$

例4 计算极限 $\lim\limits_{x \to 1} \dfrac{e^x - e^{x^2}}{\tan(x^3 - 1)}$.

解 当 $x \to 1$ 时，$\tan(x^3 - 1) \sim x^3 - 1$，而将分子改写为 $e^x - e^{x^2} = e^{x^2}(e^{x - x^2} - 1)$，再利用 $e^{x - x^2} - 1 \sim x - x^2$，可得

$$\lim_{x \to 1} \frac{e^x - e^{x^2}}{\tan(x^3 - 1)} = \lim_{x \to 1} \frac{e^{x^2}(e^{x - x^2} - 1)}{x^3 - 1} = \lim_{x \to 1} e^{x^2}\left(\frac{x - x^2}{x^3 - 1}\right) = \lim_{x \to 1} e^{x^2} \cdot \lim_{x \to 1} \frac{x - x^2}{x^3 - 1}$$

$$= e \cdot \lim_{x \to 1} \frac{-x}{x^2 + x + 1} = -\frac{e}{3}.$$

■ 无穷大

定义 3　无穷大

假设函数 $f(x)$ 在点 x_0 的某个去心邻域内有定义,

(1) 若对于任意 $X > 0$,存在 $\delta > 0$,使得当 $0 < |x - x_0| < \delta$ 时,有 $|f(x)| > X$,则称 $f(x)$ 是 $x \to x_0$ 时的**无穷大**,记为 $\lim\limits_{x \to x_0} f(x) = \infty$;

(2) 若对于任意 $X > 0$,存在 $\delta > 0$,使得当 $0 < |x - x_0| < \delta$ 时,有 $f(x) > X$,则称 $f(x)$ 是 $x \to x_0$ 时的**正无穷大**,记为 $\lim\limits_{x \to x_0} f(x) = +\infty$;

(3) 若对于任意 $X > 0$,存在 $\delta > 0$,使得当 $0 < |x - x_0| < \delta$ 时有 $f(x) < -X$,则称 $f(x)$ 是 $x \to x_0$ 时的**负无穷大**,记为 $\lim\limits_{x \to x_0} f(x) = -\infty$.

注　$\lim\limits_{x \to x_0} f(x) = \infty$ 表示当 $x \to x_0$ 时 $f(x)$ 为无穷大,但需要注意的是此时极限 $\lim\limits_{x \to x_0} f(x)$ 不存在. 正无穷大和负无穷大也是同样的含义.

例 5　证明: $\lim\limits_{x \to 0}\left(\dfrac{1}{x}\right) = \infty$, $\lim\limits_{x \to 0^+} \ln x = -\infty$.

证明　对任意 $X > 0$,要使得 $\left|\dfrac{1}{x}\right| > X$,只要 $0 < |x| < \dfrac{1}{X}$ 即可,取 $\delta = \dfrac{1}{X}$,则当 $0 < |x| < \delta$ 时,有 $\left|\dfrac{1}{x}\right| > X$,由无穷大定义可知 $\lim\limits_{x \to 0} \dfrac{1}{x} = \infty$.

而要使得 $\ln x < -X$,只要 $0 < x < e^{-X}$ 即可. 取 $\delta = e^{-X}$,则当 $0 < x < \delta$ 时,有 $\ln x < -X$,由定义可得 $\lim\limits_{x \to 0^+} \ln x = -\infty$.

定理 5　无穷大和无穷小之间的关系

设 $f(x)$ 和 $\dfrac{1}{f(x)}$ 在点 x_0 的某个去心邻域内都有定义. 若 $f(x)$ 是 $x \to x_0$ 时的无穷小,则 $\dfrac{1}{f(x)}$ 是 $x \to x_0$ 时的无穷大;反之,若 $f(x)$ 是 $x \to x_0$ 时的无穷大,则 $\dfrac{1}{f(x)}$ 是 $x \to x_0$ 时的无穷小.

证明　假设 $f(x)$ 是 $x \to x_0$ 时的无穷小,证明 $\dfrac{1}{f(x)}$ 是 $x \to x_0$ 时的无穷大.

对任意 $X>0$，令 $\varepsilon=\dfrac{1}{X}$. 由 $f(x)$ 是 $x\to x_0$ 时的无穷小可知，存在 $\delta>0$，使得当 $0<|x-x_0|<\delta$ 时，$|f(x)|<\varepsilon=\dfrac{1}{X}$，这等价于 $\left|\dfrac{1}{f(x)}\right|>\dfrac{1}{\varepsilon}=X$，恰好说明 $\dfrac{1}{f(x)}$ 是 $x\to x_0$ 时的无穷大.

类似地，读者可以自己证明，若 $f(x)$ 是 $x\to x_0$ 时的无穷大，则 $\dfrac{1}{f(x)}$ 是 $x\to x_0$ 时的无穷小.

注 定理 5 中的自变量变化趋势可以替换为其他变化趋势，其结论也可以简单记成：

$$\frac{1}{0}=\infty\ ,\ \frac{1}{\infty}=0\ ;\ \frac{1}{0^+}=+\infty\ ,\ \frac{1}{+\infty}=0^+\ ;\ \frac{1}{0^-}=-\infty\ ,\ \frac{1}{-\infty}=0^-.$$

例 6 证明：当 $x\to 1$ 和 $x\to\infty$ 时，$\dfrac{x^3-1}{(x-1)^2}$ 均为无穷大.

证明 由定理 5，只需要说明当 $x\to 1$ 和 $x\to\infty$ 时，$\dfrac{(x-1)^2}{x^3-1}$ 都是无穷小. 直接计算可得

$$\lim_{x\to 1}\frac{(x-1)^2}{x^3-1}=\lim_{x\to 1}\frac{x-1}{x^2+x+1}=0,$$

$$\lim_{x\to\infty}\frac{(x-1)^2}{x^3-1}=\lim_{x\to\infty}\frac{x-1}{x^2+x+1}=\lim_{x\to\infty}\frac{\dfrac{1}{x}-\dfrac{1}{x^2}}{1+\dfrac{1}{x}+\dfrac{1}{x^2}}=0.$$

因此，当 $x\to 1$ 和 $x\to\infty$ 时，$\dfrac{x^3-1}{(x-1)^2}$ 均为无穷大.

一般地，给定两个多项式函数 $P(x)=a_0x^p+a_1x^{p-1}+\cdots+a_p(a_0\neq 0)$ 和 $Q(x)=b_0x^q+b_1x^{q-1}+\cdots+b_q(b_0\neq 0)$，对任意实数 x_0，$\lim\limits_{x\to x_0}P(x)=P(x_0)$ 和 $\lim\limits_{x\to x_0}Q(x)=Q(x_0)$ 成立，因此有

$$\lim_{x\to x_0}\frac{P(x)}{Q(x)}=\begin{cases}\dfrac{P(x_0)}{Q(x_0)}, & \text{当 } Q(x_0)\neq 0 \text{ 时,}\\[3mm] \infty, & \text{当 } P(x_0)\neq 0, Q(x_0)=0 \text{ 时.}\end{cases}$$

而当 $P(x_0) = Q(x_0) = 0$ 时,$P(x)$,$Q(x)$ 都有一次因式 $x-x_0$,通过约去公因式可以将 $\dfrac{P(x)}{Q(x)}$ 化简后再次使用上述规则进行计算.

再分析极限 $\lim\limits_{x \to \infty} \dfrac{P(x)}{Q(x)}$,充分利用 $\lim\limits_{x \to \infty} \dfrac{1}{x} = 0$,有以下结论

$$\lim\limits_{x \to \infty} \dfrac{P(x)}{Q(x)} = \begin{cases} 0, & \text{当 } p < q \text{ 时,} \\ \dfrac{a_0}{b_0}, & \text{当 } p = q \text{ 时,} \\ \infty, & \text{当 } p > q \text{ 时.} \end{cases}$$

对于数列极限 $\lim\limits_{n \to \infty} \dfrac{P(n)}{Q(n)}$,也有同样的结论:

$$\lim\limits_{n \to \infty} \dfrac{P(n)}{Q(n)} = \begin{cases} 0, & \text{当 } p < q \text{ 时,} \\ \dfrac{a_0}{b_0}, & \text{当 } p = q \text{ 时,} \\ \infty, & \text{当 } p > q \text{ 时.} \end{cases}$$

例 7 考察极限 $\lim\limits_{x \to 0} \arctan \dfrac{1}{x}$ 是否存在.

解 利用 $\lim\limits_{x \to 0^+} \dfrac{1}{x} = +\infty$ 以及复合函数极限运算法则可得 $\lim\limits_{x \to 0^+} \arctan \dfrac{1}{x} = \dfrac{\pi}{2}$;同理由 $\lim\limits_{x \to 0^-} \dfrac{1}{x} = -\infty$ 可得 $\lim\limits_{x \to 0^-} \arctan \dfrac{1}{x} = -\dfrac{\pi}{2}$. 因此 $\lim\limits_{x \to 0} \arctan \dfrac{1}{x}$ 不存在.

例 8 计算极限 $\lim\limits_{n \to \infty} e^{-\frac{n^3}{n+1}}$.

解 对极限 $\lim\limits_{x \to -\infty} e^x = 0$ 使用函数极限的归结原理. 取自变量数列 $\{x_n\}$,其中 $x_n = -\dfrac{n^3}{n+1}$,由 $\lim\limits_{n \to \infty} x_n = -\infty$ 可得 $\lim\limits_{n \to \infty} e^{x_n} = 0$,即 $\lim\limits_{n \to \infty} e^{-\frac{n^3}{n+1}} = 0$.

■ 曲线的渐近线

曲线的渐近线描述曲线在自变量的某个变化趋势下的渐近形态,有三种常见的渐近线:水平渐近线、垂直渐近线与斜渐近线.

定义 4 水平渐近线

若 $\lim\limits_{x \to +\infty} f(x) = A$ 或 $\lim\limits_{x \to -\infty} f(x) = A$,则称直线 $y = A$ 为曲线 $y = f(x)$ 的水平渐近线.

例 9   求曲线 $y = \dfrac{e^x - e^{-x}}{e^x + e^{-x}}$ 的所有水平渐近线.

解   分别考虑 $x \to +\infty$ 和 $x \to -\infty$ 时函数 $y = \dfrac{e^x - e^{-x}}{e^x + e^{-x}}$ 的极限.

$$\lim_{x \to +\infty} \frac{e^x - e^{-x}}{e^x + e^{-x}} = \lim_{x \to +\infty} \frac{1 - e^{-2x}}{1 + e^{-2x}} = 1, \ \lim_{x \to -\infty} \frac{e^x - e^{-x}}{e^x + e^{-x}} = \lim_{x \to -\infty} \frac{e^{2x} - 1}{e^{2x} + 1} = -1,$$

因此曲线 $y = \dfrac{e^x - e^{-x}}{e^x + e^{-x}}$ 有两条水平渐近线 $y = 1$ 和 $y = -1$.

定义 5   垂直渐近线

设 a 为有限值,若 $\lim\limits_{x \to a^+} f(x) = \infty$ 或 $\lim\limits_{x \to a^-} f(x) = \infty$,则称直线 $x = a$ 为曲线 $y = f(x)$ 的垂直渐近线.

例 10   求曲线 $y = \dfrac{\sin x}{x^2 - x}$ 的水平渐近线和垂直渐近线.

解   分别计算 $x \to 0, x \to 1$ 及 $x \to \infty$ 时函数 $y = \dfrac{\sin x}{x^2 - x}$ 的极限:

$$\lim_{x \to 0} \frac{\sin x}{x^2 - x} = \lim_{x \to 0} \left(\frac{\sin x}{x} \cdot \frac{1}{x - 1} \right) = -1, \ \lim_{x \to 1} \frac{\sin x}{x^2 - x} = \infty,$$

由 $\lim\limits_{x \to \infty} \dfrac{1}{x^2 - x} = 0$ 以及 $\sin x$ 为有界量,可得 $\lim\limits_{x \to \infty} \dfrac{\sin x}{x^2 - x} = 0$.

因此曲线 $y = \dfrac{\sin x}{x^2 - x}$ 有水平渐近线 $y = 0$ 和垂直渐近线 $x = 1$.

定义 6   斜渐近线

若存在常数 $k \neq 0$ 和 b,使得

$$\lim_{x \to +\infty} [f(x) - (kx + b)] = 0 \ 或 \ \lim_{x \to -\infty} [f(x) - (kx + b)] = 0,$$

则称直线 $y = kx + b$ 为曲线 $y = f(x)$ 的斜渐近线.

注   由于当 $x \to +\infty$ 和 $x \to -\infty$ 时函数的极限有可能不同,求斜渐近线时必须考虑 $x \to +\infty$ 和 $x \to -\infty$ 两种趋势.

求斜渐近线时,计算 k 和 b 的方法如下:

若曲线 $y = f(x)$ 存在斜渐近线 $y = kx + b$,则

$$k = \lim_{x \to +\infty (-\infty)} \frac{f(x)}{x}, \ b = \lim_{x \to +\infty (-\infty)} [f(x) - kx].$$

例 11　求曲线 $y = \dfrac{x^3}{x^2+x+1}$ 的斜渐近线.

解　分别计算 k 和 b:

$$k = \lim_{x \to \infty} \frac{y}{x} = \lim_{x \to \infty} \frac{x^3}{x(x^2+x+1)} = 1,$$

$$b = \lim_{x \to \infty} (y-x) = \lim_{x \to \infty} \left(\frac{x^3}{x^2+x+1} - x \right) = \lim_{x \to \infty} \left(\frac{-x^2-x}{x^2+x+1} \right) = -1,$$

因此曲线 $y = \dfrac{x^3}{x^2+x+1}$ 有斜渐近线 $y = x-1$.

例 12　求曲线 $y = x + \arctan x$ 的斜渐近线.

解　由 $k = \lim\limits_{x \to \infty} \dfrac{y}{x} = \lim\limits_{x \to \infty} \dfrac{x + \arctan x}{x} = 1$,以及

$$\lim_{x \to +\infty} (y-x) = \lim_{x \to +\infty} \arctan x = \frac{\pi}{2},$$

$$\lim_{x \to -\infty} (y-x) = \lim_{x \to -\infty} \arctan x = -\frac{\pi}{2},$$

可知曲线 $y = x + \arctan x$ 有两条斜渐近线 $y = x + \dfrac{\pi}{2}$ 与 $y = x - \dfrac{\pi}{2}$.

例 13　证明:曲线 $y = x + \sin x$ 不存在斜渐近线.

证明　计算可得 $k = \lim\limits_{x \to \infty} \dfrac{y}{x} = \lim\limits_{x \to \infty} \dfrac{x + \sin x}{x} = 1 + \lim\limits_{x \to \infty} \dfrac{\sin x}{x} = 1$,但是 $b = \lim\limits_{x \to \infty} (y - kx) = \lim\limits_{x \to \infty} \sin x$ 不存在,因此 $y = x + \sin x$ 不存在斜渐近线.

习题 1.5

1. 下列函数都是 $x \to 0$ 时的无穷小,将这些函数按照从低阶到高阶的顺序排列:

（1）$e^{\sqrt[3]{x}} - 1$;　　　　　　　　　　（2）$\sin(x^2)$;

（3）$x \sin^2 x$;　　　　　　　　　　（4）$\arctan[1 - \cos(x^2)]$;

（5）$\ln(1 - \sqrt[3]{x^4})$.

2. 利用等价无穷小计算下列极限:

（1）$\lim\limits_{x \to 0} \dfrac{\arcsin(1 - \cos x)}{\sin x^2}$;　　　　　（2）$\lim\limits_{x \to 1} \dfrac{\sin x - \sin 1}{\ln x}$;

（3）$\lim\limits_{x\to 0}\dfrac{\sqrt{1+x^3}-1}{\sin x-\tan x}$;　　　　　　（4）$\lim\limits_{x\to\infty}x(\mathrm{e}^{\frac{2}{x}}-1)$.

3. 求 a,b，使得当 $x\to 1$ 时，x^3+ax+b 是 $x-1$ 的高阶无穷小.

4. 求曲线 $y=\dfrac{\sqrt{x^2+1}}{x}$ 的所有水平渐近线与垂直渐近线.

5. 求曲线 $y=\sqrt{x^2+1}$ 的所有斜渐近线.

6. 讨论极限 $\lim\limits_{x\to 0}\dfrac{\mathrm{e}^{\frac{1}{x}}+2}{2\mathrm{e}^{\frac{1}{x}}+1}$ 是否存在.

— 1.6　函数的连续性 —

▊ 函数的连续性基本概念

定义 1　函数在一点的连续性

假设 $f(x)$ 在点 x_0 的某个邻域内有定义，且 $\lim\limits_{x\to x_0}f(x)=f(x_0)$，则称函数 $f(x)$ 在点 x_0 连续.

$f(x)$ 在点 x_0 连续，意味着函数 $y=f(x)$ 的图形可以在点 x_0 连续画出. 函数 $f(x)$ 在点 x_0 连续需要满足三个条件：

（1）函数 $f(x)$ 在点 x_0 有定义；

（2）极限 $\lim\limits_{x\to x_0}f(x)$ 存在；

（3）极限 $\lim\limits_{x\to x_0}f(x)$ 的值等于函数值 $f(x_0)$.

例 1　（1）对任意 x_0，由 $\lim\limits_{x\to x_0}\sin x=\sin x_0$ 可知函数 $y=\sin x$ 在点 x_0 连续.

（2）函数 $y=\dfrac{\sin x}{x}$ 在点 $x=0$ 无定义，因此 $y=\dfrac{\sin x}{x}$ 在点 $x=0$ 不连续.

（3）对于函数 $f(x)=\begin{cases}\dfrac{\sin x}{x}, & x\neq 0,\\[2mm] 1, & x=0,\end{cases}$ 由 $\lim\limits_{x\to 0}f(x)=\lim\limits_{x\to 0}\dfrac{\sin x}{x}=1=f(0)$ 可知 $f(x)$ 在点 $x=0$ 连续.

例 2　假设 $f(x)$ 在点 $x=1$ 连续，并且 $\lim\limits_{x\to 1}\dfrac{f(x)}{\ln x}=1$，求 $f(1)$.

解　由连续的定义,有

$$f(1) = \lim_{x \to 1} f(x) = \lim_{x \to 1} \left(\frac{f(x)}{\ln x} \cdot \ln x \right) = 1 \cdot 0 = 0.$$

定义 2　右连续、左连续

(1) 假设 $f(x)$ 在区间 $[x_0, x_0 + \delta)$ 内有定义,且 $\lim\limits_{x \to x_0^+} f(x) = f(x_0)$,则称函数 $f(x)$ 在点 x_0 右连续;

(2) 假设 $f(x)$ 在区间 $(x_0 - \delta, x_0]$ 内有定义,且 $\lim\limits_{x \to x_0^-} f(x) = f(x_0)$,则称函数 $f(x)$ 在点 x_0 左连续.

例 3　由 $\lim\limits_{x \to 0^+} \sqrt{x} = 0$ 可知函数 $y = \sqrt{x}$ 在点 $x = 0$ 右连续;由 $\lim\limits_{x \to 1^-} \sqrt[4]{1-x} = 0$ 可知函数 $y = \sqrt[4]{1-x}$ 在点 $x = 1$ 左连续.

定理 1　函数 $f(x)$ 在点 x_0 连续,当且仅当 $f(x)$ 在点 x_0 既左连续,又右连续.

证明　利用左、右极限与极限的关系可知

$$\lim_{x \to x_0} f(x) = f(x_0) \text{ 当且仅当 } \lim_{x \to x_0^-} f(x) = \lim_{x \to x_0^+} f(x) = f(x_0).$$

由连续、左连续和右连续的定义即证.

例 4　证明:取整函数 $f(x) = [x]$ 在所有整数点右连续,在所有非整数点连续.

证明　仅以 $x = 2$ 和 $x = 2.5$ 为例加以说明.

由取整函数的定义,当 $1 \leqslant x < 2$ 时,$[x] = 1$;而当 $2 \leqslant x < 3$ 时,$[x] = 2$. 由 $\lim\limits_{x \to 2^+} [x] = 2 = [2]$ 知函数 $f(x)$ 在点 $x = 2$ 右连续;而 $\lim\limits_{x \to 2^-} [x] = 1 \neq [2]$ 说明函数 $f(x)$ 在点 $x = 2$ 不是左连续的,从而 $f(x)$ 在点 $x = 2$ 仅右连续.

对于 $x = 2.5$,由 $\lim\limits_{x \to 2.5} [x] = 2 = [2.5]$ 可知 $f(x)$ 在点 $x = 2.5$ 连续.

例 5　讨论函数 $f(x) = \begin{cases} x^2 + 1, & x \leqslant 0, \\ \dfrac{\ln(1+x)}{x}, & x > 0 \end{cases}$ 在点 $x = 0$ 的连续性.

解　由函数 $f(x)$ 的表达式可知 $f(0) = 1$. $\lim\limits_{x \to 0^+} f(x) = \lim\limits_{x \to 0^+} \dfrac{\ln(1+x)}{x} = 1 = f(0)$,说明 $f(x)$ 在点 $x = 0$ 右连续;又由 $\lim\limits_{x \to 0^-} f(x) = \lim\limits_{x \to 0^-} (x^2 + 1) = 1 = f(0)$ 可得 $f(x)$ 在点 $x = 0$ 左连续,因此 $f(x)$ 在点 $x = 0$ 连续.

例 6　求 a, b, c,使得函数 $f(x) = \begin{cases} x^2 + a, & x < 0, \\ b, & x = 0, \\ \dfrac{\ln(c+x)}{x}, & x > 0 \end{cases}$ 在点 $x = 0$ 连续.

解　由函数 $f(x)$ 在点 $x=0$ 连续可得

$$\lim_{x \to 0^+} f(x) = \lim_{x \to 0^-} f(x) = f(0),$$

即 $\lim\limits_{x \to 0^+} \dfrac{\ln(c+x)}{x} = \lim\limits_{x \to 0^-} (x^2 + a) = b.$

由 $\lim\limits_{x \to 0^+} \dfrac{\ln(c+x)}{x}$ 存在可得 $\lim\limits_{x \to 0^+} \ln(c+x) = \lim\limits_{x \to 0^+} \left[\dfrac{\ln(c+x)}{x} \cdot x \right] = 0$, 而 $\lim\limits_{x \to 0^+} \ln(c+x) =$

$\ln c$, 因此有 $\ln c = 0$, 即 $c = 1$. 进而 $b = \lim\limits_{x \to 0^+} \dfrac{\ln(1+x)}{x} = 1.$

直接计算可得 $\lim\limits_{x \to 0^-} (x^2 + a) = a$, 从而 $a = b = 1.$

因此当 $a = b = c = 1$ 时, 函数 $f(x)$ 在点 $x = 0$ 连续.

利用函数极限的四则运算法则与复合函数的极限运算法则, 可以得到连续函数的运算法则.

定理 2　连续函数的四则运算法则

假设函数 $f(x), g(x)$ 在点 x_0 连续, 则

（1）加法法则　$f(x) + g(x)$ 在点 x_0 连续;

（2）减法法则　$f(x) - g(x)$ 在点 x_0 连续;

（3）乘法法则　$f(x) \cdot g(x)$ 在点 x_0 连续;

（4）除法法则　当 $g(x_0) \neq 0$ 时, $\dfrac{f(x)}{g(x)}$ 在点 x_0 连续.

定理 3　复合函数的连续性

假设 $f(x)$ 在点 x_0 连续且 $f(x_0) = u_0$, $g(u)$ 在点 u_0 连续, 则 $g[f(x)]$ 在点 x_0 连续.

定义 3　函数在区间上的连续性

（1）若函数 $f(x)$ 在 (a, b) 内任意点都连续, 则称函数 $f(x)$ 在 (a, b) 内连续;

（2）若函数 $f(x)$ 在 (a, b) 内连续, 在点 a 右连续, 在点 b 左连续, 则称函数 $f(x)$ 在 $[a, b]$ 上连续;

（3）若函数 $f(x)$ 在某区间 I 上连续, 则称 I 是 $f(x)$ 的连续区间, 记为 $f(x) \in C(I)$.

利用初等函数的定义及基本初等函数的极限性质可得:

若 $f(x)$ 是初等函数, 且 $f(x)$ 在点 x_0 的某个邻域内有定义, 则 $f(x)$ 在点 x_0 连续.

例 7　求函数 $f(x) = \dfrac{\sqrt{2-x}}{x(e^x - 1)}$ 的连续区间.

解 $f(x)$为初等函数,定义域是$(-\infty,0) \cup (0,2]$,因此$f(x)$在$(-\infty,0)$和$(0,2]$上连续.

通常在计算极限时,可以使用如下规则:

(1) 若函数$f(x)$在点x_0连续,则$\lim\limits_{x \to x_0} f(x) = f(x_0)$;

(2) 若$\lim\limits_{x \to x_0} u(x) = u_0$存在,且函数$f(u)$在点$u_0$连续,则$\lim\limits_{x \to x_0} f[u(x)] = f(u_0)$.

例 8 计算极限$\lim\limits_{x \to 0} \left[e^{\frac{\sin x}{x}} - \sqrt{\ln(1+x^2)} \right]$.

解 由指数函数、根式函数以及对数函数的连续性可知

$$\lim_{x \to 0} e^{\frac{\sin x}{x}} = e^{\lim\limits_{x \to 0} \frac{\sin x}{x}} = e,$$

$$\lim_{x \to 0} \sqrt{\ln(1+x^2)} = \sqrt{\lim_{x \to 0} \ln(1+x^2)} = \sqrt{\ln\left[\lim_{x \to 0}(1+x^2)\right]} = \sqrt{\ln 1} = 0.$$

因此$\lim\limits_{x \to 0} \left[e^{\frac{\sin x}{x}} - \sqrt{\ln(1+x^2)} \right] = e.$

■ 间断点及其分类

定义 4 函数的间断点

假设$f(x)$在点x_0的某个去心邻域内有定义,但在点x_0处不连续,则称x_0是$f(x)$的不连续点或者间断点.

若x_0是$f(x)$的间断点,则有以下三种可能情形:

(1) $f(x_0)$无定义;

(2) $\lim\limits_{x \to x_0} f(x)$不存在;

(3) $\lim\limits_{x \to x_0} f(x)$存在且$f(x_0)$有定义,但$\lim\limits_{x \to x_0} f(x) \neq f(x_0)$.

定义 5 间断点的分类

设点x_0是$f(x)$的间断点,

(1) 若$\lim\limits_{x \to x_0} f(x)$存在,则称点$x_0$是$f(x)$的可去间断点;

(2) 若$\lim\limits_{x \to x_0^+} f(x)$,$\lim\limits_{x \to x_0^-} f(x)$都存在但是两者不相等,则称点$x_0$是$f(x)$的跳跃间断点;

(3) 可去间断点与跳跃间断点统称为第一类间断点,除第一类间断点以外的间断点统称为第二类间断点.

例 9 函数$f(x) = \dfrac{e^x - 1}{x}$在点$x = 0$无定义,而$\lim\limits_{x \to 0} f(x) = \lim\limits_{x \to 0} \dfrac{e^x - 1}{x} = 1$存在,因此$x = 0$是$f(x)$的可去间断点.若补充定义$f(0) = 1$,则所得新函数在点$x = 0$连续.

一般地, 若点 x_0 是函数 $f(x)$ 的可去间断点, 则通过补充或者修改 $f(x)$ 在点 x_0 的函数值, 可使得函数 $f(x)$ 在点 x_0 连续.

例 10　考察函数 $y = \dfrac{|x|}{x}$ 在点 $x = 0$ 的连续性, 若间断, 则说明其间断点类型.

解　$y = \dfrac{|x|}{x}$ 在点 $x = 0$ 无定义, 因此 $x = 0$ 是 $y = \dfrac{|x|}{x}$ 的间断点. 由 $\lim\limits_{x \to 0^+} \dfrac{|x|}{x} = 1$, $\lim\limits_{x \to 0^-} \dfrac{|x|}{x} = -1$ 可知 $x = 0$ 是 $y = \dfrac{|x|}{x}$ 的跳跃间断点.

例 11　函数 $y = \ln|x|$ 在点 $x = 0$ 无定义, 且 $\lim\limits_{x \to 0} \ln|x| = -\infty$, 因此 $x = 0$ 为 $y = \ln|x|$ 的第二类间断点. 因极限为无穷大, 称这样的间断点为无穷间断点.

例 12　函数 $y = \sin\dfrac{1}{x}$ 在点 $x = 0$ 无定义, 且 $\lim\limits_{x \to 0} \sin\dfrac{1}{x}$ 不存在, 因此 $x = 0$ 是 $y = \sin\dfrac{1}{x}$ 的第二类间断点, 由于 $y = \sin\dfrac{1}{x}$ 的图像在点 $x = 0$ 附近无限振荡, 称这样的间断点为振荡间断点.

例 13　求函数 $y = \dfrac{\tan x}{x}$ 的所有间断点, 并说明每个间断点的类型.

解　函数 $y = \dfrac{\tan x}{x}$ 为初等函数, 间断点有 $x = 0, x = k\pi + \dfrac{\pi}{2}$, 其中 k 为整数.

对点 $x = 0$, 由 $\lim\limits_{x \to 0} \dfrac{\tan x}{x} = 1$ 可知 $x = 0$ 是可去间断点; 对点 $x = k\pi + \dfrac{\pi}{2}$, 由 $\lim\limits_{x \to k\pi + \frac{\pi}{2}} \dfrac{\tan x}{x} = \infty$ 可知 $x = k\pi + \dfrac{\pi}{2}$ 为第二类间断点中的无穷间断点.

习题 1.6

1. 下列函数在给定点处是否连续?

(1) $f(x) = \begin{cases} \dfrac{\sin(\pi x)}{x-1}, & x \neq 1, \\ \pi, & x = 1, \end{cases}$ 在点 $x = 1$ 处;

(2) $f(x) = \begin{cases} \mathrm{e}^{\frac{1}{x}} + 1, & x < 0, \\ 1, & x = 0, \\ 1 + x\sin\dfrac{1}{x}, & x > 0, \end{cases}$ 在点 $x = 0$ 处;

(3) $f(x) = \dfrac{x(x-1)}{\sin x}$，在点 $x=0$ 和 $x=1$ 处；

(4) $f(x) = \sqrt[3]{\ln(1+\sqrt{x})}$，在点 $x=1$ 处.

2. 分别给出下列函数的连续区间：

(1) $f(x) = \sqrt{\arcsin(x+1)}$；   (2) $f(x) = \mathrm{e}^{x^2 \arctan x}$；

(3) $f(x) = \begin{cases} \dfrac{|\sin x|}{x}, & x \neq 0, \\ 1, & x = 0; \end{cases}$ (4) $f(x) = \begin{cases} \ln(1+x), & x>0, \\ \mathrm{e}^x - 1, & x \leqslant 0. \end{cases}$

3. 求参数 a,b，使得函数

$$f(x) = \begin{cases} a + \dfrac{\ln(1+x)}{x}, & x>0, \\ b, & x=0, \\ 1 + \mathrm{e}^{\frac{1}{x}}, & x<0 \end{cases}$$

在 $(-\infty, +\infty)$ 上连续.

4. 分别求出下列每个函数的间断点，并说明每个间断点的类型：

(1) $f(x) = \dfrac{|\sin x|}{x}$；   (2) $f(x) = \arctan \dfrac{1}{x}$；

(3) $f(x) = \dfrac{x}{\sin x}$；   (4) $f(x) = x\cos \dfrac{1}{x}$；

(5) $f(x) = (1+x)^{\frac{1}{x}}$；   (6) $f(x) = \dfrac{x}{\tan x}$.

5. 计算下列极限：

(1) $\lim\limits_{x \to \frac{1}{2}} \ln(\arcsin x)$；   (2) $\lim\limits_{x \to \frac{\pi}{2}} (1+\cos x)^{\frac{1}{2x-\pi}}$；

(3) $\lim\limits_{x \to 0} (\sin x + \cos x)^{\frac{1}{x}}$；   (4) $\lim\limits_{x \to 0} \left(\dfrac{1+2^x+3^x}{3} \right)^{\frac{1}{x}}$；

(5) $\lim\limits_{x \to \frac{\pi}{3}} \dfrac{8\cos^2 x - 2\cos x - 1}{2\cos^2 x + \cos x - 1}$；   (6) $\lim\limits_{x \to \pi} \sin(x+\sin x)$.

6. 已知 $f(x) = \lim\limits_{n \to \infty} \dfrac{x^{2n-1} + ax^2 + bx}{1+x^{2n}}$.

(1) 写出 $f(x)$ 的分段表达式.

(2) 求 a,b，使得 $f(x)$ 在 $(-\infty, +\infty)$ 内连续.

— 1.7　闭区间上连续函数的性质 —

本节主要介绍闭区间上连续函数的最值存在定理、零点定理以及介值定理.

定义 1　最大值、最小值

假设 $f(x)$ 在区间 I 上有定义,

(1) 若存在 $x_1 \in I$,使得对于任意 $x \in I$,都有 $f(x) \leqslant f(x_1)$,则称 $f(x_1)$ 为函数 $f(x)$ 在区间 I 上的最大值,x_1 为 $f(x)$ 的最大值点;

(2) 若存在 $x_2 \in I$,使得对于任意 $x \in I$,都有 $f(x) \geqslant f(x_2)$,则称 $f(x_2)$ 为函数 $f(x)$ 在区间 I 上的最小值,x_2 为 $f(x)$ 的最小值点.

例 1　(1) 函数 $y = \sqrt{x}$ 在定义域 $[0, +\infty)$ 上有最小值 0,但是无最大值.

(2) 函数 $y = \sin x$ 在定义域 $(-\infty, +\infty)$ 内有最小值 -1 和最大值 1.

(3) 函数 $y = \dfrac{1}{x}$ 在区间 $(1,2)$ 内无最大值和最小值;在区间 $(1,2]$ 上无最大值,有最小值 $\dfrac{1}{2}$;在区间 $[1,2]$ 上有最大值 1 和最小值 $\dfrac{1}{2}$.

例 2　结合图 1-6 所示函数图形,分析每个函数的最值.

从三个函数的图形可以看出,$f_1(x)$ 既有最大值又有最小值;$f_2(x)$ 没有最大值,但有最小值;$f_3(x)$ 无最大值和最小值.

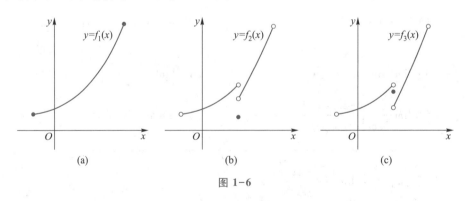

图 1-6

以下定理告诉我们怎样的函数一定存在最大值和最小值.

定理 1　最值存在定理

若函数 $f(x)$ 在闭区间 $[a,b]$ 上连续,则函数 $f(x)$ 在 $[a,b]$ 上一定存在最大值和最小值.

需要说明的是,有些连续函数在开区间内也有最值,但是只有闭区间上的连续函数在该闭区间上一定存在最值.

最值存在定理引申出结论:闭区间上的连续函数一定有界. 与函数极限的局部有界性相比,由函数极限存在只能得到该函数在极限点的附近有界. 有时这两个有界性结论需要结合在一起说明开区间或者半开半闭区间内连续函数的有界性.

例 3　证明:函数 $f(x)=\dfrac{\sin x}{x}$ 在区间 $(0,1]$ 上有界.

证明　根据极限的局部有界性,由 $\lim\limits_{x\to 0^+}\dfrac{\sin x}{x}=1$ 可知,存在某个 $0<\delta<1$,使得函数 $f(x)$ 在区间 $(0,\delta)$ 内有界,即存在某个 $M_1>0$,使得对任意 $0<x<\delta$,有 $|f(x)|\leqslant M_1$. 而 $f(x)$ 在闭区间 $[\delta,1]$ 上连续,由最值存在定理,存在某个 $M_2>0$,使得对任意 $\delta\leqslant x\leqslant 1$,有 $|f(x)|\leqslant M_2$.

取 $M=\max\{M_1,M_2\}$,则对任意 $0<x\leqslant 1$,都有 $|f(x)|\leqslant M$,即 $f(x)$ 在区间 $(0,1]$ 上有界.

定义 2　零点

若点 x_0 使得 $f(x_0)=0$ 成立,则称 x_0 是函数 $f(x)$ 的零点.

例 4　函数 $y=x-\sin x$ 有唯一的零点 $x=0$;而 $y=x^2-2x-3$ 有两个零点 $x=-1$ 与 $x=3$.

定理 2　零点定理

设函数 $f(x)$ 在闭区间 $[a,b]$ 上连续,且 $f(a)\cdot f(b)<0$,则函数 $f(x)$ 在开区间 (a,b) 内必定有零点,即存在 $x_0\in(a,b)$,使得 $f(x_0)=0$.

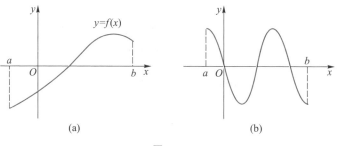

图 1-7

从图 1-7 直观地看出,满足零点定理条件的函数图形最高处位于 x 轴上方,

最低处位于 x 轴下方,因此曲线与 x 轴一定相交,交点即为函数的零点.

运用零点定理证明函数 $f(x)$ 在区间 I 内有零点的两个步骤:

(1) 寻找 $x_1, x_2 \in I$,使得 $f(x_1) \cdot f(x_2) < 0$;

(2) 说明 $f(x)$ 在以 x_1 和 x_2 为端点的闭区间上连续.

例 5   证明:方程 $e^x - x - 2 = 0$ 一定有正根.

证明   令 $f(x) = e^x - x - 2$. 由于 $f(x)$ 是初等函数,在任意闭区间上都连续. 利用零点定理,取区间 $[0,2]$ 进行分析,由 $f(0) = e^0 - 0 - 2 = -1 < 0, f(2) = e^2 - 4 > 0$ 可知,在区间 $(0,2)$ 内函数 $f(x)$ 有零点,即方程 $e^x - x - 2 = 0$ 在 $(0,2)$ 内有根.

例 6   证明对任意实数 a,方程 $x^3 + x = a$ 都存在唯一实根.

证明   对函数 $f(x) = x^3 + x - a$ 进行分析. 由 $\lim\limits_{x \to +\infty} f(x) = +\infty$ 可知,必定存在 $x_1 > 0$,使得 $f(x_1) > 0$;再由 $\lim\limits_{x \to -\infty} f(x) = -\infty$ 可知,存在 $x_2 < 0$,使得 $f(x_2) < 0$. 因为 $f(x)$ 在闭区间 $[x_2, x_1]$ 上连续,由零点定理,必定存在某个 $\xi \in (x_2, x_1)$,使得 $f(\xi) = 0$.

由于单调函数至多有一个零点,而 $f(x)$ 在 $(-\infty, +\infty)$ 上单调递增,因此上述 ξ 就是 $f(x)$ 的唯一零点,即方程 $x^3 + x = a$ 存在唯一实根.

零点定理主要用于证明一个函数在某个区间内存在零点,但是不能具体说明有几个零点. 当需要明确函数的零点个数时,需要结合函数的单调性,在每个单调区间上分析是否适用零点定理.

定理 3   介值定理

设 $f(x)$ 在闭区间 $[a,b]$ 上连续,最大值为 M,最小值为 m,实数 k 满足 $m \leqslant k \leqslant M$,则一定存在某个 $x_0 \in [a,b]$,使得 $f(x_0) = k$.

证明   不妨设 $f(x_1) = m, f(x_2) = M$,且 $x_1 < x_2$. 对函数 $f(x) - k$ 在闭区间 $[x_1, x_2]$ 上运用零点定理即得证.

例 7   假设函数 $f(x)$ 在闭区间 $[0,1]$ 上连续. 证明:一定存在某个 $\xi \in [0,1]$,使得

$$f(\xi) = \frac{1}{2}[f(0) + f(1)].$$

证明   由最值存在定理可知,$f(x)$ 在闭区间 $[0,1]$ 上存在最大值和最小值,分别记为 M 和 m. 显然有 $m \leqslant f(0), f(1) \leqslant M$,从而

$$m \leqslant \frac{1}{2}[f(0) + f(1)] \leqslant M.$$

由介值定理即得证所需结论.

习题 1.7

1. 求下列函数在给定区间上的最值:

（1）$f(x)=x,x\in(-1,1)$；　　　　　　（2）$f(x)=x^2,x\in(-1,1)$；

（3）$f(x)=x^3,x\in(-\infty,0]$.

2. 分别证明下列方程在所给区间内有根：

（1）$x\cos x=\mathrm{e}^x-2,x\in(0,2)$；　　　　（2）$x^2=\sqrt{x+1},x\in(1,2)$.

3. 假设函数 $f(x)$ 在闭区间 $[a,b]$ 上连续，$f(a)<a,f(b)>b$，证明：至少存在一点 $\xi\in(a,b)$，使得 $f(\xi)=\xi$.

4. 证明：对任意非负数 p_1,p_2 和任意实数 q，方程 $x^5+p_1x^3+p_2x=q$ 有且仅有一个实根.

〰〰〰〰〰〰〰〰〰〰〰〰〰〰〰〰

5. 假设函数 $f(x)$ 在闭区间 $[a,b]$ 上连续. 任取闭区间上的 n 个点 $x_1,x_2,\cdots,x_n$ 以及 n 个正数 $k_1,k_2,\cdots,k_n$，定义

$$K=\frac{k_1f(x_1)+k_2f(x_2)+\cdots+k_nf(x_n)}{k_1+k_2+\cdots+k_n},$$

证明：存在某个 $\xi\in[a,b]$，使得 $f(\xi)=K$.

6. 假设函数 $f(x)$ 在闭区间 $[0,1]$ 上连续，$f(0)=f(1)$. 证明：存在 $x_0\in(0,1)$，使得

$$f(x_0)=f\left(x_0+\frac{1}{2}\right).$$

一　本章学习要点　一

极限是微积分中串联所有知识点的重要工具，本章详细地讲解了数列极限、函数极限的定义、性质、运算法则、无穷小等知识点，同时以此为基础，讲解了函数的连续性分析相关知识. 主要内容概括如下：

1. 数列极限 $\lim\limits_{n\to\infty}a_n$ 描述了当数列的项数 n 趋于无穷大时，数列通项 a_n 的变化趋势. $\lim\limits_{n\to\infty}a_n=A$ 的"$\varepsilon\text{-}N$"定义给出了数列极限存在的严格数学描述，简单地说，对于极限值 A 附近的任意小区间 $(A-\varepsilon,A+\varepsilon)$，只要项数 n 足够大，就可以使得 a_n 的取值落在该小区间内. 极限存在的数列称为收敛数列. 收敛数列具有有界性、保号性、归结原理等基本性质：收敛的数列一定有界；非负收敛数列的极限值必定非负；具有正极限值的数列必定在某项后取值为正；收敛数列的归结原理建立了数列的子列与数列整体之间收敛性的相互关系，对于极限值为 A 的收敛数列，其任意子列都收敛于 A.

2. 函数极限 $\lim\limits_{x \to x_0} f(x)$ 描述了当自变量 x 趋于 x_0 时,函数值 $f(x)$ 的变化趋势. 不同于数列极限,分析函数极限 $\lim\limits_{x \to x_0} f(x)$ 时首先要求 $f(x)$ 在点 x_0 的某个去心邻域内有定义, $\lim\limits_{x \to x_0} f(x)$ 是否存在与 $f(x_0)$ 是否有定义无关. 按照自变量的变化趋势,函数 $f(x)$ 的极限有 6 种常见形式,其中 3 种为自变量趋于有限值时的极限: $\lim\limits_{x \to x_0} f(x)$, $\lim\limits_{x \to x_0^+} f(x)$, $\lim\limits_{x \to x_0^-} f(x)$,另外 3 种为自变量趋于无穷大时的极限: $\lim\limits_{x \to \infty} f(x)$, $\lim\limits_{x \to +\infty} f(x)$, $\lim\limits_{x \to -\infty} f(x)$. 极限 $\lim\limits_{x \to x_0} f(x)$ 存在且为 A 的严格数学定义可以用"ε-δ"语句描述:对 A 的任意小邻域 $(A-\varepsilon, A+\varepsilon)$,存在 x_0 的某个去心邻域 $(x_0-\delta, x_0) \cup (x_0, x_0+\delta)$,使得该去心邻域内点所对应的函数值落在 $(A-\varepsilon, A+\varepsilon)$ 内. 极限 $\lim\limits_{x \to \infty} f(x)$ 存在且为 A 的严格数学定义可以用"ε-X"语句描述:对 A 的任意小邻域 $(A-\varepsilon, A+\varepsilon)$,存在区域 $(-\infty, -X) \cup (X, +\infty)$,使得该区域内点所对应的函数值在 $(A-\varepsilon, A+\varepsilon)$ 内. 在函数极限存在的条件下,函数具有局部有界性、局部保号性、单调性、归结原理等基本性质.

3. 若函数 $f(x)$ 在有限点 x_0 左右两边的定义有变化,或者当 $x \to x_0^+$ 和 $x \to x_0^-$ 时函数 $f(x)$ 的变化趋势不同,则需要分析左、右极限 $\lim\limits_{x \to x_0^-} f(x)$, $\lim\limits_{x \to x_0^+} f(x)$. $\lim\limits_{x \to x_0} f(x) = A$ 的充要条件为 $\lim\limits_{x \to x_0^+} f(x) = \lim\limits_{x \to x_0^-} f(x) = A$. 类似地,自变量趋于无穷大时的函数极限有时也需要考虑 $\lim\limits_{x \to -\infty} f(x)$, $\lim\limits_{x \to +\infty} f(x)$. $\lim\limits_{x \to \infty} f(x) = A$ 的充要条件为 $\lim\limits_{x \to +\infty} f(x) = \lim\limits_{x \to -\infty} f(x) = A$.

4. 夹逼准则和单调有界收敛准则是分析数列和函数收敛性的两个基本准则. 利用这两个准则可以得到两个重要极限 $\lim\limits_{x \to 0} \dfrac{\sin x}{x} = 1$, $\lim\limits_{x \to 0} (1+x)^{\frac{1}{x}} = \mathrm{e}$. 利用极限计算的其他规则,还可以得到其他类似形式的极限结论,如 $\lim\limits_{x \to \infty} \left(1+\dfrac{1}{x}\right)^x = \mathrm{e}$, $\lim\limits_{n \to \infty} \left(1+\dfrac{1}{n}\right)^n = \mathrm{e}$.

5. 无穷小和无穷大是两种特殊的极限形式. 在自变量的某个变化趋势下,函数的极限为 0,就可以称此函数是该自变量变化趋势下的无穷小. 高阶无穷小、同阶无穷小和等价无穷小概念可用于比较两个无穷小收敛于 0 的速度. 当 $x \to 0$ 时,常用的等价无穷小关系有:$\mathrm{e}^x - 1 \sim x$, $\ln(1+x) \sim x$, $\sin x \sim x$, $1-\cos x \sim \dfrac{x^2}{2}$, $(1+x)^a - 1 \sim ax$ 等. 在计算极限时,可以将函数的乘式或者除式因子替换为其等价无穷小,从而简化计算过程. 无穷大是指在自变量的某个变化趋势下,函数值的绝对值无限变大. 无穷大是极限不存在的一种特殊情形, 其特殊性表现为在保证函数有意义的前提下, 无穷大的倒数为无穷小.

6. 函数 $f(x)$ 在点 x_0 处连续意味着 $\lim\limits_{x \to x_0} f(x) = f(x_0)$, 其中包含了三个方面的要求: 函数 $f(x)$ 在点 x_0 有定义、极限 $\lim\limits_{x \to x_0} f(x)$ 存在、极限值 $\lim\limits_{x \to x_0} f(x)$ 等于函数值 $f(x_0)$. 对于需要分析左、右连续性的函数, 需要分别计算其左、右极限. 函数 $f(x)$ 在点 x_0 处连续的充要条件是 $f(x)$ 在点 x_0 既左连续, 又右连续.

7. 若函数 $f(x)$ 在点 x_0 附近有定义, 但是在点 x_0 不连续, 则称 x_0 是 $f(x)$ 的间断点. 按照 $\lim\limits_{x \to x_0} f(x)$ 的不同情况, 可以将间断点分为第一类间断点和第二类间断点. 第一类间断点的特征是 $\lim\limits_{x \to x_0^-} f(x)$, $\lim\limits_{x \to x_0^+} f(x)$ 均存在. 按照左、右极限是否相等又可以将第一类间断点分为可去间断点和跳跃间断点两种类型. 不是第一类间断点的其他间断点都可以归为第二类间断点.

8. 闭区间上的连续函数具有最值存在定理、零点定理和介值定理三个重要定理. 最值存在定理说明闭区间上的连续函数一定有最大值和最小值. 零点定理说明区间端点函数值异号的连续函数在该区间内一定有零点. 零点定理常用于说明函数零点的存在性, 与函数单调性相结合, 可以分析函数的零点个数.

第一章自测题

第二章 导数 ▶▶▶

导数是微积分学中最基本的概念,它反映了函数的因变量关于自变量变化的快慢程度,即因变量关于自变量的变化率. 世界是运动和变化的,研究变化离不开变化率,导数是对各种变化率的统一的数学抽象.

— 2.1 导数的概念 —

■ 导数概念的引出

曲线在一点处切线的斜率

如何求曲线的切线是 17 世纪早期首要的数学问题之一. 在光学中,切线决定着光线射入的角度;在力学中,切线决定着物体做曲线运动时的瞬时方向;在几何中,两条曲线相交的交角由相交点处的两条切线所决定. 数学家笛卡儿曾经说过:"求切线问题是我所知道的最有用、最一般的问题,甚至可以说,是我仅仅想在几何里知道的问题."

在中学时把圆的切线定义为:与圆只有一个交点的直线. 但是,对于一般曲线,这个定义就不能恰当地表示切线的含义. 那么如何定义切线呢?

法国数学家费马(Fermat)给出了一个动态处理的方法:

设 $M_0(x_0, y_0)$ 是曲线 $y = f(x)$ 上的一点, $M(x, y)$ 是曲线上邻近于 M_0 的点,连接 M_0 和 M 得到割线 M_0M,当点 M 沿曲线趋于 M_0 时,若割线 M_0M 有极限位置 M_0T,则此极限位置就是曲线在点 $M_0(x_0, y_0)$ 处的切线,如图 2-1 所示.

记 $\Delta y = f(x) - f(x_0)$, $\Delta x = x - x_0$,则

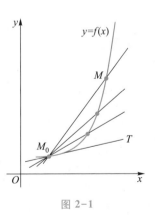

图 2-1

$$\overline{k} = \frac{\Delta y}{\Delta x} = \frac{f(x) - f(x_0)}{x - x_0} = \frac{f(x_0 + \Delta x) - f(x_0)}{\Delta x}$$

为割线 M_0M 的斜率. 若当 x 趋于 x_0 时, $\overline{k}$ 的极限存在, 则其极限

$$k = \lim_{\Delta x \to 0} \frac{\Delta y}{\Delta x} = \lim_{x \to x_0} \frac{f(x) - f(x_0)}{x - x_0} = \lim_{\Delta x \to 0} \frac{f(x_0 + \Delta x) - f(x_0)}{\Delta x}$$

就是曲线在点 M_0 的切线的斜率.

例 1　求抛物线 $y = x^2$ 在点 $M_0(2,4)$ 的切线方程.

解　我们从过点 $M_0(2,4)$ 和其邻近点 $M(2 + \Delta x, (2 + \Delta x)^2)$ 的割线开始,

$$割线的斜率 = \frac{\Delta y}{\Delta x} = \frac{(2 + \Delta x)^2 - 2^2}{\Delta x} = \frac{(\Delta x)^2 + 4\Delta x}{\Delta x} = \Delta x + 4,$$

$$切线的斜率 = \lim_{\Delta x \to 0} \frac{\Delta y}{\Delta x} = \lim_{\Delta x \to 0} (\Delta x + 4) = 4,$$

因此利用直线的点斜式方程可得所求切线方程为

$$y - 4 = 4(x - 2), 即 y = 4x - 4.$$

做直线运动物体的瞬时速度

设物体沿直线运动, 设 s 为物体从某一选定时刻 t_0 到时刻 t 所通过的路程, 则 s 是 t 的一个函数

$$s = s(t),$$

这个函数称为物体的位置函数. 从时刻 t_0 到时刻 t, 时间产生增量 $\Delta t = t - t_0$, 相应地, 位置也产生增量

$$\Delta s = s(t) - s(t_0),$$

因而, 物体在从时刻 t_0 到时刻 t 这段时间内的平均速度为

$$\overline{v} = \frac{\Delta s}{\Delta t} = \frac{s(t) - s(t_0)}{t - t_0} = \frac{s(t_0 + \Delta t) - s(t_0)}{\Delta t},$$

不难理解, 时间间隔 Δt 越小, 平均速度越接近于物体在时刻 t_0 的瞬时速度, 物理学中用 $\Delta t \to 0$ 时 $\overline{v}$ 的极限

$$v = \lim_{t \to t_0} \overline{v} = \lim_{\Delta t \to 0} \frac{\Delta s}{\Delta t} = \lim_{t \to t_0} \frac{s(t) - s(t_0)}{t - t_0} = \lim_{\Delta t \to 0} \frac{s(t_0 + \Delta t) - s(t_0)}{\Delta t}$$

来定义物体在时刻 t_0 的瞬时速度.

例 2 (瞬时速度)　一块岩石突然松动, 并从高处落下, 试求:

（1）岩石下落的前两秒的平均速度；

（2）岩石在 $t=2$ s 时的瞬时速度.

解　（1）岩石从静止状态自由落下，下落前 t s 的位移为 $s=\dfrac{1}{2}gt^2$，在任何给定时间区间上岩石的平均速度是所走过的距离 Δs 除以时间区间的长度 Δt，故下落前两秒的平均速度为

$$\bar{v}=\frac{\dfrac{1}{2}\times9.8\times2^2-0}{2}=9.8(\,\mathrm{m/s}\,).$$

（2）从 $t=2$ 到 $t=2+\Delta t$ 这段时间的平均速度为

$$\bar{v}=\frac{\dfrac{1}{2}\times9.8\times(2+\Delta t)^2-\dfrac{1}{2}\times9.8\times2^2}{2+\Delta t-2}=19.6+4.9\Delta t(\,\mathrm{m/s}\,),$$

瞬时速度为 $\Delta t\to0$ 时的极限

$$\lim_{\Delta t\to0}\bar{v}=\lim_{\Delta t\to0}(19.6+4.9\Delta t)=19.6(\,\mathrm{m/s}\,),$$

即岩石在 $t=2$ s 时的瞬时速度是 19.6 m/s.

从前面的引例，我们看到曲线 $y=f(x)$ 在点 $x=x_0$ 的切线的斜率为

$$k=\lim_{\Delta x\to0}\frac{\Delta y}{\Delta x}=\lim_{\Delta x\to0}\frac{f(x_0+\Delta x)-f(x_0)}{\Delta x}.$$

位置函数为 $s=s(t)$ 的物体在时刻 t_0 的瞬时速度为

$$v=\lim_{\Delta t\to0}\frac{\Delta s}{\Delta t}=\lim_{\Delta t\to0}\frac{s(t_0+\Delta t)-s(t_0)}{\Delta t}.$$

抛开上面两个问题的具体含义，它们都归结为如下求函数在一点的极限问题：

$$\lim_{\Delta x\to0}\frac{\Delta y}{\Delta x}=\lim_{x\to x_0}\frac{f(x)-f(x_0)}{x-x_0},$$

即求函数值的增量与相应的自变量的增量之比当自变量增量趋于 0 时的极限，也就是函数在某点函数值相对于自变量的变化率.

事实上，在科学研究与工程技术中，研究变化率时常出现这种形式的极限：

$$\lim_{\Delta x \to 0} \frac{f(x_0 + \Delta x) - f(x_0)}{\Delta x},$$

例如,求经济学中的边际成本或化学中的反应速度,等等. 由于关于函数的这种形式的计算如此广泛地出现,因此我们将其作为一种运算定义下来,并且给出运算法则,使这种复杂的运算变得简单方便.

定义 1 导数

设函数 $y = f(x)$ 在点 x_0 的某邻域内有定义,若

$$\lim_{\Delta x \to 0} \frac{\Delta y}{\Delta x} = \lim_{x \to x_0} \frac{f(x) - f(x_0)}{x - x_0} = \lim_{\Delta x \to 0} \frac{f(x_0 + \Delta x) - f(x_0)}{\Delta x}$$

存在,则称函数 $y = f(x)$ 在点 x_0 可导,并称此极限为函数 $y = f(x)$ 在点 x_0 的导数,记作

$$f'(x_0), y' \Big|_{x=x_0}, \frac{dy}{dx}\Big|_{x=x_0}, 或 \frac{df(x)}{dx}\Big|_{x=x_0},$$

若极限不存在,则称函数 $y = f(x)$ 在点 x_0 不可导.

如果函数 $y = f(x)$ 在开区间 I 内每点都可导,就称函数 $y = f(x)$ 在开区间 I 内可导,此时对于区间 I 内的每一个点都有唯一的导数值与之对应,这样就定义了一个以 I 为定义域的新函数,称它为 $y = f(x)$ 在开区间 I 内的导函数,记作 $f'(x)$,$y', \frac{dy}{dx}$ 或 $\frac{df(x)}{dx}$,简称为导数.

作为变化率的导数

$$\frac{f(x_0 + \Delta x) - f(x_0)}{\Delta x}$$

称为函数 $y = f(x)$ 在点 x_0,增量为 Δx 的差商,差商是函数 $y = f(x)$ 在 x_0 与 $x_0 + \Delta x$ 之间的平均变化率,如果当 $\Delta x \to 0$ 时差商有极限,那么这个极限 $f'(x_0)$ 就是函数 $y = f(x)$ 在点 x_0 关于 x 的瞬时变化率,或简称为变化率.

切线的斜率

可以看出,对于曲线 $y = f(x)$,如果把差商解释为割线的斜率,且 $f(x)$ 在点 x_0 可导,则 $y = f(x)$ 在点 $(x_0, f(x_0))$ 有不垂直于 x 轴的切线,而且 $f'(x_0)$ 就是该切线的斜率,这就是导数的几何意义.

注 垂直于 x 轴的切线的斜率为 ∞,此时导数不存在. 例如曲线 $y = x^{\frac{1}{3}}$ 在 $x =$

0 就属于这种情况.

瞬时速度

对于做直线运动的物体,假设物体在时刻 t 的位置函数为 $s=s(t)$,如果把差商解释为平均速度,那么 $s'(t_0)$ 就是该物体在时刻 t_0 的瞬时速度.

化学反应速度

设有一化学反应,其反应物的浓度 c 是时间 t 的函数 $c=c(t)$,当时间从时刻 t_0 开始产生增量 Δt 时,反应物浓度也有相应的改变量 $\Delta c=c(t_0+\Delta t)-c(t_0)$,反应物浓度在此时间段内的平均变化率为

$$\bar{v}=\frac{c(t_0+\Delta t)-c(t_0)}{\Delta t},$$

当 $\Delta t \to 0$ 时,若平均变化率的极限存在,则此极限就是该反应物浓度在时刻 t_0 的瞬时变化率,也称其为该化学反应在时刻 t_0 的化学反应速度.

经济学中的变化率

经济学中有表示变化率和导数的专业名词——边际.

假设 $c(x)$ 为每天生产 x 个产品所需的成本,每天生产 $x+h$ 个产品成本就要高一些,多生产的 h 个产品的平均成本为

$$\frac{c(x+h)-c(x)}{h},$$

它在 $h \to 0$ 时的极限

$$\frac{\mathrm{d}c}{\mathrm{d}x}=\lim_{h \to 0}\frac{c(x+h)-c(x)}{h}$$

称为边际成本. 它在经济学中的重要性在于,利用它可以较快地估计出比当前多生产一单位产品所需要的成本.

当函数 $y=r(x)$ 表示收入时,它的导数 $r'(x)$ 就称为边际收入,由它可以估计出在销售了 x 单位商品后,再多销售一单位商品所得收入的近似值.

当函数 $y=p(x)$ 表示利润时,它的导数 $p'(x)$ 就称为边际利润,由它可以估计出在销售了 x 单位商品后,再多销售一单位商品所得利润的近似值.

■ 求导举例

下面将给出一些基本初等函数的导数,我们知道初等函数是由常数和基本初等函数构成的,因此牢记它们的导数将有助于求出所有初等函数的导数.

例 3(常函数的导数)   求函数 $f(x)=C$(C 为常数)的导数.

解   根据导数的定义可得

$$f'(x) = \lim_{\Delta x \to 0} \frac{f(x+\Delta x) - f(x)}{\Delta x} = \lim_{\Delta x \to 0} \frac{C-C}{\Delta x} = 0,$$

即

$$(C)' = 0.$$

例 4（幂函数的导数）　求函数 $f(x) = x^\mu$（μ 为常数）的导数.

解　根据导数的定义可得

$$f'(x) = \lim_{\Delta x \to 0} \frac{f(x+\Delta x) - f(x)}{\Delta x} = \lim_{\Delta x \to 0} \frac{(x+\Delta x)^\mu - x^\mu}{\Delta x}$$

$$= \lim_{\Delta x \to 0} \frac{x^\mu \cdot \left[\left(1 + \frac{\Delta x}{x} \right)^\mu - 1 \right]}{\Delta x} = \lim_{\Delta x \to 0} x^\mu \cdot \mu \cdot \frac{\Delta x}{x} \cdot \frac{1}{\Delta x}$$

$$= \mu x^{\mu-1},$$

即

$$(x^\mu)' = \mu x^{\mu-1}.$$

上面的计算中用到了下列等价关系：

$$(1+x)^\mu - 1 \sim \mu x \quad (x \to 0).$$

例 5　求下列函数的导数：

（1）$y = \dfrac{1}{x}$；　（2）$y = \sqrt{x}$；　（3）$y = \dfrac{1}{\sqrt{x\sqrt{x}}}$.

解　（1）$y' = \left(\dfrac{1}{x} \right)' = (x^{-1})' = -x^{-1-1} = -\dfrac{1}{x^2}$.

（2）$y' = \left(\sqrt{x} \right)' = \left(x^{\frac{1}{2}} \right)' = \dfrac{1}{2} x^{-\frac{1}{2}} = \dfrac{1}{2\sqrt{x}}$.

（3）$y' = \left(\dfrac{1}{\sqrt{x\sqrt{x}}} \right)' = \left(x^{-\frac{3}{4}} \right)' = -\dfrac{3}{4} x^{-\frac{7}{4}}$.

例 6（例 1 另解）　求抛物线 $y = x^2$ 在点 $M_0(2,4)$ 的切线方程.

解　根据导数的几何意义，该抛物线在每一点的切线斜率为

$$y' = (x^2)' = 2x,$$

则

$$y'(2) = 2 \times 2 = 4,$$

由直线的点斜式方程可得所求切线方程为

$$y - 4 = 4(x-2), \text{即 } y = 4x - 4.$$

通过与例 1 的比较，我们发现有了导数以及幂函数的求导公式之后，求此切线方程被大大简化了.

例 7(指数函数的导数)　求函数 $f(x)=a^x(a>0,a\neq1)$ 的导数.

解　根据导数的定义可得

$$f'(x)=\lim_{\Delta x\to0}\frac{f(x+\Delta x)-f(x)}{\Delta x}=\lim_{\Delta x\to0}\frac{a^{x+\Delta x}-a^x}{\Delta x}$$

$$=\lim_{\Delta x\to0}\frac{a^x(a^{\Delta x}-1)}{\Delta x}=\lim_{\Delta x\to0}\frac{a^x\cdot\Delta x\ln a}{\Delta x}$$

$$=a^x\ln a,$$

即

$$(a^x)'=a^x\ln a\quad(a>0,a\neq1).$$

特别地,当 $a=e$ 时,有

$$(e^x)'=e^x.$$

上面的计算中用到了下列等价关系:

$$a^x-1\sim x\ln a\quad(x\to0).$$

例 8　求曲线 $y=e^x$ 在点 $x=-1$ 处的切线方程.

解　当 $x=-1$ 时,$y=\dfrac{1}{e}$. 又因为

$$y'=e^x,$$

所以所求切线的斜率为

$$y'(-1)=\frac{1}{e},$$

故所求切线方程为

$$y-\frac{1}{e}=\frac{1}{e}(x+1),$$

即

$$y=\frac{x}{e}+\frac{2}{e}.$$

例 9(正弦、余弦函数的导数)　求函数 $f(x)=\sin x$ 的导数.

解　根据导数的定义可得

$$f'(x)=\lim_{\Delta x\to0}\frac{f(x+\Delta x)-f(x)}{\Delta x}=\lim_{\Delta x\to0}\frac{\sin(x+\Delta x)-\sin x}{\Delta x}$$

$$=\lim_{\Delta x\to0}\frac{2\cos\left(\dfrac{x+\Delta x+x}{2}\right)\sin\left(\dfrac{x+\Delta x-x}{2}\right)}{\Delta x}$$

$$= \lim_{\Delta x \to 0} \frac{2\cos\left(x + \frac{\Delta x}{2}\right)\sin\left(\frac{\Delta x}{2}\right)}{\Delta x}$$

$$= \cos x,$$

即

$$(\sin x)' = \cos x.$$

类似可求得余弦函数的导数为

$$(\cos x)' = -\sin x.$$

为了求出更多函数的导数,我们需要引入一些求导法则.

法则 1　函数数乘的求导法则

如果函数 $u(x)$ 在点 x 可导,C 为常数,则 $Cu(x)$ 也在点 x 可导,而且有

$$[Cu(x)]' = Cu'(x).$$

证明　由导数的定义可得

$$[Cu(x)]' = \lim_{\Delta x \to 0} \frac{Cu(x + \Delta x) - Cu(x)}{\Delta x} = C\lim_{\Delta x \to 0} \frac{u(x + \Delta x) - u(x)}{\Delta x} = Cu'(x).$$

即

$$[Cu(x)]' = Cu'(x).$$

例 10　求下列函数关于自变量的导数:

(1) $y = \frac{3}{2}x^2$;　　(2) $y = -\frac{3}{8}\sqrt{t}$.

解　(1) $\dfrac{\mathrm{d}y}{\mathrm{d}x} = \dfrac{\mathrm{d}}{\mathrm{d}x}\left(\dfrac{3}{2}x^2\right) = \dfrac{3}{2} \cdot \dfrac{\mathrm{d}}{\mathrm{d}x}(x^2) = \dfrac{3}{2} \cdot 2x = 3x.$

(2) $\dfrac{\mathrm{d}y}{\mathrm{d}t} = \dfrac{\mathrm{d}}{\mathrm{d}t}\left(-\dfrac{3}{8}\sqrt{t}\right) = -\dfrac{3}{8} \cdot \dfrac{\mathrm{d}}{\mathrm{d}t}(\sqrt{t}) = -\dfrac{3}{8} \cdot \dfrac{1}{2\sqrt{t}} = -\dfrac{3}{16\sqrt{t}}.$

法则 2　函数加法的求导法则

若函数 $u(x)$ 和 $v(x)$ 都在点 x 可导,则和函数 $u(x) + v(x)$ 也在点 x 可导,而且有

$$[u(x) + v(x)]' = u'(x) + v'(x).$$

证明　由导数的定义可得

$$[u(x) + v(x)]' = \lim_{\Delta x \to 0} \frac{u(x + \Delta x) + v(x + \Delta x) - u(x) - v(x)}{\Delta x}$$

$$= \lim_{\Delta x \to 0} \frac{u(x + \Delta x) - u(x)}{\Delta x} + \lim_{\Delta x \to 0} \frac{v(x + \Delta x) - v(x)}{\Delta x}$$

$$= u'(x) + v'(x),$$

即 $[u(x)+v(x)]'=u'(x)+v'(x).$

将法则 1 与法则 2 结合起来,可以得到两个函数线性组合的求导法则:

推论   如果函数 $u(x)$ 和 $v(x)$ 都在点 x 可导,α,β 为任意实常数,则函数的线性组合 $\alpha u(x)+\beta v(x)$ 也在点 x 可导,而且有

$$[\alpha u(x)+\beta v(x)]'=\alpha u'(x)+\beta v'(x).$$

这个结论可以推广到任意有限个函数的情形.

例 11   设函数 $y=3x^3-2^x+3$,求 y'.

解 $y'=(3x^3)'-(2^x)'+(3)'=9x^2-2^x\ln 2+0=9x^2-2^x\ln 2.$

例 12   一艘铅直向上发射的小型火箭的位移 s(单位:m)与时间 t(单位:s)的关系由 $s(t)=-5t^2+40t+100(0\leqslant t\leqslant 10)$ 给出,试求:

(1)火箭运行位移的变化率;

(2)火箭在什么时刻的瞬时速度为 0 m/s^2?

(3)火箭在什么时刻瞬时速率达到最大值(速率为标量,不考虑方向)?

解   (1)位移的变化率就是位移函数关于时间 t 的导数,故所求变化率为

$$s'(t)=-10t+40   (0\leqslant t\leqslant 10).$$

(2)位移的变化率就是瞬时速度,瞬时速度为 0 m/s^2,即

$$s'(t)=v(t)=-10t+40=0(\mathrm{m/s^2}),$$

解得 $t=4$ s.

(3)在区间 $0\leqslant t\leqslant 10$ 内,当 $t=10$ s 时,

$$v(t)=-10t+40=-60(\mathrm{m/s}),$$

此时瞬时速率达到最大值 60 m/s.

例 13   假设生产 x 台微波炉的成本(单位:元)为

$$c(x)=-0.1x^2+100x+2\,000.$$

(1)求生产前 50 台微波炉的平均成本;

(2)求第 50 台微波炉生产出来时的边际成本.

解   (1)根据题设,生产 50 台微波炉的成本为

$$c(50)=-0.1\times 50^2+100\times 50+2\,000=6\,750(\text{元}),$$

所以生产前 50 台微波炉的平均成本为

$$\frac{c(50)}{50}=\frac{6\,750}{50}=135(\text{元}).$$

(2)因为

$$c'(x)=-0.1\times 2x+100,$$

所以当第 50 台微波炉生产出来时,其边际成本为

$$c'(50) = -0.1 \times 2 \times 50 + 100 = 90(\text{元}).$$

■　单侧导数

如果函数 $y=f(x)$ 只在某点的单侧有定义,或者在某点的两侧函数表达式不同,我们就需要考虑函数在该点单侧的变化率.

定义 2　右导数、左导数

设函数 $y=f(x)$ 在点 x_0 的某个右邻域 $[x_0, x_0+\delta)$ 内有定义,如果极限

$$\lim_{\Delta x \to 0^+} \frac{f(x_0 + \Delta x) - f(x_0)}{\Delta x}$$

存在,则称此极限为函数 $y=f(x)$ 在点 x_0 处的右导数,记为 $f'_+(x_0)$.

设函数 $y=f(x)$ 在点 x_0 的某个左邻域 $(x_0-\delta, x_0]$ 内有定义,如果极限

$$\lim_{\Delta x \to 0^-} \frac{f(x_0 + \Delta x) - f(x_0)}{\Delta x}$$

存在,则称此极限为函数 $y=f(x)$ 在点 x_0 处的左导数,记为 $f'_-(x_0)$.

左、右导数统称为单侧导数.

定理 1　函数在一点处导数存在的充要条件

函数 $y=f(x)$ 在点 x_0 处的导数 $f'(x_0)$ 存在的充要条件是右导数 $f'_+(x_0)$、左导数 $f'_-(x_0)$ 同时存在并且相等.

例 14　讨论函数 $f(x) = |x|$ 在点 $x=0$ 处的可导性.

证明　根据单侧导数的定义可以得到

$$f'_+(0) = \lim_{\Delta x \to 0^+} \frac{f(0+\Delta x) - f(0)}{\Delta x} = \lim_{\Delta x \to 0^+} \frac{|\Delta x| - 0}{\Delta x} = \lim_{\Delta x \to 0^+} \frac{\Delta x}{\Delta x} = 1,$$

$$f'_-(0) = \lim_{\Delta x \to 0^-} \frac{f(0+\Delta x) - f(0)}{\Delta x} = \lim_{\Delta x \to 0^-} \frac{|\Delta x| - 0}{\Delta x} = \lim_{\Delta x \to 0^-} \frac{-\Delta x}{\Delta x} = -1,$$

因为 $f'_+(0) \neq f'_-(0)$,所以函数 $f(x) = |x|$ 在点 $x=0$ 处不可导.

注意到函数 $f(x) = |x|$ 在点 $x=0$ 处连续但不可导,因此连续点未必是可导点,那么函数在一点连续与可导有怎样的关系呢?

定理 2　若函数 $y=f(x)$ 在点 x_0 可导,则函数 $y=f(x)$ 在点 x_0 一定连续.

证明　若函数 $y=f(x)$ 在点 x_0 可导,即

$$\lim_{x \to x_0} \frac{f(x)-f(x_0)}{x-x_0} = f'(x_0)$$

存在,则由极限运算法则,有

$$\lim_{x \to x_0}[f(x)-f(x_0)] = \lim_{x \to x_0}\frac{f(x)-f(x_0)}{x-x_0} \cdot (x-x_0) = f'(x_0) \cdot 0 = 0,$$

因此

$$\lim_{x \to x_0}[f(x)-f(x_0)] = 0, 即 \lim_{x \to x_0}f(x) = f(x_0),$$

所以 $y = f(x)$ 在点 x_0 连续.

由定理 2 以及例 14 可以总结出连续和可导的关系如下:

(1) 如果函数在某点可导,则函数在该点一定连续;反之未必成立,即如果函数在某点连续,则不一定在该点可导;

(2) 如果函数在某点不连续,则函数在该点一定不可导.

也就是说函数在某点连续是函数在该点可导的必要条件,但不是充分条件.

例 15 设函数 $f(x) = \begin{cases} e^x+1, & x \le 0, \\ ax+b, & x > 0 \end{cases}$ 在点 $x=0$ 可导. 求常数 a, b,并求 $f'(0)$.

解 由 $f(x)$ 在点 $x=0$ 可导知,$f(x)$ 在点 $x=0$ 连续,所以 $\lim\limits_{x \to 0^-}f(x) = \lim\limits_{x \to 0^+}f(x) = f(0)$,又因为

$$\lim_{x \to 0^-}f(x) = \lim_{x \to 0^-}(e^x+1) = 2, \quad \lim_{x \to 0^+}f(x) = \lim_{x \to 0^+}(ax+b) = b, \quad f(0) = 2,$$

因此可以得到 $b=2$.

函数在点 $x=0$ 的左、右导数分别为

$$f'_-(0) = \lim_{x \to 0^-}\frac{f(x)-f(0)}{x} = \lim_{x \to 0^-}\frac{e^x+1-2}{x} = 1,$$

$$f'_+(0) = \lim_{x \to 0^+}\frac{f(x)-f(0)}{x} = \lim_{x \to 0^+}\frac{ax+2-2}{x} = a,$$

因为 $f(x)$ 在点 $x=0$ 可导,所以 $f'_-(0) = f'_+(0) = f'(0)$,可以得到 $a=1$. 因此有

$$a=1, b=2, f'(0) = 1.$$

下面举几个不可导的例子:如图 2-2 所示,对于曲线 $y=f(x)$,当 $x<a$ 时,曲线上切线的斜率与 $x>a$ 时切线的斜率不相等,因此该函数在点 $x=a$ 不可导,我们称这种情况为函数有角点. 再例如图 2-3 给出的连续函数 $y=f(x)$,在原点有

与 x 轴垂直的切线,其斜率不存在,因此该函数在原点不可导.

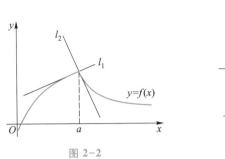

图 2-2

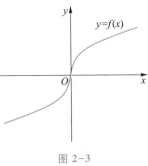

图 2-3

习题 2.1

1. 已知某运动物体的位置函数为 $s(t)=3t^3$,s 以 m 计,t 以 s 计. 试求:

(1) 物体在从 1 s 到 2 s 这一时段的平均速度;

(2) 物体在 2 s 时的瞬时速度.

2. 火星表面附近做自由落体运动的物体的位置函数为 $s(t)=1.86t^2$,s 以 m 计,t 以 s 计,试求在火星上岩石从静止落下到速度达到 27.8 m/s 需要多长时间?

3. 求下列函数的导数:

(1) $y=\sqrt[3]{x}$;　　(2) $y=x\sqrt{x}$;　　(3) $y=\dfrac{1}{x^2}$;　　(4) $y=3^x$.

4. 求曲线 $y=\cos x$ 上点 $\left(\dfrac{\pi}{3},\dfrac{1}{2}\right)$ 处的切线方程.

5. 求曲线 $y=\sqrt{x}$ 过点 $(-1,0)$ 的切线方程.

6. 求下列函数关于自变量的导数:

(1) $f(x)=3x^4+6x$;　　　　　　(2) $f(x)=6\sqrt{x}-\cos x$;

(3) $f(x)=\dfrac{10}{x}-32x+\dfrac{1}{2}$;　　　　(4) $f(t)=3^t-\dfrac{1}{2}t^4+t+1$.

7. 假设在生产 8 到 30 台散热器的情况下,生产 x 台散热器的成本为 $c(x)=x^3-6x^2+15x$(元),而售出 x 台散热器的收入为 $r(x)=x^3-3x^2+12x$(元),工厂目前每天生产 10 台散热器,每天多生产一台散热器的边际成本为多少? 用 $r'(x)$ 来估计一下每天售出 11 台散热器可增加多少收入?

8. 沿坐标轴运动的物体的位置函数为 $s(t)=t^2-3t+2$,s 以 m 计,t 以 s 计,

(1) 求物体在区间 $0\leqslant t\leqslant 2$ 上的位移和平均速度;

（2）求物体在区间端点的速率和加速度；

（3）在该时间区间内运动是否会改变方向，如果是的话，何时改变？

9. 证明函数 $f(x) = \begin{cases} x\sin\dfrac{1}{x}, & x \neq 0 \\ 0, & x = 0 \end{cases}$ 在点 $x = 0$ 处不可导.

10. 求抛物线 $y = x^2$ 上的点，使得过该点的切线：

（1）平行于 x 轴；

（2）与 x 轴正向的夹角为 $\dfrac{\pi}{4}$；

（3）与抛物线上横坐标为 1 和 3 的两点的连线平行.

11. 设函数 $f(x) = \begin{cases} x^2, & x \leqslant 0 \\ xe^x, & x > 0, \end{cases}$ 求 $f(x)$ 在点 $x = 0$ 处的左、右导数.

12. 已知 $f(x) = (x-1)(x-2)\cdots(x-100)$，求 $f'(1)$. （提示：利用导数定义计算.）

13. 设 $f'(0) = 1$，求 $\lim\limits_{x \to 0} \dfrac{f(x) - f(-x)}{x}$.

14. 已知 $f(x)$ 在 $x = 1$ 处连续，且 $\lim\limits_{x \to 1} \dfrac{f(x)}{x-1} = 2$，求 $f'(1)$.

15. 设 $f(x)$ 是定义在 $(-1, 1)$ 上的连续正值函数，且 $f(0) = 1$，$f'(0) = 2$，求 $\lim\limits_{x \to 0} [f(x)]^{\frac{1}{x}}$.

16. 设函数 $f(x) = \begin{cases} ax+b, & x > 1 \\ x^2, & x \leqslant 1, \end{cases}$ 试确定常数 a 和 b，使得函数 $f(x)$ 处处可导.

— 2.2   函数积、商及反函数的求导法则 —

在上一节我们用导数定义的方法求出了若干基本初等函数的导函数，但是当函数比较复杂时，再按定义计算导函数就比较麻烦. 由于初等函数是由常数和基本初等函数经过有限次四则运算和函数复合构成的，因而我们希望建立函数求导的四则运算法则和复合函数的求导法则，有了这些法则，就能够快捷地求出一般初等函数的导函数. 在上一节已经建立了函数数乘以及函数加法的求导法则，本节将继续给出函数的积与商以及反函数的求导法则.

■　函数积与商的求导法则

法则 3　函数乘积的求导法则

若函数 $u(x)$ 和 $v(x)$ 都在点 x 可导,则它们的积 $u(x)v(x)$ 也在点 x 可导,而且有

$$[u(x)v(x)]' = u'(x)v(x) + v'(x)u(x).$$

证明　$[u(x)v(x)]'$

$$= \lim_{\Delta x \to 0} \frac{u(x+\Delta x)v(x+\Delta x) - u(x)v(x)}{\Delta x}$$

$$= \lim_{\Delta x \to 0} \left[\frac{u(x+\Delta x) - u(x)}{\Delta x} \cdot v(x+\Delta x) + u(x) \cdot \frac{v(x+\Delta x) - v(x)}{\Delta x} \right]$$

$$= \lim_{\Delta x \to 0} \frac{u(x+\Delta x) - u(x)}{\Delta x} \cdot v(x+\Delta x) + \lim_{\Delta x \to 0} u(x) \cdot \frac{v(x+\Delta x) - v(x)}{\Delta x}$$

$$= u'(x)v(x) + v'(x)u(x).$$

这个法则可以推广到任意有限个函数之积的情形,例如

推论　三个函数乘积的求导法则

$$(uvw)' = u'vw + uv'w + uvw'.$$

例 1　设函数 $y = x^2 \sin x$,求 y'.

解　$y' = (x^2)' \sin x + x^2 (\sin x)' = 2x \sin x + x^2 \cos x.$

例 2　设函数 $y = \sqrt{x}(x^3 - 4\cos x - \sin 1)$,求 y' 及 $y'|_{x=1}$.

解　$y' = (\sqrt{x})'(x^3 - 4\cos x - \sin 1) + \sqrt{x}(x^3 - 4\cos x - \sin 1)'$

$$= \frac{1}{2\sqrt{x}}(x^3 - 4\cos x - \sin 1) + \sqrt{x}(3x^2 + 4\sin x),$$

$$y'|_{x=1} = \frac{1}{2}(1 - 4\cos 1 - \sin 1) + (3 + 4\sin 1) = \frac{7}{2} + \frac{7}{2}\sin 1 - 2\cos 1.$$

法则 4　函数商的求导法则

若函数 $u(x)$ 和 $v(x)$ 都在点 x 可导,则它们的商(分母为零的点除外)$\dfrac{u(x)}{v(x)}$ 也在点 x 可导,而且有

$$\left[\frac{u(x)}{v(x)} \right]' = \frac{u'(x)v(x) - v'(x)u(x)}{v^2(x)}.$$

特别地，$\left[\dfrac{1}{v(x)}\right]' = -\dfrac{v'(x)}{v^2(x)}.$

证明 $\left[\dfrac{u(x)}{v(x)}\right]' = \lim\limits_{\Delta x \to 0} \dfrac{\dfrac{u(x+\Delta x)}{v(x+\Delta x)} - \dfrac{u(x)}{v(x)}}{\Delta x}$

$= \lim\limits_{\Delta x \to 0} \dfrac{u(x+\Delta x)v(x) - u(x)v(x+\Delta x)}{v(x+\Delta x)v(x)\Delta x}$

$= \lim\limits_{\Delta x \to 0} \dfrac{[u(x+\Delta x) - u(x)]v(x) - u(x)[v(x+\Delta x) - v(x)]}{v(x+\Delta x)v(x)\Delta x}$

$= \lim\limits_{\Delta x \to 0} \dfrac{\dfrac{u(x+\Delta x) - u(x)}{\Delta x} \cdot v(x) - u(x) \cdot \dfrac{v(x+\Delta x) - v(x)}{\Delta x}}{v(x+\Delta x)v(x)}$

$= \dfrac{u'(x)v(x) - u(x)v'(x)}{v^2(x)}.$

因此有

$$\left[\dfrac{u(x)}{v(x)}\right]' = \dfrac{u'(x)v(x) - v'(x)u(x)}{v^2(x)}.$$

特别地，有

$$\left[\dfrac{1}{v(x)}\right]' = -\dfrac{v'(x)}{v^2(x)}.$$

例 3   试用函数商的求导法则证明下列求导公式成立：
正切、余切的导数
$$(\tan x)' = \sec^2 x, \quad (\cot x)' = -\csc^2 x,$$
正割、余割的导数
$$(\sec x)' = \sec x \tan x, \quad (\csc x)' = -\csc x \cot x.$$

证明 $(\tan x)' = \left(\dfrac{\sin x}{\cos x}\right)' = \dfrac{(\sin x)'\cos x - \sin x(\cos x)'}{\cos^2 x}$

$= \dfrac{\cos^2 x + \sin^2 x}{\cos^2 x} = \dfrac{1}{\cos^2 x} = \sec^2 x.$

$(\csc x)' = \left(\dfrac{1}{\sin x}\right)' = \dfrac{-\cos x}{\sin^2 x} = -\csc x \cot x.$

类似可证：$(\cot x)' = -\csc^2 x$，$(\sec x)' = \sec x \tan x$．

■ 反函数的导数

定理　反函数的求导法则

若严格单调的连续函数 $x = \varphi(y)$ 在点 y 可导，且导数 $\varphi'(y) \neq 0$，则其反函数 $y = f(x)$ 在对应的点 x 也可导，且

$$f'(x) = \frac{1}{\varphi'(y)}.$$

证明　由于 $x = \varphi(y)$ 严格单调且连续，因此它的反函数 $y = f(x)$ 存在，且也是严格单调的连续函数，于是当 $\Delta x \neq 0$ 时，$\Delta y = f(x + \Delta x) - f(x) \neq 0$，又由于 $y = f(x)$ 连续，因此当 $\Delta x \to 0$ 时有 $\Delta y \to 0$．故

$$f'(x) = \lim_{\Delta x \to 0} \frac{\Delta y}{\Delta x} = \lim_{\Delta y \to 0} \frac{1}{\dfrac{\Delta x}{\Delta y}} = \frac{1}{\varphi'(y)}.$$

例 4（对数函数的导数）　试用反函数的求导法则证明下列对数函数的求导公式成立：

$$(\log_a x)' = \frac{1}{x \ln a} (a > 0, a \neq 1).$$

证明　$y = \log_a x$ 是 $x = a^y (a > 0, a \neq 1)$ 的反函数，而 $x = a^y (a > 0, a \neq 1)$ 在 $(-\infty, +\infty)$ 内单调可导，且 $(a^y)' = a^y \ln a \neq 0$，故

$$y' = (\log_a x)' = \frac{1}{(a^y)'} = \frac{1}{a^y \ln a} = \frac{1}{x \ln a}.$$

特别当 $a = e$ 时，有如下自然对数的求导公式：

$$(\ln x)' = \frac{1}{x}.$$

例 5（反三角函数的导数）　试用反函数的求导法则证明下列反函数的求导公式成立：

$$(\arcsin x)' = \frac{1}{\sqrt{1-x^2}}, \quad (\arccos x)' = -\frac{1}{\sqrt{1-x^2}},$$

$$(\arctan x)' = \frac{1}{1+x^2}, \quad (\text{arccot } x)' = -\frac{1}{1+x^2}.$$

证明　（1）因为 $y = \arcsin x, x \in (-1, 1)$ 是 $x = \sin y, y \in \left(-\dfrac{\pi}{2}, \dfrac{\pi}{2}\right)$ 的反函数，

而 $x = \sin y$ 在 $\left(-\dfrac{\pi}{2}, \dfrac{\pi}{2}\right)$ 内单调可导且 $(\sin y)' = \cos y > 0$，所以

$$(\arcsin x)' = \frac{1}{(\sin y)'} = \frac{1}{\cos y} = \frac{1}{\sqrt{1 - \sin^2 y}} = \frac{1}{\sqrt{1 - x^2}}.$$

类似可证

$$(\arccos x)' = -\frac{1}{\sqrt{1 - x^2}}.$$

（2）因为 $y = \arctan x, x \in (-\infty, +\infty)$ 是 $x = \tan y, y \in \left(-\dfrac{\pi}{2}, \dfrac{\pi}{2}\right)$ 的反函数，而

$x = \tan y$ 在 $\left(-\dfrac{\pi}{2}, \dfrac{\pi}{2}\right)$ 内单调可导且 $(\tan y)' = \sec^2 y > 0$，所以

$$(\arctan x)' = \frac{1}{(\tan y)'} = \frac{1}{\sec^2 y} = \frac{1}{1 + \tan^2 y} = \frac{1}{1 + x^2}.$$

类似可证

$$(\operatorname{arccot} x)' = -\frac{1}{1 + x^2}.$$

习题 2.2

1. 求下列函数的导数：

（1）$y = x\cos x$；

（2）$y = (x^4 + 1)\arctan x$；

（3）$y = \sec x - 4\sqrt{x}$；

（4）$y = x^2 + 3\log_a x + \dfrac{\sin x}{x}$（$a > 0$ 且 $a \neq 1$）；

（5）$y = \dfrac{1}{x + \cos x}$；

（6）$y = \dfrac{\cos x}{x^2} + x\ln x$；

（7）$y = \dfrac{\cos x}{x + x^3}$；

（8）$y = \cot x - \sqrt{x}$；

（9）$y = x^2\tan x + \dfrac{1}{x^2}$；

（10）$y = (\sqrt{x} + 1)\arccos x$；

（11）$y = \dfrac{1 - \ln x}{1 + \ln x}$；

（12）$y = \dfrac{3}{x} + 2\csc x$；

（13）$y = \dfrac{x \sin x}{\sin x + 1}$；　　　　　　　　（14）$y = \dfrac{\tan x}{1 + \sec x}$．

2. 求下列函数在给定点处的导数：

（1）$\gamma = \theta \sin \theta + \dfrac{1}{2} \cos \theta$，求 $\left. \dfrac{\mathrm{d}\gamma}{\mathrm{d}\theta} \right|_{\theta = \frac{\pi}{4}}$；

（2）$f(x) = \dfrac{3}{5-x} + \dfrac{x^2}{5}$，求 $f'(0)$，$f'(2)$．

3. 一个商品的总成本 c 与商品数量 x 的关系可以表示成 $c(x) = 100x \sqrt{x^2 + 1}$，

（1）求边际成本 $c'(x)$ 和 $c'(10)$；

（2）说明 $c'(x)$ 的意义．

4. 某城市人口数 $P(t)$（单位：万）可表示为 $P(t) = \dfrac{300t}{t^2 + 5}$，其中 t 是时间（单位：月）．试求：

（1）该城市的人口增长率；

（2）12 个月后的人口数；

（3）$t = 12$ 月时的人口增长率．

5. 若 $f(x)$ 在点 x 处可导而 $g(x)$ 在点 x 处不可导，问 $f(x) + g(x)$，$f(x) \cdot g(x)$ 在点 x 处是否可导？

― 2.3 复合函数的导数 ―

前两节讨论了一些函数的求导法则，利用这些法则可以求出很多函数的导数，但是对于诸如 e^{2x}，$\sin x^2$ 这样的复合函数，我们却无能为力．在本节将给出复合函数的求导法则，又称为链式法则，利用这个法则就可以解决这些复合函数的求导问题．

定理　复合函数求导法则

如果函数 $u = g(x)$ 在点 x 可导，而函数 $y = f(u)$ 在对应点 $u = g(x)$ 可导，则复合函数 $y = f[g(x)]$ 在点 x 可导，并且

$$\frac{\mathrm{d}y}{\mathrm{d}x} = \frac{\mathrm{d}y}{\mathrm{d}u} \cdot \frac{\mathrm{d}u}{\mathrm{d}x} = f'(u)g'(x) = f'[g(x)]g'(x).$$

证明　给 x 以增量 Δx，相应地 $u = g(x)$ 有增量 Δu，从而 $y = f(u)$ 也有增量

Δy, 当 $\Delta u \neq 0$ 时, 有

$$\frac{\Delta y}{\Delta x} = \frac{\Delta y}{\Delta u} \cdot \frac{\Delta u}{\Delta x}.$$

由于 $u = g(x)$ 在点 x 处可导, 所以在点 x 处连续, 因此当 $\Delta x \to 0$ 时, $\Delta u \to 0$, 于是

$$\lim_{\Delta x \to 0} \frac{\Delta y}{\Delta u} = \lim_{\Delta u \to 0} \frac{\Delta y}{\Delta u} = \frac{\mathrm{d}y}{\mathrm{d}u} = f'(u).$$

又因为

$$\lim_{\Delta x \to 0} \frac{\Delta u}{\Delta x} = \frac{\mathrm{d}u}{\mathrm{d}x} = g'(x),$$

所以

$$\frac{\mathrm{d}y}{\mathrm{d}x} = \lim_{\Delta x \to 0} \frac{\Delta y}{\Delta x} = \lim_{\Delta x \to 0} \frac{\Delta y}{\Delta u} \cdot \frac{\Delta u}{\Delta x} = \frac{\mathrm{d}y}{\mathrm{d}u} \cdot \frac{\mathrm{d}u}{\mathrm{d}x} = f'(u)g'(x) = f'[g(x)]g'(x).$$

复合函数 $y = f[g(x)]$ 求导的链式法则可以被简单总结为如下"外面-里面"法则:

$$\{f[g(x)]\}' = f'[g(x)]g'(x).$$

用文字表述就是: 对"外层"的函数 f 求导并在"里面"的函数处取值, 然后乘"里面"函数的导数.

例 1   求下列函数的导数:

(1) $y = \mathrm{e}^{2x}$;   (2) $y = \sin x^2$;   (3) $y = \mathrm{sh}\, x$.

解   (1) $(\mathrm{e}^{2x})' = \mathrm{e}^{2x} \cdot (2x)' = 2\mathrm{e}^{2x}$;

(2) $(\sin x^2)' = \cos x^2 \cdot (x^2)' = 2x\cos x^2$;

(3) $(\mathrm{sh}\, x)' = \left(\dfrac{\mathrm{e}^x - \mathrm{e}^{-x}}{2}\right)' = \dfrac{1}{2}[\mathrm{e}^x - (\mathrm{e}^{-x})'] = \dfrac{\mathrm{e}^x + \mathrm{e}^{-x}}{2} = \mathrm{ch}\, x.$

由例 1(3) 我们可以得到 $(\mathrm{sh}\, x)' = \mathrm{ch}\, x$, 类似可以得到 $(\mathrm{ch}\, x)' = \mathrm{sh}\, x$.

有的函数是多次复合函数, 求导时只要逐层利用复合函数求导法则即可, 下面就是这样的例子:

例 2   求函数 $y = \tan(3 - \cos 2x)$ 的导数.

解

$$\begin{aligned}
y' &= \sec^2(3 - \cos 2x) \cdot (3 - \cos 2x)' \\
&= \sec^2(3 - \cos 2x) \cdot \sin 2x \cdot (2x)' \\
&= \sec^2(3 - \cos 2x) \cdot 2\sin 2x \\
&= 2\sec^2(3 - \cos 2x)\sin 2x.
\end{aligned}$$

例 3   求函数 $y = \mathrm{e}^{\sin\frac{1}{x}}$ 的导数.

解　$y'=e^{\sin\frac{1}{x}}\cdot\left(\sin\dfrac{1}{x}\right)'=e^{\sin\frac{1}{x}}\cdot\cos\dfrac{1}{x}\cdot\left(\dfrac{1}{x}\right)'=-\dfrac{1}{x^2}e^{\sin\frac{1}{x}}\cos\dfrac{1}{x}.$

对数求导法

例 4(幂指函数求导)　求函数 $y=x^x(x>0)$ 的导数.

解法 1　$y'=(x^x)'=(e^{x\ln x})'=e^{x\ln x}(x\ln x)'=x^x(\ln x+1).$

例 4 中的函数是形如 $u(x)^{v(x)}(u(x)>0)$ 的幂指函数,这类函数可以转化为指数函数来求导,也可以用下面的方法求导.

解法 2　在方程 $y=x^x$ 两端取对数,得

$$\ln y=x\ln x.$$

把 y 看作 x 的函数,在上式两边对 x 求导得

$$\dfrac{1}{y}y'=\ln x+1,$$

于是

$$y'=y(\ln x+1)=x^x(\ln x+1).$$

一般地,求幂指函数 $u(x)^{v(x)}(u(x)>0)$ 的导数时,可先取对数,得 $\ln y=v(x)\cdot\ln u(x)$,然后在等式两端对 x 求导,把 y 看作 x 的函数,得到

$$\dfrac{1}{y}y'=v'(x)\ln u(x)+\dfrac{v(x)u'(x)}{u(x)},$$

$$y'=y\left[v'(x)\ln u(x)+\dfrac{v(x)u'(x)}{u(x)}\right],$$

$$y'=u(x)^{v(x)}\left[v'(x)\ln u(x)+\dfrac{v(x)u'(x)}{u(x)}\right].$$

这种求导方法叫做对数求导法. 它不仅能够用来求幂指函数的导数,还可以用来求一些复杂函数的导数,因为取对数可以简化函数,化乘幂为乘积,变积商为加减.

例 5　设函数 $y=\dfrac{(x^2+1)^3\sqrt[4]{x-3}}{\sqrt[3]{(3x-8)^2}}$,求 $\dfrac{\mathrm{d}y}{\mathrm{d}x}$.

解　先在函数两边取对数,得

$$\ln y=3\ln(x^2+1)+\dfrac{1}{4}\ln(x-3)-\dfrac{2}{3}\ln(3x-8),$$

再在上式两边关于 x 求导数,得

$$\frac{1}{y}y'=\frac{6x}{x^2+1}+\frac{1}{4(x-3)}-\frac{2}{3}\cdot\frac{3}{3x-8},$$

于是

$$y'=y\left[\frac{6x}{x^2+1}+\frac{1}{4(x-3)}-\frac{2}{3}\cdot\frac{3}{3x-8}\right]$$

$$=\frac{(x^2+1)^3\sqrt[4]{x-3}}{\sqrt[3]{(3x-8)^2}}\left[\frac{6x}{x^2+1}+\frac{1}{4(x-3)}-\frac{2}{3x-8}\right].$$

下面我们将基本初等函数的导数公式和求导法则归纳如下：

基本导数公式与求导法则

基本初等函数的导数公式：

① $(C)'=0$（C 为任意常数）；　② $(x^\mu)'=\mu x^{\mu-1}$（μ 为任意常数）；

③ $(\sin x)'=\cos x$；　④ $(\cos x)'=-\sin x$；

⑤ $(\tan x)'=\sec^2 x$；　⑥ $(\cot x)'=-\csc^2 x$；

⑦ $(\sec x)'=\sec x\tan x$；　⑧ $(\csc x)'=-\csc x\cot x$；

⑨ $(a^x)'=a^x\ln a$（$a>0,a\neq1$）；　⑩ $(e^x)'=e^x$；

⑪ $(\log_a x)'=\dfrac{1}{x\ln a}$（$a>0,a\neq1$）；　⑫ $(\ln x)'=\dfrac{1}{x}$；

⑬ $(\arcsin x)'=\dfrac{1}{\sqrt{1-x^2}}$；　⑭ $(\arccos x)'=-\dfrac{1}{\sqrt{1-x^2}}$；

⑮ $(\arctan x)'=\dfrac{1}{1+x^2}$；　⑯ $(\operatorname{arccot} x)'=-\dfrac{1}{1+x^2}$.

求导法则：

（1）$[u(x)+v(x)]'=u'(x)+v'(x)$；

（2）$[u(x)v(x)]'=u'(x)v(x)+v'(x)u(x)$；

（3）$\left[\dfrac{u(x)}{v(x)}\right]'=\dfrac{u'(x)v(x)-v'(x)u(x)}{v^2(x)}$（$v(x)\neq0$）；

（4）反函数求导法则：$\dfrac{\mathrm{d}y}{\mathrm{d}x}=\dfrac{1}{\dfrac{\mathrm{d}x}{\mathrm{d}y}}$；

（5）复合函数求导法则：

如果 $u=g(x)$ 在点 x 可导,而 $y=f(u)$ 在对应点 $u=g(x)$ 可导,则复合函数 $y=f[g(x)]$ 在点 x 可导,并且

$$\frac{\mathrm{d}y}{\mathrm{d}x}=\frac{\mathrm{d}y}{\mathrm{d}u}\cdot\frac{\mathrm{d}u}{\mathrm{d}x}=f'[g(x)]\cdot g'(x).$$

习题 2.3

1. 求下列函数的导数 $\dfrac{\mathrm{d}y}{\mathrm{d}x}$:

(1) $y=\mathrm{e}^{-x}$;

(2) $y=\cos^3 x$;

(3) $y=\sin x^2$;

(4) $y=(1-2x)^{100}$;

(5) $y=\sin^2 4x$;

(6) $y=\mathrm{e}^{2x}\sec 2x$;

(7) $y=\arccos\sqrt{x}$;

(8) $y=\mathrm{arccot}\,\dfrac{1+x}{1-x}$;

(9) $y=\arcsin\dfrac{1}{x}$;

(10) $y=\ln\tan x$;

(11) $y=\sqrt{1+2\ln^2 x}$;

(12) $y=\ln(x+\sqrt{1+x^2})$;

(13) $y=\left(1-\dfrac{x}{7}\right)^{-7}$;

(14) $y=\sin\left(\dfrac{x}{\sqrt{x+1}}\right)$;

(15) $y=\left(\dfrac{x^2}{8}+x-\dfrac{1}{x}\right)^4$;

(16) $y=\sin[\cos(2t-5)]$.

2. 从打开水箱底部的阀门开始放水,要用 12 h 才能放干水箱中贮存的水, 阀门打开 t h 后水箱中水深 y(单位:m)由公式 $y=6\left(1-\dfrac{t}{12}\right)^2$ 给出.

(1) 求时间为 t 时,正在放水的水箱水深下降的速率;

(2) 何时水箱中的水深下降最快? 最慢? 在这两个时刻 $\dfrac{\mathrm{d}y}{\mathrm{d}t}$ 的值为多少?

3. 某公司确定生产 x 件产品的总成本函数为 $c(x)=\sqrt{5x^2+60}$,并计划在未来数月根据函数 $x(t)=15t+30$ 增加产量,其中 t 是从现在算起的月数.

(1) 求边际成本 $c'(x)$;

(2) 求 $\dfrac{\mathrm{d}c}{\mathrm{d}t}$;

(3) 当 $t=5$ 时,成本将以多快的速率上升?

4. 求曲线 $y = \sin^5 x$ 在点 $x = \dfrac{\pi}{3}$ 处的切线的斜率.

5. 设 $y = f\left(\dfrac{x+1}{x-1}\right)$. 如果 $f(x)$ 满足 $f'(x) = \arctan\sqrt{x}$, 求 $\dfrac{\mathrm{d}y}{\mathrm{d}x}\bigg|_{x=2}$.

6. 证明下列命题:

(1) 可导的偶函数的导数是奇函数;

(2) 可导的奇函数的导数是偶函数;

(3) 可导的周期函数的导数是具有相同周期的周期函数.

7. 求下列函数的导数(其中 f 是可导函数):

(1) $y = f(\sin^2 x)$;　　　　　　　　(2) $y = \arctan[f(x)]$.

8. 设函数 $y = \sqrt{x \cdot \sin x \cdot \sqrt{1 - \mathrm{e}^x}}$, 求 $\dfrac{\mathrm{d}y}{\mathrm{d}x}$.

― 2.4　隐函数、参变量函数的导数和高阶导数 ―

▇ 隐函数的导数

我们前面遇到的函数如 $y = 1 + x^2$、$y = 2\sin x + x^2$ 等,其因变量 y 可直接由自变量 x 的表达式 $f(x)$ 表示为 $y = f(x)$,用这种方式表示的函数称为显函数. 然而有些函数的因变量和自变量之间的对应关系是通过某个方程 $F(x, y) = 0$ 来确定的,即在一定条件下,当 x 在某一区间内取定任何一个值时,相应地总有满足方程的唯一的 y 值存在,这时就称方程 $F(x, y) = 0$ 在该区间内确定了一个 y 关于 x 的隐函数,如 $x\mathrm{e}^y - y + 1 = 0$、$x + y^3 - 2 = 0$. 有些隐函数是可以化为显函数的,但有些很难甚至不能化为显函数. 那么如何求这些隐函数的导数呢?

下面我们就在所给方程已经确定了隐函数的假设条件下给出一种方法,利用这个方法无需将隐函数化为显函数,而直接由所给方程求出隐函数的导数.

例 1　求由方程 $y = 1 + x\mathrm{e}^y$ 所确定的隐函数 $y = y(x)$ 的导数.

解　在方程的两边同时对 x 求导,把 y 看作 x 的函数 $y(x)$,结合复合函数求导法则可得

$$y' = \mathrm{e}^y + x\mathrm{e}^y y',$$

整理得到

$$y' = \frac{\mathrm{e}^y}{1-x\mathrm{e}^y} \quad (1-x\mathrm{e}^y \neq 0).$$

例 2　求曲线 $y^3 - xy = -6$ 在点 $(7,2)$ 处的切线方程.

解　把 y 看作 x 的函数,在方程的两边同时对 x 求导,得

$$3y^2 y' - y - xy' = 0,$$

整理得到

$$y' = \frac{y}{3y^2 - x}, \text{且 } y' \mid_{(7,2)} = \frac{2}{5},$$

因此所求切线方程为

$$y - 2 = \frac{2}{5}(x-7), \text{即 } y = \frac{2}{5}x - \frac{4}{5}.$$

■ 参变量函数的导数

一般说,若参数方程 $\begin{cases} x = \varphi(t), \\ y = \psi(t) \end{cases}$ 确定了 y 与 x 之间的一个函数关系,则称此函数为由参数方程所确定的函数(即参变量函数),如何计算这类函数的导数呢? 我们首先想到的是消去参数得到关于 x,y 的方程后再求导,但有时消去参数是很困难甚至不可能的,因此我们下面介绍一种方法,利用这种方法可以直接通过参数方程求出函数的导数.

假定 $x = \varphi(t), y = \psi(t)$ 关于 t 可导,且 $\varphi'(t) \neq 0$,则 $x = \varphi(t)$ 的反函数 $t = \varphi^{-1}(x)$ 存在,并且在与 t 对应的 x 处可导,且

$$\frac{\mathrm{d}t}{\mathrm{d}x} = \lim_{\Delta x \to 0} \frac{\Delta t}{\Delta x} = \lim_{\Delta x \to 0} \frac{1}{\dfrac{\Delta x}{\Delta t}} = \lim_{\Delta t \to 0} \frac{1}{\dfrac{\Delta x}{\Delta t}} = \frac{1}{\dfrac{\mathrm{d}x}{\mathrm{d}t}} = \frac{1}{\varphi'(t)},$$

于是可以把参数方程 $\begin{cases} x = \varphi(t), \\ y = \psi(t) \end{cases}$ 所确定的函数看作是函数 $y = \psi(t)$ 和函数 $t = \varphi^{-1}(x)$ 的复合函数,其中 t 为中间变量. 由复合函数求导的链式法则得

$$\frac{\mathrm{d}y}{\mathrm{d}x} = \frac{\mathrm{d}y}{\mathrm{d}t} \cdot \frac{\mathrm{d}t}{\mathrm{d}x} = \frac{\dfrac{\mathrm{d}y}{\mathrm{d}t}}{\dfrac{\mathrm{d}x}{\mathrm{d}t}}.$$

因而,参数方程 $\begin{cases} x = \varphi(t), \\ y = \psi(t) \end{cases}$ 所确定的函数的求导公式为

$$\frac{\mathrm{d}y}{\mathrm{d}x} = \frac{\dfrac{\mathrm{d}y}{\mathrm{d}t}}{\dfrac{\mathrm{d}x}{\mathrm{d}t}} = \frac{\psi'(t)}{\varphi'(t)}.$$

例 3 计算由摆线的参数方程 $\begin{cases} x = a(t-\sin t), \\ y = a(1-\cos t) \end{cases}$ 所确定的函数 $y = y(x)$ 的导数 $\dfrac{\mathrm{d}y}{\mathrm{d}x}$.

解 利用参数方程的求导公式得

$$\frac{\mathrm{d}y}{\mathrm{d}x} = \frac{\dfrac{\mathrm{d}y}{\mathrm{d}t}}{\dfrac{\mathrm{d}x}{\mathrm{d}t}} = \frac{a\sin t}{a(1-\cos t)} = \frac{\sin t}{1-\cos t} \quad (t \neq 2k\pi, k \in \mathbf{Z}).$$

例 4 已知星形线的参数方程为 $\begin{cases} x = a\cos^3 t, \\ y = a\sin^3 t, \end{cases}$ 求 $\dfrac{\mathrm{d}y}{\mathrm{d}x}$.

解 利用参数方程的求导公式得

$$\frac{\mathrm{d}y}{\mathrm{d}x} = \frac{\dfrac{\mathrm{d}y}{\mathrm{d}t}}{\dfrac{\mathrm{d}x}{\mathrm{d}t}} = \frac{a \cdot 3\sin^2 t \cdot \cos t}{a \cdot 3\cos^2 t \cdot (-\sin t)} = -\frac{\sin t}{\cos t} = -\tan t \left(t \neq \frac{k\pi}{2}, k \in \mathbf{Z} \right).$$

例 5（极坐标求导） 设曲线由极坐标方程 $r = r(\theta)$ 给出，求这条曲线切线的斜率.

解 根据直角坐标和极坐标的关系，可将此方程化为以极角 θ 为参数的参数方程

$$\begin{cases} x = r(\theta)\cos\theta, \\ y = r(\theta)\sin\theta, \end{cases}$$

由参数方程求导公式可得切线的斜率为

$$\frac{\mathrm{d}y}{\mathrm{d}x} = \frac{\dfrac{\mathrm{d}y}{\mathrm{d}\theta}}{\dfrac{\mathrm{d}x}{\mathrm{d}\theta}} = \frac{r'(\theta)\sin\theta + r(\theta)\cos\theta}{r'(\theta)\cos\theta - r(\theta)\sin\theta}.$$

■ 高阶导数

我们已经知道,物体做直线运动的运动速度 $v(t)$ 是其位移函数 $s(t)$ 关于时间 t 的导数,而物体的加速度 $a(t)$ 是 $v(t)$ 关于 t 的导数,故加速度 $a(t)$ 是位移函数 $s(t)$ 的导数的导数,由此我们产生了高阶导数的想法.

定义 二阶导数

若函数 $y=f(x)$ 的导函数 $f'(x)$ 在点 x_0 的导数

$$[f'(x)]' \big|_{x=x_0}$$

存在,则称其为函数 $y=f(x)$ 在点 x_0 的二阶导数,记为

$$y'' \big|_{x=x_0}, f''(x_0), \frac{\mathrm{d}^2 y}{\mathrm{d}x^2} \bigg|_{x=x_0} \text{或} \frac{\mathrm{d}^2 f}{\mathrm{d}x^2} \bigg|_{x=x_0}.$$

此时称 $y=f(x)$ 在点 x_0 二阶可导.

若函数 $y=f(x)$ 在区间 I 上每点处都二阶可导,则得到一个定义在 I 上的二阶导函数,记作 $f''(x)$.

可以看出位移函数 $s(t)$ 的二阶导数 $s''(t)$ 就是运动物体的加速度 $a(t)$.

类似地,二阶导数 $f''(x)$ 的导数称为三阶导数,记作

$$y'''(x), f'''(x), \frac{\mathrm{d}^3 y}{\mathrm{d}x^3} \text{或} \frac{\mathrm{d}^3 f}{\mathrm{d}x^3}.$$

一般地,$y=f(x)$ 的 $n-1$ 阶导数的导数称为 $f(x)$ 的 n 阶导数,记作

$$y^{(n)}(x), f^{(n)}(x), \frac{\mathrm{d}^n y}{\mathrm{d}x^n} \text{或} \frac{\mathrm{d}^n f}{\mathrm{d}x^n}.$$

例 6 求幂函数 $y=x^\mu$(μ 为常数)的 n 阶导数.

解 依次求函数的各阶导数,有

$$y'=\mu x^{\mu-1},$$
$$y''=(y')'=(\mu x^{\mu-1})'=\mu(\mu-1)x^{\mu-2},$$
$$\cdots\cdots\cdots\cdots$$
$$y^{(n)}=\mu(\mu-1)(\mu-2)\cdots(\mu-n+1)x^{\mu-n}.$$

特别地,(1) 当 $\mu=n \in \mathbf{Z}^+$ 时,$(x^n)^{(n)}=n!$,而当 $m>n$ 时,$(x^n)^{(m)}=0$;

(2) 当 $\mu=-1$ 时,$(x^{-1})^{(n)}=(-1)(-2)\cdots(-n)x^{-1-n}$,即 $\left(\dfrac{1}{x}\right)^{(n)}=\dfrac{(-1)^n n!}{x^{n+1}}$.

例 7 求正弦函数 $y=\sin x$ 的 n 阶导数.

解
$$y' = \cos x = \sin\left(x + \frac{\pi}{2}\right),$$

$$y'' = \cos\left(x + \frac{\pi}{2}\right) = \sin\left(x + \frac{\pi}{2} + \frac{\pi}{2}\right) = \sin\left(x + 2 \cdot \frac{\pi}{2}\right),$$

$$y''' = \cos\left(x + 2 \cdot \frac{\pi}{2}\right) = \sin\left(x + 3 \cdot \frac{\pi}{2}\right),$$

依此类推,可以得到

$$(\sin x)^{(n)} = \sin\left(x + n \cdot \frac{\pi}{2}\right).$$

用类似的方法还可以得到余弦函数的 n 阶导数为

$$(\cos x)^{(n)} = \cos\left(x + n \cdot \frac{\pi}{2}\right).$$

例 8   设函数 $y = f(ax+b)$,其中函数 $f(x)$ 是 n 阶可导的,证明下列结论成立:
$$[f(ax+b)]^{(n)} = a^n f^{(n)}(ax+b).$$

证明   利用复合函数求导法则可以得到
$$[f(ax+b)]' = af'(ax+b).$$

假设
$$[f(ax+b)]^{(n-1)} = a^{n-1} f^{(n-1)}(ax+b)$$

成立,继续利用复合函数求导法则可以得到
$$[f(ax+b)]^{(n)} = [a^{n-1} f^{(n-1)}(ax+b)]' = a^n f^{(n)}(ax+b),$$

即有
$$[f(ax+b)]^{(n)} = a^n f^{(n)}(ax+b).$$

例 8 的这个结论对于复合一次多项式的函数求高阶导数非常有用.

例 9   求对数函数 $y = \ln(1+x)(x > -1)$ 的 n 阶导数.

解   先对函数 $y = \ln(1+x)(x > -1)$ 求一阶导数得到
$$y' = \frac{1}{1+x},$$

再利用例 6 和例 8 的结果可以得到
$$y^{(n)} = \left(\frac{1}{1+x}\right)^{(n-1)} = \frac{(-1)^{n-1}(n-1)!}{(1+x)^n},$$

即

$$\left[\ln(1+x)\right]^{(n)} = \frac{(-1)^{n-1}(n-1)!}{(1+x)^n}.$$

■ 高阶导数运算法则和莱布尼茨公式

定理　高阶导数的运算法则

设函数 $u(x)$, $v(x)$ 在点 x 处 n 阶可导, α, β 为任意实常数, 则 $\alpha u(x)+\beta v(x)$, $u(x)v(x)$ 均在点 x 处 n 阶可导, 并且有

(1) $\left[\alpha u(x)+\beta v(x)\right]^{(n)} = \alpha u^{(n)}(x)+\beta v^{(n)}(x)$;

(2) 莱布尼茨公式:

$$\left[u(x)v(x)\right]^{(n)} = \sum_{k=0}^{n} C_n^k u^{(n-k)}(x)v^{(k)}(x)$$

$$= u^{(n)}(x)v(x)+nu^{(n-1)}(x)v'(x)+\frac{n(n-1)}{2}u^{(n-2)}(x)v''(x)+\cdots+$$

$$\frac{n(n-1)\cdots(n-k+1)}{k!}u^{(n-k)}(x)v^{(k)}(x)+\cdots+u(x)v^{(n)}(x).$$

例 10　求函数 $y = \dfrac{1}{2x^2-5x+2}$ 的 n 阶导数.

解　先将函数变形为

$$y = \frac{1}{2x^2-5x+2} = \frac{1}{(2x-1)(x-2)} = -\frac{2}{3}\cdot\frac{1}{2x-1}+\frac{1}{3}\cdot\frac{1}{x-2},$$

利用定理 1 以及例 6、例 8 的结论可求得函数的 n 阶导数为

$$y^{(n)} = -\frac{2}{3}\cdot 2^n\frac{(-1)^n n!}{(2x-1)^{n+1}}+\frac{1}{3}\cdot\frac{(-1)^n n!}{(x-2)^{n+1}}$$

$$= \frac{1}{3}\cdot\frac{(-2)^{n+1}n!}{(2x-1)^{n+1}}+\frac{1}{3}\cdot\frac{(-1)^n n!}{(x-2)^{n+1}}.$$

例 11　已知 $y = x^2 e^{3x}$, 求 $y^{(n)}$.

解　利用定理 1 的莱布尼茨公式可求得

$$y^{(n)} = (e^{3x})^{(n)}x^2+n(e^{3x})^{(n-1)}(x^2)'+\frac{n(n-1)}{2}(e^{3x})^{(n-2)}(x^2)''+0$$

$$= 3^n e^{3x}x^2+n3^{n-1}e^{3x}\cdot 2x+\frac{n(n-1)}{2}3^{n-2}e^{3x}\cdot 2$$

$$= 3^{n-2}\left[9x^2+6nx+n(n-1)\right]e^{3x}.$$

▣ **隐函数的高阶导数**

例 12   求开普勒方程 $y=x+\varepsilon\sin y\,(0<\varepsilon<1)$ 所确定的隐函数 $y=y(x)$ 的二阶导数 $\dfrac{\mathrm{d}^2 y}{\mathrm{d}x^2}$.

解   在方程 $y=x+\varepsilon\sin y$ 两边同时关于 x 求导得

$$y'=1+\varepsilon\cos y\cdot y',$$

从而

$$y'=\frac{1}{1-\varepsilon\cos y},$$

对上式两边继续关于 x 求导得

$$y''=\frac{-(1-\varepsilon\cos y)'}{(1-\varepsilon\cos y)^2}=\frac{-\varepsilon\sin y\cdot y'}{(1-\varepsilon\cos y)^2}=\frac{-\varepsilon\sin y}{(1-\varepsilon\cos y)^3}.$$

▣ **参变量函数的高阶导数**

如果参数方程 $\begin{cases}x=\varphi(t)\\ y=\psi(t)\end{cases}$，确定了 y 与 x 之间的一个函数关系 $y=y(x)$，$\varphi(t)$ 与 $\psi(t)$ 有二阶导数，且 $\varphi'(t)\neq0$，那么可对一阶导函数 $y'(x)=\dfrac{\mathrm{d}y}{\mathrm{d}x}$ 继续运用参数方程求导公式来求二阶导函数 $y''=\dfrac{\mathrm{d}^2 y}{\mathrm{d}x^2}$，得到公式

$$\frac{\mathrm{d}^2 y}{\mathrm{d}x^2}=\frac{\mathrm{d}\left[\dfrac{\mathrm{d}y}{\mathrm{d}x}\right]}{\mathrm{d}x}=\frac{\dfrac{\mathrm{d}\left[\dfrac{\mathrm{d}y}{\mathrm{d}x}\right]}{\mathrm{d}t}}{\dfrac{\mathrm{d}x}{\mathrm{d}t}}.$$

例 13   求参数方程 $\begin{cases}x=t-t^2\\ y=t-t^3\end{cases}$，所确定的函数 $y=y(x)$ 的二阶导数 $\dfrac{\mathrm{d}^2 y}{\mathrm{d}x^2}$.

解   一阶导数为

$$\frac{\mathrm{d}y}{\mathrm{d}x}=\frac{\dfrac{\mathrm{d}y}{\mathrm{d}t}}{\dfrac{\mathrm{d}x}{\mathrm{d}t}}=\frac{1-3t^2}{1-2t},$$

二阶导数为

$$\frac{\mathrm{d}^2 y}{\mathrm{d}x^2} = \frac{\mathrm{d}\left[\dfrac{\mathrm{d}y}{\mathrm{d}x}\right]}{\mathrm{d}x} = \frac{\dfrac{\mathrm{d}\left[\dfrac{\mathrm{d}y}{\mathrm{d}x}\right]}{\mathrm{d}t}}{\dfrac{\mathrm{d}x}{\mathrm{d}t}} = \frac{\dfrac{-6t(1-2t)+2(1-3t^2)}{(1-2t)^2}}{1-2t} = \frac{6t^2-6t+2}{(1-2t)^3}.$$

习题 2.4

1. 求由下列方程所确定的隐函数 $y=y(x)$ 的导数 $\dfrac{\mathrm{d}y}{\mathrm{d}x}$：

（1）$y=1-x\mathrm{e}^y$；　　　　　　　　　　（2）$x^2y+xy^2=6$；

（3）$xy=\mathrm{e}^{x+y}$；　　　　　　　　　　（4）$y=1+x\sin y$．

2. 求曲线 $x^3+y^3-3xy=0$ 在点 $(\sqrt[3]{2},\sqrt[3]{4})$ 处的切线方程和法线方程．

3. 求曲线 $x^2+xy+y^2=7$ 与 x 轴相交的两点，并证明曲线在这两点处的切线是平行的，这两条切线的共同斜率为多少？

4. 求下列参数方程所确定的函数 $y=y(x)$ 的导数 $\dfrac{\mathrm{d}y}{\mathrm{d}x}$：

（1）$\begin{cases} x=t^2+1, \\ y=t^3+t; \end{cases}$　　　　　　（2）$\begin{cases} x=\theta(1-\sin\theta), \\ y=\theta\cos\theta. \end{cases}$

5. 曲线的参数方程为 $\begin{cases} x=\cos^3 t, \\ y=\sin^3 t. \end{cases}$ 求曲线在 $t=\dfrac{\pi}{4}$ 处的切线方程和法线方程（法线是过切点并且垂直于切线的直线）．

6. 求由下列方程所确定的隐函数 $y=y(x)$ 的二阶导数 $\dfrac{\mathrm{d}^2 y}{\mathrm{d}x^2}$：

（1）$y=1+x\mathrm{e}^y$；　　　　　　　　　　（2）$y=\tan(x+y)$．

7. 求下列参变量函数的二阶导数 $\dfrac{\mathrm{d}^2 y}{\mathrm{d}x^2}$：

（1）$\begin{cases} x=a\cos t, \\ y=b\sin t; \end{cases}$　　　　　　（2）$\begin{cases} x=t-\ln(1+t), \\ y=t^3+t^2. \end{cases}$

8. 若 $f(x)$ 二阶可导，求下列函数的二阶导数：

（1）$y=\sin f(x)$；　　　　　　（2）$y=f(x^2)$．

9. 设 $y=y(x)$ 由方程组 $\begin{cases} x=3t^2+2t+3, \\ \mathrm{e}^y\sin t-y+1=0 \end{cases}$ 确定，求 $\dfrac{\mathrm{d}^2 y}{\mathrm{d}x^2}\bigg|_{t=0}$．

10. 求下列函数的 n 阶导数：

（1） $y=\dfrac{1}{x(1-x)}$；

（2） $y=\sin^2 x$；

（3） $y=\ln(3+7x-6x^2)$；

（4） $y=\dfrac{x^3}{1-x}$.

11. 设 $\begin{cases} x=t-\ln(1+t^2), \\ y=\arctan t, \end{cases}$ 求 $\dfrac{\mathrm{d}^2 y}{\mathrm{d}x^2}, \dfrac{\mathrm{d}^2 x}{\mathrm{d}y^2}$.

12. 求函数 $y=x+x^3, x\in(-\infty, +\infty)$ 的反函数的二阶导数.

13. 设 $y=f(x)$ 是由方程 $xy+\ln y=1$ 所确定的隐函数.

（1） 求 $f'(x)$；

（2） 又设 $g(x)=f(\ln x)\mathrm{e}^{f(x)}$，求 $g'(1)$.

14. 设 $y=f(x)$ 具有二阶导数，且 $f'(x)\neq 0, x=\varphi(y)$ 是 $y=f(x)$ 的反函数，求 $\varphi''(y)$.

— 本章学习要点 —

本章引入了导数这个重要的概念，给出了基本初等函数的导数以及一些重要的求导法则，这样就可以方便地求出一切初等函数的导数；而对于隐函数以及由参数方程所确定的函数则给出了直接求导的方法；最后引入了高阶导数的概念并且给出了求高阶导数的一些方法. 本章的主要内容可以归纳如下：

1. 导数的定义

理解导数值反映的是函数在一点关于自变量的瞬时变化率，它的几何意义是曲线在这一点的切线的斜率. 对于基本初等函数的导数应该做到倒背如流. 对于分段函数在分段点的导数要会用导数的定义来求.

2. 求导法则

熟练运用求导的四则运算法则以及复合函数的求导法则，我们知道初等函数是由常数以及基本初等函数经过有限次四则运算和复合步骤所构成的并可以用一个算式表示的函数，运用这几个求导法则可以求出一切初等函数的导数.

3. 隐函数求导

隐函数求导法可以无须化为显函数而直接求出隐函数的导数：只要在方程的两侧同时关于自变量求导，把因变量看作自变量的函数，结合复合函数求导法则就可求出隐函数的导数.

4. 参变量函数的求导

对于由参数方程所确定的函数,本章给出了直接由参数方程计算导数的方法,不需要消去参数就能够求出函数的导数.

5. 对数求导法

对于幂指函数以及多因子函数,本章给出了对数求导法,对于幂指函数 $y = u(x)^{v(x)}$,可先取对数,得 $\ln y = v(x)\ln u(x)$,然后将上式两端对 x 求导.

6. 高阶导数

计算高阶导数的最基本的方法是逐阶计算导数. 对于求 n 阶导数,书中归纳总结了一些常用函数的 n 阶导数公式,要能够利用这些导数公式求出其他一些函数的高阶导数. 对于两个函数乘积的高阶导数可以利用莱布尼茨公式来求.

第二章自测题

第三章　导数的应用 >>>

在上一章中,我们已经了解了导数的一些初步应用. 本章中,我们将在更深层次上探究导数的应用. 首先介绍的微分中值定理及其推论,为导数的应用以及随后要学到的积分计算提供了重要的桥梁和通道. 其次,在此基础上,我们将学习导数如何影响函数图形的形状,利用导数提供的信息判别函数的增减性和凸性;同时将学习导数如何帮助我们确定函数的极值和最值,以便解决来自不同学科和领域的最优化问题. 再次,我们还将探讨如何利用形式简单而又易于分析的函数来表达复杂函数,尤其是如何利用切线来抓住切点附近曲线形状的特征,借此对函数的变化进行分析,并引入与导数同样重要的概念——微分,大量的应用举例将使我们领略到导数和微分从概念到方法的重要性. 最后介绍的洛必达(L'Hôpital)法则提供了一种常用而又十分有效的求极限的方法.

— 3.1　微分中值定理 —

为了利用从函数的导数所获取的信息来分析和判断函数的变化性态,我们需要建立将函数与其导数联系起来的桥梁,微分中值定理正好起到了这种纽带作用,它是微分学的重要组成部分,也是研究函数的重要工具.

我们学过,如果已知物体的运动方程,即物体的位置随时间的变化规律,就可以导出该物体的速度函数和加速度函数. 那么,假如在开始时仅仅知道物体的速度或者加速度,能否反向求解,去确定物体的位置函数或者速度函数呢? 这里涉及的基本数学问题是:什么样的函数能以另一个函数作为自己的导数? 什么样的位置函数能使其导数恰好是给定的速度函数? 同样地,什么样的速度函数能使其导数恰好是给定的加速度函数? 对于这些问题,本节将要介绍的拉格朗日(Lagrange)中值定理的推论给出了相应回答,同时也为第四章将要学习的积分计算奠定了基础.

为了得到拉格朗日中值定理,我们首先需要下述预备定理.

■ 罗尔定理

定理 1　罗尔(Rolle)定理

假设函数 $f(x)$ 满足下列三个条件：

(1) $f(x)$ 在闭区间 $[a,b]$ 上是连续的；

(2) $f(x)$ 在开区间 (a,b) 内是可导的；

(3) $f(a)=f(b)$，

则在 (a,b) 内至少存在一点 c，使得 $f'(c)=0$.

在给出严格的证明前，我们先观察满足上述三个条件的几个典型函数的图像(图 3-1).

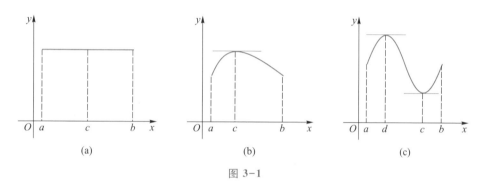

图 3-1

直观上，在每种情形的图像中，至少有一点 $(c,f(c))$，使得函数在该点处的切线是水平的，所以 $f'(c)=0$. 因此，罗尔定理看起来是真实而合理的.

证明　共有以下三种情形：

情形 1　$f(x)=M$，M 是一个常数(图 3-1(a)). 此时，$f'(x)\equiv 0$. 因此 c 可以取 (a,b) 内任意值；

情形 2　存在 (a,b) 内一点 x，使得 $f(x)>f(a)$ (图 3-1(b)). 根据闭区间上连续函数的最值存在定理(1.7 节定理 1)，$f(x)$ 在 $[a,b]$ 上存在最大值. 既然 $f(a)=f(b)$，$f(x)$ 必定在开区间 (a,b) 内某点 c 处取到该最大值. 这就意味着，只要 h 充分接近于 0，无论 h 是正的，还是负的，均有 $f(c+h)\leqslant f(c)$，所以

$$f(c+h)-f(c)\leqslant 0. \tag{1}$$

因此，若 $h>0$ 且 h 充分小，有

$$\frac{f(c+h)-f(c)}{h}\leqslant 0.$$

当 $h\to 0^{+}$ 时，对这个不等式两端同时取右极限，运用 1.4 节定理 3，可得

$$\lim_{h \to 0^+} \frac{f(c+h)-f(c)}{h} \leqslant \lim_{h \to 0^+} 0 = 0.$$

由定理的条件(2)可知, $f(x)$ 在点 c 可导, 因此 $f'(c)$ 存在, 且

$$f'(c) = \lim_{h \to 0} \frac{f(c+h)-f(c)}{h} = \lim_{h \to 0^+} \frac{f(c+h)-f(c)}{h}.$$

因此 $f'(c) \leqslant 0$.

若 $h<0$, 则当我们用 h 去除不等式(1)两端时, 不等号要改变, 即有

$$\frac{f(c+h)-f(c)}{h} \geqslant 0,$$

当 $h \to 0^-$ 时, 在不等式两端同时取左极限, 可得

$$f'(c) = \lim_{h \to 0} \frac{f(c+h)-f(c)}{h} = \lim_{h \to 0^-} \frac{f(c+h)-f(c)}{h} \geqslant 0.$$

这样得到的关于 $f'(c)$ 所满足的两个不等式要同时成立, 唯一可能的结果就是 $f'(c) = 0$.

情形 3 存在 (a,b) 内一点 x, 使得 $f(x)<f(a)$ (图 3-1(c)). 由于 $f(x)$ 在 $[a,b]$ 上存在最小值, 注意到 $f(a)=f(b)$, 则 $f(x)$ 在开区间 (a,b) 内某点 c 处取到该最小值. 与情形 2 类似可证 $f'(c) = 0$.

例 1 设做直线运动的物体的位置函数为 $s=f(t)$. 若在不同的时刻 a 和 b, 该物体处于相同的位置, 即 $f(a)=f(b)$, 那么, 罗尔定理告诉我们, 存在 a 和 b 之间的某个时刻 c, 使得 $f'(c) = 0$, 即速度为零. 事实上, 若我们铅直向上抛一个球, 即可看到这个结论是正确的.

例 2 证明方程 $x^3+2x-1=0$ 仅有一个实根.

证明 首先证明根的存在性. 假设 $f(x) = x^3+2x-1$. 则 $f(0) = -1<0$ 且 $f(1) = 2>0$. 由于多项式函数 $f(x)$ 是处处连续的, 因此, 零点定理(1.7 节定理 2)告诉我们, 存在介于 0 和 1 之间的点 x_0, 使得 $f(x_0) = 0$, 这就意味着给定的方程有一个实根.

用反证法来证明 $f(x) = 0$ 没有其他实根. 假设它有两个不同的实根 a 和 $b(a<b)$, 那么 $f(a) = 0=f(b)$. 由于多项式 $f(x)$ 在 $[a,b]$ 上连续且在 (a,b) 内可导, 因此, 根据罗尔定理, 存在 a 和 b 之间的点 c, 使得 $f'(c) = 0$. 但是, 注意到, 对于任给的实数 x, 总有 $f'(x) = 3x^2+2 \geqslant 2$, 因而 $f'(x)$ 不可能为 0. 这个矛盾说明了该方程不可能有两个不相等的实根.

应当指出, 罗尔定理的三个条件是缺一不可的. 如果某一条件不满足, 函数的图形可能没有水平的切线(图 3-2).

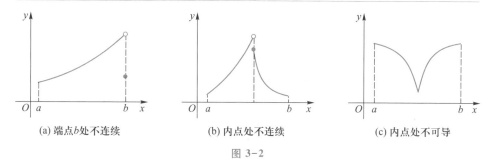

(a) 端点b处不连续　　　　(b) 内点处不连续　　　　(c) 内点处不可导

图 3-2

拉格朗日中值定理

我们介绍并证明罗尔定理的主要目的之一是为了证明下面的重要定理. 它是由法国数学家拉格朗日最早得到的.

定理 2　拉格朗日中值定理

假设函数 $f(x)$ 满足下列两个条件:

(1) $f(x)$ 在闭区间 $[a,b]$ 上是连续的;

(2) $f(x)$ 在开区间 (a,b) 内是可导的,

则在 (a,b) 内至少存在一点 c,使得

$$f'(c) = \frac{f(b)-f(a)}{b-a}, \tag{2}$$

或者,等价地有

$$f(b)-f(a) = f'(c)(b-a). \tag{3}$$

几何解释

在证明这个定理之前,我们先从几何上说明它是合理的. 图 3-3 给出了一个可导函数 $y=f(x)$ 的图像. 图像上两点 $A(a,f(a))$ 和 $B(b,f(b))$ 的连线,即割线 AB 的斜率为

$$k_{AB} = \frac{f(b)-f(a)}{b-a},$$

它恰是(2)式的右端表达式,而 $f'(c)$ 是曲线上 $(c,f(c))$ 点的切线斜率,因而拉格朗日中值定理告诉我们,在该函数的图像上至少有一点 $M(c, f(c))$,使得该点处的切线斜率等于割线 AB 的斜率. 换句话说,至少存在一点 M,使得该点处的切线平行于割线 AB.

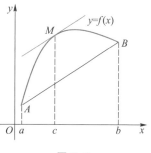

图 3-3

物理解释

我们把(2)式的右端表达式 $\dfrac{f(b)-f(a)}{b-a}$ 理解为函数 $f(x)$ 在闭区间 $[a,b]$ 上的平均变化率,而把 $f'(c)$ 理解为 $f(x)$ 在 $x=c$ 的瞬时变化率. 那么,拉格朗日中值定理告诉我们,函数在整个区间上的平均变化率一定等于函数在某点的瞬时变化率. 举例来说,如果一辆加速运行的汽车在 10 s 之内其运行距离从 50 m 增加至 380 m,那么它在这 10 s 的时间间隔内的平均速度为 $(380-50)/10=33(\text{m}/\text{s})$. 在加速的过程中,汽车必定在某个时刻的速率恰好是 33 m/s.

拉格朗日中值定理的证明

我们把罗尔定理应用于一个新的函数 $h(x)$ 来证明这个定理. 为了定义这个辅助函数 $h(x)$,先在平面直角坐标系中画出 $f(x)$ 的图形,以及过点 $A(a,f(a))$ 和 $B(b,f(b))$ 的直线(图 3-4),该直线的点斜式方程为

$$y=g(x)=f(a)+\frac{f(b)-f(a)}{b-a}(x-a).$$

在闭区间 $[a,b]$ 上,定义 $h(x)$ 为 $f(x)$ 和 $g(x)$ 的差,即

$$h(x)=f(x)-g(x)=f(x)-\left[f(a)+\frac{f(b)-f(a)}{b-a}(x-a)\right]. \tag{4}$$

$f(x),g(x)$ 和 $h(x)$ 的图像如图 3-5 所示.

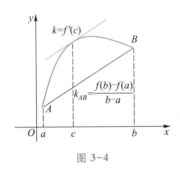

图 3-4

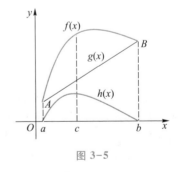

图 3-5

首先,我们验证 $h(x)$ 满足罗尔定理的三个条件:

(1) 因为 $f(x)$ 在 $[a,b]$ 上连续,而 $g(x)$ 是 x 的一次多项式,当然也在 $[a,b]$ 上连续,所以 $h(x)$ 是 $[a,b]$ 上的连续函数.

(2) 因为 $f(x)$ 和一次多项式 $g(x)$ 都是 (a,b) 内的可导函数,所以 $h(x)$ 在 (a,b) 内是可导的. 事实上,由方程(4)直接计算可得

$$h'(x)=f'(x)-\frac{f(b)-f(a)}{b-a},\quad x\in(a,b).$$

（3）直接验证可知 $h(a)=h(b)$.

既然 $h(x)$ 满足罗尔定理的所有条件，因此，在 (a,b) 内存在一点 c，使得

$$0=h'(c)=f'(c)-\frac{f(b)-f(a)}{b-a}.$$

因此

$$f'(c)=\frac{f(b)-f(a)}{b-a}.$$

例 3   考虑函数 $f(x)=x^3$，$x\in[0,2]$. 显然，$f(x)$ 在 $[0,2]$ 上连续，在 $(0,2)$ 内可导，所以根据拉格朗日中值定理，存在 $(0,2)$ 内的一点 c，使得

$$f(2)-f(0)=f'(c)(2-0).$$

注意到，$f(2)=8$，$f(0)=0$ 且 $f'(x)=3x^2$. 因此上式可写成

$$8=3c^2\cdot 2=6c^2,$$

解得 $c^2=\dfrac{4}{3}$，即 $c=\pm\dfrac{2}{\sqrt{3}}$，又因为 c 属于 $(0,2)$，所以 $c=$

$\dfrac{2}{\sqrt{3}}$（图 3-6）.

微分中值定理的主要作用是帮助我们从函数导数的信息中获取函数本身的相关信息. 这从下面的例子中可以略见一斑.

例 4   假定可导函数 $f(x)$ 满足 $f(1)=2$，且对所有的 x 总有 $f'(x)\leqslant 3$. 试对 $f(3)$ 可能取到的最大值作出估计.

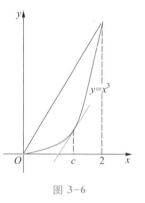

图 3-6

解   函数 $f(x)$ 是处处可导的，因而也是处处连续的. 特别地，可以在区间 $[1,3]$ 上运用拉格朗日中值定理. 因而存在 $c\in(1,3)$，使得

$$f(3)-f(1)=f'(c)(3-1),$$

即

$$f(3)=f(1)+2f'(c)=2+2f'(c).$$

因为对于任意的 x，$f'(x)\leqslant 3$，所以 $f'(c)\leqslant 3$. 因此，

$$f(3)=2+2f'(c)\leqslant 2+2\times 3=8.$$

可见 $f(3)$ 的取值不会超过 8.

例 5   证明：$\dfrac{h}{1+h^2}<\arctan h<h$，其中 $h>0$.

证明   假设 $f(x)=\arctan x$，则由拉格朗日中值定理，有

$$f(h)-f(0)=f'(c)h=\frac{h}{1+c^2},\quad 0<c<h.$$

从而得到

$$\frac{h}{1+h^2}<\arctan h=\frac{h}{1+c^2}<h.$$

■ 重要推论

从拉格朗日中值定理出发,可以得到微分学中一些重要的基本结果.这里介绍两个基本事实,在本章随后的几节中,我们会介绍一些其他的重要结论.

拉格朗日中值定理的第一个推论告诉我们哪种函数的导数恒为 0.

推论 1　如果在区间 I 上每一点 x 处,$f'(x)=0$,则对任给 $x\in I$,恒有 $f(x)=C$,这里 C 是常数.换句话说,导数恒为 0 的函数一定是常函数.

我们已经知道,若函数 $f(x)$ 在区间 I 上取常数值,那么 $f(x)$ 在 I 上是可导的,且对 I 中任意点 x,总有 $f'(x)=0$.可见,推论 1 给出了它的逆命题.

证明　我们只需证明:任给 I 中两点 x_1 和 x_2,总有 $f(x_1)=f(x_2)$.

事实上,假设 x_1 和 x_2 是 I 中两点,且 $x_1<x_2$.由于 $f(x)$ 在区间 I 上每一点可导,因而它在 $[x_1,x_2]$ 上连续,且在 (x_1,x_2) 内可导,即 $f(x)$ 在 $[x_1,x_2]$ 上满足拉格朗日中值定理的条件,所以存在介于 x_1 和 x_2 之间的点 c,使得

$$f(x_2)-f(x_1)=f'(c)(x_2-x_1).$$

因为在整个 I 上,$f'(x)=0$,我们有 $f'(c)=0$.因此上式意味着

$$f(x_2)-f(x_1)=0,\quad 即 f(x_2)=f(x_1).$$

所以,$f(x)$ 在 I 上任意两点 x_1 和 x_2 处具有相同的值,亦即它在 I 上是常数.

在本节开始时曾提出这样的问题:能否从运动物体的加速度函数确定物体的速度函数以及位置函数?下面的推论可以给出肯定的回答,同时也说明了具有相同导数的两个函数之间的关系.

推论 2　若在区间 I 上每一点 x 处,$f'(x)=g'(x)$,则在 I 上,$f(x)-g(x)$ 是一个常数,即存在某个常数 C,使得 $f(x)=g(x)+C$.

换句话说,在区间 I 上具有相同导数的函数仅相差一个常数.

证明　假设 $F(x)=f(x)-g(x)$,则在 I 上每点 x 处,有

$$F'(x)=f'(x)-g'(x)=0.$$

因此由推论 1 可知,$F(x)$ 在 I 上是常数,即 $f(x)-g(x)$ 是一个常数.

几何解释

从几何的观点看,推论 2 说明在区间 I 上具有相同导数的函数的图像只相

差一个垂直位移. 如图 3-7, 导数为 $\dfrac{x}{2}$ 的函数的图像是抛物线 $y=\dfrac{x^2}{4}+C$, 其中 C 为任意常数.

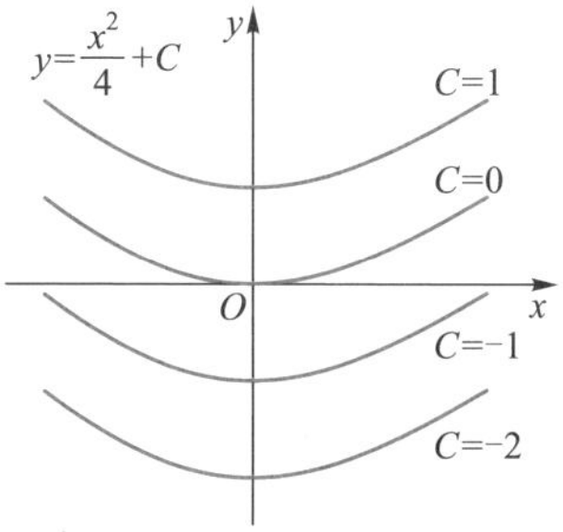

物理应用——从加速度求速度和位置函数

考虑仅受到重力作用的物体做自由落体运动, 它在每个时刻的加速度是 $9.8\text{m}/\text{s}^2$. 所要寻求的速度函数 $v(t)$ 是导数为 9.8 的函数. 我们知道函数 $h(t)=9.8t$ 的导数为 9.8, 所以由推论 2 可知

$$v(t)=9.8t+C,$$

其中 C 为某个常数. 若物体从静止状态开始下落, 即初速度为 $v(0)=0$, 则

$$9.8\times0+C=0,\ \text{即}\ C=0.$$

图 3-7

因此, 速度函数是 $v(t)=9.8t$.

进一步, 要寻求位置函数 $s(t)$. 我们知道 $s(t)$ 是以 $9.8t$ 为导数的函数. 另一方面, 函数 $l(t)=4.9t^2$ 的导数是 $9.8t$. 于是, 由推论 2 可知

$$s(t)=4.9t^2+C,$$

其中 C 为某个常数. 由于 $s(0)=0$, 所以 $C=0$. 因此, 位置函数是 $s(t)=4.9t^2$.

例 6(推论 2 的应用) 求导数为 $\cos x$ 的函数 $f(x)$ 和该函数过点 $(0,1)$ 的表达式.

解 我们知道 $g(x)=\sin x$ 的导数是 $\cos x$. 由于 $f(x)$ 和 $g(x)$ 具有相同的导数, 由推论 2 可知, $f(x)=g(x)+C=\sin x+C$, 其中 C 为某个常数. 当函数的图形过点 $(0,1)$ 时, $f(0)=1$, 因此 $f(0)=\sin 0+C=1$, 即 $C=1$. 因此, $f(x)=\sin x+1$.

注 应用拉格朗日中值定理及其推论时需要注意条件. 假设

$$f(x)=\frac{x}{|x|}=\begin{cases}1, & x>0, \\ -1, & x<0.\end{cases}$$

$f(x)$ 的定义域是 $D=\{x\in\mathbf{R}\,|\,x\neq0\}$, 且对所有的 $x\in D$, 恒有 $f'(x)=0$. 但是, 显然 $f(x)$ 并不是一个常数. 之所以会与上述推论 1 产生矛盾, 是因为 D 并不是一个区间. 事实上, 在 $(0,+\infty)$ 上 $f(x)$ 是一个常数, 而在 $(-\infty,0)$ 上 $f(x)$ 是另一个常数.

下面介绍的柯西中值定理把拉格朗日中值定理推广到两个函数的情形, 我们将在本章的最后一节看到它的直接应用.

柯西中值定理

定理 3 假设函数 $f(x)$ 和 $g(x)$ 在闭区间 $[a,b]$ 上连续, 在开区间 (a,b) 内可

导,且对任意 $x \in (a,b)$,$g'(x) \neq 0$,则在 (a,b) 内至少存在一点 c,使得

$$\frac{f'(c)}{g'(c)} = \frac{f(b)-f(a)}{g(b)-g(a)}.$$

注　若在柯西中值定理中,取 $g(x)=x$,则 $g'(c)=1$. 此时该定理恰好是拉格朗日中值定理,因此,它是拉格朗日中值定理的推广. 不仅如此,它们的证明方法也是类似的,只要把在拉格朗日中值定理的证明中所采用的函数 $h(x)$ 换成

$$h(x) = f(x) - f(a) - \frac{f(b)-f(a)}{g(b)-g(a)}[g(x)-g(a)],$$

并运用罗尔定理即可.

一般来说,微分中值定理包括罗尔定理、拉格朗日中值定理、柯西中值定理和泰勒定理. 本节介绍的主要结论,即拉格朗日中值定理,把函数在区间上的平均变化率和在该区间内某点处的瞬时变化率联系起来. 柯西中值定理是形式更为一般的中值定理. 关于泰勒定理的介绍将在 3.6 节进行. 我们将看到,本章中的诸多结果都有赖于微分中值定理的核心结论.

习题 3.1

1. 验证下列函数在给定的区间上是否满足罗尔定理的三个条件. 如果满足,找出使罗尔定理的结论成立的所有 c:

(1) $f(x) = x^2 - 3x + 2$, $x \in [0,3]$;

(2) $f(x) = \sqrt[3]{x} - \dfrac{x}{4}$, $x \in [0,8]$;

(3) $f(x) = \begin{cases} \dfrac{\sin x}{x}, & 0 < x \leqslant \pi, \\ 0, & x = 0. \end{cases}$

2. 假设 $f(x) = 2 - x^{\frac{2}{5}}$, $x \in [-2,2]$. 证明:$f(-2) = f(2)$,但是并不存在 $c \in (-2,2)$,使得 $f'(c) = 0$. 这是否与罗尔定理相矛盾? 为什么?

3. 验证下列函数在给定区间上满足拉格朗日中值定理的条件,并找出满足拉格朗日中值定理结论的所有 c:

(1) $f(x) = 2x^2 - 3x + 1$, $x \in [0,3]$;

(2) $f(x) = \sqrt{x} + 3$, $x \in [0,4]$.

4. 证明:方程 $1 + x + x^3 + 4x^5 = 0$ 恰好有一个实根.

5. 如果 $f(1) = 8$,且当 $1 \leqslant x \leqslant 4$ 时,$f'(x) \geqslant 3$,那么 $f(4)$ 能取到的最小值是多少?

6. 证明:当 $x>0$ 时, $\sqrt[3]{1+x}<1+\dfrac{x}{3}$.

7. 证明:对于任意的 x 和 y,总有 $|\sin x-\sin y|\leqslant|x-y|$.

8. 假设 $f(0)=3$,且对任意 x,总有 $f'(x)=3$. 那么,是否对一切 x,都有 $f(x)=3x+3$? 为什么?

9. 求具有给定导数的所有可能的函数:

(1) $y'=3x+1$;　　　　　　(2) $y'=3+\dfrac{2}{t^2}$;

(3) $y'=5x+\dfrac{2}{\sqrt{x}}$.

10. 沿直线运动的物体的速度为 $v(t)=30t-1$,初始位置是 $s(0)=4$ m. 求物体在 t 时刻的位置.

11. 沿直线运动的物体的加速度为 $a(t)=-2\sin 2t$,初速度为 $v(0)=3$ m/s,初始位置 $s(0)=-2$ m. 求物体在 t 时刻的位置.

12. 我们知道,月球上的重力加速度为 1.6 m/s^2. 如果在月球表面将一石块以初速度 50 m/s 铅直向上用力投,它能升到的最大高度是多少? (提示:确定速度为零的时刻.)

〰〰〰〰〰〰〰〰〰〰〰〰〰〰〰〰〰〰〰〰

13. 假设函数 $f(x)$ 在 $[a,b]$ 上连续,在 (a,b) 内可导. 又假定 $f(a)$ 和 $f(b)$ 异号,而且 $f'(x)$ 在 a 和 b 之间没有零点. 证明:在 a 和 b 之间有且仅有一点 c,使得 $f(c)=0$.

14. 假设函数 $f(x)$ 和 $g(x)$ 在 $[a,b]$ 上可导,而且 $f(a)=g(a),f(b)=g(b)$. 证明:在 a 和 b 之间至少存在一点 c,使得 $f(x)$ 和 $g(x)$ 的图形在该点的切线是平行的,或者是同一条切线.

15. 假设 $f(x)$ 是 $[a,b]$ 上的二阶可导函数,$f(a)=f(b)=0$,并存在一点 $c\in(a,b)$,使得 $f(c)>0$. 证明:至少存在一点 $\xi\in(a,b)$,使得 $f''(\xi)<0$.

— 3.2　函数的增减性和凸性 —

微积分的许多应用都建立在从函数 $f(x)$ 的导数 $f'(x)$ 所提供的信息来推断关于 $f(x)$ 自身相关特性的基础上. 例如,几何上,$f'(x)$ 表示曲线 $y=f(x)$ 在点 $(x,f(x))$ 的切线斜率,它揭示了曲线在每个点的前行方向. 因此,我们有理由相信导数还能提供更多关于 $f(x)$ 的有用信息.

为了分析和确定函数图形的形状,需要了解哪些基本信息呢?我们应该知道,当动点沿着图形向前移动时,它是上升的还是下降的,以及图形的弯曲方向.这些特征如图 3-8 所示.在本节中,我们将看到通过函数的一阶导数和二阶导数是如何确定以上特征的.它们将帮助我们画出函数图形的草图,从而对函数的总体变化有基本的了解和把握.

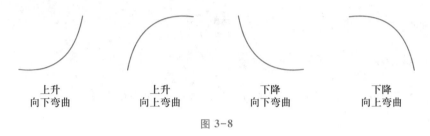

| 上升 | 上升 | 下降 | 下降 |
| 向下弯曲 | 向上弯曲 | 向下弯曲 | 向上弯曲 |

图 3-8

函数的增减性——一阶导数提供的信息

在第 0.1 节中,我们给出了增函数和减函数的定义.

为了从直观上通过函数的导数判断函数在何处是增函数,在何处是减函数,先观察图 3-9.可以看出,函数 $f(x)$ 在 A、B 和 C、D 之间的点处,切线有负斜率,因此 $f'(x)<0$;而在 B、C 和 D、E 之间的点处,切线有正斜率,因此 $f'(x)>0$.这样看来,当 $f'(x)$ 为正时,$f(x)$ 是增函数;而当 $f'(x)$ 为负时,$f(x)$ 是减函数.运用拉格朗日中值定理,可以证明这个结论总是成立的.

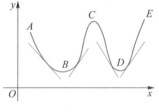

图 3-9

定理 1　函数增减性的一阶导数判别法

假定 $f(x)$ 在闭区间 $[a,b]$ 上连续,且在开区间 (a,b) 内可导.

(1) 若在 (a,b) 内每一点 x 处,$f'(x)>0$,则 $f(x)$ 在 $[a,b]$ 上是增函数;

(2) 若在 (a,b) 内每一点 x 处,$f'(x)<0$,则 $f(x)$ 在 $[a,b]$ 上是减函数.

证明　(1) 假设 x_1 和 x_2 是闭区间 $[a,b]$ 上任意两点,且 $x_1<x_2$.根据增函数的定义,我们需证明 $f(x_1)<f(x_2)$.事实上,$f(x)$ 在 $[x_1,x_2]$ 上满足拉格朗日中值定理的条件,因此存在 x_1 和 x_2 之间的点 c,使得

$$f(x_2)-f(x_1)=f'(c)(x_2-x_1).$$

根据假设,$f'(c)>0$,而 $x_1<x_2$ 意味着 $x_2-x_1>0$,因而上式右端是正的,所以

$$f(x_2)-f(x_1)>0,\text{即 } f(x_2)>f(x_1).$$

这表明 $f(x)$ 是增函数.

（2）可以类似证明.

在下面的例子中,我们注意到,使得函数 $f(x)$ 的导数为零的点把 x 轴分成了若干使 $f'(x)$ 为正或负的区间. 确定了 $f'(x)$ 在每个小区间上的符号以后,即可运用定理 1.

例 1（应用函数增减性的一阶导数判别法） 确定 $f(x) = \dfrac{3}{4}x^4 - x^3 - 3x^2 + 1$ 的增减区间.

解 先求得 $f'(x) = 3x^3 - 3x^2 - 6x = 3x(x-2)(x+1)$, 于是 $f'(x)$ 的零点为 $x = -1, 0, 2$, 它们把 x 轴分成四个区间：$(-\infty, -1), (-1, 0), (0, 2), (2, +\infty)$. 我们确定 $f'(x)$ 在每个区间上的符号后,即可知道 $f(x)$ 在每个区间上的增减性. 分析和讨论的结果如下表所示：

x	$(-\infty, -1)$	$(-1, 0)$	$(0, 2)$	$(2, +\infty)$
$3x$	$-$	$-$	$+$	$+$
$x-2$	$-$	$-$	$-$	$+$
$x+1$	$-$	$+$	$+$	$+$
$f'(x)$	$-$	$+$	$-$	$+$
$f(x)$	递减	递增	递减	递增

易见, $f(x)$ 在 $(-1, 0)$ 和 $(2, +\infty)$ 上是增函数,在 $(-\infty, -1)$ 和 $(0, 2)$ 上是减函数. 图 3-10 给出了 $f(x)$ 的图像,证实了表中的信息.

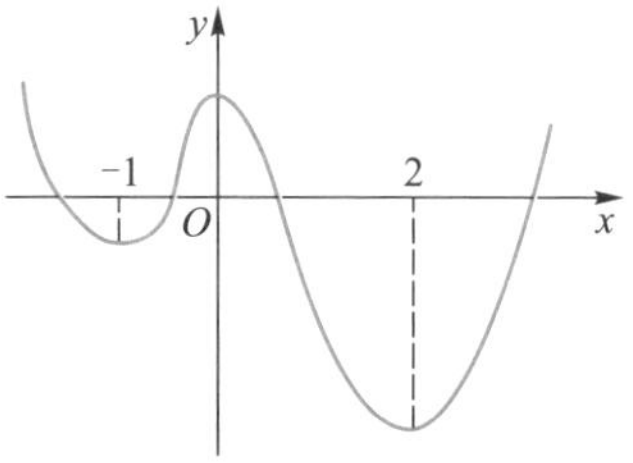

■ **函数的凸性——二阶导数提供的信息**

现在,我们讨论如何确定 $y = f(x)$ 的图形的弯曲方向.

图 3-11 给出了区间 (a, b) 上的两个增函数

图 3-10

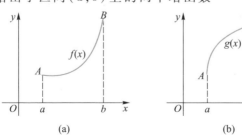

图 3-11

$f(x)$ 和 $g(x)$ 的图形. 点 A 和 B 均由一条曲线连接起来,但是曲线的图形朝不同的方向弯曲.

那么,如何区分这两种曲线类型的特性呢? 在图 3-12 中,我们画出了这两条曲线在几个点的切线. 若曲线 $f(x)$ 始终在其切线上方,则称 $f(x)$ 在 (a,b) 上是下凸的;若曲线 $g(x)$ 始终在其切线下方,则称 $g(x)$ 在 (a,b) 上是上凸的.

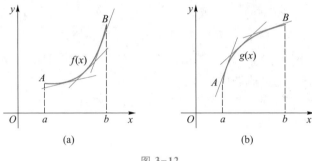

图 3-12

定义 1　下凸函数、上凸函数

设函数 $f(x)$ 在区间 I 上有定义. 若在区间 I 上,函数 $f(x)$ 的图像总是位于它的切线上方,则称 $f(x)$ 是 I 上的下凸函数(或称凹函数),I 称为 $f(x)$ 的一个下凸区间(或称凹区间);若在区间 I 上,函数 $f(x)$ 的图像总是位于它的切线下方,则称 $f(x)$ 是 I 上的上凸函数(或称凸函数),I 称为 $f(x)$ 的一个上凸区间(或称凸区间).

图 3-13 给出了一个函数的图像,它在区间 (b,c),(d,e) 和 (p,q) 上是下凸的,而在区间 (a,b),(c,d) 和 (e,p) 上是上凸的.

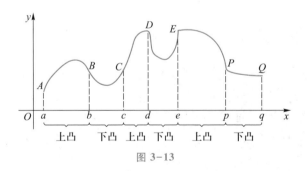

图 3-13

我们来看如何利用二阶导数确定函数的下凸、上凸区间. 为此,先看图 3-12(a),当我们从左向右看时,即沿着 x 轴增加的方向,切线的斜率是增加的. 这就意味着导数 $f'(x)$ 是一个增函数,所以它的导数 $f''(x)$ 是正的. 同样地,在图 3-12(b)中,切线的斜率(从左向右)是递减的,即 $f'(x)$ 是一个减函数,所以它的

导数 $f''(x)$ 是负的. 这个推理过程是可逆的,它告诉我们下面的定理是正确的.

定理 2　函数凸性的二阶导数判别法

假设 $y=f(x)$ 是区间 I 上的二阶可导函数,那么

(1) 若对 I 中所有 x,恒有 $f''(x)>0$,则 $f(x)$ 在 I 上是下凸的;

(2) 若对 I 中所有 x,恒有 $f''(x)<0$,则 $f(x)$ 在 I 上是上凸的.

例 2　抛物线 $y=x^2$(图 3-14)在实数轴的任何区间上都是下凸的,因为它的二阶导数 $y''=2$ 恒为正.

例 3　曲线 $y=x^3$(图 3-15)在负半轴的任何区间上是上凸的,因为当 $x\in(-\infty,0)$ 时, $y''=6x<0$;而在正半轴的任何区间上是下凸的,因为当 $x\in(0,+\infty)$ 时, $y''=6x>0$.

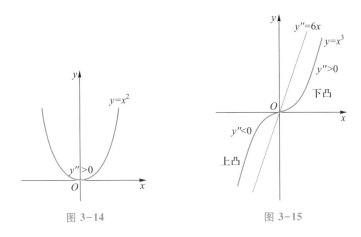

图 3-14　　　　　　　　　　图 3-15

拐点

在例 3 中,函数 $y=x^3$ 的图形在点 $(0,0)$ 左右两侧凸性相反,我们称点 $(0,0)$ 为曲线的拐点. 一般地说,拐点就是曲线在其两侧转变凸性的点.

定义 2　拐点

如果 $f(x)$ 的图形在经过其上一点 P 时改变了凸性,即在点 P 左右两侧, $f(x)$ 从上凸(或下凸)函数转变为下凸(或上凸)函数,则称点 P 为曲线 $y=f(x)$ 的一个拐点.

例如,在图 3-13 中, B,C,D,E,P 都是拐点.

对于曲线上的拐点, y'' 在其一边为正,而在其另一边为负,而在拐点处, y'' 或者为 0(因为导数具有介值性),或者不存在.后一种情形可在下例中看到.

例 4　考虑曲线 $y=x^{\frac{1}{3}}$（图 3-16），不难看出该曲线在 $(-\infty,0)$ 上是下凸的，在 $(0,+\infty)$ 上是上凸的，$(0,0)$ 是一个拐点，且当 $x=0$ 时，y'' 不存在.

从例 3、例 4 可以看到，若曲线在拐点处有切线，则该曲线在拐点处会跨过切线.

从物理的角度看，当物体沿直线运动时，其位置是时间的函数，而二阶导数表示物体的加速度. 因此，物体的位置函数的拐点揭示出物体的加速度在何时改变方向.

应当指出，使 y 的二阶导数 $y''=0$ 的点未必都是拐点.

例 5　考虑函数 $y=x^4$（图 3-17）. 注意到 $y'=4x^3$ 和 $y''=12x^2$，可见虽然当 $x=0$ 时，$y''=0$，但是函数图形在经过点 $(0,0)$ 时，y'' 并不变号，因而该曲线没有拐点，但 $x=0$ 是它的最小值点.

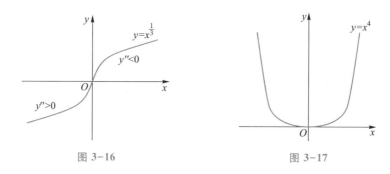

图 3-16　　　　　　　　　　　　　　图 3-17

习题 3.2

1. 函数 $f(x)$ 的导数 $f'(x)$ 的图形如图 3-18 所示，试问：函数 $f(x)$ 在什么区间上是单调递增或单调递减的？

2. 函数 $f(x)$ 的二阶导数 $f''(x)$ 的图形如图 3-19 所示. 请指出 $f(x)$ 的拐点的 x 坐标，并说明理由.

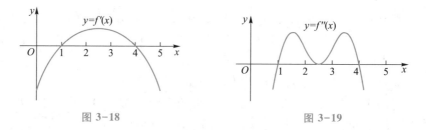

图 3-18　　　　　　　　　　　　　　图 3-19

3. 当 a 和 b 为何值时,点 $(1,2)$ 为曲线 $y = ax^3 + bx^2$ 的拐点?

4. 考虑下列函数,试确定它们的增减区间、下凸区间、上凸区间和拐点:

（1）$f(x) = x^3 - 6x + 1$;　　　　　（2）$f(x) = x^4 - 2x^2 + 3$;

（3）$f(x) = \sin x + \cos x, x \in [0, 2\pi]$;　　（4）$f(x) = x\sqrt{8 - x^2}$;

（5）$f(x) = \begin{cases} 2 - x^2, & x < 0, \\ x^2 + 1, & x \geqslant 0; \end{cases}$　　　　（6）$f(x) = x^{\frac{3}{4}}(5 - x)$;

（7）$f(x) = \dfrac{x}{1 + x^2}$.

5. 确定下列函数的增减区间、下凸区间、上凸区间和拐点,同时把一阶导数、二阶导数的图形也放在函数图形中,观察和分析一阶、二阶导数（尤其是与 x 轴交点处）的值与函数图形的关系:

（1）$f(x) = x^3 - 12x^2$;　　　　　（2）$f(x) = \dfrac{4}{5}x^5 + 16x^2 - 25$;

（3）$f(x) = 2x^4 - 4x^2 + 1$.

〜〜〜〜〜〜〜〜〜〜〜〜〜〜〜〜〜〜〜〜〜〜〜〜〜

6. 假设函数 $f(x)$ 和 $g(x)$ 都是二阶可导的,而且二阶导数没有零点.

（1）如果 $f(x)$ 和 $g(x)$ 都是区间 I 上正的、递增的下凸函数,证明 $f(x)g(x)$ 也是 I 上的下凸函数.

（2）证明:如果 $f(x)$ 和 $g(x)$ 都是区间 I 上的递减函数,上述结论仍然成立.

（3）如果 $f(x)$ 是递增的,而 $g(x)$ 是递减的,举例说明:$f(x)g(x)$ 可能是下凸函数,也可能是上凸函数.

7. 证明三次多项式函数 $f(x)$ 总是恰好有一个拐点. 如果它的图像与 x 轴有三个交点 x_1, x_2 和 x_3,则拐点的 x 坐标是 $\dfrac{x_1 + x_2 + x_3}{3}$.

8. 证明函数 $g(x) = x|x|$ 在点 $(0,0)$ 有一个拐点,但是 $g''(0)$ 不存在.

9. 若（1）$f(x)$ 在 $[a,b]$ 上连续,且在 (a,b) 内可导;

（2）$f(a)$ 和 $f(b)$ 异号;

（3）在 (a,b) 内 $f'(x) > 0$ 或者 $f'(x) < 0$,

证明 $f(x)$ 在 a 和 b 之间恰好有一个零点.

10. 证明下列函数在给定的区间上恰好有一个零点:

（1）$f(x) = x^4 + 3x + 1, [-2, -1]$;

（2）$f(x) = \tan x - \cot x - x, \left(0, \dfrac{\pi}{2}\right)$;

（3）$f(x)=x+\sin^2\dfrac{x}{3}-8,(-\infty,+\infty)$.

11. 假设 $k>0$. 试问 k 为何值时，方程 $\arctan x-kx=0$ 存在正的实根.

— 3.3 函数的极值和最值 —

> 函数的极值和最值不仅在实际应用中占有非常重要的地位，而且也是函数变化性态的一个重要特征. 微分学最重要的应用之一是寻求函数的极值和最值.

我们先分析下面的例子.

例 1（高速公路的确定） 要建造一条连接 A 城和 B 城的高速公路. A 城以南 120 km 处有一条老路可以升级改造为高速公路，可以修一段新的高速公路连接此老路，也可以新建高速公路直接连接 A，B 两座城市. 把现有道路升级为高速公路的成本是每千米 3 000 万元，而新建高速公路的成本是每千米 5 000 万元. 新建和升级的高速公路应该如何组合，才能使总成本最低？

分析 我们可以初步分析以下几种可能的组合方案：

（1）部分新建高速公路

考虑到新建高速公路的成本较高，因而我们尽可能少地新建高速公路. 为此，如图 3-20，可以直接从 A 城修建向南的高速公路到最近的老路，再升级改造老路到 B 城，则

$$总成本 = 120\times5\,000+200\times3\,000 = 120(亿元).$$

（2）全部新建高速公路

若从 A 城到 B 城直接修建一条新的高速公路（如图 3-21），则

$$总成本 = \sqrt{120^2+200^2}\times5\,000 = \sqrt{54\,400}\times5\,000 \approx 116.6(亿元).$$

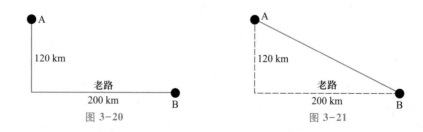

图 3-20   图 3-21

可见比方案(1)的总成本要低.

(3) 新的组合方案

若从 B 城升级改造老路到 100 km 处,再新建高速公路到 A 城(如图 3-22),则

$$总成本 = \sqrt{120^2+100^2} \times 5\,000 + 100 \times 3\,000$$
$$\approx 108.1(亿元).$$

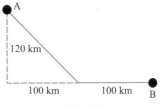

图 3-22

显而易见,方案(1)和(2)是两个极端方案,即使新建的高速公路最短或者全部新建高速公路均不是最优方案,方案(3)相对好一点.但是升级改造老路 100 km 是一种随意的选择,是否有更好的选择呢? 如果有的话,如何确定呢? 我们可以无限制地进行一次次的比较和选择吗? 以下将要讨论的正是为了寻求这类问题最优解的数学方法. 这个问题的最优组合也将在本节给出.

■ 极值(局部最值)和最值(全局极值)

函数能否取到最大值和最小值以及在何处取到,无论它们是局部的或者是全局的,这类问题总是非常有趣而又有意义的.

在 1.7 节中,我们给出了函数的最大值、最小值的定义. 从定义可以看出,函数的最大值和最小值是相对于所考虑的区间而言的.

如图 3-23 所示的函数 $f(x)$ 在区间 $[a,b]$ 上有定义,$f(x)$ 在点 d 取到最大值,在点 a 取到最小值. 直观上,$(d,f(d))$ 是图形的最高点,而 $(a,f(a))$ 则是图形的最低点. 如果我们仅考虑点 c 附近的 x,比方说,仅关注区间 (a,e),则 $f(c)$ 是这些 $f(x)$ 值中最大的,我们称之为 $f(x)$ 的一个极大值(局部最大值);同样地,对于点 e 附近的 x,例如,在区间 (c,d) 内,$f(e)$ 是这些 $f(x)$ 值中最小的,我们称之为 $f(x)$ 的一个极小值(局部最小值). 此外,函数 $f(x)$ 在点 g 也取到一个极小值.

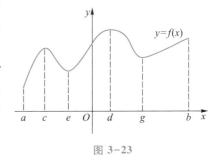

图 3-23

一般地,我们有如下的定义:

定义 1　极大值、极小值

假设函数 $f(x)$ 的定义域是 $D,c\in D$. 我们称:

(1) $f(x)$ 在点 c 处取到极大值(局部最大值),当且仅当存在 c 的某个邻域 $U(c,\delta)\subset D$,使得对于任意的 $x\in \overset{\circ}{U}(c,\delta)$,总有 $f(x)<f(c)$,此时 $f(c)$ 称为 $f(x)$ 的一个极大值,c 称为 $f(x)$ 的一个极大值点;

（2）$f(x)$ 在点 c 处取到极小值（局部最小值），当且仅当存在 c 的某个邻域 $U(c,\delta)\subset D$，使得对于任意的 $x\in \overset{\circ}{U}(c,\delta)$，总有 $f(x)>f(c)$，此时 $f(c)$ 称为 $f(x)$ 的一个极小值，c 称为 $f(x)$ 的一个极小值点.

$f(x)$ 的极大值和极小值统称为极值；相应地，$f(x)$ 的极大值点和极小值点统称为极值点.

由定义可以看出，函数的极大值、极小值的概念具有局部性. 函数 $f(x)$ 的一个极大值 $f(c)$ 只是针对 c 附近的局部范围来说 $f(c)$ 是 $f(x)$ 的最大值；如果考虑 $f(x)$ 的整个定义域 D，$f(c)$ 未必是最大值. 同样地，极小值也具有类似的意义.

函数的最大值和最小值是相对整个区间而言的，又可称为全局极大值和全局极小值. 应当指出，如果函数的最值在区间内部取到，那么，作为全局的最值当然也是某点的某个邻域的局部最值. 因此，如果函数 $f(x)$ 存在最大（小）值，它必然包含在所有极大（小）值和函数在区间端点的值中.

例 2   函数 $f(x)=\sin x$ 在实数域中无数次取到最大（小）值和极大（小）值. 因为对于任意的整数 n，恒有

$$\sin\left(2n\pi+\frac{\pi}{2}\right)=1, \quad \sin\left(2n\pi-\frac{\pi}{2}\right)=-1,$$

且对任意实数 x，$-1\leqslant \sin x\leqslant 1$.

例 3   若函数 $f(x)=-x^2$，则对所有 $x\in \mathbf{R}$，$f(x)\leqslant f(0)=0$. 所以 $f(0)=0$ 是函数 $f(x)$ 的最大值，也是其极大值. 直观上，原点是抛物线 $y=-x^2$ 的最高点（图 3-24）. 然而，该抛物线没有最低点，因此，该函数没有最小值，也不可能有极小值.

例 4   从函数 $f(x)=x^3$ 的图形（图 3-25）可以看出，这个函数在其定义域 $\mathbf{R}$ 内既没有最大（小）值，也没有极大（小）值.

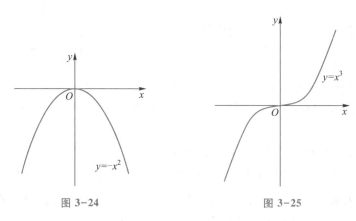

图 3-24   图 3-25

我们看到,有些函数存在最大(小)值,而有些函数则没有最大(小)值. 在 1.7 节中的最值存在定理(定理 1)给出了函数具有最值的一个充分条件,它说明闭区间上的连续函数一定存在最大值和最小值,但是,它并没有告诉我们如何去寻求这些最值. 既然现在已经知道,函数的最大(小)值必然包含在它的极大(小)值以及它在区间端点的值中,那么我们就从寻求函数的极值入手来解决这类问题.

■ 求函数的极值

图 3-26 给出了函数 $f(x)$ 的图形,它在点 c 取到极大值,在点 d 取到极小值. 在这样的极值点处,曲线的切线看起来是水平的,因而其斜率是 0. 根据导数的几何意义,这就意味着 $f'(c) = 0, f'(d) = 0$. 事实上,对于可导函数来说,这个结论总是成立的. 利用在证明罗尔定理情形 2 时的方法,不难得到下面的定理.

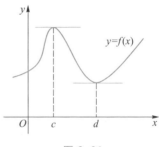

图 3-26

定理 1 费马定理

如果函数 $f(x)$ 在其定义域内的点 c 处取到极大值或者极小值,而且 $f'(c)$ 存在,则 $f'(c) = 0$.

我们常称满足方程 $f'(x) = 0$ 的点 x 为**稳定点**,或称为**驻点**.

这个定理为我们寻求函数的极值带来了方便,它指出可导函数的极值点必为驻点. 但是下面的例子提醒我们,不能简单地从 $f'(x) = 0$ 来确定极值点,也就是说,驻点未必是极值点.

例 5 若函数 $f(x) = x^3$,则 $f'(x) = 3x^2$. 因此当 $f'(x) = 0$ 时,$x = 0$. 但是,从函数图像(图 3-25)可以看出,该函数在点 0 既没有取到极大值,也没有取到极小值. 事实上,当 $x > 0$ 时,$x^3 > 0$,而当 $x < 0$ 时,$x^3 < 0$. 这里 $f'(0) = 0$ 仅仅意味着曲线 $y = x^3$ 在点 $(0, 0)$ 有一条水平切线,曲线在点 $(0, 0)$ 附近分别位于水平切线的两边,并未在点 $(0, 0)$ 达到最高点或者最低点.

例 6 函数 $f(x) = |x|$ 在点 0 取到它的极小值和最小值,但是这个点并不能从 $f'(x) = 0$ 求得. 事实上,我们在第二章中已经知道,$f'(0)$ 并不存在(图 3-27).

例 5 说明了费马定理的逆命题不一定成立. 进一步,由例 6 可知,甚至当 $f'(c)$ 不存在时,$f(x)$

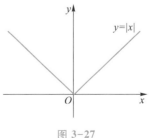

图 3-27

可能在点 c 取到极大值或极小值. 尽管如此,费马定理提示我们,可以在 $f'(x)=0$ 或者 $f'(x)$ 不存在的点寻求 $f(x)$ 的极大值和极小值. 我们给这样的点取一个特定的名称.

定义 2   临界点

函数 $f(x)$ 的**临界点**指的是其定义域内的点 c,使得 $f'(c)=0$ 或者 $f'(c)$ 不存在.

例 7   求函数 $f(x)=x^{\frac{2}{3}}(5-x)$ 的临界点.

解   注意到

$$f'(x)=\frac{2}{3}x^{-\frac{1}{3}}(5-x)-x^{\frac{2}{3}}=\frac{2(5-x)-3x}{3x^{\frac{1}{3}}}=\frac{10-5x}{3x^{\frac{1}{3}}}.$$

可见当 $10-5x=0$,即 $x=2$ 时,$f'(x)=0$. 而当 $x=0$ 时,$f'(x)$ 不存在. 因此,临界点是 2 和 0.

根据临界点的定义,并与定理 1 相对比,可得如下结论:

若 $f(x)$ 在其定义域内一点 c 处取到极大值或者极小值,则 c 是 $f(x)$ 的临界点.

多数求最值的问题可以归结为求闭区间上连续函数的最值问题. 由以上的讨论可知,这些最大(小)值或者是极大(小)值(此时它们出现在临界点处),或者出现在区间端点处. 因此,我们有下述的三步法.

求闭区间上连续函数的最值的步骤

为了求得闭区间 $[a,b]$ 上的连续函数 $f(x)$ 的最大(小)值,我们应该

1. 求出 $f(x)$ 在 (a,b) 内的临界点,并计算 $f(x)$ 在这些点的值;

2. 求出 $f(x)$ 在区间端点的值;

3. 比较上述两步所求得的所有值,其中的最大(小)者就是函数 $f(x)$ 在区间 $[a,b]$ 上的最大(小)值.

例 8   求函数 $f(x)=2x^3-3x^2-12x+1$ 在区间 $[-2,3]$ 上的最大(小)值.

解   既然函数 $f(x)$ 在区间 $[-2,3]$ 上连续,我们可以运用上面介绍的方法. 先求出它的导数

$$f'(x)=6x^2-6x-12=6(x-2)(x+1).$$

由于 $f'(x)$ 对所有的 x 都存在,所以 $f(x)$ 的临界点仅仅在 $f'(x)=0$ 时出现,也就是说,$x=-1$ 或者 $x=2$. 注意到这些临界点都在区间 $[-2,3]$ 内. $f(x)$ 在临界点处的值是 $f(-1)=8,f(2)=-19$. 在区间端点的值是

$$f(-2)=-3, \quad f(3)=-8.$$

比较四个函数值可知,函数 $f(x)$ 在区间 $[-2,3]$ 上的最大值是 $f(-1)=8$,最小值

是 $f(2) = -19$(图 3-28).

例 9　求函数 $f(x) = \dfrac{1}{\sqrt{1-x^2}}$ 的极值.

解　事实上,$f(x)$ 仅在 $1-x^2 > 0$ 的点有定义,即它的定义域是 $(-1,1)$. 这是一个开区间,没有端点,所以 $f(x)$ 的极值只能在临界点处取到. 因为

$$f'(x) = \frac{x}{(1-x^2)^{\frac{3}{2}}},$$

所以 $f(x)$ 在定义域 $(-1,1)$ 内仅有一个临界点 $x=0$. 因而 $f(0)=1$ 是仅有的可能极值.

为了分析和确定 $f(0)=1$ 是不是 $f(x)$ 的极值,我们可以考察它的表达式 $f(x) = \dfrac{1}{\sqrt{1-x^2}}$. 当 x 从 0 向左、右两边移动时,$f(x)$ 的值都在变大,因而 $f(x)$ 在 $x=0$ 有一个极小值,且是最小值.

从 $f(x)$ 的图像(图 3-29)可以看出,它在点 $x=0$ 取到极小值,而在 $x=-1$ 和 $x=1$ 是没有定义的,同时 $f(x)$ 在其他点也取不到最大值.

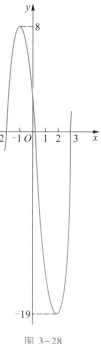

图 3-28

注意　这个函数在定义域内既没有极大值,也没有最大值,但并没有与 1.7 节的定理 1(最值存在定理)相矛盾,因为 $f(x)$ 的定义域是开区间,而定理 1 要求的是闭区间.

现在我们来回答例 1 中提出的问题.

例 10(高速公路的确定)　确定例 1 中的最优组合方案.

解　在例 1 中,我们对问题进行了初步的分析和比较. 现在我们引入两个变量 x 和 y,其中 x 表示新建高速公路的里程,y 表示升级改建老路的里程(图 3-30).

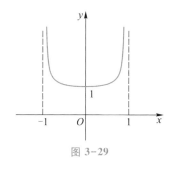

图 3-29

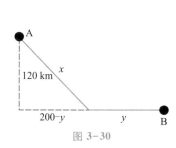

图 3-30

根据勾股定理可得

$$x^2 = 120^2 + (200-y)^2,$$

由于 x 不能取负值,我们有

$$x = \sqrt{120^2 + (200-y)^2}. \tag{1}$$

公路建设的总成本是 $C = 5\,000x + 3\,000y$,为了把 C 表示为单个变量的函数,我们把(1)式代入,有

$$C(y) = 5\,000\sqrt{120^2 + (200-y)^2} + 3\,000y, \quad 0 \leqslant y \leqslant 200.$$

这样问题就归结为:求函数 $C(y)$ 在区间 $[0,200]$ 上的最小值. 函数 $C(y)$ 的一阶导数为

$$C'(y) = -5\,000 \cdot \frac{200-y}{\sqrt{120^2 + (200-y)^2}} + 3\,000.$$

令 $C'(y) = 0$ 可得

$$\frac{25}{9} \cdot (200-y)^2 = 120^2 + (200-y)^2,$$

求解这个方程,我们有

$$y = 200 \pm 90.$$

只有 $y = 200 - 90 = 110$ 位于所考虑的区间 $[0,200]$. $C(y)$ 在临界点和区间端点的值为

$$C(0) \approx 116.6(亿元), C(200) = 120(亿元), C(110) = 108(亿元).$$

可见,最低的建设成本是 108 亿元,最优组合方案是改造老路 110 km,新建高速公路 150 km.

■ 函数极值的一阶导数判别法

我们已经知道,若函数 $f(x)$ 在点 c 取到极大值或极小值,那么,点 c 一定是 $f(x)$ 的临界点. 但是,并非每个临界点都能产生函数的极大(小)值. 所以,我们需要寻求一种判别方法,来判定 $f(x)$ 在临界点处是否取得极值.

图 3-31 中,在函数 $f(x)$ 的极大值点处,其左侧邻近点的 $f'(x) > 0$,而其右侧邻近点的 $f'(x) < 0$. 因此,曲线 $y = f(x)$ 在极大值点的左侧是上升的(函数单调递增),而在右侧是下降的(函数单调递减). 类似地,在函数 $f(x)$ 的极小值点处,其左侧邻近点的 $f'(x) < 0$,而其右侧邻近点的 $f'(x) > 0$,因此,曲线 $y = f(x)$ 在极小值点的左侧是下降的(函数单调递减),而在右侧是上升的(函数单调递增). 换句话说,在这些极值点附近,$f'(x)$ 的符号发生正负转换. 一般地,我们有以下定理.

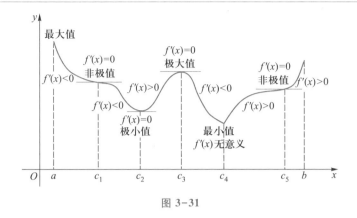

图 3-31

定理 2　函数极值的一阶导数判别法

假定 c 是连续函数 $f(x)$ 的临界点.

（1）若 $f'(x)$ 经过点 c 时,符号从负变正,则 $f(x)$ 在点 c 取到极小值;

（2）若 $f'(x)$ 经过点 c 时,符号从正变负,则 $f(x)$ 在点 c 取到极大值;

（3）若 $f'(x)$ 在点 c 的两侧不变号,即同为正或负号,则 $f(x)$ 在点 c 取不到极值.

上述判别法是函数增减性的一阶导数判别法(3.2 节定理 1)的直接推论. 例如,在情形(1)中,在经过点 c 时 $f'(x)$ 的符号从负变正,因此 $f(x)$ 在点 c 的左侧附近是减函数,而在点 c 的右侧附近是增函数,所以 $f(x)$ 在点 c 有极小值. 又例如,函数 $y=x^3$ 在唯一的临界点 $x=0$ 处的情形是对情形(3)的直观而简单的例证.

图 3-32 可以直观地帮助我们记住函数极值的一阶导数判别法.

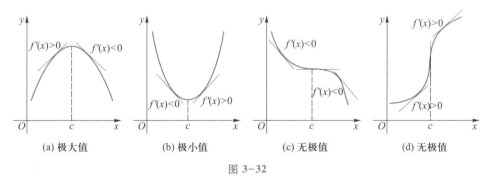

图 3-32

例 11　求函数 $f(x)=\dfrac{3}{4}x^4-x^3-3x^2+1$ 的极小值和极大值.

解　从 3.2 节例 1 的求解过程我们看到,$f'(x)$ 当 x 经过点 -1 时,符号从负变正,因此 $f(-1)=-\dfrac{1}{4}$ 是一个极小值. 同理,$f'(x)$ 当 x 经过点 2 时,符号从负变正,因此,$f(2)=-7$ 也是一个极小值. 此外,$f'(x)$ 当 x 经过点 0 时,符号从正变负,所以 $f(0)=1$ 是一个极大值.

例 12 求函数 $g(x)=x+2\sin x$ 在 $[0,2\pi]$ 上的极大值和极小值.

解 首先求出函数的临界点,为此,先求其导数,有

$$g'(x)=1+2\cos x.$$

可见该函数的临界点仅为使 $g'(x)=0$ 的点. 由 $g'(x)=0$ 可得 $\cos x=-\dfrac{1}{2}$,这个方程在 $[0,2\pi]$ 上的解是 $\dfrac{2\pi}{3}$ 和 $\dfrac{4\pi}{3}$. 函数 $g(x)$ 仅有的两个临界点 $\dfrac{2\pi}{3}$ 和 $\dfrac{4\pi}{3}$ 把区间 $[0,2\pi]$ 分割成三个区间. 我们对 $g'(x)$ 的符号进行分析,可得下表:

x	$\left(0,\dfrac{2\pi}{3}\right)$	$\left(\dfrac{2\pi}{3},\dfrac{4\pi}{3}\right)$	$\left(\dfrac{4\pi}{3},2\pi\right)$
$g'(x)$	+	−	+
$g(x)$	递增	递减	递增

由于 $g'(x)$ 当 x 经过点 $\dfrac{2\pi}{3}$ 时,符号由正变负,由定理 2,$g(x)$ 在 $\dfrac{2\pi}{3}$ 有极大值,

$$g\left(\dfrac{2\pi}{3}\right)=\dfrac{2\pi}{3}+2\sin\dfrac{2\pi}{3}\approx 3.83.$$

同理,$g'(x)$ 当 x 经过点 $\dfrac{4\pi}{3}$ 时,由负变正,因此

$$g\left(\dfrac{4\pi}{3}\right)=\dfrac{4\pi}{3}+2\sin\dfrac{4\pi}{3}\approx 2.46$$

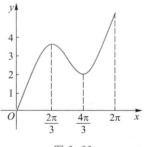

图 3-33

是一个极小值. 图 3-33 从直观上证实了我们的结论.

函数极值的二阶导数判别法

除了可以用于判别函数的凸性之外,二阶导数的另一个应用是它可以用于判定函数的极值点. 作为 3.2 节定理 2 的推论,我们有下述关于函数极值的判别法.

定理 3 函数极值的二阶导数判别法

假设函数 $f(x)$ 的二阶导数 $f''(x)$ 在点 c 附近是连续的.

（1）若 $f'(c)=0$ 且 $f''(c)<0$，则 $f(x)$ 在点 c 取得极大值；

（2）若 $f'(c)=0$ 且 $f''(c)>0$，则 $f(x)$ 在点 c 取得极小值.

事实上，以情形（1）为例，由 $f''(x)$ 在点 c 的连续性以及 $f''(c)<0$ 可知，在点 c 附近 $f''(x)<0$，因此在点 c 附近 $f(x)$ 是上凸函数. 这就意味着此时 $f(x)$ 的图形位于它在点 c 的水平切线下方，因此 $f(x)$ 在点 c 取得极大值（图 3-34）.

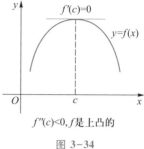

$$f''(c)<0,f 是上凸的$$

图 3-34

可以看出，这个判别法只需要知道 $f'(x)$ 和 $f''(x)$ 在点 c 的信息，而不必知道它在点 c 附近（两侧）的信息，因而应用更方便. 但是，它的不足是当 $f''(c)=0$ 或者 $f''(x)$ 在点 c 不存在时，该检验法就失效了. 在这种情况下，我们只能求助于函数极值的一阶导数判别法，或者另辟蹊径.

例 13　再求例 11 中函数 $f(x)=\dfrac{3}{4}x^4-x^3-3x^2+1$ 的极值点.

解　首先求函数的导数，我们有
$$f'(x)=3x^3-3x^2-6x=3x(x-2)(x+1),$$
$$f''(x)=9x^2-6x-6.$$
在 $f(x)$ 的临界点 $x=0,-1,2$ 处，求得二阶导数为
$$f''(0)=-6, f''(-1)=9, f''(2)=18.$$
因此 $f(x)$ 在点 $x=0$ 取得极大值，在点 $x=-1$ 和 $x=2$ 取得极小值.

■ 函数作图

到目前为止，我们已经学习了关于函数及其图形的一些特定知识：在第〇章介绍了函数的定义域、值域和对称性；第一章学习了极限、连续及渐近线；在第二章讨论了导数与切线；而在本章我们又讨论了函数的增减性、凸性、拐点、极值和最值. 现在，我们可以把这些重要信息集中起来，画出函数的图形以揭示函数的其他重要特性.

与现代作图技术和工具相比，微积分可以帮助我们发现关于函数图形的一些最有意义的特征. 在很多情况下，它可以精确计算最大（小）值、极大（小）值以及拐点，而不是近似地做出估计，后者往往会忽略掉函数图形的一些重要特性.

以下我们列出了在画函数 $y=f(x)$ 的图形时需考虑的几方面的信息. 应当注意，并不是每个函数都会涉及下面的每一条信息. 例如，有的曲线可能没有渐近

线,或者不具备对称性,然而,以下信息提供了展现函数的最重要特性所需要的全部内容.

（1）**定义域**　从确定函数 f 的定义域 D 入手,这一点往往是非常有用的.

（2）**截距**　曲线在 y 轴上的截距是 $f(0)$,它告诉我们曲线在何处与 y 轴相交;而要求得曲线与 x 轴的截距,需要令 $y=0$,并求出 x（如果方程求解困难,可以省去这一步）.

（3）**对称性**

（ⅰ）若 f 是一个偶函数,则曲线关于 y 轴对称.只要知道曲线在 $x \geqslant 0$ 时的形状,即可通过将其关于 y 轴反演得到完整的曲线;

（ⅱ）若 f 是一个奇函数,则曲线关于原点中心对称.只要知道曲线在 $x \geqslant 0$ 时的形状,即可将其关于原点旋转 $180°$ 得到完整的曲线;

（ⅲ）若 f 是一个周期函数,则可通过曲线在长度为周期 T 的区间上的形状复制出整条曲线.

（4）**渐近线**

（ⅰ）**水平渐近线**　若 $\lim\limits_{x \to +\infty} f(x)=A$ 或者 $\lim\limits_{x \to -\infty} f(x)=A$,则直线 $y=A$ 是一条水平渐近线.若 $\lim\limits_{\substack{x \to +\infty \\ (x \to -\infty)}} f(x)=+\infty$（或 $-\infty$）,则曲线在右方（或左方）没有渐近线,但是这在作图时仍然是有用的.

（ⅱ）**垂直渐近线**　若下述结论至少有一个成立:
$$\lim\limits_{x \to a^+} f(x)=\infty, \lim\limits_{x \to a^-} f(x)=\infty,$$
则直线 $x=a$ 是一条垂直渐近线.对于有理函数,在消去了分子、分母的所有公因式之后,可以通过求得分母的零点来确定垂直渐近线.进一步,为了画出曲线,确切地知道上述结论中哪一个成立是非常有用的.假如 f 在点 a 没有定义,而 a 是 f 的定义域的端点,那么,我们应当计算极限 $\lim\limits_{x \to a^+} f(x)$ 或者 $\lim\limits_{x \to a^-} f(x)$,无论它是否存在.

（ⅲ）**斜渐近线**　如果存在 $k(\neq 0)$ 和 b,使得
$$\lim\limits_{x \to +\infty}[f(x)-(kx+b)]=0 \text{ 或者 } \lim\limits_{x \to -\infty}[f(x)-(kx+b)]=0,$$
则直线 $y=kx+b$ 是 f 的一条斜渐近线,其中 k 和 b 可由下式求出:
$$k=\lim\limits_{\substack{x \to +\infty \\ (x \to -\infty)}} \frac{f(x)}{x}, \quad b=\lim\limits_{\substack{x \to +\infty \\ (x \to -\infty)}}[f(x)-kx].$$

（5）**增减区间**　计算 $f'(x)$,并求得 $f'(x)$ 为正（f 为增函数）的区间和 $f'(x)$ 为负（f 为减函数）的区间.

（6）**极大（小）值**　求出 f 的临界点（$f'(c)=0$ 或 $f'(c)$ 不存在的点）,然后运

用函数极值的一阶导数判别法和二阶导数判别法,确定 f 的极值和极值点.

（7）凸性和拐点　计算 $f''(x)$ 并确定 $f''(x)$ 为正（$f(x)$ 为下凸函数）和 $f''(x)$ 为负（$f(x)$ 为上凸函数）的区间.

（8）利用第（1）—（7）步所获得的信息,画出函数图形.

例 14　讨论函数 $f(x)=x^4-4x^3+1$ 的极值点、增减区间、上凸区间、下凸区间和拐点. 并运用这些信息画出函数草图.

解　首先求得

$$f'(x)=4x^3-12x^2=4x^2(x-3),$$
$$f''(x)=12x^2-24x=12x(x-2).$$

$f(x)$ 的定义域是 $(-\infty,+\infty)$,它是连续函数. $f'(x)$ 的定义域也是 $(-\infty,+\infty)$,因此 $f(x)$ 的临界点只能是 $f'(x)$ 的零点,即 $x=0$ 和 $x=3$.

（1）$f''(x)$ 在临界点的值为

$$f''(0)=0,\quad f''(3)=36>0.$$

既然 $f'(3)=0$ 且 $f''(3)>0$,因此根据定理 3 可知 $f(3)=-26$ 是一个极小值. 由于 $f''(0)=0$,因而不能运用函数极值的二阶导数判别法. 但是,通过整理可得下表

x	$(-\infty,0)$	$(0,3)$	$(3,+\infty)$
$f'(x)$	$-$	$-$	$+$
$f(x)$	递减	递减	递增

可见,当 x 在 $(-\infty,0)$ 和 $(0,3)$ 内时,都有 $f'(x)<0$,因而 f 在 0 点既无极大值,也无极小值.

（2）由上表可知,$f(x)$ 在 $(-\infty,0]$ 和 $[0,3]$ 上是递减的,而在 $[3,+\infty)$ 上是递增的.

（3）由 $f''(x)=0$ 可得 $x=0$ 和 $x=2$. 把实数轴分成以这两个点为端点的区间,可得下表

x	$(-\infty,0)$	$(0,2)$	$(2,+\infty)$
$f''(x)$	$+$	$-$	$+$
$f(x)$	下凸	上凸	下凸

即 $f(x)$ 在区间 $(-\infty,0)$ 和 $(2,+\infty)$ 上是下凸的,而在 $(0,2)$ 上是上凸的.

（4）由于当经过点 $(0,1)$ 和 $(2,-15)$ 时,曲线 $y=f(x)$ 分别由下凸转变为上凸和由上凸转变为下凸,因而,这两个点都是拐点.

（5）综合上述信息,我们可以得到关于 $f(x)$ 的相关变化性态,整理可得下表:

x	$(-\infty,0)$	0	$(0,2)$	2	$(2,3)$	3	$(3,+\infty)$
$f(x)$	递减 下凸	1	递减 上凸	-15	递减 下凸	-26	递增 下凸

据此,可画出函数草图,如图 3-35 所示.

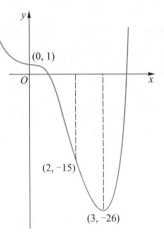

图 3-35

习题 3.3

1. 解释最小值和极小值之间的差异.

2. 画出以下函数 $f(x)$ 的图像,其中 $f(x)$ 在区间 $[0,4]$ 上连续:

（1）$f(x)$ 在点 1 取到最小值,在点 2 取到最大值,在点 3 取到极小值;

（2）$f(x)$ 在点 0 取到最大值,在点 1 取到最小值,在点 2 和 4 取到极大值,在点 3 取到极小值.

3. 画出函数 $f(x)$ 的图形,并从图形寻求函数 $f(x)$ 的极值和最值:

（1）$f(x)=5-2x,x\geq 1$;   （2）$f(x)=2x^2,0<x<2$;

（3）$f(x)=2x^2,-2\leq x\leq 1$;   （4）$f(x)=2-\sqrt{x}$;

（5）$f(x)=\begin{cases}2-x, & 0\leq x<1,\\ 2x-3, & 1\leq x\leq 3.\end{cases}$

4. 求以下函数的临界点:

（1）$f(x)=3x^2+4x$;   （2）$f(x)=2x^3+6x^2-48x$;

（3）$f(x)=3x^4+4x^3-6x^2$;   （4）$f(x)=x^{\frac{2}{3}}(x-4)^2$;

（5）$f(x)=2\cos x+\sin^2 x$.

5. 求以下函数在给定区间上的最大值和最小值:

（1）$f(x)=2x^2-12x+4,x\in[0,3]$;

（2）$f(x)=2x^3-3x^2-12x+2,x\in[-1,3]$;

（3）$f(x)=\dfrac{2x}{x^2+1},x\in[0,2]$;

（4）$f(x)=x\sqrt{9-x^2},x\in[-2,3]$;

（5）$f(x)=2\cos x(1+\sin x),x\in\left[0,\dfrac{\pi}{2}\right]$.

6. 求下列函数的极值:

(1) $f(x) = x^3 - 6x + 1$;　　　　　　(2) $f(x) = x^4 - 2x^2 + 3$;

(3) $f(x) = \sin x + \cos x, x \in [0, 2\pi]$;　(4) $f(x) = x\sqrt{8 - x^2}$;

(5) $f(x) = \begin{cases} 2 - x^2, & x < 0, \\ x^2 + 1, & x \geqslant 0; \end{cases}$　　　　(6) $f(x) = x^{\frac{3}{4}}(5 - x)$;

(7) $f(x) = \dfrac{x}{1 + x^2}$.

7. 分别用一阶导数判别法和二阶导数判别法,求下列函数的极大值和极小值,并对这两种方法进行比较:

(1) $f(x) = x^5 - 5x + 4$;　　　　　　(2) $f(x) = x + \sqrt{1 - x}$.

8. 假设三次函数 $f(x) = ax^3 + bx^2 + cx + d$ 在 $x = -2$ 有极大值 3,在 $x = 1$ 有极小值 0,试求该函数.

9. 本节的定理 2(函数极值的一阶导数判别法)中涉及我们常见的三种情形,但它并未包含所有可能的情形. 考虑三个函数 $f(x), g(x)$ 和 $h(x)$,它们在点 $x = 0$ 的值都是 0,但当 $x \neq 0$ 时,

$$f(x) = x^4 \sin\frac{1}{x}, g(x) = x^4\left(2 + \sin\frac{1}{x}\right), h(x) = x^4\left(-2 + \sin\frac{1}{x}\right).$$

(1) 证明:$x = 0$ 是这三个函数的临界点,但其导数在 $x = 0$ 的两侧无数次地改变符号;

(2) 证明:$f(x)$ 在 $x = 0$ 既无极大值,也无极小值,$g(x)$ 有极小值,$h(x)$ 有极大值.

10. 假设 α 和 β 都是正数,求函数 $f(x) = x^\alpha(1 - x)^\beta, x \in [0, 1]$ 的最大值.

11. 在发射飞船的过程中,从点火时刻 $t = 0$ s 到固体火箭脱落时刻 $t = 124$ s 的时间间隔内,飞船的速度(单位:m/s)模型为

$$v(t) = 0.000\,397t^3 - 0.027\,5t^2 + 7.196t - 0.939\,7,$$

据此估算在此期间内飞船的最大加速度和最小加速度.

12. 如图 3-36,某人从一条直的河岸上的 A 点划船出发,想要以最快的速度到达对岸的 B 点,该点位于下游 8 km 处,河宽 3 km.他可以直接划船到 C 点,然后跑到 B 点,或者直接划船到 B 点,还可以划船到 B 和 C 之间的某个点 D,然后跑到 B 点. 如果他划船的速度是 6 km/h,跑步的速度是 8 km/h,那么,他应该在何处登岸,才能尽可能快地到达 B 点(假定与划船的速度相比,水流的速度可以忽略不计)?

13. 如图 3-37,两座城镇 A,B 位于一条河的北边,要在河边建一个变电站 C 服务于两城镇.试确定其位置,使得架设的线路最短.

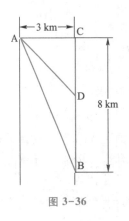

图 3-36

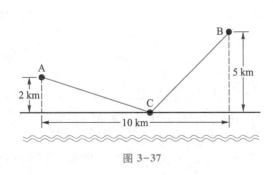

图 3-37

14. 要用栅栏围出一块 100 m² 的场地, 应如何确定边长, 才能使用料最省? 并对所得结果作出解释.

15. 斜边为 50 cm 的直角三角形的面积的可能最大值是多少?

16. 要建造一个标准的 400 m 跑道的运动场, 中间的长方形部分的长度为 l, 两端的半圆形部分的半径为 r.

(1) 把矩形部分的面积表示成关于 l 或者 r 的一元函数;

(2) 确定 l 和 r 的值, 使得运动场中长方形的面积最大.

17. 假定以初速度 v_0 从高度 h_0 处铅直向上抛一个物体, 它的高度由 $h = -\dfrac{1}{2}gt^2 + v_0 t + h_0$ 给出, 其中 g 是重力加速度. 求物体能到达的最大高度.

18. 考察三次函数 $f(x) = ax^3 + bx^2 + cx + d$.

(1) 分析该函数的临界点可能有几个, 并举例和画图来证实你的结论;

(2) 试问该函数可能有几个极值.

— 3.4 最优化问题 —

我们已经学习了寻求函数极值和最值的若干方法, 它们在现实生活的许多领域都有重要的应用. 企业经营者追求收益最大化, 并希望成本最小化; 生产者希望确定理想的产品形状和尺寸, 以使得用料最省, 或得到最大容积; 光学中的费马原理告诉我们, 光线沿着所需时间最短的路径传播. 在本节中, 我们的目的是求解诸如使面积、体积和收益最大化和使得距离、时间、成本最小化这类问题.

　　为了求解这类问题,最大的挑战往往是把具体的实际问题转化为数学上的最优化问题,即:建立一个函数,并使其最大化或最小化,具体地说,就是寻求该函数的最大值或最小值.

　　求解最优化问题的步骤

　　1. 认真阅读并理解问题,了解清楚未知量、已知量以及已知条件.

　　2. 在大多数问题中画一张示意图,并在图中标出已知量和需要求出的量,这将是很有用的.

　　3. 引入记号(比方说 Q)表示要被最优化的量. 此外,还应选择一些记号,比方说 $x, y, a, b, c, \cdots$ 来表示未知量,并在图中标出. 习惯上常用英文单词首字母来表示,比如,用 t 表示时间,w 表示质量,l 表示长度,A 表示面积,等等.

　　4. 用第 3 步中引入的记号来表示将要优化的量 Q.

　　5. 如果第 4 步中所得到的关于 Q 的函数表达式中含有一个以上的变量,那么,应该利用已知信息寻求这些变量之间的关系,通常写成方程的形式. 然后利用这些方程,在 Q 的表达式中消去多余的变量,使之表达为单变量 x 的函数,比方说,$Q = f(x)$. 并进一步确定该函数的定义域.

　　6. 运用 3.3 节中介绍的方法,寻求函数 $f(x)$ 的最大值或最小值. 这里应注意 $f(x)$ 的定义域是开区间还是闭区间,并采取相应的方法.

　　概括地讲,上述 1—5 步就是建立"最优化问题"的数学模型,而最后一步则是求解该模型.

　　下面我们举例说明.

■　来自工商业的例子

　　例 1　某养殖场有 1 200 m 的围栏,计划围出一块长方形的场地,其中一边借用已有的围墙,不需要重设围栏. 应该如何确定其边长,才能使围出的场地面积最大?

　　解　为了对这一问题有直观了解,我们先尝试几种特殊的情形. 图 3-38 给出了 3 种可能的围栏放置方式. 可见当长方形呈"狭长形"时,所围出的面积相对较小.

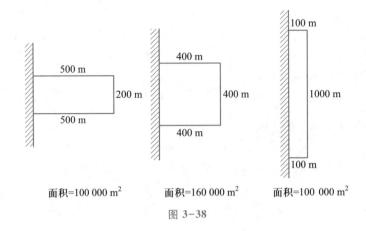

图 3-38

考虑一般情形,作图 3-39. 假设 x 和 y 表示长方形两边的长度. 我们的目的是使长方形的面积 S 达到最大.

先用 x 和 y 把 S 表示为 $S = xy$. 此时的自变量不止一个,因而需要消去其中之一,比方说 y. 为此,考虑到全部的围栏仅有 1 200 m,因而 x 和 y 满足

$$2x + y = 1\ 200.$$

由此可知,

$$y = 1\ 200 - 2x,$$

代入 S 的表达式,我们有

$$S(x) = x(1\ 200 - 2x) = 1\ 200x - 2x^2.$$

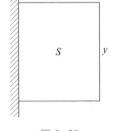

图 3-39

由题意可知,$0 \leqslant x \leqslant 600$. 这样问题就归纳为:求函数 $S(x)$ 在 $[0, 600]$ 上的最大值.

$S(x)$ 的导数为 $S'(x) = 1\ 200 - 4x$,因而 $S(x)$ 的唯一的临界点可由方程

$$1\ 200 - 4x = 0$$

求得,即 $x = 300$. 作为闭区间 $[0, 600]$ 上的连续函数,$S(x)$ 的最大值只能在临界点和端点处达到. 注意到

$$S(0) = S(600) = 0, S(300) = 180\ 000.$$

可见,$S(x)$ 的最大值为 180 000,此时 $x = 300, y = 600$,即边长为 300 m 和 600 m 时,场地面积最大.

注   在上例中,对任给 x,$S''(x) = -4 < 0$,因而 $S(x)$ 是上凸函数,且仅有的极大值点 $x = 300$ 一定是最大值点.

例 2   要设计一个无盖的形如圆柱的容器,其容积为 1 L. 应该如何设计尺寸,才能使制造该容器的用料最省?

解　作图 3-40,其中 r 表示半径,h 表示高度,单位均为 cm,则该容器的容积为

$$V = \pi r^2 h = 1(\text{L}) = 1\,000(\text{cm}^3).$$

为了使用料最省,在忽略材料厚度以及制造过程中的材料浪费的前提下,只要使该容器的表面积最小.该容器的表面由两部分组成:半径为 r 的圆形底面和长为 $2\pi r$、高为 h 的长方形侧面.因此,它的表面积为 $S = \pi r^2 + 2\pi rh$.这个表达式中包含 r 和 h 两个变量.为了消去其中一个,我们根据所给的约束条件,即容积 $\pi r^2 h = 1\,000$,可以解出 $h = \dfrac{1\,000}{\pi r^2}$.把它代入 S 的表达式,有

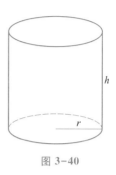

图 3-40

$$S = \pi r^2 + 2\pi r\,\frac{1\,000}{\pi r^2} = \pi r^2 + \frac{2\,000}{r}.$$

于是问题就归结为:寻求函数

$$S(r) = \pi r^2 + \frac{2\,000}{r},\ r>0$$

的最小值.为了求得临界点,先求导数

$$S'(r) = 2\pi r - \frac{2\,000}{r^2} = \frac{2(\pi r^3 - 1\,000)}{r^2}.$$

可见当 $\pi r^3 = 1\,000$ 时,$S'(r) = 0$.因为 $r>0$,所以函数 $S(r)$ 有唯一的临界点

$$r = \sqrt[3]{\frac{1\,000}{\pi}}.$$

由于函数 $S(r)$ 的定义域 $(0, +\infty)$ 是没有端点的开区间,因而例 1 中的分析方法不适用.对此,我们可以采用不同的分析方法.

方法 1(图形分析)　不难画出函数 $S(r)$ 的图形(图 3-41).从图 3-40 看出,当 r 很小时,容器呈现出"细而高"的"细管"状,其表面积的主要部分是侧面积 $\dfrac{2\,000}{r}$,因而 S 很大;当 r 很大时,容器呈"扁而薄"的"薄饼"状,其表面积主要取决于底面积 πr^2,因而 S 也偏大.直观上,临界点是使 S 值最小的点.

方法 2(解析分析——二阶导数判别法)　函数 $S(r)$ 在定义域 $(0, +\infty)$ 上是可导的,因而它的最值只能在一阶导数为 0 的点处取到.注意到

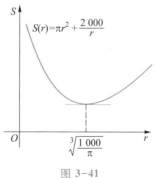

图 3-41

$S(r)$的二阶导数

$$S''(r) = 2\pi + \frac{4\,000}{r^3}$$

在$(0, +\infty)$上恒为正,因而它是下凸函数,从而$S(r)$在$r = \sqrt[3]{\dfrac{1\,000}{\pi}}$处取得最小值.

方法3(解析分析——一阶导数判别法)   注意到在临界点的左侧,即当$r <$
$\sqrt[3]{\dfrac{1\,000}{\pi}}$时,$S'(r) < 0$,$S(r)$是减函数;而在临界点的右侧,即当$r > \sqrt[3]{\dfrac{1\,000}{\pi}}$时,

$S'(r) > 0$,$S(r)$是增函数.因此$S(r)$在$r = \sqrt[3]{\dfrac{1\,000}{\pi}}$处取得最小值.

方法4(极限分析)   通过极限知识分析可知,当$r \to 0^+$和$r \to +\infty$时,总有

$S(r) \to +\infty$.因此$S(r)$一定存在最小值,而它只能在临界点处,即$r = \sqrt[3]{\dfrac{1\,000}{\pi}}$处

取得.

相应于临界点$r = \sqrt[3]{\dfrac{1\,000}{\pi}}$,$h$的值是

$$h = \frac{1\,000}{\pi r^2} = \frac{1\,000}{\pi \left(\dfrac{1\,000}{\pi}\right)^{\frac{2}{3}}} = \sqrt[3]{\frac{1\,000}{\pi}} = r.$$

因此,为了使用料最省,该容器的底面半径和高度均应该是$\sqrt[3]{\dfrac{1\,000}{\pi}}$ cm.

注1   上面的方法3中的讨论说明在3.3节中给出的关于函数极值的一阶导数判别法可以转化并应用于判别函数的最值.一般地,有

函数最值的一阶导数判别法

假定函数f是定义于区间I上的连续函数,c是f的临界点.

(1)如果对所有的$x \in I$,当$x < c$时,$f'(x) > 0$,而当$x > c$时,$f'(x) < 0$,那么$f(c)$是f在I上的最大值;

(2)如果对所有的$x \in I$,当$x < c$时,$f'(x) < 0$,而当$x > c$时,$f'(x) > 0$,那么$f(c)$是f在I上的最小值.

类似地,可以建立关于函数最值的二阶导数判别法.请读者根据例2中方法2的讨论给出相应的结论.

注2   求解最优化问题还可以运用隐函数的求导法.再回到例2.考虑同样的方程

$$S = \pi r^2 + 2\pi rh, \quad \pi r^2 h = 1\,000.$$

不消去变量 h,而是把它作为 r 的函数,对两个方程的两边求关于 r 的导数,有

$$S' = 2\pi r + 2\pi h + 2\pi rh', \quad 2\pi rh + \pi r^2 h' = 0.$$

我们知道,最小值出现在临界点处. 因此令 $S'=0$,并进行化简,得到下面两个方程

$$r + h + rh' = 0, \quad 2h + rh' = 0.$$

两式相减可得 $r-h=0$,即 $r=h$.

■ 来自数学的例子

例 3　在抛物线 $y=x^2$ 上找一点,使它与点 $\left(2, \frac{1}{2}\right)$ 的距离最近(图 3-42).

解　平面上任一点 (x, y) 与点 $\left(2, \frac{1}{2}\right)$ 的距离是

$$L = \sqrt{(x-2)^2 + \left(y - \frac{1}{2}\right)^2}.$$

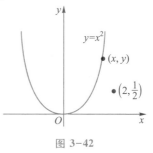

图 3-42

而当 (x, y) 位于抛物线上时,有 $y=x^2$. 于是 L 的表达式可写为

$$L = \sqrt{(x-2)^2 + \left(x^2 - \frac{1}{2}\right)^2}.$$

(也可以把 $x=\sqrt{y}$ 代入 L 的表达式,把 L 表示为 y 的函数).为了简化分析和运算,我们不直接求 L 的最小值点,而是考虑它的平方,即

$$L^2 = f(x) = (x-2)^2 + \left(x^2 - \frac{1}{2}\right)^2$$

(事实上,L 和 L^2 在同一点处取到最小值,而 L^2 的形式更为简洁). 对 $f(x)$ 求导数,有

$$f'(x) = 2(x-2) + 2 \cdot 2x \cdot \left(x^2 - \frac{1}{2}\right) = 4x^3 - 4.$$

因此,当 $x=1$ 时,$f'(x)=0$. 我们注意到,当 $x<1$ 时,$f'(x)<0$,而当 $x>1$ 时,$f'(x)>0$. 因此,根据函数最值的一阶导数判别法,函数 L^2 和 L 的最小值在 $x=1$ 处取到,相应的 y 值是 $y=x^2=1$. 因此,抛物线上的点 $(1,1)$ 是离 $\left(2, \frac{1}{2}\right)$ 最近的点.

注 3   在例 3 中,我们可以从该问题的几何性质直接推断出 L 的最小值出现在 $x=1$ 处,此外,显而易见,抛物线上只有离 $\left(2,\dfrac{1}{2}\right)$ 最近的点,没有距离最远的点.

■ 来自物理的例子

例 4(确定光线的路径)   一条光线从光速为 γ_1 的介质中的 P 点穿过水平界面行进到光速为 γ_2 的介质中的点 Q,试确定其路径.

分析   我们知道,光速和它所经过的介质有关. 在真空中,光速为 $c=3\times 10^8$ m/s,而在地球的大气层中,光的传播速度要稍微慢一些,在玻璃中它会更慢一些. 光学中的费马原理告诉我们,光线是沿着速度最快(时间最短)的路径传播的. 正因如此,我们才能测算出光线从一种介质中的一点到另一种介质中的一点的路径.

解   根据费马原理,我们要寻求使光线行进时间最短的路径.

光学理论告诉我们,在均匀的介质中,光线沿直线路径行进,且光速不变. 因此,"最短时间"就意味着"最短路径". 于是,光线从 P 到 Q 的路径由两部分组成:从 P 到水平界面上一点 R 的线段和从 R 到 Q 的另一条线段. 显然,P,Q,R 三点是共面的.

我们把 P,Q,R 所在的平面选作 xOy 面,并取两种介质的分界线作为 x 轴,P 点位于 y 轴上,R 点的横坐标记为 x(图 3-43).

假设 P,Q 到 x 轴(分界线)的距离分别为 a,b,Q 到 y 轴的距离为 c.

光线从 P 行进到 R 所需时间为

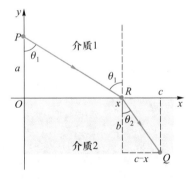

图 3-43

$$T_1=\frac{PR}{\gamma_1}=\frac{\sqrt{a^2+x^2}}{\gamma_1},$$

而从 R 行进到 Q 所需时间为

$$T_2=\frac{RQ}{\gamma_2}=\frac{\sqrt{b^2+(c-x)^2}}{\gamma_2}.$$

因此,光线从 P 行进到 Q 所需时间为

$$T=T_1+T_2=\frac{\sqrt{a^2+x^2}}{\gamma_1}+\frac{\sqrt{b^2+(c-x)^2}}{\gamma_2}.$$

这样就把 T 表示为 x 的一个函数,显然它是定义域为 $[0,c]$ 的可导函数. 我们的

问题就归结为寻求该函数在这个闭区间上的最小值.

求该函数的导数,我们有

$$\frac{\mathrm{d}T}{\mathrm{d}x} = \frac{x}{\gamma_1 \sqrt{a^2+x^2}} - \frac{c-x}{\gamma_2 \sqrt{b^2+(c-x)^2}}. \tag{1}$$

假设 θ_1 和 θ_2 是光线的入射角和折射角(如图3-43),那么

$$\frac{\mathrm{d}T}{\mathrm{d}x} = \frac{\sin \theta_1}{\gamma_1} - \frac{\sin \theta_2}{\gamma_2}.$$

由方程(1)可知,当 $x=0$ 时, $\dfrac{\mathrm{d}T}{\mathrm{d}x} = -\dfrac{c}{\gamma_2 \sqrt{b^2+c^2}} < 0$,而当 $x=c$ 时, $\dfrac{\mathrm{d}T}{\mathrm{d}x} = \dfrac{c}{\gamma_1 \sqrt{a^2+c^2}} > 0$.

可以证明, $\dfrac{\mathrm{d}T}{\mathrm{d}x}$ 是一个增函数(当作练习). 因此,在 $x=0$ 和 $x=c$ 之间必定存在某

个 $x=x^*$,使得 $\dfrac{\mathrm{d}T}{\mathrm{d}x} = 0$,这是函数 $T(x)$ 的最小值点. 这就意味着光线从 P 点出发,

经过 $R(x^*,0)$ 折射后到达 Q 点. 在 $x=x^*$,

$$\frac{\sin \theta_1}{\gamma_1} = \frac{\sin \theta_2}{\gamma_2}.$$

这就是光学中的折射定律.

■ 来自经济学的例子

经济学中的两类常见的最优化问题是:最大利润问题和最小成本问题. 对这两类最优化问题的研究是微积分在经济理论中的重要应用.

最大利润问题

假设

$$R(x) = 售出 \ x \ 件产品的收入,$$
$$C(x) = 生产 \ x \ 件产品的成本,$$
$$P(x) = R(x) - C(x) = 销售 \ x \ 件产品的利润.$$

那么,当生产水平为 x 件产品时,边际收入、边际成本和边际利润分别是 $\dfrac{\mathrm{d}R}{\mathrm{d}x}$、$\dfrac{\mathrm{d}C}{\mathrm{d}x}$

和 $\dfrac{\mathrm{d}P}{\mathrm{d}x}$. 假定收入函数 $R(x)$ 和成本函数 $C(x)$ 对一切 $x>0$ 可导,那么利润函数

$P(x)$ 的最大值必定是在使 $P'(x)=0$ 的生产水平上取到. 由于 $P'(x) = R'(x) - C'(x)$,所以这就意味着

$$R'(x) - C'(x) = 0 \ 或者 \ R'(x) = C'(x).$$

于是我们有如下的结论：

在利润达到最大的生产水平上，边际收入等于边际成本.

注　$P'(x) = 0$ 的生产水平不一定是使利润达到最大的生产水平，它可能是利润最小时的生产水平.

例 5　假定生产某产品 x 千件的收入 $R(x) = 6x$，成本 $C(x) = x^3 - 6x^2 + 15x$，那么，你能做到的最好策略是什么？

解　由于 $R'(x) = 6$，$C'(x) = 3x^2 - 12x + 15$. 令 $R'(x) = C'(x)$，我们有 $3x^2 - 12x + 15 = 6$，即 $x^2 - 4x + 3 = 0$，它的两个解是 $x_1 = 1$ 和 $x_2 = 3$. 当 $x = 1$ 时，$P(x) = R(x) - C(x) = 6 - 10 = -4$，达到最大亏损. 而当 $x = 3$ 时，$P(x) = 18 - 18 = 0$. 因此，能做到的最好的策略就是不亏不赢.

最小成本问题

考虑一个库存和订货管理的问题.

例 6　某公司用一种外购材料生产一种产品. 公司需要确定每次订购和送来多少原材料以及多长时间运送一次. 假定每次订购和送货的费用与原材料的多少无关，订购与送货的间隔忽略不计，同时其租用的存放场地对原材料数量没有限制. 假设该公司的生产能力是每天生产 7 件产品，这种外购材料每次的订购和送货费用为 4 900 元，而单位外购材料（制造单位产品所需的外购材料数量）的每天贮存成本是 14 元. 为了使该公司在两次订购和送货期间的每天的平均成本最低，应该每次订多少货？多长时间订一次货？

解　假定该公司每次订货 x 单位，那么，根据公司的生产能力，可以满足公司 $\dfrac{x}{7}$ 天的生产需要，也就是说，公司每隔 $\dfrac{x}{7}$ 天就需要订购并运送一次这种原材料. 我们假定公司对原材料的使用量是稳定的，那么平均贮存量大约为每次订货数量的一半，即 $\dfrac{x}{2}$. 因此，在每个订购和送货的周期内，公司的总成本为"订购和送货成本"与"贮存成本"之和，即

$$C(x) = 4\,900 + \frac{x}{2} \cdot \frac{x}{7} \cdot 14.$$

在一个周期内每天的平均成本是

$$\overline{C}(x) = \frac{C(x)}{\dfrac{x}{7}} = \frac{34\,300}{x} + 7x, \quad x > 0.$$

可以看出，如果每次订货量极小或者过大，即 $x \to 0$ 或者 $x \to +\infty$，都会使每天的平均成本过高. 我们可以预期每天的最低成本是存在的. 问题归结为：寻求函数

$\overline{C}(x)$ 的最小值点.

首先求函数 $\overline{C}(x)$ 的临界点. 求导可得

$$\overline{C}'(x) = -\frac{34\,300}{x^2} + 7.$$

令 $\overline{C}'(x) = 0$, 可得 $\overline{C}(x)$ 的两个临界点 $x_1 = 70$ 和 $x_2 = -70$(不在定义域中, 舍去).

由于 $\overline{C}''(x) = \frac{68\,600}{x^3}$ 当 $x > 0$ 时恒大于 0, 因而 $\overline{C}(x)$ 在定义域上是下凸函数, 所以它的唯一的临界点 x_1 就是其最小值点, 此时

$$\overline{C}(70) = \frac{34\,300}{70} + 7 \times 70 = 980.$$

由于 $\frac{x_1}{7} = 10$, 因此该公司应该每隔 10 天就安排订货并送来这种原材料 70 单位.

习题 3.4

1. 考虑如下问题: 寻求两个正数, 使得它们的和是 19, 并使得它们的乘积最大.

（1）制一张形式如右的表, 使得前面两列的数字之和总是 19, 根据表中的数据, 估计问题的答案;

（2）用微分的方法求解该问题, 并与你的估计结果进行比较.

第一个数	第二个数	乘积
1	18	18
2	17	34
3	16	48
⋮	⋮	⋮
⋮	⋮	⋮

2. 若有一个长方形的面积是 100, 它的最小周长是多少? 它的尺寸是多少?

3. 设有一个矩形的底在 x 轴上, 它的上面两个顶点位于抛物线 $y = 16 - x^2$ 上, 那么, 矩形的可能最大面积是多少? 尺寸是多少?

4. 要用 $1\,200\text{ cm}^2$ 的材料做一个底面为正方形的无盖盒子, 它的最大体积是多少?

5. 形式如下的模型

$$Y = \frac{kN}{1 + N^2}$$

描述了一种农作物的产量与土壤中氮含量水平(以适当的单位计量)的函数关系, 其中 k 是正常数. 氮含量水平应该是多少才可以使产量达到最高?

6. 考虑如下问题:一家养殖场要用 300 m 的栅栏围出一块长方形的场地,并用栅栏把场地分割成四块,内部栅栏都平行于长方形的一条边. 这四块场地的总面积最大是多少?

(1) 画几张图,分别使四块场地呈"狭长形""扁平形"或其他情形,计算四块场地总面积,你能否求出最大面积? 如果有的话,对它进行估计;

(2) 画一张描述一般情形的图,引入记号,并标示在图上;

(3) 写出总面积的表达式;

(4) 用给定的数值写出把相关变量联系起来的方程;

(5) 把总面积写成一个单变量函数;

(6) 求解该问题,并把结果与你的估计结果进行比较.

7. 若养殖场要用栅栏围出一块 15 000 m² 的场地,并将它等分成两块,内部栅栏平行于长方形一边. 他们应该怎么做,才能使用料最少?

8. 直线 $y = 5x + 8$ 上离原点最近的点是哪个?

9. 椭圆 $6x^2 + y^2 = 6$ 上距离 $(1, 0)$ 点最远的点是哪个?

10. 一个直圆柱体镶嵌在半径为 r 的球内,那么它的最大体积是多少?

11. 如图 3-44,用一张半径为 R 的圆形纸片,剪掉一块扇形,并把 CA 和 CB 两条边连接在一起,即可制成一个锥形饮水杯. 求这个杯子的最大容积.

12. 一个高度为 h 的圆锥镶嵌在高度为 H 的更大的圆锥内,使得它的顶点正好在较大圆锥底部的中心. 证明:当 $h = \dfrac{1}{3}H$ 时,内圆锥的体积最大.

13. 三角形两边的边长分别为 a 和 b,其夹角为 θ. 当夹角 θ 取什么值时,才能使三角形的面积最大?

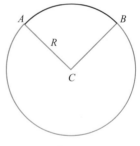

图 3-44

14. 光源在物体上的光照强度与光源强度成正比,与物体和光源距离的平方成反比. 假如两个光源相距 4 m,其中一个的强度是另一个的三倍,我们应该把物体放置在两个光源连线上的什么地方,才能使物体受到的光照最少?

15. (1) 如果 $C(x)$ 是生产 x 件产品的成本,那么,单位产品的平均成本是 $c(x) = \dfrac{C(x)}{x}$. 证明:如果平均成本达到最低,则边际成本等于平均成本;

(2) 如果 $C(x) = 16\,000 + 200x + 4x^{\frac{3}{2}}$,单位是元,(a) 当生产水平是 1 000 单位时,求成本、平均成本和边际成本;(b) 求使平均成本最低的生产水平;(c) 求最低平均成本.

16. 制造和销售一部手机的成本为 c 元. 如果每部手机的售出价为 p 元,售出手机数由

$$Q=\frac{a}{p-c}+b(100-p)$$

确定,其中 a 和 b 是正常数. 请问售出价为多少时能带来最大利润?

17. 某公司销售某种商品. 假设 q 是当货物将要售完时公司的订货量,c 是发出一次订单所需的费用(不管多久发一次订单,费用不变),m 是公司每月的销售量,h 是该种商品的月保存费用(考虑了空间、设施及安全等因素,它是一个常数). 假定货物的每日销售量是平稳的. 为了使公司每月订货费用和库存费用的总和达到最小,应如何确定每次的订货量?

18. 求函数 $y=\cot x-\sqrt{2}\csc x$ 在区间 $(0,\pi)$ 内的最大值和最大值点.

19. 求函数 $y=\tan x+3\cot x$ 在区间 $\left(0,\dfrac{\pi}{2}\right)$ 内的最小值和最小值点.

20. 求半圆 $y=\sqrt{25-x^2}$ 与点 $(1,\sqrt{3})$ 的最短距离.

― 3.5　线性化与微分 ―

> 　　我们已经注意到,仔细观察可导函数在切点附近的图像,可以发现,越靠近切点,函数图像越接近切线. 这种观察是本节将要介绍的寻求函数近似值的方法的基础. 这种方法的主要思想是,计算函数 $f(x)$ 在点 a 处的值 $f(a)$ 可能很容易,但是要计算 $f(x)$ 在点 a 附近的值可能比较困难,甚至是不可能的. 在此情形下,根据特定应用中所需要的精度,我们要用较容易处理的、比较简单的函数来近似复杂函数.

■　线性化

本节中,我们采用易于计算的线性函数 $L(x)$,它的图像是函数 $f(x)$ 的切线(图3-45). 更一般形式的近似函数将在下一节中讨论.

具体地说,这里我们采用曲线 $y=f(x)$ 在

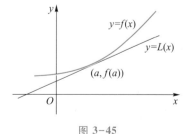

图 3-45

点$(a,f(a))$的切线作为$y=f(x)$在点a附近的近似. 这条切线的方程是

$$y=f(a)+f'(a)(x-a).$$

定义 1　线性化和线性近似

假设$f(x)$在$x=a$可导. 我们称线性函数

$$L(x)=f(a)+f'(a)(x-a) \tag{1}$$

为$f(x)$在点a的线性化, 近似表达式

$$f(x)\approx f(a)+f'(a)(x-a)$$

称为$f(x)$在点a的线性近似或切线近似, 并称$x=a$为该近似的中心.

例 1　求$f(x)=\sqrt{4+x}$在$x=0$的线性近似, 并求$\sqrt{3.96}$和$\sqrt{4.05}$的近似值.

解　$f(x)=\sqrt{4+x}$的导数为$f'(x)=\dfrac{1}{2\sqrt{4+x}}$, 故$f(0)=2$, $f'(0)=\dfrac{1}{4}$, 且$f(x)$在$x=0$的线性化为

$$L(x)=f(0)+f'(0)(x-0)=2+\frac{x}{4}.$$

相应的线性近似为

$$\sqrt{4+x}\approx 2+\frac{x}{4},\ x\ \text{在点}\ 0\ \text{附近}.$$

特别地, $\sqrt{3.96}=\sqrt{4-0.04}\approx 2-\dfrac{0.04}{4}=1.99$, $\sqrt{4.05}=\sqrt{4+0.05}\approx 2+\dfrac{0.05}{4}=2.012\,5$.

图 3-46 给出了所求出的线性近似. 的确, 在点 0 附近, 线性近似是很好的近似. 我们还可以看到, 切线位于曲线上方, 所以称这种近似是过剩近似.

应当指出, 借助计算器, 我们同样能给出$\sqrt{3.96}$和$\sqrt{4.05}$的近似值. 然而, 线性近似可以给出函数在整个区间上的近似.

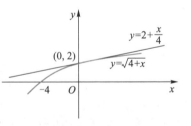

图 3-46

在下表中, 我们把根据例 1 中的线性近似所得到的近似值与真值进行对比:

$\sqrt{4+x}$	x	$L(x)$	真值
$\sqrt{3.92}$	-0.08	1.98	1.980
$\sqrt{3.94}$	-0.06	1.985	1.985
$\sqrt{4.04}$	0.04	2.01	2.010
$\sqrt{4.08}$	0.08	2.02	2.020

$\sqrt{4+x}$	x	$L(x)$	真值
$\sqrt{6}$	2	2.5	2.449
$\sqrt{9.2}$	5.2	3.3	3.033

从表中可以看出,当 x 接近于 0 时,线性近似给出了很好的估计,而当 x 远离 0 时,比如当 $x=5.2$ 时,线性近似 $\sqrt{4+x}\approx 2+\dfrac{x}{4}$ 的精度会变差. 这就说明,在 $x=5$ 处,我们需要重新进行线性化.

例 2　求 $f(x)=\sqrt{4+x}$ 在 $x=5$ 的线性化与线性近似.

解　由于 $f(5)=3, f'(5)=\dfrac{1}{2\sqrt{4+5}}=\dfrac{1}{6}$. 因此,我们有线性化

$$L(x)=f(5)+f'(5)(x-5)=3+\frac{x-5}{6}=\frac{13}{6}+\frac{x}{6}.$$

相应的线性近似为

$$\sqrt{4+x}\approx\frac{13}{6}+\frac{x}{6},x \text{ 在 } 5 \text{ 附近}.$$

当 $x=5.2$ 时,上述近似给出了

$$\sqrt{4+x}\,\big|_{x=5.2}=\sqrt{4+5.2}\approx\frac{13}{6}+\frac{5.2}{6}\approx 3.033,$$

与真值 $\sqrt{9.2}\approx 3.033$ 之间相差小于 0.1%.

一般地,在 0 点附近,$(1+x)^k$ 的线性近似为

$$(1+x)^k\approx 1+kx,$$

其中 k 为任意实常数. 由它可得下面的近似公式:

(1) $k=\dfrac{1}{3}$: $\sqrt[3]{1+x}\approx 1+\dfrac{1}{3}x$;

(2) $k=-1$: $\dfrac{1}{1+x}\approx 1-x$;

(3) $k=-1$ 并以"$-x$"替代"x": $\dfrac{1}{1-x}\approx 1+(-1)(-x)=1+x$;

(4) $k=\dfrac{1}{5}$ 并以"$3x^5$"替代"x": $\sqrt[5]{1+3x^5}\approx 1+\dfrac{1}{5}(3x^5)=1+\dfrac{3}{5}x^5$;

(5) $k=-\dfrac{1}{2}$ 并以"$-x^2$"替代"x": $\dfrac{1}{\sqrt{1-x^2}}\approx 1+\left(-\dfrac{1}{2}\right)(-x^2)=1+\dfrac{x^2}{2}$.

例 3　求 $f(x)=\ln(1+x)$ 在 $x=1$ 的线性化（如图 3-47）.

解　因为 $f(1)=\ln 2, f'(x)=\dfrac{1}{1+x}$，而

$f'(1)=\dfrac{1}{2}$，因此我们得到

$$L(x)=f(1)+f'(1)(x-1)$$

$$=\ln 2+\frac{1}{2}(x-1)=\frac{x}{2}+\ln 2-\frac{1}{2}.$$

注　在 $x=0$ 附近，下面的近似公式是常用的：

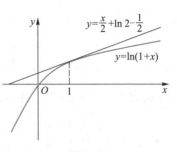

图 3-47

$$\sin x\approx x,\quad \cos x\approx 1,$$

$$\tan x\approx x,\quad (1+x)^{k}\approx 1+kx.$$

■　线性化在物理中的应用

线性近似在物理学中得到了广泛的应用. 为了分析一个方程的可能结论，物理学家有时会用线性近似来代替方程中的函数，以达到简化方程并便于分析的目的.

比方说，为了推导单摆的周期公式，物理学家得到了切向加速度的表达式 $a=-g\sin\theta$，当 θ 不是很大时，例如 $\theta<5°$，就可用非常接近于 $\sin\theta$ 的 θ 来代替 $\sin\theta$. 事实上，函数 $f(x)=\sin x$ 在 $x=0$ 的线性化就是 $L(x)=x$，因而在点 0 的线性近似为 $\sin x\approx x$. 这就意味着关于单摆周期公式的推导实际上用到了正弦函数的线性近似.

另一个例子来自光学理论. 在近轴（或高斯）光学中，当研究所谓的近轴光束时，光线与光轴的夹角很小. 在此情形下，由于 θ 接近 0，因而 $\sin\theta$ 和 $\cos\theta$ 均被其线性化所替代；换句话说，就是运用了线性近似 $\sin\theta\approx\theta,\cos\theta\approx1$. 基于这些线性近似的计算结果成为设计透镜和镜头的基本理论工具.

■　微分

现在，我们要引入一个重要的概念——微分，蕴含在线性近似背后的思想可以借助微分的术语和记号得到更确切的阐述，而且它将有助于我们区分以下两个相互关联的量，即：当 x 从 a 变到 $a+\Delta x$ 时，(1) 函数 $y=f(x)$ 的变化量 Δy；(2) $f(x)$ 在点 a 的线性化 $y=L(x)$ 的变化量 ΔL.

假设函数 $y=f(x)$ 在包含点 a 的某个区间上是可导的. 如果 x 从 a 变到 $a+\Delta x$,那么函数的相应变化量恰好是

$$\Delta y=f(a+\Delta x)-f(a).$$

而 $f(x)$ 在点 a 的线性化 $L(x)=f(a)+f'(a)(x-a)$ 的变化量是

$$\begin{aligned}\Delta L &=L(a+\Delta x)-L(a)\\ &=\underbrace{[f(a)+f'(a)(a+\Delta x-a)]}_{L(a+\Delta x)}-\underbrace{[f(a)+f'(a)(a-a)]}_{L(a)}\\ &=f'(a)\Delta x.\end{aligned}$$

为了区别 Δy 和 ΔL,我们引入两个被称为"微分"的新的变量——$\mathrm{d}x$ 和 $\mathrm{d}y$,其中微分 $\mathrm{d}x$ 就是 Δx,微分 $\mathrm{d}y$ 是变化量 $\Delta L=f'(a)\Delta x$,也就是说

$$\mathrm{d}y=\Delta L=f'(a)\Delta x=f'(a)\mathrm{d}x.$$

于是,在点 a 我们有 $\mathrm{d}y=f'(a)\mathrm{d}x$(图 3-48). 更一般地,把固定点 a 代换为动点 x,我们有 $\mathrm{d}y=f'(x)\mathrm{d}x$.

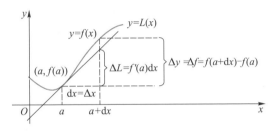

图 3-48

定义 2　微分

假设 $y=f(x)$ 在包含点 x 的一个区间上可导. 自变量 x 的微小变化量 Δx 记作 $\mathrm{d}x$,称为自变量 x 的微分,它仍是一个自变量,即它可以是任意给定的较小实数;微分 $\mathrm{d}y$ 则是借助于 $\mathrm{d}x$,由方程 $\mathrm{d}y=f'(x)\mathrm{d}x$ 定义的. 函数 f 的相应变化量可由微分 $\mathrm{d}y$ 近似表示,即

$$\Delta y=f(x+\Delta x)-f(x)\approx \mathrm{d}y=f'(x)\mathrm{d}x. \tag{2}$$

不难看出,与自变量 $\mathrm{d}x$ 不同,$\mathrm{d}y$ 总是因变量,它依赖于 x 和 $\mathrm{d}x$. 如果给定了 $\mathrm{d}x$ 的值,同时在 f 的定义域中取定了某个特定的 x 值,那么 $\mathrm{d}y$ 也随之确定.

在第二章中,我们已经熟悉了记号 $\dfrac{\mathrm{d}y}{\mathrm{d}x}$,它是由莱布尼茨引入的,用来表示 y 关于 x 的导数. 与它的外在形式不同,它并不是一个比值. 现在,我们引进了两个新的变量 $\mathrm{d}x$ 和 $\mathrm{d}y$,将赋予记号 $\dfrac{\mathrm{d}y}{\mathrm{d}x}$ 新的含义. 事实上,假如 $\mathrm{d}x\neq 0$,那么我们用 $\mathrm{d}x$ 去除方程 $\mathrm{d}y=f'(x)\mathrm{d}x$ 的两端,从而得到

$$\frac{dy}{dx}=f'(x),$$

这就意味着微分 dy 和微分 dx 的商等于导数 $f'(x)$,这也正是我们有时把"导数"称为"微商"的主要原因.

注   dx 和 dy 都是完整的记号,它们是两个变量,并不是 d 和 x(或 y)的乘积.

例 4   求以下函数的微分:

(1) $y=x^4+23x^2$;   (2) $y=\ln(3+x)$.

解   (1) $dy=(x^4+23x^2)'dx=(4x^3+46x)dx$;

(2) $dy=[\ln(3+x)]'dx=\frac{1}{3+x}dx.$

微分的几何意义

在图 3-49 中,观察可导函数 $y=f(x)$ 的图像上两点 $P(x,f(x))$ 和 $Q(x+\Delta x,$ $f(x+\Delta x))$,并假设微分 $dx=\Delta x$,即自变量 x 的变化量. 那么,相应的函数的变化量为

$$\Delta y=f(x+\Delta x)-f(x).$$

曲线 $y=f(x)$ 在点 $P(x,f(x))$ 处的切线 PR 的斜率为 $f'(x)$,因此,当 x 的变化量为 dx 时,dy 表示这条切线上升或下降的量,即 $f(x)$ 在 x 处的线性化的变化量,而 Δy 则表示曲线 $y=f(x)$ 上升或下降的量.

对于函数 $y=f(x)$,我们有时也用

$$df=f'(x)dx$$

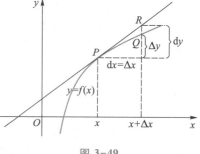

图 3-49

来代替 $dy=f'(x)dx$,称 df 为 f 的微分. 例如,假设 $f(x)=5x^3-6x+2$,则

$$df=d(5x^3-6x+2)=(5x^3-6x+2)'dx=(15x^2-6)dx.$$

注意到微分与导数之间的关系,我们可以从导数公式得到相应的微分公式,例如,

(1) 由 $\frac{d(u\pm v)}{dx}=\frac{du}{dx}\pm\frac{dv}{dx}$,可得 $d(u\pm v)=du\pm dv$;

(2) 由 $\frac{d[f(u)]}{dx}=f'(u)\frac{du}{dx}$,可得 $d[f(u)]=f'(u)du$;

(3) 由 $\frac{d(uv)}{dx}=u\frac{dv}{dx}+v\frac{du}{dx}$,可得 $d(uv)=udv+vdu$;

（4）由 $\dfrac{\mathrm{d}}{\mathrm{d}x}\left(\dfrac{u}{v}\right)=\dfrac{1}{v^2}\left(v\dfrac{\mathrm{d}u}{\mathrm{d}x}-u\dfrac{\mathrm{d}v}{\mathrm{d}x}\right)$，可得 $\mathrm{d}\left(\dfrac{u}{v}\right)=\dfrac{1}{v^2}(v\mathrm{d}u-u\mathrm{d}v)$．

例 5　求以下函数的微分：

（1）$y=\ln(2x)$；　（2）$y=\dfrac{x}{x^2+1}$．

解　（1）$\mathrm{d}[\ln(2x)]=\dfrac{1}{2x}\mathrm{d}(2x)=\dfrac{2\mathrm{d}x}{2x}=\dfrac{\mathrm{d}x}{x}$；

（2）$\mathrm{d}\left[\dfrac{x}{x^2+1}\right]=\dfrac{1}{(x^2+1)^2}[(x^2+1)\mathrm{d}x-x\mathrm{d}(x^2+1)]$

$$=\dfrac{1}{(x^2+1)^2}[(x^2+1)\mathrm{d}x-2x^2\mathrm{d}x]=\dfrac{1-x^2}{(x^2+1)^2}\mathrm{d}x.$$

例 6　假设 $y=f(x)=x^3-x^2+2x-1$，比较下列情况下 Δy 和 $\mathrm{d}y$ 的值：

（1）x 从 2 变到 2.5；　（2）x 从 2 变到 2.01.

解　（1）我们有

$$f(2)=2^3-2^2+2\times2-1=7,$$
$$f(2.5)=2.5^3-2.5^2+2\times2.5-1=13.375,$$
$$\Delta y=f(2.5)-f(2)=6.375.$$

一般地，$\mathrm{d}y=f'(x)\mathrm{d}x=(3x^2-2x+2)\mathrm{d}x$．当 $x=2,\mathrm{d}x=\Delta x=0.5$ 时，有

$$\mathrm{d}y=(3\times2^2-2\times2+2)\times0.5=5.$$

（2）因为 $f(2.01)=2.01^3-2.01^2+2\times2.01-1=7.100\,501$，我们有

$$\Delta y=f(2.01)-f(2)=0.100\,501.$$

当 $x=2,\mathrm{d}x=\Delta x=0.01$ 时，

$$\mathrm{d}y=(3\times2^2-2\times2+2)\times0.01=0.1.$$

从上面的计算结果可以看出，在同一点 $x=2$ 处，随着自变量 x 的变化量 $\mathrm{d}x$ 逐步变小，函数的变化量 Δy 与微分 $\mathrm{d}y$ 之间的差距也逐步变小．

■　用微分来估计函数的变化量

根据前面的讨论，假设我们已知可导函数 $f(x)$ 在点 a 的值，并想预测当自变量从 a 变化到附近一点 $a+\mathrm{d}x$ 时，函数值的变化量有多大，那么只要 $|\mathrm{d}x|$ 充分小，就可得函数 f 的变化量 Δy 的近似值为

$$\Delta y\approx\mathrm{d}y=\mathrm{d}f=f'(a)\mathrm{d}x.$$

例 7　假设球的半径 r 从 21 cm 变化到 21.05 cm. 利用 $\mathrm{d}V$ 来估计球的体积 V 的增加量，并用真实的 ΔV 与这个估计值作比较．

分析 当变化量 dr 相对于半径 r 比较小时,就像本例中 $r=21$,而 $dr=0.05$, 在这种情况下,微分 dV 给出了 ΔV 的一个很好的估计.

解 球的体积 $V=\dfrac{4}{3}\pi r^3$. 因此当 $r=21$,$dr=\Delta r=0.05$ 时,估计的体积增长量为

$$dV=V'(r)dr=4\pi r^2 dr=4\pi\times 21^2\times 0.05=88.2\pi,$$

而真实的体积增长量为

$$\Delta V=\frac{4}{3}\pi\times 21.05^3-\frac{4}{3}\pi\times 21^3=\frac{4}{3}\pi\times(21.05^3-21^3)\approx 88.4\pi.$$

可见这种估计的误差约为 0.2π.

■ 函数变化量的三种形式

当自变量 x 从 a 变化到 $a+dx$ 时,我们可以用三种方式来描述函数 f 的变化量:

1. 绝对变化量:$\Delta f=f(a+dx)-f(a)$,

微分估计:$df=f'(a)dx$.

2. 相对变化量:$\dfrac{\Delta f}{f(a)}=\dfrac{f(a+dx)-f(a)}{f(a)}$,

微分估计:$\dfrac{df}{f(a)}=\dfrac{f'(a)}{f(a)}dx$.

3. 百分比变化量:$\dfrac{\Delta f}{f(a)}\times 100\%$,

微分估计:$\dfrac{df}{f(a)}\times 100\%=\dfrac{f'(a)}{f(a)}dx\times 100\%$.

在例 7 中,从球的体积公式 $V=\dfrac{4}{3}\pi r^3$,容易得到

$$\frac{dV}{V}=\frac{4\pi r^2 dr}{\dfrac{4}{3}\pi r^3}=3\frac{dr}{r},$$

因此,在近似意义下,球体体积的相对变化量是球体半径相对变化量的 3 倍.

■ 微分近似的误差

根据上面的讨论,假设 $f(x)$ 在点 $x=a$ 可导,并设 x 从 a 变化到 $a+\Delta x$,当

$|\Delta x|$ 相对较小时,可以用微分 $\mathrm{d}f=f'(a)\Delta x$ 估计函数 f 的变化量 Δf. 我们自然会问:这种估计的精度有多好呢? 这就需要分析这种近似估计的误差.

$$近似估计的误差 = \Delta f - \mathrm{d}f = \Delta f - f'(a)\Delta x = f(a+\Delta x) - f(a) - f'(a)\Delta x$$

$$= \left[\frac{f(a+\Delta x)-f(a)}{\Delta x} - f'(a)\right]\Delta x.$$

由于 $f(x)$ 在 $x=a$ 可导,因此 $\lim\limits_{\Delta x \to 0}\dfrac{f(a+\Delta x)-f(a)}{\Delta x}=f'(a)$,这就意味着

$$\lim\limits_{\Delta x \to 0}\left[\frac{f(a+\Delta x)-f(a)}{\Delta x} - f'(a)\right] = 0.$$

令 $\varepsilon = \dfrac{f(a+\Delta x)-f(a)}{\Delta x} - f'(a)$,则当 $\Delta x \to 0$ 时,$\varepsilon \to 0$. 于是

$$\Delta f = \mathrm{d}f + \varepsilon \cdot \Delta x = f'(a)\Delta x + \varepsilon \cdot \Delta x,$$

因此,近似估计的误差 $\Delta f - \mathrm{d}f = \varepsilon \cdot \Delta x$. 最终可得:

如果 $y=f(x)$ 在点 $x=a$ 可导,x 从 a 变化到 $a+\Delta x$,那么函数 f 的变化量 Δy 可以表示为

$$\Delta y = f'(a)\Delta x + \varepsilon \cdot \Delta x,$$

其中当 $\Delta x \to 0$ 时,$\varepsilon \to 0$.

不难看出,当 $\Delta x \to 0$ 时,近似估计的误差 $\Delta f - \mathrm{d}f = \varepsilon \cdot \Delta x = o(\Delta x)$.

■ 误差估计

在实际工作中, 有的量的数据往往不容易直接测量,人们就通过测量其他相关数据后,再根据某个公式来计算出所需的数据. 例如,要测量球体的表面积,往往先测量球体的直径,然后根据球体的表面积公式计算出它的表面积. 然而,由于诸多因素的影响,测得的数据往往带有一定的误差,因此计算的结果也就会产生误差,这种误差通常称为间接测量误差.

一般地,如果要通过测量 x 的值来间接计算 $y=f(x)$ 的值,假设测量误差为 $\Delta x = \mathrm{d}x$,那么常见的由此产生的误差有如下几种:

1. 绝对误差 :$\Delta y = f(x+\Delta x) - f(x)$;

2. 相对误差 :$\dfrac{\Delta y}{f(x)} = \dfrac{f(x+\Delta x)-f(x)}{f(x)}$;

3. 百分比误差 :$\dfrac{\Delta y}{f(x)} \times 100\% = \dfrac{f(x+\Delta x)-f(x)}{f(x)} \times 100\%$.

假如 $f'(x) \neq 0$,那么计算 y 的绝对误差可以借助微分进行近似估计,即有

$\Delta y \approx \mathrm{d}y = f'(x)\Delta x = f'(x)\mathrm{d}x$. 相应地,可以对 y 的相对误差和百分比误差进行估计.

■ 函数可微性

最后,我们引入函数可微性的定义.

定义 3   可微

假设函数 $y=f(x)$ 定义在包含点 a 的某个区间上. 当 x 从 a 变化到 $a+\Delta x$ 时,相应的函数变化量为 $\Delta y = f(a+\Delta x)-f(a)$. 如果存在常数 A,使得 Δy 能表示成

$$\Delta y = A\Delta x + o(\Delta x), \tag{3}$$

其中常数 A 仅与点 a 有关,则称函数 $f(x)$ 在点 $x=a$ 可微.

下面的定理说明了函数 f 在点 a 可导和可微是等价的.

定理   函数 $f(x)$ 在点 $x=a$ 可微的充要条件是函数 $f(x)$ 在点 $x=a$ 可导,而且 (3) 式中的 A 等于 $f'(a)$.

关于微分近似的误差的讨论给出了这个定理的充分性证明,我们把关于必要性的证明留给读者.

习题 3.5

1. 求函数在点 $x=a$ 的线性化:

(1) $f(x) = x^3 - 5x^2 + 3x - 2, a=1$;   (2) $f(x) = \sqrt{x^2+9}, a=-4$;

(3) $f(x) = x + \dfrac{1}{x}, a=1$;   (4) $f(x) = \tan x, a=\pi$.

2. 求函数 $f(x) = \sqrt{1-x}$ 在 $x=0$ 的线性近似,计算 $\sqrt{0.9}$ 和 $\sqrt{0.99}$ 的近似值,并画出该函数及其切线的图形.

3. 假设 $f(x) = (1+x)^k$.

(1) 证明 $f(x)$ 在零点附近的线性近似是 $(1+x)^k \approx 1+kx$;

(2) 利用上面的线性近似,求下列函数的近似表达式

(i) $f(x) = (1-x)^5$;   (ii) $f(x) = \dfrac{1}{\sqrt{1+x}}$;

(iii) $f(x) = (5-3x)^{\frac{1}{3}}$;   (iv) $f(x) = \sqrt[3]{\left(1-\dfrac{1}{2+x}\right)^2}$.

4. 求以下函数的微分 $\mathrm{d}y$.

(1) $y = x^5 \sin x$;   (2) $y = \sqrt{1+t^2}$;   (3) $y = \dfrac{u+1}{u-1}$;

（4） $y=(1+r^2)^3$； （5） $x^2y^2+3x^{\frac{3}{2}}-y=0$； （6） $y=3\tan\dfrac{x^3}{5}$.

5. 对于给定的 x 和 $dx=\Delta x$，计算 $\Delta y,dy$ 和近似误差 $\Delta y-dy$，然后画出类似于图 3-48 的图形，在图中标示出 $dx,\Delta y$ 和 dy.

（1） $y=x-x^2,x=2,\Delta x=-0.4$； （2） $y=\dfrac{2}{x},x=4,\Delta x=1$.

6. 用线性近似（或者微分）估计以下给定的值：

（1） $(2.001)^5$； （2） $(8.06)^{\frac{2}{3}}$； （3） $\tan 46°$.

7. 经测量，一个立方体的边长是 30 cm，可能的测量误差是 0.1 cm. 利用微分估计在计算立方体体积和立方体表面积时的绝对误差、相对误差和百分比误差.

8. 经测量，一个球的周长是 84 cm，可能的测量误差是 0.5 cm，

（1） 用微分估计在计算球的表面积时的绝对误差、相对误差；

（2） 用微分估计在计算球的体积时的绝对误差、相对误差.

9. 欧姆定律告诉我们，如果电流 I 通过电阻值为 R 的电阻，电阻两端的电压降是 $V=IR$. 如果电压 V 是一个常数，而对电阻值 R 的测量具有一定误差，运用微分证明：计算 I 时的相对误差（在数值上）近似地等于 R 的相对误差.

10. 一个直圆柱体的半径和高相等，那么其体积为 $V=\pi h^3$，其中 h 表示高度. 为了使计算体积的误差不超过真值的 1%，近似地求出在测量高度 h 时能允许的最大误差是多少？

11. 测量员站在离建筑物底部 30 m 的地方，测得到建筑物顶端的仰角是 75°. 为了使测量建筑物的高度时的相对误差满足不超过 4% 的精度要求，所测得角度的精度应为多少？

～～～～～～～～～～～～～～～～～～～～～～～～～～

$f(x)$ 在点 $x=a$ 的近似：

假设函数 $f(x)$ 在 $x=a$ 附近有定义.

（1） 假设 $g(x)=k(x-a)+b$ 是一个线性函数，其中 k 和 b 是常数. 如果误差函数 $E(x)=f(x)-g(x)$ 在 $x=a$ 附近足够小，那么我们可以用 $g(x)$ 作为 $f(x)$ 在点 $x=a$ 的线性近似（图 3-50）；

（2） 假设 $h(x)=b_0(x-a)^2+b_1(x-a)+b_2$ 是一个二次函数，其中 b_0,b_1,b_2 是常数. 如果误差函数 $E(x)=f(x)-h(x)$ 在 $x=a$ 附近足够小，那么 $h(x)$ 可作为 $f(x)$ 在点 $x=a$ 的二次近似（图 3-51）.

12. （线性近似） 证明：如果要求 $f(x)$ 在点 $x=a$ 的线性近似满足下列条件：

（1） 在点 $x=a$ 的近似误差为零，即 $E(a)=0$，

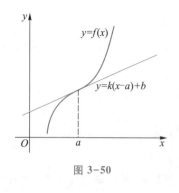

图 3-50

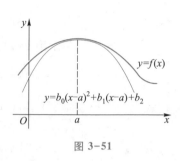

图 3-51

（2）与 $x-a$ 相比,误差可以忽略不计,即

$$\lim_{x \to a} \frac{E(x)}{x-a} = 0,$$

那么,$g(x) = L(x) = f'(a)(x-a) + f(a)$,也就是说,$L(x)$ 是 $f(x)$ 在 $x = a$ 满足上述条件的最佳线性近似.

13.（二次近似）

（1）假设 $h(x)$ 作为 $f(x)$ 在点 $x = a$ 的二次近似,满足下列条件:

（ⅰ）$h(a) = f(a)$;   （ⅱ）$h'(a) = f'(a)$;   （ⅲ）$h''(a) = f''(a)$,

试确定 $h(x)$ 的系数 b_0, b_1, b_2,并写出 $h(x)$ 的表达式;

（2）证明:如果要求 $f(x)$ 在点 $x = a$ 的二次近似满足下列条件:

（ⅰ）在点 $x = a$ 的近似误差及其导数为零,即 $E(a) = 0, E'(a) = 0$;

（ⅱ）与 $(x-a)^2$ 相比,误差可以忽略不计,即 $\lim_{x \to a} \dfrac{E(x)}{(x-a)^2} = 0$,

那么,$h(x)$ 的表达式必然与（1）中求得的结果一样,也就是说,（1）中求得的二次近似是 $f(x)$ 在 $x = a$ 满足上述条件的最佳二次近似.

14. 根据 12,13 题的结果,求函数 $f(x) = \sqrt{1+x}$ 在 $x = 0$ 的线性近似和二次近似;画出 $f(x) = \sqrt{1+x}$ 及其线性近似、二次近似的图形,并对观察的结果进行说明.

— 3.6   泰 勒 公 式 —

当我们研究比较复杂的函数时,无论是进行近似计算,还是做理论分析,往往希望用形式简单且易于分析的函数来近似地表示这些函数. 我们知道,多项式函数仅含有"常数"和"幂函数",且只包含加法、乘法两种运算,不仅理论分析相对简单,而且非常适合于计算机运算. 因此,我们常用多项式来近似地表示函数. 这一思想在上一节的"线性化"已经可以窥见一斑. 事实上,可微函数 f 在一点 a 处的线性化是一次多项式

$$L(x) = f(a) + f'(a)(x-a).$$

当 x 在点 a 附近时,我们正是利用这个线性化来近似函数 $f(x)$,即有如下的近似式

$$f(x) \approx f(a) + f'(a)(x-a),$$

也就是用一次多项式来近似表示一个函数. 从几何上看,就是用点 $(a, f(a))$ 处的切线来近似点 a 附近的 $f(x)$. 显然,在 $x = a$ 处,函数 $f(x)$ 和一次多项式 $L(x)$ 具有相同的函数值和导数值. 然而,不难发现,这种近似表达式也有如下不足:

(1) 它的精度不高. 由于 $\lim\limits_{x \to a} \dfrac{f(x) - L(x)}{x - a} = 0$,这就意味着,当 $x \to a$ 时,这种近似所产生的误差仅仅是比 $(x-a)$ 更高阶的无穷小;

(2) 用 $L(x)$ 来做近似计算时,不能具体估计出误差的大小;

(3) 如果 f 在点 a 附近的弯曲程度较大,那么,切线就不能给出理想的近似.

为了弥补这些缺陷,我们在一次多项式 $L(x)$ 中增加一个二次项,寻求一个二次近似多项式

$$P_2(x) = L(x) + c_2(x-a)^2 = f(a) + f'(a)(x-a) + c_2(x-a)^2.$$

为了确定待定系数 c_2,并保证 $P_2(x)$ 在点 a 附近能更好地近似表达 $f(x)$,我们要求:

$$P_2(a) = f(a),\ P_2'(a) = f'(a),\ P_2''(a) = f''(a),$$

即,在点 a 处,$P_2(x)$ 和 $f(x)$ 具有相同的函数值和一、二阶导数,这就意味着它们所表示的两条曲线不仅在点 a 处相交,而且具有相同的切线和凸性. 直接计算可得 $c_2 = \dfrac{1}{2} f''(a)$,所以,二次近似多项式

$$P_2(x) = \underbrace{f(a) + f'(a)(x-a)}_{L(x)} + \frac{1}{2} f''(a)(x-a)^2.$$

进一步,若函数 $f(x)$ 在包含点 a 的某个开区间内具有更高阶的导数,我们希望能用更高次数的多项式来近似表达 $f(x)$,同时给出相应的误差公式. 这正是本节所要讨论的问题.

■ 泰勒(Taylor)多项式

假设函数 $f(x)$ 在包含点 a 的某个开区间内具有直到 n 阶的导数. 我们要寻

求一个关于 $(x-a)$ 的 n 次多项式

$$P_n(x) = a_0 + a_1(x-a) + a_2(x-a)^2 + \cdots + a_n(x-a)^n \tag{1}$$

来近似表达 $f(x)$，并要求当 $x \to a$ 时，$P_n(x)$ 与 $f(x)$ 的误差 $f(x) - P_n(x)$ 是比 $(x-a)^n$ 更高阶的无穷小，同时对该误差做出估计，即给出 $f(x) - P_n(x)$ 的具体表达式.

为了使 $P_n(x)$ 与 $f(x)$ 达到更好的近似程度，我们不仅要求 $P_n(x)$ 和 $f(x)$ 在点 $x=a$ 具有相同的函数值，而且要求它们在 $x=a$ 处具有直到 n 阶的相同导数值，也就是说，

$$P_n(a) = f(a), P'_n(a) = f'(a), \cdots, P_n^{(n)}(a) = f^{(n)}(a).$$

根据这些要求，不难求出 $P_n(x)$ 的各个系数

$$a_0 = f(a), a_1 = f'(a), a_2 = \frac{1}{2!}f''(a), \cdots, a_n = \frac{1}{n!}f^{(n)}(a).$$

定义 1 泰勒多项式

假设 $f(x)$ 在包含点 a 的某个开区间内具有直到 N 阶的导数. 任给 $n \in \{0, 1, 2, \cdots, N\}$，$f(x)$ 在 $x=a$ 的 n 阶泰勒多项式定义为

$$P_n(x) = f(a) + f'(a)(x-a) + \frac{f''(a)}{2!}(x-a)^2 + \cdots + \frac{f^{(n)}(a)}{n!}(x-a)^n.$$

特别地，当 $a=0$ 时，我们称

$$P_n(x) = f(0) + f'(0)x + \frac{f''(0)}{2!}x^2 + \cdots + \frac{f^{(n)}(0)}{n!}x^n$$

为 f 的 n 阶麦克劳林(Maclaurin)多项式.

注 1 我们说泰勒多项式和麦克劳林多项式是"n 阶"而不是"n 次"，因为 $f(x)$ 在 $x=a$ 处的 n 阶导数 $f^{(n)}(a)$ 可能是 0. 例如，$f(x) = \sin x$ 的一阶和二阶麦克劳林多项式是 $P_1(x) = x$ 和 $P_2(x) = x$. 可见，$\sin x$ 的二阶麦克劳林多项式是一次(非二次)多项式.

例 1 求 e^x 的麦克劳林多项式.

解 由于 $f(x) = f'(x) = \cdots = f^{(n)}(x) = e^x$，故

$$f(0) = f'(0) = \cdots = f^{(n)}(0) = 1.$$

于是，e^x 的 n 阶麦克劳林多项式是

$$P_n(x) = f(0) + f'(0)x + \frac{f''(0)}{2!}x^2 + \cdots + \frac{f^{(n)}(0)}{n!}x^n$$

$$= 1 + x + \cdots + \frac{x^n}{n!}.$$

图 3-52 给出了 e^x 的一阶、二阶和三阶麦克劳林多项式的图形.

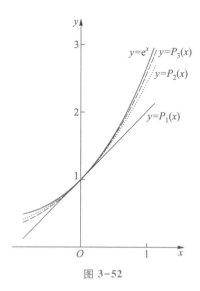

图 3-52

例 2　求 $\sin x$ 在 $x=0$ 的泰勒多项式(麦克劳林多项式).

解　由于　　　$f(x)=\sin x,$　　　　　　　$f'(x)=\cos x,$

　　　　　　　$f''(x)=-\sin x,$　　　　　$f'''(x)=-\cos x,$

　　　　　　　　　$\vdots$　　　　　　　　　　　　　$\vdots$

　　　$f^{(2m)}(x)=(-1)^m\sin x,$　　$f^{(2m+1)}(x)=(-1)^{m+1}\cos x.$

在 $x=0$ 处, $\sin 0=0$, $\cos 0=1$. 因此,

　　　　　$f^{(2m)}(0)=0,$　　　　　　　$f^{(2m+1)}(0)=(-1)^m.$

$\sin x$ 在 $x=0$ 处的 $2m-1$ 和 $2m$ 阶泰勒多项式是相同的, 即

$$P_{2m-1}(x)=P_{2m}(x)=x-\frac{x^3}{3!}+\frac{x^5}{5!}-\cdots+(-1)^{m-1}\frac{x^{2m-1}}{(2m-1)!}.$$

图 3-53 给出了 $\sin x$ 在 $x=0$ 的若干不同阶数的泰勒多项式的图形.

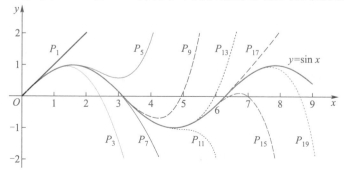

图 3-53

■　泰勒多项式的余项

泰勒多项式给出了函数在一个特定点附近的好的近似表达式. 但是,这种近似有多么好呢? 为了回答这个问题,我们定义泰勒多项式的余项.

定义 2　泰勒多项式的余项

假设 $P_n(x)$ 是 $f(x)$ 的 n 阶泰勒多项式. 在点 x 处,用 $P_n(x)$ 近似 $f(x)$ 的余项是

$$R_n(x) = f(x) - P_n(x).$$

显然,余项就是用 $P_n(x)$ 来近似 $f(x)$ 时产生的误差. 等价地,我们有

$$f(x) = P_n(x) + R_n(x).$$

这就意味着 $f(x)$ 由近似多项式和相应的余项两部分组成.

下面的定理告诉我们,泰勒多项式的余项可以非常简洁地给出,从而使我们能够对余项做出估计.

定理 1　泰勒定理(余项定理)

假设 $f(x)$ 在包含点 a 的开区间 I 上具有直到 $n+1$ 阶的连续导数. 任给 $x \in I$,我们有

$$f(x) = P_n(x) + R_n(x),$$

其中,$P_n(x)$ 是 $f(x)$ 在点 a 的 n 阶泰勒多项式,余项为

$$R_n(x) = \frac{f^{(n+1)}(c)}{(n+1)!}(x-a)^{n+1}, \tag{2}$$

这里 c 是介于 a 和 x 之间的一个点. 也就是说

$$f(x) = f(a) + f'(a)(x-a) + \frac{f''(a)}{2!}(x-a)^2 + \cdots +$$

$$\frac{f^{(n)}(a)}{n!}(x-a)^n + \frac{f^{(n+1)}(c)}{(n+1)!}(x-a)^{n+1}. \tag{3}$$

注 2　在上述定理中,若 $n=0$,则得到了拉格朗日中值定理(参见 3.1 节). 因此,泰勒定理是拉格朗日中值定理的推广,有时也称之为泰勒中值定理.

注 3　余项的形式是不难记忆的. 事实上,如果写出 $(n+1)$ 阶泰勒多项式,那么最高次项是 $\frac{f^{(n+1)}(a)}{(n+1)!}(x-a)^{n+1}$. 只要用 $f^{(n+1)}(c)$ 代替 $f^{(n+1)}(a)$ 便可得到上述余项.

(3)式也称为泰勒公式. 由(2)式所给出的函数 $R_n(x)$ 称为在区间 I 上用 $P_n(x)$ 近似 $f(x)$ 的 n 阶拉格朗日型余项或者误差项.

■ 余项估计

余项具有重要的理论意义和应用价值. 关于它的理论意义, 我们将在第七章中讨论幂级数和泰勒级数时看到, 这里仅简要介绍余项的应用价值. 余项通常用来估计近似的误差, 以便确定泰勒多项式的项数, 以达到预期的精确程度.

在余项的表达式中, c 通常是未知的. 因而, 在余项估计过程中所遇到的困难就是寻求 $|f^{(n+1)}(c)|$ 的上界. 尽管不知道 c 的值, 我们也经常能估计 $R_n(x)$. 下面的例子说明了这一点.

例 3 估计函数 $f(x) = \sin x$ 的麦克劳林多项式的误差.

解 由例 2 可知, $\sin x$ 的麦克劳林公式为

$$\sin x = x - \frac{x^3}{3!} + \frac{x^5}{5!} - \cdots + (-1)^{m-1} \frac{x^{2m-1}}{(2m-1)!} + R_{2m}(x),$$

其中 $R_{2m}(x) = \dfrac{\sin\left[c + (2m+1)\dfrac{\pi}{2}\right]}{(2m+1)!} x^{2m+1}$, c 介于 0 和 x 之间. 因而,

$$|R_{2m}(x)| = \frac{\left|\sin\left[c + (2m+1)\dfrac{\pi}{2}\right]\right|}{(2m+1)!} |x|^{2m+1} \leqslant \frac{|x|^{2m+1}}{(2m+1)!}.$$

如果取 $m = 2$ 或 3, 可以得到 $\sin x$ 的 3 阶和 5 阶近似多项式 (麦克劳林多项式)

$$\sin x \approx x - \frac{x^3}{3!}, \quad \sin x \approx x - \frac{x^3}{3!} + \frac{x^5}{5!},$$

它们的误差分别满足 $|R_4(x)| \leqslant \dfrac{|x|^5}{5!}$ 和 $|R_6(x)| \leqslant \dfrac{|x|^7}{7!}$.

例如, 若我们用 5 阶麦克劳林多项式近似计算 $\sin(0.1)$, 最大误差满足

$$|R_6(0.1)| \leqslant \frac{0.1^7}{7!} \approx 1.98 \times 10^{-11}.$$

一般地, 若能确定 $|f^{(n+1)}(c)|$ 的上界, 那么下面的定理给出了余项估计的常规方法.

定理 2 余项估计

设 n 为固定正整数. 假定存在 $M > 0$, 使得对 a 和 x 之间的任意 c, 恒有 $|f^{(n+1)}(c)| \leqslant M$, 那么, $f(x)$ 在点 a 的 n 阶泰勒多项式的余项满足

$$|R_n(x)| = |f(x) - P_n(x)| \leqslant \frac{M}{(n+1)!} |x-a|^{n+1}.$$

例 4(最大误差） $f(x) = \ln(1-x)$ 的 n 阶麦克劳林多项式是

$$P_n(x) = -x - \frac{1}{2}x^2 - \frac{1}{3}x^3 - \cdots - \frac{1}{n}x^n.$$

（1）当 $x \in \left[-\frac{1}{3}, \frac{1}{3}\right]$ 时，用 $P_3(x)$ 近似 $\ln(1-x)$ 的最大误差是多少?

（2）当 $x \in \left[-\frac{1}{3}, \frac{1}{3}\right]$ 时，要使 $P_n(x)$ 近似 $\ln(1-x)$ 的误差小于 10^{-3}，n 至少为多少?

解 （1）$P_3(x)$ 近似 $f(x)$ 的余项是 $R_3(x) = \frac{f^{(4)}(c)}{4!}x^4$，其中 c 介于 0 和 x 之间. 不难求得，$f^{(4)}(x) = -\frac{6}{(1-x)^4}$. 在 $\left[-\frac{1}{3}, \frac{1}{3}\right]$ 上，$|f^{(4)}(x)|$ 在 $x = \frac{1}{3}$ 取到其最大值 $6 \times \left(\frac{3}{2}\right)^4$；另一方面，$x^4$ 在 $x = \pm\frac{1}{3}$ 取到它的最大值 $\frac{1}{3^4} = \frac{1}{81}$，所以 $|R_3(x)| \leqslant \frac{486}{16} \times \frac{1}{81} \approx 0.375, x \in \left[-\frac{1}{3}, \frac{1}{3}\right]$. 这就意味着，在 $\left[-\frac{1}{3}, \frac{1}{3}\right]$ 上，用 $P_3(x)$ 近似 $f(x)$ 的误差不超过 0.375.

（2）任给正整数 n，$P_n(x)$ 近似 $f(x)$ 的余项为 $R_n(x) = \frac{f^{(n+1)}(c)}{(n+1)!}x^{n+1}$. 不难求得，$f^{(n+1)}(x) = -\frac{n!}{(1-x)^{n+1}}$. 在 $\left[-\frac{1}{3}, \frac{1}{3}\right]$ 上，$|f^{(n+1)}(x)|$ 在 $x = \frac{1}{3}$ 取到最大值 $\frac{n!}{\left(\frac{2}{3}\right)^{n+1}}$；$|x|^{n+1}$ 在 $x = \pm\frac{1}{3}$ 取到最大值 $\left(\frac{1}{3}\right)^{n+1}$，所以，余项的绝对值的上界

$$|R_n(x)| \leqslant \frac{1}{(n+1)!} \cdot \frac{n!}{\left(\frac{2}{3}\right)^{n+1}} \cdot \left(\frac{1}{3}\right)^{n+1} = \frac{1}{n+1} \cdot \frac{1}{2^{n+1}}.$$

为了保证其在整个区间 $\left[-\frac{1}{3}, \frac{1}{3}\right]$ 上的误差不超过 10^{-3}，n 必须满足

$$|R_n(x)| \leqslant \frac{1}{(n+1)2^{n+1}} < 10^{-3},$$

或者说 $n \geqslant 7$.

■ 佩亚诺（Peano）型余项

泰勒公式中的余项 $R_n(x)$ 可以有多种表达方式. 我们已经看到了拉格朗日

型余项的优点,它为我们进行误差估计带来了方便. 现在再给出一种余项表达方式,同样会在应用中带来方便.

由定理 2,当 $\left|f^{(n+1)}(x)\right|$ 在包含 a 的区间 I 上有上界 M 时,$\left|R_n(x)\right| \leqslant \dfrac{M}{(n+1)!}\left|x-a\right|^{n+1}$. 于是 $\lim\limits_{x \to a} \dfrac{R_n(x)}{(x-a)^n}=0$,即有 $R_n(x)=o((x-a)^n)$,我们称之为佩亚诺型余项.

定理 3 带有佩亚诺型余项的泰勒公式

假如 $f(x)$ 在包含点 a 的开区间 I 上具有直到 n 阶的导数,且 $f^{(n)}(x)$ 在 I 内连续,则 $f(x)$ 在 I 内有带有 n 阶佩亚诺型余项的泰勒公式

$$f(x)=f(a)+f'(a)(x-a)+\frac{f''(a)}{2!}(x-a)^2+\cdots+\frac{f^{(n)}(a)}{n!}(x-a)^n+o((x-a)^n).$$

我们略去这个定理的证明. 下面列出几个常见函数的带有佩亚诺型余项的麦克劳林公式:

$$e^x=1+x+\frac{x^2}{2!}+\cdots+\frac{x^n}{n!}+o(x^n),$$

$$\sin x=x-\frac{x^3}{3!}+\frac{x^5}{5!}-\cdots+\frac{(-1)^{n-1}}{(2n-1)!}x^{2n-1}+o(x^{2n}),$$

$$\cos x=1-\frac{x^2}{2!}+\frac{x^4}{4!}-\cdots+\frac{(-1)^n}{(2n)!}x^{2n}+o(x^{2n+1}),$$

$$\ln(1+x)=x-\frac{x^2}{2}+\frac{x^3}{3}-\cdots+\frac{(-1)^{n-1}}{n}x^n+o(x^n),$$

$$(1+x)^\alpha=1+\alpha x+\frac{\alpha(\alpha-1)}{2!}x^2+\cdots+\frac{\alpha(\alpha-1)\cdots(\alpha-n+1)}{n!}x^n+o(x^n).$$

下面的例子说明了带有佩亚诺型余项的泰勒公式在讨论函数极限时的作用.

例 5 求极限 $\lim\limits_{x \to 0} \dfrac{\ln(1+x)-\sin x}{x^2}$.

解 先求得分子中两个函数的带有佩亚诺型余项的二阶麦克劳林公式为

$$\ln(1+x)=x-\frac{x^2}{2}+o(x^2),\ \sin x=x+o(x^2),$$

于是,

$$\ln(1+x)-\sin x=-\frac{x^2}{2}+o(x^2).$$

这就意味着,$\lim\limits_{x \to 0} \dfrac{\ln(1+x)-\sin x}{x^2}=\lim\limits_{x \to 0} \dfrac{-\dfrac{1}{2}x^2+o(x^2)}{x^2}=-\dfrac{1}{2}.$

注 4　在上例中,若用"$\sin x \sim x$"和"$\ln(1+x) \sim x$"进行"等价无穷小"代换,则分子变成"$x-x$",从而导致错误. 事实上,当 $x \to 0$ 时,$\ln(1+x) - \sin x \sim -\dfrac{x^2}{2}$.

例 6　求极限 $\lim\limits_{x \to 0} \dfrac{e^x \sin x - x(1+x)}{x^2 \sin x}$.

解　显而易见,当 $x \to 0$ 时,分母中的函数是与 x^3 等价的无穷小. 把分子中的函数 e^x 和 $\sin x$ 分别用三阶麦克劳林公式表示:

$$e^x = 1 + x + \frac{x^2}{2} + \frac{x^3}{6} + o(x^3),\ \sin x = x - \frac{x^3}{6} + o(x^4).$$

于是,

$$e^x \sin x - x(1+x) = \left[1 + x + \frac{x^2}{2} + \frac{x^3}{6} + o(x^3)\right]\left[x - \frac{x^3}{6} + o(x^4)\right] - x(1+x).$$

把上式中的所有比 x^3 高阶的无穷小的代数和仍记作 $o(x^3)$,可以得到

$$e^x \sin x - x(1+x) = x(1+x) + \frac{1}{3}x^3 + o(x^3) - x(1+x) = \frac{1}{3}x^3 + o(x^3),$$

故

$$\lim_{x \to 0} \frac{e^x \sin x - x(1+x)}{x^2 \sin x} = \lim_{x \to 0} \frac{\dfrac{1}{3}x^3 + o(x^3)}{x^3 + o(x^3)} = \frac{1}{3}.$$

习题 3.6

1. 针对下列函数 $f(x)$ 和给定点 $x = a$,

(1) $f(x) = e^{-x}, a = 0$,求 $e^{-0.1}$ 的近似值;

(2) $f(x) = \sqrt{1+x}, a = 3$,求 $\sqrt{4.1}$ 的近似值;

(3) $f(x) = \cos x, a = \dfrac{\pi}{4}$,求 $\cos(0.26\pi)$ 的近似值.

(a) 求线性近似多项式;

(b) 求二次近似多项式;

(c) 用上面得到的多项式,计算给定值的近似值.

2. 利用余项估计下列近似式在给定区间上的最大误差.

(1) $\cos x \approx 1 - \dfrac{x^2}{2}, x \in \left[-\dfrac{\pi}{4}, \dfrac{\pi}{4}\right]$;　　(2) $e^x \approx 1 + x + \dfrac{x^2}{2!} + \dfrac{x^3}{3!}, x \in \left[-\dfrac{1}{2}, \dfrac{1}{2}\right]$;

(3) $\ln(1+x) \approx x - \dfrac{x^2}{2}, x \in [-0.1, 0.1]$;　(4) $\sqrt{1+x} \approx 1 + \dfrac{x}{2}, x \in [-0.2, 0.2]$.

3. 写出下列函数在给定点 $x=a$ 的带有佩亚诺型余项的三阶泰勒公式：

（1）$f(x)=\dfrac{1}{x}, a=1$；　　　　　　　（2）$f(x)=x^2 e^x, a=0$；

（3）$f(x)=\tan x, a=0$.

4. 求下列极限：

（1）$\lim\limits_{x\to 0}\dfrac{x-\sin x}{x^3}$；　　　　　　　（2）$\lim\limits_{x\to 0}\dfrac{\cos x\ln(1+x)-x}{x^2}$；

（3）$\lim\limits_{x\to 0}\dfrac{e^x-e^{-x}}{x}$.

5. 假设函数 $f(x)$ 具有连续的一阶和二阶导数，并设 $f'(a)=0$，利用 $f(x)=f(a)+f'(a)(x-a)+\dfrac{f''(c)}{2!}(x-a)^2$，证明：

（1）若在包含 a 的某个开区间上 $f''(x)\leqslant 0$，则 $f(x)$ 在点 a 取到极大值；

（2）若在包含 a 的某个开区间上 $f''(x)\geqslant 0$，则 $f(x)$ 在点 a 取到极小值.

― 3.7　相关变化率与需求弹性 ―

先考虑两个具有重要应用背景的问题.

问题一，一台电视摄像机放置于离火箭发射台基座距离为 S 的地方. 为了保证火箭始终在镜头中，一方面，摄像机的仰角 θ 必须以正确的速度进行改变；另一方面，摄像机的调焦装置必须考虑从固定的摄像机到上升的火箭之间的距离 L 的增加. 不言而喻，要保证摄像机的影像效果，我们需要考虑三个速度：（1）火箭的上升速度 $\dfrac{\mathrm{d}H}{\mathrm{d}t}$；（2）摄像机与火箭之间距离的增长速度 $\dfrac{\mathrm{d}L}{\mathrm{d}t}$；（3）摄像机仰角的变化速度 $\dfrac{\mathrm{d}\theta}{\mathrm{d}t}$. 这些变化速度是彼此相关的. 我们可以利用某一个能够求得或者容易测得的速度来计算出其他不易测得的速度. 这类问题称为相关变化率问题. 相关变化率问题是本节的主题之一.

问题二，近年来，我国的家用车生产能力大幅度提升，产量的巨大增长引起价格逐步降低，低价又大大激发了消费者的需求，但是也导致制造商收益的下降. 我们可以利用弹性这个数学工具来分析价格变化对某种产品需求变化的影响. 一般地说,"弹性"指的是需求对价格变化的敏感程度. 需求弹性问题是本节的另一个主题.

■ 相关变化率

在相关变化率问题中,其核心思想是借助于某个量的变化率来计算另一个量的变化率,其中前者可能更容易获得或测得. 解决这类问题的步骤是,首先建立把两个量联系起来的方程,其次利用链式法则(复合函数求导法则),对方程两边关于时间 t 求导,以确定把两个变化率联系起来的方程(称之为相关变化率方程).

为了理解相关变化率背后的概念,我们分析上述问题一.

例 1　假定摄像机放置在距离火箭发射台底座 1 200 m 的位置. 又假定当火箭升高到 900 m 时,它的瞬时速度是 200 m/s.

(1) 在该时刻,摄像机与火箭距离的变化速度是多少?

(2) 在同一时刻,要保持摄像机始终对准火箭,它的仰角应以多快速度变化?

解　首先作图 3-54,并了解清楚两方面的信息.

已知信息:火箭的上升速度是 200 m/s;

未知信息:当火箭的高度是 900 m 时,

(1) 摄像机与火箭之间距离的增长速度;

(2) 摄像机仰角的变化速度.

为了从数学上表示这些量,我们引入一些记号:

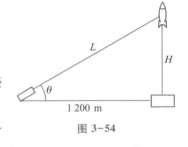

图 3-54

H:火箭高度;θ:摄像机仰角;L:摄像机与火箭的距离.

本题的关键是应该理解:变化率就是导数.在这个问题中,火箭的高度 H、摄像机的仰角 θ 以及火箭和摄像机之间的距离 L 都是时间 t 的函数. 火箭的上升速度是 $\dfrac{dH}{dt}$,摄像机仰角的变化速度是 $\dfrac{d\theta}{dt}$,而摄像机和火箭之间距离的增长速度是 $\dfrac{dL}{dt}$. 所以我们可以把上述两方面的信息重新表述如下:

已知信息:$\dfrac{dH}{dt}=200$ m/s;未知信息:当 $H=900$ m 时的 $\dfrac{dL}{dt}$ 和 $\dfrac{d\theta}{dt}$.

为了建立 $\dfrac{dL}{dt},\dfrac{d\theta}{dt}$ 和 $\dfrac{dH}{dt}$ 之间的关系,我们首先建立 L,θ 和 H 之间的关系如下:

$$H^2 + 1\ 200^2 = L^2, \quad H = 1\ 200 \tan \theta.$$

即

$$L = \sqrt{1\ 200^2 + H^2}, \quad \theta = \arctan \frac{H}{1\ 200}.$$

为了运用已知信息,我们将以上两式两边关于 t 求导. 注意,对右式的微分需要用到链式法则. 我们有

$$\frac{\mathrm{d}L}{\mathrm{d}t} = \frac{\mathrm{d}L}{\mathrm{d}H} \cdot \frac{\mathrm{d}H}{\mathrm{d}t} = \frac{H}{\sqrt{1\ 200^2 + H^2}} \cdot \frac{\mathrm{d}H}{\mathrm{d}t}, \tag{1}$$

$$\frac{\mathrm{d}\theta}{\mathrm{d}t} = \frac{\mathrm{d}\theta}{\mathrm{d}H} \cdot \frac{\mathrm{d}H}{\mathrm{d}t} = \frac{1}{1 + \left(\dfrac{H}{1\ 200}\right)^2} \cdot \frac{1}{1\ 200} \cdot \frac{\mathrm{d}H}{\mathrm{d}t} = \frac{1\ 200}{1\ 200^2 + H^2} \cdot \frac{\mathrm{d}H}{\mathrm{d}t}. \tag{2}$$

在方程(1),(2)中,取 $H = 900$ m,$\dfrac{\mathrm{d}H}{\mathrm{d}t} = 200$ m/s,可得

$$\frac{\mathrm{d}L}{\mathrm{d}t} = \frac{900}{\sqrt{2\ 250\ 000}} \times 200 = 120\ (\text{m/s}),$$

$$\frac{\mathrm{d}\theta}{\mathrm{d}t} = \frac{1\ 200}{2\ 250\ 000} \times 200 = \frac{8}{75} \approx 0.107\ (\text{rad/s}).$$

这就意味着,当火箭在 900 m 高度以 200 m/s 的速度上升时,摄像机与火箭之间的距离以 120 m/s 的速度增加,摄像机的仰角应以 0.107 rad/s 的速度加以调整.

方程(1)和(2)是相关变化率方程. 它们用火箭上升的速度 $\dfrac{\mathrm{d}H}{\mathrm{d}t}$ 分别表示出摄像机与火箭之间距离的增长速度 $\dfrac{\mathrm{d}L}{\mathrm{d}t}$ 和摄像机仰角的变化速度 $\dfrac{\mathrm{d}\theta}{\mathrm{d}t}$,因此我们称 $\dfrac{\mathrm{d}H}{\mathrm{d}t}$,$\dfrac{\mathrm{d}L}{\mathrm{d}t}$ 和 $\dfrac{\mathrm{d}\theta}{\mathrm{d}t}$ 是相关变化率. 只要知道了变化率 $\dfrac{\mathrm{d}H}{\mathrm{d}t}$,便可以利用相关变化率方程求出 $\dfrac{\mathrm{d}L}{\mathrm{d}t}$ 和 $\dfrac{\mathrm{d}\theta}{\mathrm{d}t}$,并据此同步调整摄像机的焦距以及仰角.

例 2　一个倒立的圆锥形水罐,底面半径为 2 m,高度为 4 m. 假若用水泵以 2 $\mathrm{m}^3/\mathrm{min}$ 的速率向水罐内注水,试问当水深为 3 m 时,水面上升的速度是多少?

解　我们首先画一张草图(图 3-55).

引入下列记号:

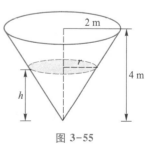

图 3-55

$V(t)$:t 时刻水的体积；

$r(t)$:t 时刻水的表面半径；

$h(t)$:t 时刻水的深度.

时间 t 以 min 计.

我们已经知道 $\dfrac{\mathrm{d}V}{\mathrm{d}t}=2$ m³/min，问题转化为当 $h=3$ m 时，$\dfrac{\mathrm{d}h}{\mathrm{d}t}$ 是多少？

根据圆锥体体积公式可知，V 与 h 之间的关系方程是

$$V=\frac{1}{3}\pi r^2 h. \tag{3}$$

我们需要把 V 表示成 h 的一元函数. 注意到图 3-55 中所示的相似三角形，易知 $\dfrac{r}{h}=\dfrac{2}{4}$，因此 $r=\dfrac{h}{2}$，代入（3）式，可得

$$V=\frac{1}{3}\pi\left(\frac{h}{2}\right)^2 h=\frac{\pi}{12}h^3.$$

将上式两端关于 t 求导可得 $\dfrac{\mathrm{d}V}{\mathrm{d}t}=\dfrac{\pi}{4}h^2\dfrac{\mathrm{d}h}{\mathrm{d}t}$. 因此得到了这个问题的相关变化率方程

$$\frac{\mathrm{d}h}{\mathrm{d}t}=\frac{4}{\pi h^2}\cdot\frac{\mathrm{d}V}{\mathrm{d}t}.$$

将 $h=3$ m 和 $\dfrac{\mathrm{d}V}{\mathrm{d}t}=2$ m³/min 代入可得

$$\frac{\mathrm{d}h}{\mathrm{d}t}=\frac{4}{3^2\pi}\times 2=\frac{8}{9\pi}(\text{m}/\text{min}).$$

这就意味着罐中的水面将以 $\dfrac{8}{9\pi}\approx 0.28$ m/min 的速度上升.

从上面的两个例子，我们可以归纳出求解相关变化率问题的一般步骤：

相关变化率问题的求解步骤

1. 仔细阅读并理解问题；

2. 如果可能的话，画一张草图是很有帮助的；

3. 引入记号表示所有的变量，它们都是时间 t 的函数；

4. 把已知信息和要寻求的变化率用导数表示；

5. 建立方程，把问题中的各个变量（两个或者多个）联系起来，如有必要，可利用变量间的关系，用代入法消去多余的变量（见例 2）；

6. 利用链式法则，对该方程两端关于 t 求导，即可获得相关变化率方程；

7. 将已知信息代入所导出的变化率方程，并求得未知变化率.

下面的例子是对上述求解方法的进一步阐释.

例 3   两辆轿车 A 和 B 沿着两条相互交叉的公路,分别以 100 km/h 和 120 km/h的速度向西和向南行驶,试问当 A,B 两车与交叉路口的距离分别是 8 km 和 6 km 时,两车之间的距离以什么速度增加?

解   我们遵循前面介绍的求解步骤解答本题.

1. 理解问题的含义.

2. 画出图 3-56,其中 C 是两条路的交叉口.

3. 在任一给定的时刻,假设 x 是轿车 A 与路口 C 的距离,y 是轿车 B 与路口 C 的距离,z 是两车之间的距离,计算单位均为 km.

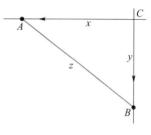

4. 已知 $\dfrac{\mathrm{d}x}{\mathrm{d}t} = 100$ km/h,$\dfrac{\mathrm{d}y}{\mathrm{d}t} = 120$ km/h. 我们要寻求 $\dfrac{\mathrm{d}z}{\mathrm{d}t}$.

图 3-56

5. 根据勾股定理可以知道 x,y 和 z 之间的关系:$z^2 = x^2 + y^2$.

6. 对上式两边关于 t 求导,我们有

$$2z \frac{\mathrm{d}z}{\mathrm{d}t} = 2x \frac{\mathrm{d}x}{\mathrm{d}t} + 2y \frac{\mathrm{d}y}{\mathrm{d}t},$$

$$\frac{\mathrm{d}z}{\mathrm{d}t} = \frac{1}{z} \left(x \frac{\mathrm{d}x}{\mathrm{d}t} + y \frac{\mathrm{d}y}{\mathrm{d}t} \right) = \frac{1}{\sqrt{x^2 + y^2}} \left(x \frac{\mathrm{d}x}{\mathrm{d}t} + y \frac{\mathrm{d}y}{\mathrm{d}t} \right).$$

这样便建立了相关变化率方程.

7. 当 $x = 8$ km 和 $y = 6$ km 时,

$$\frac{\mathrm{d}z}{\mathrm{d}t} = \frac{1}{\sqrt{8^2 + 6^2}} (8 \times 100 + 6 \times 120) = 152 (\mathrm{km/h}).$$

这就意味着两车之间的距离正以 152 km/h 的速度在增加.

例 4   某公司销售某种商品. 根据历史记录,确定当销量为 x 时,所产生的收益 R(单位:元)由 $R(x) = 800x - x^2$ 给出. 该公司还发现该商品正以每天 5 件的销量在售. 请问当销量为 40 件时,收益将以何种速度增加?

解   我们仍沿用相关变化率问题的求解步骤解答本题.

1. 根据题意,本题无须作图.

2. 这里,x 为产品销量,$R(x)$ 为所产生的收益.

3. 已经知道:当 $x = 40$ 件时,$\dfrac{\mathrm{d}x}{\mathrm{d}t} = 5$ 件/天.

4. 本例中,收益方程为 $R = 800x - x^2$.

5. 为了寻求收益 R 关于时间 t 的变化率,对收益方程两边关于 t 求导,可得

$$\frac{\mathrm{d}R}{\mathrm{d}t} = 800\,\frac{\mathrm{d}x}{\mathrm{d}t} - 2x\,\frac{\mathrm{d}x}{\mathrm{d}t}.$$

6. 当 $x = 40$ 件,$\dfrac{\mathrm{d}x}{\mathrm{d}t} = 5$ 件/天时,

$$\frac{\mathrm{d}R}{\mathrm{d}t} = 800 \times 5 - 2 \times 40 \times 5 = 3\,600\,(\text{元/天}).$$

这就意味着当销量为 40 件时,公司收益正以 3 600 元/天的速度增长.

■ 需求弹性

现在来看几个关于弹性的例子. 如果某种产品或商品价格的微小变化能使需求产生较大或重大变化,我们称该产品或商品是有弹性的. 例如,家具市场、手机市场都是具有需求弹性的,因为这些市场的顾客总是非常关注性价比. 另一方面,如果价格的变化对需求的影响很小或者没有影响,则称该产品或商品是缺乏弹性的. 例如,大米、食盐等生活必需品就属于此类.

一般来说,有两种类型的弹性,即:弧弹性和点弹性.

弧弹性

经济学中常用的第一种弹性是弧弹性. 它表示某种商品的需求曲线(即需求随价格变化的函数曲线)上两点之间的需求量的变动对于价格变动的敏感程度. 它强调的是弧上的变化. 弧弹性通常是在已经知道价格和需求量的实际变化,而可能并不清楚价格-需求函数的情况下,用需求量的相对变化量和价格的相对变化量之比来进行测算的. 具体来说,

$$\text{弧弹性} = -\frac{\text{需求量的相对变化量}}{\text{价格的相对变化量}} = -\frac{\dfrac{\Delta q}{q}}{\dfrac{\Delta p}{p}}.$$

其中 p 表示原始价格,q 表示原始需求量,Δp 和 Δq 分别表示价格和需求的变化量. 若用 E_a 表示弧弹性,p_1 和 q_1 分别表示原始的价格和需求量,而 p_2 和 q_2 分别表示新的价格和需求量,则上式可写成

$$E_a = -\frac{\dfrac{q_2 - q_1}{q_1}}{\dfrac{p_2 - p_1}{p_1}},$$

这里的符号"-"仅仅是一种习惯用法.

例5 某品牌手机专营店以每部手机 2 000 元的价格进行销售,每周销售 300 部. 通过一次促销,他们发现,当价格下降 10%,即每部手机降至 1 800 元时,销量增长 20%,达到 360 部. 计算其弧弹性.

解 这里的原始价格和销量分别是 $p_1 = 2\,000$ 和 $q_1 = 300$,而新的价格和销量分别是 $p_2 = 1\,800$ 和 $q_2 = 360$. 我们利用这些数值来计算弧弹性

$$E_a = -\frac{\dfrac{q_2 - q_1}{q_1}}{\dfrac{p_2 - p_1}{p_1}} = -\frac{\dfrac{360 - 300}{300}}{\dfrac{1\,800 - 2\,000}{2\,000}} = -\frac{0.2}{-0.1} = 2.$$

这就意味着当价格发生 10% 的变化时,其销量变化的百分比超过了价格变化的百分比,这里前者是后者的 2 倍,我们就说手机的需求量是有弹性的.

点弹性

当需求曲线上两点间的价格变化量趋于无穷小时,需求的弹性要用点弹性来表示. 在计算点弹性时,需求函数 $d(p)$ 起到了重要作用.

需求函数 $d = d(p)$ 给出了当价格处于 p 水平时,消费者对一种产品的需求量. 为了确定点弹性,假定该产品的单位价格从 p 提高到 $p+h$,则需求量从 $d(p)$ 变化到 $d(p+h)$,如图 3-57. 单位价格的相对变化量是

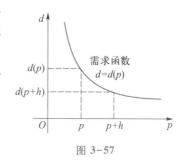

图 3-57

$$\frac{\Delta p}{p} = \frac{(p+h) - p}{p} = \frac{h}{p},$$

而相应的需求量的相对变化量是

$$\frac{\Delta d}{d} = \frac{d(p+h) - d(p)}{d(p)}.$$

利用弧弹性计算公式,我们得到

$$-\frac{需求量的相对变化量}{价格的相对变化量} = -\frac{\dfrac{d(p+h) - d(p)}{d(p)}}{\dfrac{h}{p}}.$$

当价格变化量非常小,也就是说 $h \to 0$ 时,我们得到点弹性(记作 $E(p)$)的计算公式:

$$E(p) = \lim_{h \to 0} \left[-\frac{\dfrac{d(p+h)-d(p)}{d(p)}}{\dfrac{h}{p}} \right] = -\lim_{h \to 0} \left\{ \frac{p}{d(p)} \cdot \frac{[d(p+h)-d(p)]}{h} \right\}$$

$$= -\frac{p}{d(p)} \lim_{h \to 0} \frac{d(p+h)-d(p)}{h} = -\frac{p}{d(p)} \cdot d'(p).$$

我们把这种类型的弹性简称为需求弹性. 近似地说，$E(p)$ 的含义是，当价格处于 p 的水平，价格的相对变化量是 1% 时，其需求的相对变化量是 $E(p)\%$. 一般地，当 $E(p) \in (0,1)$ 时，我们称需求对价格是缺乏弹性的，而当 $E(p) > 1$ 时，称需求对价格是富有弹性的.

例 6   根据历史资料，某足球俱乐部的联赛门票的需求函数为 $d = d(p) = 6\,400 - p^2$，其中 p 表示一张门票的价格.

（1）求门票的需求弹性；

（2）计算 $E(30)$ 和 $E(60)$，并解释计算结果.

解   （1）先计算 $d'(p)$. 将需求函数关于 p 求导得

$$d'(p) = (6\,400 - p^2)' = -2p.$$

利用需求弹性的定义可得

$$E(p) = -\frac{pd'(p)}{d(p)} = -\frac{p}{6\,400 - p^2} \cdot (-2p) = \frac{2p^2}{6\,400 - p^2}.$$

（2）当 $p = 30$ 时，我们有

$$E(30) = \frac{2 \times 30^2}{6\,400 - 30^2} = \frac{1\,800}{5\,500} = \frac{18}{55}.$$

当 $p = 60$ 时，我们有

$$E(60) = \frac{2 \times 60^2}{6\,400 - 60^2} = \frac{7\,200}{2\,800} = \frac{18}{7}.$$

从计算结果可以看出，当价格 $p = 30$ 时，需求对价格缺乏弹性，此时可以通过提高票价来增加收益；而当价格 $p = 60$ 时，需求对价格则是富有弹性的，即需求对价格的变化是很敏感的.

习题 3.7

1. 假设 V 是边长为 x 的立方体的体积. 如果立方体随着时间 t 而膨胀，写出 $\dfrac{\mathrm{d}V}{\mathrm{d}t}$ 和 $\dfrac{\mathrm{d}x}{\mathrm{d}t}$ 的相关变化率方程.

2. 正方形的边长以 6 cm/s 的速度增长. 当正方形的面积是 16 cm² 时,正方形面积的增长速度是多少?

3. 假设球的半径 R 和体积 $V = \dfrac{4}{3}\pi R^3$ 都是时间 t 的可微函数,写出 $\dfrac{dV}{dt}$ 和 $\dfrac{dR}{dt}$ 的相关变化率方程.

4. 一个半径为 5 m 的圆柱形容器,正以 3 m³/min 的速度加水. 试问水面高度的增长速度是多少?

5. 对于下面的两个问题:

(1) 一架飞机在 6 km 的高空水平飞行,且正以 800 km/h 的速度飞过某雷达站的上空. 当飞机距离雷达站 7.5 km 时,飞机和雷达站距离的增长速度是多少?

(2) 一盏路灯安装在高 5 m 的电杆顶端. 一个高 2 m 的人正以 1.5 m/s 的速度沿着笔直的马路朝背离电杆的方向行走. 当他离电杆 10 m 的时候,他的影子顶端的移动速度是多少?

请回答:(a) 问题中的已知量是什么? 未知量是什么?

(b) 在任意时刻 t,画一张草图;

(c) 写出把相关的量联系起来的方程;

(d) 求解该问题.

6. 两个人分别站在 xOy 平面上的点 $(x,0)$ 和 $(0,y)$ 处,他们的距离是 L.

(1) 如果站在 y 轴上的人原地不动,那么站在 x 轴上的人的移动速度 $\dfrac{dx}{dt}$ 和两人间距离的变化速度 $\dfrac{dL}{dt}$ 有何关系?

(2) 如果两人都走动起来,那么他们的移动速度 $\dfrac{dx}{dt}, \dfrac{dy}{dt}$ 和两人间距离的变化速度 $\dfrac{dL}{dt}$ 有何关系?

7. 一个长方体的边长分别为 x, y 和 z,其对角线长度为 L.

(1) 假设 x, y 和 z 都是 t 的可导函数,那么 $\dfrac{dL}{dt}$ 和 $\dfrac{dx}{dt}, \dfrac{dy}{dt}$ 及 $\dfrac{dz}{dt}$ 有何关系?

(2) 如果 z 是常数,那么 $\dfrac{dL}{dt}$ 和 $\dfrac{dx}{dt}$ 以及 $\dfrac{dy}{dt}$ 有何关系?

(3) 如果 L 是常数,那么 $\dfrac{dx}{dt}, \dfrac{dy}{dt}$ 和 $\dfrac{dz}{dt}$ 之间又有何关系?

8. 碎石正由传送带以 3 m³/min 的速度运往原料堆场,且形成了一个圆锥形的石堆. 假定该圆锥的底面直径总是与其高度相等,那么当石堆高度为 3 m 时, 它的高度的增长速度是多少?

9. 三角形两边的长度分别为 4 m 和 5 m,它们的夹角以 0.06 rad/s 的速度增长. 假设两条边的长度不变,当他们的夹角为 $\dfrac{\pi}{3}$ 时,三角形面积的增长速度是多少?

10. 如图 3-58,两个电阻值分别是 R_1 和 R_2 的电阻并联起来, 那么总电阻值 R(单位:Ω)满足

$$\frac{1}{R} = \frac{1}{R_1} + \frac{1}{R_2}.$$

如果 R_1 和 R_2 的增长速度分别是 0.3 Ω/s 和 0.2 Ω/s,那么当 $R_1 = 80$ Ω, $R_2 = 100$ Ω 时,总电阻值的变化速度是多少?

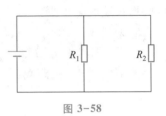

图 3-58

11. 一名运动员正沿着半径为 100 m 的圆形跑道以 7 m/s 的稳定速度全速奔跑,而他的教练站在距离跑道中心 200 m 的地方. 当他们之间的距离是 200 m 时,他们的距离正以何种速度变化?

12. 一个球状热气球正以 10π m³/min 的速度充气,当热气球半径为 1.5 m 时,气球半径的增长速度是多少? 气球表面积的增长速度有多快?

13. 一家公司生产 x 件产品的成本是 $C(x)$,销售 x 件产品的收入是 $R(x)$, 而利润是 $P(x)$. 试对以下情形确定 $\dfrac{\mathrm{d}x}{\mathrm{d}t}$ 与 $\dfrac{\mathrm{d}C}{\mathrm{d}t}, \dfrac{\mathrm{d}R}{\mathrm{d}t}, \dfrac{\mathrm{d}P}{\mathrm{d}t}$ 的关系,并对相应的 x 和 $\dfrac{\mathrm{d}x}{\mathrm{d}t}$ 的值,求 $\dfrac{\mathrm{d}C}{\mathrm{d}t}, \dfrac{\mathrm{d}R}{\mathrm{d}t}, \dfrac{\mathrm{d}P}{\mathrm{d}t}$.

(1) $C(x) = x^3 - 5x^2 + 12x$, $R(x) = 8x$, 且当 $x = 2$ 时, $\dfrac{\mathrm{d}x}{\mathrm{d}t} = 0.1$;

(2) $C(x) = x^3 - 5x^2 + \dfrac{36}{x}$, $R(x) = 40x$, 且当 $x = 2$ 时, $\dfrac{\mathrm{d}x}{\mathrm{d}t} = 0.05$.

14. 计算弧弹性 E_a:

(1) $q_1 = 50, q_2 = 55, p_1 = 110, p_2 = 100$;

(2) $q_1 = 5\,000, q_2 = 5\,800, p_1 = 60, p_2 = 54$.

15. 某影城统计发现,当票价是每张 25 元时,每天能卖出 850 张票,而在一周的促销期间,若票价下调到每张 20 元,出票数量增长到每天 1 180 张. 试确定电影票弧弹性,并对结果进行解释.

16. 对于下面给定的需求函数 $d = d(p)$ 和价格水平 p,确定点弹性 $E(p)$,并确定需求是有弹性的或缺乏弹性的.

（1）$d(p)=50-4p,p=10$；　　　　（2）$d(p)=200-p^2,p=8$；

（3）$d(p)=\dfrac{100}{p^2},p=30$；　　　　（4）$d(p)=4\,500e^{-0.02p},p=200$；

（5）$d(p)=100\ln(1\,000-10p),p=19$；　　（6）$d(p)=100e^{-0.05p},p=40$.

17. 某城际铁路实行单一票价 65 元,每天约有 57 800 人乘坐. 假设需求函数为 $x=2\,000\sqrt{900-p}$,其中 p 为单一票价,x 为乘客人数.

（1）在现行票价水平上,需求是否是有弹性的?

（2）为了增加运营收入,应该提高还是降低票价?

18. 某品牌香烟的需求函数是 $d(p)=4.5p^{-0.73}$,其中 p 是每包烟的价格（单位:元）,$d(p)$ 是需求（单位:千包）.

（1）确定需求的点弹性 $E(p)$；

（2）证明:对于任意的价格 $p>0$,需求是缺乏弹性的,并解释对于提高香烟价格和增加香烟税赋来说,这意味着什么?

－ 3.8　不定型与洛必达法则 －

假如我们要分析函数

$$f(x)=\frac{e^x-1}{x}$$

的性质,虽然当 $x=0$ 时 $f(x)$ 没有意义,但是我们需要知道 $f(x)$ 在点 0 附近的变化性态. 特别地,我们希望知道极限

$$\lim_{x\to 0}\frac{e^x-1}{x} \tag{1}$$

的值. 由于分母的极限是 0,因而不能运用极限的四则运算法则（参见第一章）计算这个极限. 事实上,虽然极限（1）存在,但由于分子和分母都趋于 0,而 $\dfrac{0}{0}$ 是没有意义的,因而该极限的值并不是一目了然的.

一般来说,如果我们考虑形如

$$\lim_{\substack{x\to a\\(x\to\infty)}}\frac{f(x)}{g(x)}$$

的极限,其中,当 $x\to a$（或 $x\to\infty$）时,$f(x)\to 0$ 且 $g(x)\to 0$,那么该极限可能存在,也可能不存在,我们称之为 $\dfrac{0}{0}$ 型的不定型. 在第一章中,我们也曾遇到过这

种类型的极限.对于有理函数,可以通过消去公因式进行计算,例如,

$$\lim_{x\to 1}\frac{x^3-1}{x^2-1}=\lim_{x\to 1}\frac{(x-1)(x^2+x+1)}{(x-1)(x+1)}=\lim_{x\to 1}\frac{x^2+x+1}{x+1}=\frac{3}{2}.$$

此外,还通过几何的分析方法,运用夹逼准则,证明了 $\lim\limits_{x\to 0}\dfrac{\sin x}{x}=1$. 然而,对于诸如(1)这样的极限来说,这些方法并非始终有效.

当我们寻求函数 $f(x)=\dfrac{e^x-1}{x}$ 的水平渐近线时,需要确定它在无穷远点的极限

$$\lim_{x\to +\infty}\frac{e^x-1}{x}. \tag{2}$$

我们注意到,当 $x\to +\infty$ 时,分子和分母都趋于无穷大,因而,如何确定该极限并不显然. 在极限过程中,分子和分母之间可以看作存在着增长速度的"竞争". 若分母胜出,极限将是 0;但若分子赢了,则答案将是 $+\infty$;此外,分子、分母间还可能存在某种"妥协",此时,答案可能是某个有限正数.

一般来说,如果我们考虑形式如下的极限

$$\lim_{\substack{x\to a\\(x\to\infty)}}\frac{f(x)}{g(x)},$$

其中,当 $x\to a$(或 $x\to\infty$)时,$f(x)\to\infty$,且 $g(x)\to\infty$,那么该极限可能存在,也可能不存在,我们称之为 $\dfrac{\infty}{\infty}$ 型的不定型. 在第一章中,我们看到,对于某些函数,包括有理函数,可以用分母中出现的 x 的最高次幂来除分子和分母,以求得该极限. 例如,

$$\lim_{x\to\infty}\frac{x^2+1}{3x^2+2}=\lim_{x\to\infty}\frac{1+\dfrac{1}{x^2}}{3+\dfrac{2}{x^2}}=\frac{1+0}{3+0}=\frac{1}{3}.$$

但这种方法对于像(2)这样的极限并不奏效. 正因如此,我们介绍一种称之为洛必达法则的方法来求不定型的极限.

■ 洛必达法则

定理   洛必达法则

假定 $f(x)$ 和 $g(x)$ 在包含 a 的某个开区间 I 上(可能除去 a)是可微的,且 $g'(x)\neq 0$. 若

$$\lim_{x \to a} f(x) = 0 \text{ 且 } \lim_{x \to a} g(x) = 0,$$

或者

$$\lim_{x \to a} f(x) = \infty \text{ 且 } \lim_{x \to a} g(x) = \infty,$$

则当极限 $\lim\limits_{x \to a} \dfrac{f'(x)}{g'(x)}$ 存在(或者是 ∞)时,

$$\lim_{x \to a} \frac{f(x)}{g(x)} = \lim_{x \to a} \frac{f'(x)}{g'(x)}.$$

注 1　洛必达法则表明,只要给定的条件得到满足,则函数比值的极限等于它们的导数比值的极限. 因此,在运用洛必达法则之前,尤为重要的是验证 f 和 g 满足相关条件.

注 2　对于单侧极限以及无穷远处的极限,即,把"$x \to a$"用"$x \to a^+$""$x \to a^-$""$x \to \infty$""$x \to +\infty$"或者"$x \to -\infty$"来代替,洛必达法则仍然是成立的.

注 3　假如 $f(a) = g(a) = 0$,f' 和 g' 是连续的,而且 $g'(a) \neq 0$,那么要证明洛必达法则成立是比较容易的. 事实上,根据连续和导数的定义,我们有

$$\lim_{x \to a} \frac{f(x)}{g(x)} = \lim_{x \to a} \frac{f(x) - f(a)}{g(x) - g(a)} = \lim_{x \to a} \frac{\dfrac{f(x) - f(a)}{x - a}}{\dfrac{g(x) - g(a)}{x - a}}$$

$$= \frac{\lim\limits_{x \to a} \dfrac{f(x) - f(a)}{x - a}}{\lim\limits_{x \to a} \dfrac{g(x) - g(a)}{x - a}} = \frac{f'(a)}{g'(a)} = \lim_{x \to a} \frac{f'(x)}{g'(x)}.$$

在一般情形下证明洛必达法则是较为困难的. 我们把关于 $\dfrac{0}{0}$ 型不定型的洛必达法则的证明放在本节末尾,略去关于 $\dfrac{\infty}{\infty}$ 型不定型的洛必达法则的证明.

例 1　求极限 $\lim\limits_{x \to 0} \dfrac{e^x - 1}{x}$.　　　　　　　　　　　　　　　$\left(\dfrac{0}{0} 型\right)$

解　　　　　$\lim\limits_{x \to 0} \dfrac{e^x - 1}{x} = \lim\limits_{x \to 0} \dfrac{(e^x - 1)'}{(x)'} = \lim\limits_{x \to 0} \dfrac{e^x}{1} = 1.$

注 4　有时候在分子和分母分别求导后,新的分子和分母仍然同时趋于 0 (或者 $\pm\infty$),可以考虑再次运用洛必达法则.

例 2　求极限 $\lim\limits_{x \to 0} \dfrac{\tan x - x}{2x^3}$.

解　当 $x \to 0$ 时,$\tan x - x \to 0$,且 $2x^3 \to 0$. 运用洛必达法则,我们有

$$\lim_{x \to 0} \frac{\tan x - x}{2x^3} = \lim_{x \to 0} \frac{\sec^2 x - 1}{6x^2}.$$

上式右端的极限仍然是 $\dfrac{0}{0}$ 型不定型,我们再次运用洛必达法则可得

$$\lim_{x \to 0} \frac{\sec^2 x - 1}{6x^2} = \lim_{x \to 0} \frac{2\sec^2 x \tan x}{12x}.$$

因为 $\lim\limits_{x \to 0} \sec^2 x = 1$,所以可以化简该极限,我们有

$$\lim_{x \to 0} \frac{2\sec^2 x \tan x}{12x} = \frac{1}{6} \lim_{x \to 0} \sec^2 x \lim_{x \to 0} \frac{\tan x}{x} = \frac{1}{6} \lim_{x \to 0} \frac{\tan x}{x}.$$

对于最后一个极限,我们可以第三次运用洛必达法则,也可以将 $\tan x$ 写成 $\dfrac{\sin x}{\cos x}$,从而运用已有的结果. 总之,我们得到

$$\lim_{x \to 0} \frac{\tan x - x}{2x^3} = \lim_{x \to 0} \frac{\sec^2 x - 1}{6x^2} = \lim_{x \to 0} \frac{2\sec^2 x \tan x}{12x}$$

$$= \frac{1}{6} \lim_{x \to 0} \frac{\tan x}{x} = \frac{1}{6} \lim_{x \to 0} \frac{\sec^2 x}{1} = \frac{1}{6}.$$

注   每次运用洛必达法则时,必须验证相关条件是满足的,否则会导致错误的结果.

例 3   求极限 $\lim\limits_{x \to 0} \dfrac{2 - 2\cos x}{3x + x^2}.$ $\left(\dfrac{0}{0} 型 \right)$

解 $\lim\limits_{x \to 0} \dfrac{2 - 2\cos x}{3x + x^2}$

$$= \lim_{x \to 0} \frac{2\sin x}{3 + 2x} \quad \left(不再是 \frac{0}{0} 型,可以求极限 \right)$$

$$= \frac{0}{3} = 0.$$

假如我们重复运用洛必达法则,再次求导数,则有

$$\lim_{x \to 0} \frac{2 - 2\cos x}{3x + x^2} = \lim_{x \to 0} \frac{2\sin x}{3 + 2x} = \lim_{x \to 0} \frac{2\cos x}{2} = 1.$$

这是错误的.

例 4   求极限 $\lim\limits_{x \to +\infty} \dfrac{\ln x}{\sqrt{x}}.$

解   注意到,当 $x \to +\infty$ 时,$\ln x \to +\infty$,且 $\sqrt{x} \to +\infty$,应用洛必达法则可得

$$\lim_{x\to+\infty}\frac{\ln x}{\sqrt{x}}=\lim_{x\to+\infty}\frac{\dfrac{1}{x}}{\dfrac{1}{2}x^{-\frac{1}{2}}}.$$

这里的极限是 $\dfrac{0}{0}$ 型不定型,但是我们不像例 2 中那样再次运用洛必达法则,而是将表达式化简,可得

$$\lim_{x\to+\infty}\frac{\ln x}{\sqrt{x}}=\lim_{x\to+\infty}\frac{\dfrac{1}{x}}{\dfrac{1}{2}x^{-\frac{1}{2}}}=\lim_{x\to+\infty}\frac{2}{\sqrt{x}}=0.$$

可见,没有必要再次运用洛必达法则.

■ 乘积型不定型

如果 $\lim\limits_{x\to a}f(x)=0$,而 $\lim\limits_{x\to a}g(x)=\infty$,那么极限 $\lim\limits_{x\to a}f(x)g(x)$ 的值即使是存在的,也是不清楚的. f 和 g 之间可以看作存在"竞争". 如果 f 胜出,即 f 趋于 0 的速度更快,则答案是 0;而若 g 趋于 ∞ 的速度更快,则极限将是 ∞;此外,f,g 双方还可能达成"妥协",此时该极限将是有限的非零数. 这种类型的极限称之为 $0 \cdot \infty$ 型的不定型. 对此类极限,我们把乘积 $f \cdot g$ 改写为 $f \cdot g = \dfrac{f}{\dfrac{1}{g}}$,或者 $f \cdot g = \dfrac{g}{\dfrac{1}{f}}$,于是所求的极限转化为 $\dfrac{0}{0}$ 型或 $\dfrac{\infty}{\infty}$ 型不定型,可以运用洛必达法则.

例 5　计算 $\lim\limits_{x\to0^+}x^2\ln x$.

解　当 $x\to0^+$ 时,$x^2\to0$,而 $\ln x\to-\infty$. 记 $x^2=\dfrac{1}{\dfrac{1}{x^2}}$,则当 $x\to0^+$ 时,$\dfrac{1}{x^2}\to+\infty$. 因此,根据洛必达法则可得

$$\lim_{x\to0^+}x^2\ln x=\lim_{x\to0^+}\frac{\ln x}{\dfrac{1}{x^2}}=\lim_{x\to0^+}\frac{\dfrac{1}{x}}{-\dfrac{2}{x^3}}=\lim_{x\to0^+}\left(-\frac{x^2}{2}\right)=0.$$

注　在上例中,还有一种可能选择的变形是

$$\lim_{x\to 0^+} x^2 \ln x = \lim_{x\to 0^+} \frac{x^2}{\dfrac{1}{\ln x}}.$$

这样的确给出了 $\dfrac{0}{0}$ 型不定型,但是当我们运用洛必达法则时,会得到比原来更复杂的表达式. 一般说来,当我们改写乘积型不定型时,应当合理选择,以导出较为简单的极限形式.

读者可以采用不同的变形来求极限 $\lim_{x\to -\infty} xe^x$,并进行观察.

■ 差型不定型

如果 $\lim_{x\to a} f(x) = \infty$,$\lim_{x\to a} g(x) = \infty$,则称极限

$$\lim_{x\to a} [f(x) - g(x)]$$

为 $\infty - \infty$ 型的不定型. f 和 g 之间仍可以看作出现"竞争",无论谁胜出,都将会出现 ∞ 的结果,或者双方在某个有限的实数上达成"妥协". 为了求出结果,我们尝试将"差"转化为"商",使之成为 $\dfrac{0}{0}$ 型或 $\dfrac{\infty}{\infty}$ 型的不定型. 比方说,我们可以利用通分,或者通过有理化,或者提取公因式,等等.

例 6   求极限 $\lim_{x\to 0}\left(\dfrac{1}{x} - \dfrac{1}{\sin x}\right)$.

解   无论 $x\to 0^+$,还是 $x\to 0^-$,该极限都是 $\infty - \infty$ 型的不定型. 为求极限,先进行通分,即

$$\frac{1}{x} - \frac{1}{\sin x} = \frac{\sin x - x}{x\sin x},$$

其中 $x\sin x$ 是公分母,然后利用洛必达法则可得

$$\lim_{x\to 0}\left(\frac{1}{x} - \frac{1}{\sin x}\right) = \lim_{x\to 0}\frac{\sin x - x}{x\sin x} \qquad \left(\frac{0}{0}\text{型}\right)$$

$$= \lim_{x\to 0}\frac{\cos x - 1}{\sin x + x\cos x} \qquad \left(\frac{0}{0}\text{型}\right)$$

$$= \lim_{x\to 0}\frac{-\sin x}{2\cos x - x\sin x} = \frac{0}{2} = 0.$$

■ 幂型不定型

还有几种不定型来自形式如下的极限

$$\lim_{x \to a} [f(x)]^{g(x)}.$$

1. 0^0 型 $\lim\limits_{x \to a} f(x) = 0$,且 $\lim\limits_{x \to a} g(x) = 0$;

2. ∞^0 型 $\lim\limits_{x \to a} f(x) = \infty$,且 $\lim\limits_{x \to a} g(x) = 0$;

3. 1^∞ 型 $\lim\limits_{x \to a} f(x) = 1$,且 $\lim\limits_{x \to a} g(x) = \infty$.

因为对于每个正数 b,总有 $b = \mathrm{e}^{\ln b}$,而对于任意的正函数 $f(x)$,我们总可以把它写成 $f(x) = \mathrm{e}^{\ln f(x)}$. 因而对于上述三种情形,我们可以采用以下两种方法进行转换:

(1) 假设 $y = f(x)^{g(x)}$,则 $\ln y = g(x) \ln f(x)$;

(2) $f(x)^{g(x)} = \mathrm{e}^{g(x) \ln f(x)}$.

(这两种方法在求这种类型的函数的导数时曾经用过). 无论采用哪种方法,我们都能导出乘积型不定型 $\lim\limits_{x \to a} g(x) \ln f(x)$,它属于 $0 \cdot \infty$ 型.

例 7   求极限 $\lim\limits_{x \to 0^+} x^x$.

解   我们知道,对任意的 $x > 0$,恒有 $0^x = 0$,但是对于任意的 $x \neq 0$,总有 $x^0 = 1$,因此这个极限是不明确的. 改写该函数为指数形式

$$x^x = (\mathrm{e}^{\ln x})^x = \mathrm{e}^{x \ln x}.$$

参照例 5,运用洛必达法则可得

$$\lim_{x \to 0^+} x \ln x = 0.$$

因此,

$$\lim_{x \to 0^+} x^x = \lim_{x \to 0^+} \mathrm{e}^{x \ln x} = \mathrm{e}^0 = 1.$$

例 8   求极限 $\lim\limits_{x \to 0^+} (\cos 2x)^{\cot x}$.

解   注意到,当 $x \to 0^+$ 时,$\cos 2x \to 1$,$\cot x \to +\infty$,这个极限是 1^∞ 型不定型. 假设

$$y = (\cos 2x)^{\cot x},$$

则

$$\ln y = \ln[(\cos 2x)^{\cot x}] = \cot x \cdot \ln(\cos 2x).$$

因此,由洛必达法则可得

$$\lim_{x \to 0^+} \ln y = \lim_{x \to 0^+} \frac{\ln(\cos 2x)}{\tan x} = \lim_{x \to 0^+} \frac{-2 \dfrac{\sin 2x}{\cos 2x}}{\sec^2 x} = 0.$$

至此我们求得了 $\ln y$ 的极限,但要计算的是 y 的极限. 运用等式 $y = \mathrm{e}^{\ln y}$,我们有

$$\lim_{x \to 0^+} (\cos 2x)^{\cot x} = \lim_{x \to 0^+} y = \lim_{x \to 0^+} \mathrm{e}^{\ln y} = \mathrm{e}^0 = 1.$$

本节的最后,我们来证明洛必达法则.

洛必达法则的证明   假定 $\lim\limits_{x\to a} f(x) = 0$, $\lim\limits_{x\to a} g(x) = 0$. 假设

$$L = \lim_{x\to a} \frac{f'(x)}{g'(x)}.$$

来证 $\lim\limits_{x\to a} \dfrac{f(x)}{g(x)} = L$. 定义

$$F(x) = \begin{cases} f(x), & x \neq a, \\ 0, & x = a, \end{cases} \qquad G(x) = \begin{cases} g(x), & x \neq a, \\ 0, & x = a. \end{cases}$$

由于 f 在 $\{x \mid x \in I \ \text{且} \ x \neq a\}$ 上是连续的,而且

$$\lim_{x\to a} F(x) = \lim_{x\to a} f(x) = F(a).$$

因此, $F(x)$ 在 I 上连续. 同样地, $G(x)$ 在 I 上也连续. 任给 $x \in I$,假设 $x > a$,那么, $F(x)$ 和 $G(x)$ 在 $[a, x]$ 上连续,在 (a, x) 内可微,且 $G'(x) \neq 0$. 所以由柯西中值定理,存在 $y \in (a, x)$,使得

$$\frac{F'(y)}{G'(y)} = \frac{F(x) - F(a)}{G(x) - G(a)} = \frac{F(x)}{G(x)}.$$

这里用到了 $F(a) = G(a) = 0$. 假如我们令 $x \to a^+$,则 $y \to a^+$,因此

$$\lim_{x\to a^+} \frac{f(x)}{g(x)} = \lim_{x\to a^+} \frac{F(x)}{G(x)} = \lim_{y\to a^+} \frac{F'(y)}{G'(y)} = \lim_{y\to a^+} \frac{f'(y)}{g'(y)} = L.$$

类似地,可以证明 $\lim\limits_{x\to a^-} \dfrac{f(x)}{g(x)} = L$,所以

$$\lim_{x\to a} \frac{f(x)}{g(x)} = L.$$

这样在 a 为有限数的情况下证明了洛必达法则.

如果 $x \to +\infty$,我们设 $t = \dfrac{1}{x}$,则 $t \to 0^+$. 因此我们有

$$\lim_{x\to +\infty} \frac{f(x)}{g(x)} = \lim_{t\to 0^+} \frac{f\left(\dfrac{1}{t}\right)}{g\left(\dfrac{1}{t}\right)}$$

$$= \lim_{t\to 0^+} \frac{f'\left(\dfrac{1}{t}\right) \cdot \left(-\dfrac{1}{t^2}\right)}{g'\left(\dfrac{1}{t}\right) \cdot \left(-\dfrac{1}{t^2}\right)} \qquad (\text{根据 } a \text{ 为有限值时的洛必达法则})$$

$$= \lim_{t \to 0^+} \frac{f'\left(\dfrac{1}{t}\right)}{g'\left(\dfrac{1}{t}\right)} = \lim_{x \to +\infty} \frac{f'(x)}{g'(x)}.$$

类似地可证 $x \to -\infty$ 的情形.

习题 3.8

1. 求以下极限,对适当的题目采用洛必达法则,如果有更基本的方法,运用基本方法求极限,并进行比较. 若不适于运用洛必达法则,应说明原因.

(1) $\lim\limits_{x \to -3} \dfrac{x^2-9}{x+3}$;　　　(2) $\lim\limits_{x \to 1} \dfrac{x^7-1}{x^5-1}$;　　　(3) $\lim\limits_{x \to 0} \dfrac{\sin x}{x^2}$;

(4) $\lim\limits_{x \to \infty} \dfrac{\ln x}{\sqrt{x}}$　　　(5) $\lim\limits_{x \to 0} \dfrac{\tan mx}{\tan nx}$;　　　(6) $\lim\limits_{x \to 0^+} \dfrac{\ln x}{x}$;

(7) $\lim\limits_{x \to 0} \dfrac{\cos x-1}{\mathrm{e}^x-x-1}$;　　　(8) $\lim\limits_{x \to \infty} x\tan \dfrac{1}{x}$　　　(9) $\lim\limits_{x \to 0} \dfrac{5^x-3^x}{x}$;

(10) $\lim\limits_{x \to 0}\left(\dfrac{1}{x^2}-\dfrac{1}{\sin^2 x}\right)$;　(11) $\lim\limits_{x \to 0} \dfrac{x+3\sin x}{x+3\cos x}$;　　　(12) $\lim\limits_{x \to 0}\left(\mathrm{e}^x+x\right)^{\frac{1}{x}}$;

(13) $\lim\limits_{x \to 0} \dfrac{\cos x-1+\dfrac{x^2}{2}}{x^4}$;　(14) $\lim\limits_{x \to \infty} x\sin \dfrac{\pi}{x}$;　　　(15) $\lim\limits_{x \to +\infty}\left(\sqrt{x^2+x}-x\right)$;

(16) $\lim\limits_{x \to 0}\left(1-2x\right)^{\frac{1}{x}}$;　　(17) $\lim\limits_{x \to 0^+} x^{x^2}$;　　　(18) $\lim\limits_{x \to 0^+}\left(4x+1\right)^{\cot x}$;

(19) $\lim\limits_{x \to 1} x^{\frac{1}{x-1}}$;　　　(20) $\lim\limits_{x \to +\infty} \dfrac{\mathrm{e}^x+x^2}{\mathrm{e}^x+x}$;　　　(21) $\lim\limits_{x \to 0^+}\left(\cos x\right)^{\frac{1}{x^2}}$.

2. 尝试运用洛必达法则求下列极限,观察出现的情况,并选择适当方法求以下极限:

(1) $\lim\limits_{x \to +\infty} \dfrac{\sqrt{5x+1}}{\sqrt{2x+1}}$;　　　　　　　(2) $\lim\limits_{x \to 0^+} \dfrac{\cot x}{\sec x}$.

3. 求 k 的值,使得函数

$$f(x) = \begin{cases} \dfrac{10x-2\sin 5x}{2x^3}, & x \neq 0, \\[2mm] k, & x = 0 \end{cases}$$

在 $x=0$ 连续.

4. 运用洛必达法则,并根据 3.3 节的方法,确定下列函数的图形的渐近线.

(1) $y = x e^{-x}$；   (2) $y = x - \ln(1+x)$.

5. 在上题(1)的基础上,考察由函数 $f(x) = x e^{-cx}$ 给出的曲线族,其中 c 是实数.确定使得曲线基本形状发生变化的 c 值,并观察当 c 变化时,函数的最值、极值和拐点有何变化,画出几条相应的曲线.

6. 如果静电场 E 作用在液体或者气体电介质上使其发生极化,那么单位体积的电偶极矩是

$$P(E) = \frac{e^E + e^{-E}}{e^E - e^{-E}} - \frac{1}{E}.$$

证明 $\lim\limits_{E \to 0^+} P(E) = 0$.

7. 假设初始存款额是 A_0,利率为 r,每年按 n 期计息,那么 t 年后的本息总额是

$$A = A_0 \left(1 + \frac{r}{n}\right)^{nt}.$$

如果令 $n \to \infty$,我们称之为连续复利.运用洛必达法则证明:如果以连续复利计息,t 年后的本息总额是 $A = A_0 e^{rt}$.

8. 证明:对于任意的正整数 n,

$$\lim\limits_{x \to +\infty} \frac{x^n}{e^x} = 0.$$

这就说明了指数函数趋于无穷大的速度比 x 的任意次幂都要快.

9. 证明:任给 $\alpha > 0$,$\lim\limits_{x \to 0^+} x^\alpha \ln x = 0$.

10. 考虑广义指数函数(a) $x^{\frac{1}{x}}$；   (b) $x^{\frac{1}{x^2}}$；   (c) $x^{\frac{1}{x^n}}$（n 是正整数）.

(1) 当 $x > 0$ 时,求它们的最大值(如果存在);

(2) 证明:对于任意的正整数 n,$\lim\limits_{x \to +\infty} x^{\frac{1}{x^n}} = 1$.

11. 如图 3-59 所示,一个圆心角为 θ 的扇形.假设 $A(\theta)$ 是弦 PR 和弧 PR 之间部分的面积,$B(\theta)$ 是直角三角形 PQR 的面积.求极限 $\lim\limits_{\theta \to 0^+} \dfrac{A(\theta)}{B(\theta)}$.

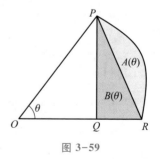

图 3-59

— 本章学习要点 —

在这一章里,我们介绍了导数应用的理论基础——微分中值定理,随后讨论了导数的一些重要应用,包括函数的增减性和凸性的研究、函数极值和最值的求法、用多项式逼近函数(函数在一点的线性化和泰勒公式)、相关变化率和弹性、不定型极限的求法(洛必达法则)等,并引入了微分学中的一个基本概念——微分,通过大量的实例揭示出导数和微分从概念到方法的重要性. 主要内容可以归纳如下:

1. 作为本章的知识要点,微分中值定理及其推论为导数的应用以及随后的积分学提供了重要的桥梁和基础.

(1)应当理解罗尔定理和拉格朗日中值定理,并了解柯西中值定理. 要注意三个中值定理在条件和结论中的共同点和不同点,并知道它们之间的关系:罗尔定理是拉格朗日中值定理的特例,拉格朗日中值定理又是柯西中值定理的特殊情形;

(2)在这三个中值定理(连同泰勒中值定理)中,仅仅"定性"地给出了点 c 在区间 (a,b) 内的存在性,而没有"定量"地指出 c 的位置或者数值;

(3)应当会用微分中值定理及其推论证明一些简单的等式和不等式以及证明方程解的存在性,并解决一些应用问题.

2. 利用中值定理,使我们可以从函数的导数来推断函数自身的相关特性,这是导数和微分应用的重要基础.

(1)借助于函数的一阶导数可以判断函数的增减性,二阶导数可用于判断函数的凸性,结合函数的定义域、对称性及其渐近线等信息,可画出其草图,把握函数的基本变化规律;

(2)以上有效信息为我们借助函数的一阶、二阶乃至更高阶导数寻求函数的极值点提供了有效途径.

3. 最优化问题是导数最重要的应用之一. 应当理解函数的极值和最值的概念,熟练掌握寻求函数的极值和最值的方法,同时能够根据实际问题,建立目标函数,从约束条件出发,解决相关的最优化问题.

4. 函数在一点的线性化为简化计算和分析提供了方便,而其背后蕴含的是微分的思想. 应当抓住函数可微的定义,会用一次函数近似表达初等函数,即得到函数的线性化,并利用微分来估计函数的变化量,分析和解决一些实际问题,同时应知道绝对误差和相对误差的概念.

5. 泰勒公式既是微分中值定理的推广(拉格朗日中值定理是泰勒中值定理当 $n=0$ 时的特例),又是函数线性化方法的深化(在一点用多项式函数近似表示复杂函数).

(1) 比起函数的线性近似,高阶泰勒公式具有更好的近似精度;

(2) 要记住一些常用函数的麦克劳林公式,并学会运用拉格朗日型余项估计近似误差,能够运用带有佩亚诺型余项的公式来计算不定型的极限.

6. 相关变化率具有重要的应用背景. 利用某个量的变化率(容易求得或获得)来计算另一个量的变化率是这一方法的核心思想. 应该学会从实际问题建立联系相关变量的方程,并利用链式法则,获得相关变化率方程,进而求得未知变化率. 另一方面,了解弹性(包括弧弹性和点弹性)及其计算是很有意义的.

7. 洛必达法则是求 $\dfrac{0}{0}$ 型和 $\dfrac{\infty}{\infty}$ 型不定型极限的一种比较有效的方法,但它有一定的适用范围:只有当 $\lim \dfrac{f'(x)}{g'(x)}$ 存在或为 ∞ 时可以应用,这一条件是充分而非必要条件,也就是说,当 $\lim \dfrac{f'(x)}{g'(x)}$ 不存在时,$\lim \dfrac{f(x)}{g(x)}$ 仍然可能有确切含义. 除了 $\dfrac{0}{0}$ 型和 $\dfrac{\infty}{\infty}$ 型两种基本类型外,

(1) 对 $0\cdot\infty$, $\infty-\infty$ 型不定型,可以通过取倒数、通分等恒等变形转化为 $\dfrac{0}{0}$ 型和 $\dfrac{\infty}{\infty}$ 型;

(2) 对 0^{0}, ∞^{0}, 1^{∞} 等幂型不定型,可以通过取对数转化为 $0\cdot\infty$ 型,并进而转化为 $\dfrac{0}{0}$ 型和 $\dfrac{\infty}{\infty}$ 型.

第三章自测题

第四章　不定积分与定积分 ▶▶▶

　　在之前的微分学中,我们讨论了已知函数的求导运算.在本章中,我们将讨论求导的逆运算,即寻求一个可导函数,使它的导数等于已知函数,这是积分学的基本问题之一.在实际问题中,除了要描述函数在给定时刻的瞬时变化率以外,我们还要描述这些瞬时变化在一段时间间隔上累积产生的函数.譬如,知道了物体的位置随时间的变化规律,可以确定该物体的速度和加速度函数.反过来,假设我们在开始时仅知道物体的速度或者加速度,如何反向求解去确定物体的位置函数或者速度函数.

　　本章首先讨论不定积分与定积分的基本概念与基本性质,再研究将不定积分与定积分紧密联系起来的两大微积分基本定理,然后讨论积分的计算方法:换元积分法、分部积分法、三角代换法等,最后讨论两类反常积分.

— 4.1　不　定　积　分 —

■ 原函数与不定积分

定义 1　原函数

　　若在区间 I 上,可导函数 $F(x)$ 的导函数为 $f(x)$,即对任一 $x \in I$,都有 $F'(x)=f(x)$,则称 $F(x)$ 为 $f(x)$ 在区间 I 上的一个原函数.

　　例如,因 $(\sin x)'=\cos x$,故 $\sin x$ 是 $\cos x$ 的一个原函数;又对于任意常数 C,$(\sin x+C)'=\cos x$,故 $\sin x+C$ 都是 $\cos x$ 的原函数.

　　又如,因 $(x^2)'=2x$,故 x^2 是 $2x$ 的一个原函数;又对于任意常数 C,$(x^2+C)'=2x$,故 x^2+C 都是 $2x$ 的原函数.

　　由以上两例可看出,若函数 $f(x)$ 有一个原函数 $F(x)$,则函数 $f(x)$ 就有无限多个原函数 $F(x)+C$,其中 C 为任一常数.

　　现在我们有两个重要问题:一是原函数的存在性,即 $f(x)$ 满足什么条件时,能保证它的原函数存在?二是若 $f(x)$ 有一个原函数 $F(x)$,是否 $f(x)$ 的所有原

函数都可写成 $F(x)+C$ 的形式?

1. 我们首先给出原函数的一个存在条件,证明将在 4.3 节的微积分第一基本定理中给出.

原函数存在定理 若 $f(x)$ 在区间 I 上连续,那么 $f(x)$ 在区间 I 上必存在原函数.

我们已经知道初等函数在其定义区间内连续,因此每个初等函数在其定义区间内都有原函数.

2. 若 $F(x)$ 和 $G(x)$ 是 $f(x)$ 的任意两个原函数,即 $F'(x)=f(x)$,$G'(x)=f(x)$,则 $G'(x)=F'(x)$. 由 3.1 节的推论 2,可得 $G(x)=F(x)+C$. 由此可知,$f(x)$ 的任意两个原函数之间只相差一个常数,即 $f(x)$ 的所有原函数都可写成 $F(x)+C$ 的形式.

由此我们可以得出结论:如果函数 $f(x)$ 有一个原函数 $F(x)$,那么 $f(x)$ 的全体原函数为函数族 $\{F(x)+C\}$,称为 $f(x)$ 的**原函数族**.

例 1 若已知 $f'(x)=x\sqrt{x}$,$f(1)=2$,求 $f(x)$.

解 $f'(x)=x\sqrt{x}=x^{\frac{3}{2}}$,因 $\left(\dfrac{2}{5}x^{\frac{5}{2}}\right)'=x^{\frac{3}{2}}$,所以 $f'(x)$ 的原函数为

$$f(x)=\frac{2}{5}x^{\frac{5}{2}}+C.$$

又由 $f(1)=\dfrac{2}{5}+C=2$,解得 $C=\dfrac{8}{5}$. 所以,所求原函数为

$$f(x)=\frac{2}{5}x^{\frac{5}{2}}+\frac{8}{5}.$$

例 2 若已知 $f''(x)=12x^2+6x-4$,$f(0)=4$,$f(1)=1$,求 $f(x)$.

解 按例 1 的方法,可得 $f''(x)=12x^2+6x-4$ 的原函数为 $f'(x)=4x^3+3x^2-4x+C_1$,再求 $f'(x)$ 的原函数,得

$$f(x)=x^4+x^3-2x^2+C_1x+C_2,$$

由条件 $f(0)=4$,$f(1)=1$,所以 $f(0)=0+C_2=4$,$f(1)=1+1-2+C_1+C_2=1$,得

$$C_2=4,C_1=-3.$$

所以

$$f(x)=x^4+x^3-2x^2-3x+4.$$

例 3 一质点沿直线运动,其加速度为 $a(t)=6t+4$,已知其初始速度 $v(0)=-6$,初始位置 $s(0)=9$,求其位置函数 $s(t)$.

解 因 $v'(t)=a(t)=6t+4$,求其原函数,得

$$v(t) = 3t^2 + 4t + C.$$

已知 $v(0) = -6$,求得 $C = -6$,则

$$v(t) = 3t^2 + 4t - 6.$$

又因 $s'(t) = v(t) = 3t^2 + 4t - 6$,得其原函数

$$s(t) = t^3 + 2t^2 - 6t + C_1,$$

又已知 $s(0) = 9$,求得 $C_1 = 9$,所以,所求位置函数为

$$s(t) = t^3 + 2t^2 - 6t + 9.$$

有了原函数的定义与计算,我们引进下述定义.

定义 2 不定积分

在区间 I 上,函数 $f(x)$ 的全体原函数称为 $f(x)$ 在区间 I 上的不定积分,记作 $\int f(x)\,dx$. 其中记号 $\int$ 称为积分号,$f(x)$ 称为被积函数,$f(x)\,dx$ 称为被积表达式,x 称为积分变量.

由不定积分的定义可知,函数 $f(x)$ 的不定积分就是 $f(x)$ 的原函数族. 若 $F(x)$ 是函数 $f(x)$ 的一个原函数,则 $F(x) + C$ 就是函数 $f(x)$ 的不定积分,即 $\int f(x)\,dx = F(x) + C$,其中 C 为任意常数.

例 4 求 $\int \dfrac{1}{x}\,dx$.

解 当 $x > 0$ 时,$(\ln x)' = \dfrac{1}{x}$,所以 $\int \dfrac{1}{x}\,dx = \ln x + C$.

当 $x < 0$ 时,$[\ln(-x)]' = \dfrac{1}{x}$,所以 $\int \dfrac{1}{x}\,dx = \ln(-x) + C$.

把 $x > 0$ 及 $x < 0$ 下的结果合并起来,可写成

$$\int \dfrac{1}{x}\,dx = \ln|x| + C.$$

例 5 某商品的边际成本为 $100 - 2x$,求总成本函数 $C(x)$.

解 已知边际成本 $C'(x) = 100 - 2x$,求原函数,得 $C(x) = \int(100 - 2x)\,dx = 100x - x^2 + C$,其中任意常数 C 可由固定成本确定.

■ 基本积分公式

由不定积分的定义可知,求原函数(或不定积分)与求导(或微分)互为逆运算,那么很自然地可以从导数公式得到相应的积分公式. 根据基本导数公式(右

列），我们列出如下的基本积分表（左列）．

不定积分公式：   相应导数公式：

① $\int k\mathrm{d}x = kx + C$ （k 为常数）； $(kx)' = k$；

② $\int x^{\mu}\mathrm{d}x = \dfrac{x^{\mu+1}}{\mu + 1} + C$ （$\mu \neq -1$）； $\left(\dfrac{x^{\mu+1}}{\mu+1}\right)' = x^{\mu}, \mu \neq -1$；

③ $\int \dfrac{1}{x}\mathrm{d}x = \ln|x| + C$ （$x \neq 0$）；   当 $x>0$ 时，$(\ln x)' = \dfrac{1}{x}$，

当 $x<0$ 时，$[\ln(-x)]' = \dfrac{1}{x}$；

④ $\int \dfrac{1}{1 + x^2}\mathrm{d}x = \arctan x + C$； $(\arctan x)' = \dfrac{1}{1+x^2}$；

⑤ $\int \dfrac{1}{\sqrt{1 - x^2}}\mathrm{d}x = \arcsin x + C$； $(\arcsin x)' = \dfrac{1}{\sqrt{1-x^2}}$；

⑥ $\int \cos x\mathrm{d}x = \sin x + C$； $(\sin x)' = \cos x$；

⑦ $\int \sin x\mathrm{d}x = -\cos x + C$； $(\cos x)' = -\sin x$；

⑧ $\int \dfrac{1}{\cos^2 x}\mathrm{d}x = \int \sec^2 x\mathrm{d}x = \tan x + C$； $(\tan x)' = \sec^2 x = \dfrac{1}{\cos^2 x}$；

⑨ $\int \dfrac{1}{\sin^2 x}\mathrm{d}x = \int \csc^2 x\mathrm{d}x = -\cot x + C$； $(\cot x)' = -\csc^2 x = -\dfrac{1}{\sin^2 x}$；

⑩ $\int \sec x\tan x\mathrm{d}x = \sec x + C$； $(\sec x)' = \sec x\tan x$；

⑪ $\int \csc x\cot x\mathrm{d}x = -\csc x + C$； $(\csc x)' = -\csc x\cot x$；

⑫ $\int \mathrm{e}^x\mathrm{d}x = \mathrm{e}^x + C$； $(\mathrm{e}^x)' = \mathrm{e}^x$；

⑬ $\int a^x\mathrm{d}x = \dfrac{1}{\ln a}a^x + C$ （$a>0, a\neq 1$）； $(a^x)' = a^x\ln a$ （$a>0, a\neq 1$）．

以上 13 个基本积分公式是求不定积分的基础，必须熟记，下面举几个应用公式的例子．

例 6   求下列不定积分：$\int \dfrac{1}{\sqrt{x}}\mathrm{d}x, \int \dfrac{\sqrt{x}}{x\sqrt{x^3}}\mathrm{d}x$．

解 　　　　　$\displaystyle\int\frac{1}{\sqrt{x}}\mathrm{d}x = \int x^{-\frac{1}{2}}\mathrm{d}x = 2x^{\frac{1}{2}} + C = 2\sqrt{x} + C;$

$\displaystyle\int\frac{\sqrt{x}}{x\sqrt{x^3}}\mathrm{d}x = \int x^{\frac{1}{2}-1-\frac{3}{2}}\mathrm{d}x = \int x^{-2}\mathrm{d}x = -x^{-1} + C = -\frac{1}{x} + C.$

因为 $\int f(x)\mathrm{d}x$ 是 $f(x)$ 的原函数, 所以 $\left[\int f(x)\mathrm{d}x\right]' = f(x).$ 由此, 计算不定积分有时是比较困难的, 但是一旦得到了答案, 检验起来却相当容易. 只要对不定积分结果求导, 判断其导函数是否就是被积函数. 所以读者可自行验证不定积分的计算是否正确.

例 7　检验下列不定积分的正确性:

(1) $\displaystyle\int x\sin x\mathrm{d}x = \frac{x^2}{2}\sin x + C;$

(2) $\displaystyle\int x\sin x\mathrm{d}x = -x\cos x + C;$

(3) $\displaystyle\int x\sin x\mathrm{d}x = -x\cos x + \sin x + C.$

解　分别对等式的右边求导,

(1) 因 $\left(\dfrac{x^2}{2}\sin x + C\right)' = x\sin x + \dfrac{x^2}{2}\cos x \neq x\sin x$, 所以该不定积分计算错误.

(2) 因 $(-x\cos x + C)' = -\cos x + x\sin x \neq x\sin x$, 所以该不定积分计算错误.

(3) 因 $(-x\cos x + \sin x + C)' = -\cos x + x\sin x + \cos x = x\sin x$, 所以该不定积分计算正确.

■　不定积分的运算法则

根据不定积分的定义, 可得出如下的不定积分运算法则.

性质 1(数乘运算)　$\displaystyle\int kf(x)\mathrm{d}x = k\int f(x)\mathrm{d}x \quad (k\neq 0, k\ 为常数).$

性质 2(和差运算)　$\displaystyle\int[f(x) \pm g(x)]\mathrm{d}x = \int f(x)\mathrm{d}x \pm \int g(x)\mathrm{d}x.$

上述性质不难证明, 只要对等式两边分别求导数, 验证两边有相等的导函数即可, 读者可自行证明.

以上两条性质统称为不定积分的线性运算, 并可以推广到有限个函数的情形. 利用基本积分公式和不定积分运算法则, 可求出一些简单函数的不定积分.

例 8　计算积分 $\displaystyle\int\left(3x^2 + \frac{x}{2} + 5\right)\mathrm{d}x.$

解　$\displaystyle\int\left(3x^2+\frac{x}{2}+5\right)\mathrm{d}x=\int 3x^2\mathrm{d}x+\int\frac{x}{2}\mathrm{d}x+\int 5\mathrm{d}x$

$$=3\cdot\frac{1}{3}x^3+C_1+\frac{1}{2}\cdot\frac{1}{2}x^2+C_2+5x+C_3$$

$$=x^3+\frac{1}{4}x^2+5x+C,$$

其中 $C=C_1+C_2+C_3$.

当进行逐项积分时,最后要合并各个积分常数为一个单一的任意常数,因此,以后我们就可以在完成各项积分后再加上一个独立常数即可.

例 9　计算 $\displaystyle\int 3^x\mathrm{e}^x\mathrm{d}x$.

解　$\displaystyle\int 3^x\mathrm{e}^x\mathrm{d}x=\int(3\mathrm{e})^x\mathrm{d}x=\frac{1}{\ln(3\mathrm{e})}(3\mathrm{e})^x+C.$

例 10　计算以下关于三角函数的积分: $\displaystyle\int\cos^2\frac{x}{2}\mathrm{d}x,\int\cot^2x\mathrm{d}x$.

解　$\displaystyle\int\cos^2\frac{x}{2}\mathrm{d}x=\int\frac{1+\cos x}{2}\mathrm{d}x=\frac{1}{2}(x+\sin x)+C,$

$$\int\cot^2x\mathrm{d}x=\int(\csc^2x-1)\mathrm{d}x=-\cot x-x+C.$$

习题 4.1

1. 利用求导运算验证下列不定积分的正确性:

(1) $\displaystyle\int\mathrm{e}^x\sin x\mathrm{d}x=\frac{1}{2}\mathrm{e}^x(\sin x-\cos x)+C$;

(2) $\displaystyle\int x\cos x\mathrm{d}x=x\sin x+\cos x+C$;

(3) $\displaystyle\int\frac{1}{\sqrt{1+x^2}}\mathrm{d}x=\ln\left(x+\sqrt{x^2+1}\right)+C$;

(4) $\displaystyle\int\frac{1}{x^2\sqrt{x^2-1}}\mathrm{d}x=\frac{\sqrt{x^2-1}}{x}+C$.

2. 求以下不定积分,并检验你的答案:

(1) $\displaystyle\int 5x^4\mathrm{d}x$;   (2) $\displaystyle\int\frac{1}{\sqrt{2h}}\mathrm{d}h$;

（3）$\displaystyle\int \frac{1}{x^2\sqrt{x}}\mathrm{d}x$；

（4）$\displaystyle\int \sqrt{x\sqrt{x}}\,\mathrm{d}x$；

（5）$\displaystyle\int \sqrt{x}\,(x-3)\mathrm{d}x$；

（6）$\displaystyle\int (x^2-1)^2\mathrm{d}x$；

（7）$\displaystyle\int \frac{(t+1)^2}{t^2}\mathrm{d}t$；

（8）$\displaystyle\int \frac{t^2}{t^2+1}\mathrm{d}t$；

（9）$\displaystyle\int \frac{3x^4+3x^2+2}{x^2+1}\mathrm{d}x$；

（10）$\displaystyle\int \left(2\mathrm{e}^x-\frac{3}{x}\right)\mathrm{d}x$；

（11）$\displaystyle\int 5^x\mathrm{e}^x\mathrm{d}x$；

（12）$\displaystyle\int \left(\frac{3}{x^2+1}+\frac{5}{\sqrt{1-x^2}}\right)\mathrm{d}x$；

（13）$\displaystyle\int \mathrm{e}^x\left(1+\frac{\mathrm{e}^{-x}}{\sqrt{x}}\right)\mathrm{d}x$；

（14）$\displaystyle\int \frac{\mathrm{e}^{2x}-1}{\mathrm{e}^x-1}\mathrm{d}x$；

（15）$\displaystyle\int \frac{3\cdot 2^x+5\cdot 3^x}{3^x}\mathrm{d}x$；

（16）$\displaystyle\int \sin^2\frac{x}{2}\mathrm{d}x$；

（17）$\displaystyle\int \tan^2 x\mathrm{d}x$；

（18）$\displaystyle\int \cos\theta(\tan\theta+\sec\theta)\mathrm{d}\theta$；

（19）$\displaystyle\int \frac{\cos 2x}{\cos x+\sin x}\mathrm{d}x$；

（20）$\displaystyle\int \frac{\cos 2x}{\sin^2 x\cos^2 x}\mathrm{d}x$．

3. 已知某产品产量的变化率是时间 t 的函数 $f(t)=at+b(a,b$ 为常数）. 设此产品的产量为函数 $P(t)$，且 $P(0)=0$，求产量 $P(t)$.

4. 一曲线通过点 $(\mathrm{e}^2,3)$，且在任一点处的切线斜率等于该点横坐标的倒数，求该曲线方程.

5. 一物体做直线运动，已知速度 $v=\dfrac{\mathrm{d}s}{\mathrm{d}t}=9.8t+5$，初始位置 $s(0)=10$，求该物体在时间 t 的位置.

6. 一物体做直线运动，已知加速度 $a=\dfrac{\mathrm{d}^2s}{\mathrm{d}t^2}=32$，初始速度 $v(0)=20$，初始位置 $s(0)=5$，求该物体在时间 t 的位置.

7. 汽车以 20 m/s 的速度在直道上行驶，刹车后匀减速行驶了 50 m 停住，求刹车加速度. 可按下列步骤执行：

（1）求 $\dfrac{\mathrm{d}^2s}{\mathrm{d}t^2}=-k$ 满足 $\dfrac{\mathrm{d}s}{\mathrm{d}t}\Big|_{t=0}=20$ 及 $s(0)=0$ 的解；

（2）求使 $\dfrac{\mathrm{d}s}{\mathrm{d}t}=0$ 的 t 值及相应的 s 值；

（3）求使 $s=50$ 的 k 值.

8. 一物体由静止开始运动,经过 t s 后的速度是 $3t^2$ m/s,问:

（1）在 3 s 后物体离开出发点的距离是多少?

（2）物体走完 360 m 需要多少时间?

9. 证明函数 $\arcsin(2x-1)$, $\arccos(1-2x)$, $2\arctan\sqrt{\dfrac{x}{1-x}}$ 都是 $\dfrac{1}{\sqrt{x-x^2}}$ 的原

函数.

－ 4.2　黎曼和与定积分 －

从几何学中的两个问题引出了微积分中最重要的两个概念:从求切线问题引出导数,从求曲边梯形的面积问题引出定积分. 本节将讨论定积分的内容,我们先从物理学、几何学等实际问题引出黎曼和与定积分的定义,然后讨论定积分的几何意义和平均值的计算,最后讨论定积分的性质.

■ 距离的近似计算

例 1　一物体沿直线做变速运动,在 t 时刻(单位:s)的速度(单位:m/s)为 $v(t)=t^2$, $0\leqslant t\leqslant 8$. 通过把时间段 $[0,8]$ 进行 n 等分,来近似计算该时间段内物体经过的距离. 假设物体在每一子区间内做匀速运动,且其速度用小区间中点对应的速度去近似.

（1）把 $[0,8]$ 平均分成 $n=2$ 个子区间;

（2）把 $[0,8]$ 平均分成 $n=4$ 个子区间;

（3）把 $[0,8]$ 平均分成 $n=8$ 个子区间.

解　（1）如图 4-1(a),把 $[0,8]$ 平均分成 $n=2$ 个子区间:$[0,4]$ 和 $[4,8]$. 每个子区间的长度 $\Delta t=4$,物体在子区间内的速度用该区间中点对应的速度去近似.

所以物体在 $[0,4]$ 区间内的近似速度为 $v(2)=2^2$ m/s,则它以 4 m/s 的均匀速度行驶 4 s 经过的距离为 $4\times4=16(\text{m})$.

而物体在 $[4,8]$ 区间内的近似速度为 $v(6)=6^2$ m/s,则它以 36 m/s 的均匀速度行驶 4 s 经过的距离是 $36\times4=144(\text{m})$.

所以,物体在整个 $[0,8]$ 时间段上经过的距离的近似值为 $16+144=160(\text{m})$.

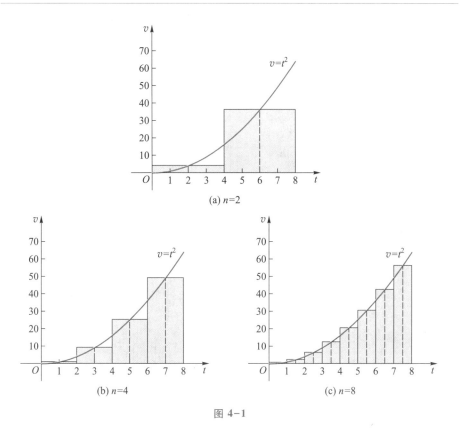

图 4-1

（2）如图 4-1（b），把 $[0,8]$ 平均分成 $n=4$ 个子区间. 每个子区间的长度 $\Delta t=2$，物体在子区间内的速度用该区间中点对应的速度去近似. 类似可得物体在整个时间段上经过距离的近似值为

$$v(1)\cdot 2+v(3)\cdot 2+v(5)\cdot 2+v(7)\cdot 2 = 1^2\times 2+3^2\times 2+5^2\times 2+7^2\times 2 = 168(\mathrm{m}).$$

（3）如图 4-1（c），把 $[0,8]$ 平均分成 $n=8$ 个子区间. 每个子区间的长度 $\Delta t=1$，类似可得物体在整个时间段上经过距离的近似值为

$$v\left(\frac{1}{2}\right)\cdot 1+v\left(\frac{3}{2}\right)\cdot 1+v\left(\frac{5}{2}\right)\cdot 1+v\left(\frac{7}{2}\right)\cdot 1+v\left(\frac{9}{2}\right)\cdot 1+v\left(\frac{11}{2}\right)\cdot 1+v\left(\frac{13}{2}\right)\cdot 1+v\left(\frac{15}{2}\right)\cdot 1$$

$$=\left(\frac{1}{2}\right)^2+\left(\frac{3}{2}\right)^2+\left(\frac{5}{2}\right)^2+\left(\frac{7}{2}\right)^2+\left(\frac{9}{2}\right)^2+\left(\frac{11}{2}\right)^2+\left(\frac{13}{2}\right)^2+\left(\frac{15}{2}\right)^2$$

$$=\frac{680}{4}=170(\mathrm{m}).$$

可以把上述"划分、近似、求和"的方法继续进行下去，当划分的子区间数 n 越来越大时，就得到越来越多的小矩形（图 4-2）. 这些小矩形越来越能填满曲

线下方的区域,即越来越细的划分得到越来越接近的结果. 借助于计算机的运算,我们可以得到下表的数据:

子区间数	每个子区间长度	距离的近似值（曲线下方面积）
1	8	128.0
2	4	160.0
4	2	168.0
8	1	170.0
16	0.5	170.5
32	0.25	170.625
64	0.125	170.656 25

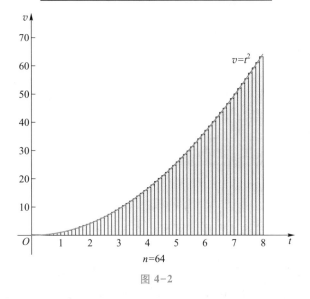

图 4-2

我们观察到,当划分数 n 越来越大时,距离的近似值会无限接近于 170.7 这个确定的常数.

显然,变速直线运动距离的近似值其实就是速度曲线 $v=v(t)$ 下方图形面积的近似值,所以讨论变速直线运动的距离和讨论曲线下方图形的面积是同一类问题.

当我们考虑一个以曲线为边界的区域时,要确定该区域的面积非常难. 尽管如此,早在公元 3 世纪,我国古代数学家刘徽便利用圆内接正多边形来推算圆面积,此即著名的"割圆术". 而阿基米德在两千多年前也证明了如下结论:不管你是用内接多边形还是外切多边形都会得出单位圆的面积,并且它们都是相等的. 他们所用的方法与我们现在求面积的方法已十分接近.

■ 内接多边形的面积

在上述划分中, 我们用物体在子区间中点对应的速度去近似其在整个子区间上的速度, 若取其他点的情况会如何? 我们还是考虑例 1, 因为讨论变速直线运动的距离和讨论曲线下方图形的面积是同一类问题, 下面我们从求图形面积的角度来考虑这个问题.

考虑由抛物线 $y = x^2$, x 轴和直线 $x = 8$ 围成的区域 R, 可简称其为曲线下方图形. 现在来计算区域 R 的面积 $A(R)$.

在区间 $[0, 8]$ 内插入 $n-1$ 个点 $x_1, x_2, \cdots, x_{n-1}$, 将 $[0, 8]$ 平均分成 n 等份, 每个子区间长度为 $\Delta x = \dfrac{8}{n}$, 记 $0 = x_0 < x_1 < x_2 < \cdots < x_{n-1} < x_n = 8$.

考虑底边为 $[x_{i-1}, x_i]$, 高为 $f(x_{i-1}) = x_{i-1}^2$ (子区间左端点对应的函数值) 的小矩形. 它的面积是 $f(x_{i-1}) \Delta x$. 如图 4-3, 其中图 4-3(a) 是将区间进行 14 等分的情形, 图 4-3(b) 是将区间进行 28 等分的情形. 所有这些小矩形的并集 (记作 R_n) 组成了区域 R 的内接多边形.

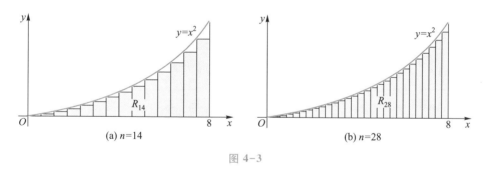

图 4-3

将以上 n 个小矩形的面积相加可得内接多边形的面积 $A(R_n)$, 即

$$A(R_n) = f(x_0) \Delta x + f(x_1) \Delta x + f(x_2) \Delta x + \cdots + f(x_{n-1}) \Delta x,$$

而

$$f(x_i) \Delta x = x_i^2 \Delta x = \left(\frac{8i}{n}\right)^2 \cdot \frac{8}{n} = \frac{8^3}{n^3} i^2,$$

因此

$$A(R_n) = \frac{8^3}{n^3} \times 0^2 + \frac{8^3}{n^3} \times 1^2 + \frac{8^3}{n^3} \times 2^2 + \cdots + \frac{8^3}{n^3} \times (n-1)^2$$

$$= \frac{8^3}{n^3} \left[1^2 + 2^2 + \cdots + (n-1)^2 \right]$$

$$= \frac{8^3}{n^3} \left[\frac{(n-1)n(2n-1)}{6} \right]$$

$$= \frac{8^3}{6} \left(\frac{2n^3 - 3n^2 + n}{n^3} \right) = \frac{8^3}{3} - \frac{8^3}{2n} + \frac{8^3}{6n^2}.$$

当 $n \to \infty$ 时,$A(R_n)$ 的极限应为曲线下方图形的面积

$$A(R) = \lim_{n \to \infty} A(R_n) = \lim_{n \to \infty} \left(\frac{8^3}{3} - \frac{8^3}{2n} + \frac{8^3}{6n^2} \right) = \frac{8^3}{3} \approx 170.7.$$

该结果与前面的结论一致. 图 4-3 帮助我们想象当 n 越来越大时会发生的情形.

■ 外切多边形的面积

或许你还不相信 $A(R) = \dfrac{8^3}{3} \approx 170.7$,我们会给出更多的论据. 继续讨论上述区域 R 的面积. 如图 4-4,考虑底边为 $[x_{i-1}, x_i]$,高为 $f(x_i) = x_i^2$(右端点对应的函数值)的小矩形. 它的面积是 $f(x_i)\Delta x$,所有这些小矩形的并集(记作 R_n')组成了区域 R 的外切多边形.

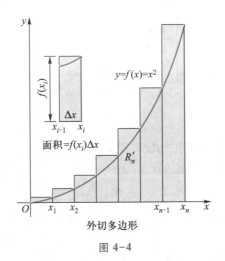

图 4-4

类似地,外切多边形的面积

$$A(R_n') = f(x_1)\Delta x + f(x_2)\Delta x + f(x_3)\Delta x + \cdots + f(x_n)\Delta x,$$

而

$$f(x_i)\Delta x = x_i^2 \Delta x = \left(\frac{8i}{n}\right)^2 \cdot \frac{8}{n} = \frac{8^3}{n^3}i^2,$$

因此

$$A(R'_n) = \frac{8^3}{n^3} \times 1^2 + \frac{8^3}{n^3} \times 2^2 + \cdots + \frac{8^3}{n^3} \times n^2$$

$$= \frac{8^3}{n^3}(1^2 + 2^2 + \cdots + n^2)$$

$$= \frac{8^3}{n^3} \cdot \frac{n(n+1)(2n+1)}{6}$$

$$= \frac{8^3}{6}\left(\frac{2n^3 + 3n^2 + n}{n^3}\right)$$

$$= \frac{8^3}{3} + \frac{8^3}{2n} + \frac{8^3}{6n^2}.$$

当 $n \to \infty$ 时，对 $A(R'_n)$ 求极限，同样得到曲线下方图形的面积

$$A(R) = \lim_{n \to \infty} A(R'_n)$$

$$= \lim_{n \to \infty}\left(\frac{8^3}{3} + \frac{8^3}{2n} + \frac{8^3}{6n^2}\right) = \frac{8^3}{3} \approx 170.7.$$

我们可以再次得到结论，当划分的子区间数 n 越来越大时，曲线下方图形的面积无限接近于 170.7 这个确定的值.

现在我们给出定积分的定义. 牛顿和莱布尼茨都对这一概念给出过早期的解释. 但是，定积分的现代定义实际上是由黎曼（Riemann）给出的. 为了明确地叙述这一定义，我们先介绍黎曼和这一概念.

■ 黎曼和与定积分

定义 1 黎曼和

在 $[a,b]$ 内任意插入 $n-1$ 个分点 $x_1, x_2, \cdots, x_{n-1}$，满足 $a = x_0 < x_1 < \cdots < x_{n-1} < x_n = b$，把区间 $[a,b]$ 分成 n 个小区间 $[x_{i-1}, x_i]$ $(i=1,2,\cdots,n)$，小区间长度 $\Delta x_i = x_i - x_{i-1}$ $(i=1,2,\cdots,n)$（每个小区间长度不必相等），称 $P = \{x_0, x_1, x_2, \cdots, x_n\}$ 为 $[a,b]$ 的一个划分.

假设 $f(x)$ 是定义在 $[a,b]$ 上的任意连续函数，$P = \{x_0, x_1, x_2, \cdots, x_n\}$ 为 $[a,b]$ 的任意一个划分，任取一点 $\xi_i \in [x_{i-1}, x_i]$（可以是端点），作乘积 $f(\xi_i)\Delta x_i$ $(i=1,$

$2,\cdots,n)$,并对这些乘积求和得 $S_n = \sum\limits_{i=1}^{n} f(\xi_i)\Delta x_i$,称 S_n 为 $f(x)$ 在 $[a,b]$ 上与划分对应的黎曼和.

黎曼和在几何上就解释为每个小区间上对应矩形的面积之和.

例 2   如图 4-5,把区间 $[-1,2]$ 划分为等长的 6 个子区间,取 $\xi_i(1 \le i \le 6)$ 为第 i 个子区间的中点,估算 $f(x) = x^2 + 1$ 在 $[-1,2]$ 上的黎曼和.

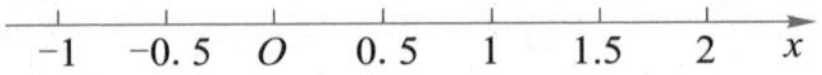

$$\begin{array}{c|cccccc} \hline & & & & & & \\ \hline -1 & -0.5 & O & 0.5 & 1 & 1.5 & 2 \quad x \end{array}$$

图 4-5

解   黎曼和 $S_6 = \sum\limits_{i=1}^{6} f(\xi_i)\Delta x_i$

$= [f(-0.75) + f(-0.25) + f(0.25) + f(0.75) + f(1.25) + f(1.75)] \times 0.5$

$= [1.562\,5 + 1.062\,5 + 1.062\,5 + 1.562\,5 + 2.562\,5 + 4.062\,5] \times 0.5$

$= 5.937\,5.$

定义 2   定积分

设 $f(x)$ 是定义在 $[a,b]$ 上的连续函数,对 $[a,b]$ 的任意划分 P,在子区间 $[x_{i-1},x_i]$ 上任意取点 $\xi_i(i=1,2,\cdots,n)$,记 $\lambda = \max\{\Delta x_1, \cdots \Delta x_n\}$,若 $f(x)$ 在 $[a,b]$ 上与 P 对应的黎曼和的极限 $\lim\limits_{\lambda \to 0} \sum\limits_{i=1}^{n} f(\xi_i)\Delta x_i$ 总存在,且极限值与划分 P 和点 ξ_i 的取法无关,则称函数 $f(x)$ 在 $[a,b]$ 上是可积的,称此极限值为 $f(x)$ 在 $[a,b]$ 上的定积分,记为 $\int_a^b f(x)\mathrm{d}x$,即

$$\int_a^b f(x)\mathrm{d}x = \lim_{\lambda \to 0} \sum_{i=1}^{n} f(\xi_i)\Delta x_i,$$

其中 $f(x)$ 叫做被积函数,$f(x)\mathrm{d}x$ 叫做被积表达式,x 叫做积分变量,a 叫做积分下限,b 叫做积分上限,$[a,b]$ 叫做积分区间.

注   若函数 $f(x)$ 在 $[a,b]$ 上是可积的,那么 $f(x)$ 在 $[a,b]$ 上的黎曼和 $\sum\limits_{i=1}^{n} f(\xi_i)\Delta x_i$ 的极限值(也即 $f(x)$ 在 $[a,b]$ 上的定积分)仅与被积函数 $f(x)$ 及积分区间 $[a,b]$ 有关. 如果既不改变被积函数 f,也不改变积分区间 $[a,b]$,而只是把积分变量 x 换成其他字母,例如 t 或 u,这时黎曼和的极限值不变,也就是定积分的值不变,即

$$\int_a^b f(x)\mathrm{d}x = \int_a^b f(t)\mathrm{d}t = \int_a^b f(u)\mathrm{d}u.$$

给出了定积分的定义,自然会提出一个重要问题:函数 $f(x)$ 在 $[a,b]$ 上满足

怎样的条件时,$f(x)$ 在 $[a,b]$ 上的定积分 (黎曼和的极限) 存在? 这个问题我们不做深入讨论,只给出以下充分条件.

定理 1　可积性定理

若函数 $f(x)$ 在 $[a,b]$ 上连续,则 $\displaystyle\int_a^b f(x)\,\mathrm{d}x$ 一定存在.也就是说,闭区间上的连续函数一定是可积的.

例 3　若划分区间 $[-1,3]$ 为等长 $\Delta x = \dfrac{4}{n}$ 的 n 个子区间,取 $\xi_i(i=1,2,\cdots,n)$ 表示第 i 个子区间的中点,把极限 $\displaystyle\lim_{n\to\infty}\sum_{i=1}^n (3\xi_i^2 - 2\xi_i + 5)\,\Delta x$ 表示成定积分.

解　这个表达式实际上就是黎曼和的极限,令 $f(\xi_i)=3\xi_i{}^2-2\xi_i+5$,所以被积函数为 $f(x)=3x^2-2x+5$,又已知积分区间为 $[-1,3]$,所以

$$原极限 = \int_{-1}^3 f(x)\,\mathrm{d}x = \int_{-1}^3 (3x^2 - 2x + 5)\,\mathrm{d}x.$$

■ 定积分的几何意义

若 $[a,b]$ 上的可积函数 $f(x)\geq 0$,考虑 $[a,b]$ 的任意一个划分 P,如图 4-6,在几何上,每个非零项 $f(\xi_i)\Delta x_i$ 表示一个以 $[x_{i-1},x_i]$ 为底,以 $f(\xi_i)$ 为高的小矩形的面积,黎曼和 $S_n = \displaystyle\sum_{i=1}^n f(\xi_i)\Delta x_i$ 为这些小矩形的面积之和. 所以,在几何上,定积分 $\displaystyle\int_a^b f(x)\,\mathrm{d}x$ 表示由函数 $y=f(x)$,$x=a$,$x=b$ 与 x 轴所围成图形(称为曲边梯形)的面积.

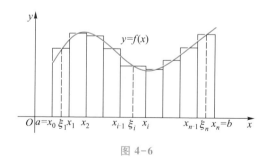

图 4-6

若在 $[a,b]$ 上 $f(x)\leq 0$,由 $y=f(x)$,$x=a$,$x=b$ 与 x 轴围成的曲边梯形位于 x 轴下方,则定积分 $\displaystyle\int_a^b f(x)\,\mathrm{d}x$ 表示在 x 轴下方曲边梯形面积的相反数.

若在 $[a,b]$ 上 $f(x)$ 既取正值又取负值时,即函数 $f(x)$ 围成的曲边梯形既有位于 x 轴上方的部分,也有位于 x 轴下方的部分,则定积分 $\int_a^b f(x)\,\mathrm{d}x$ 表示 x 轴上方图形面积减去下方图形面积所得之差(图 4-7).

例 4   由几何意义求下列定积分:

(1) $\displaystyle\int_{-2}^{2} \sqrt{4-x^2}\,\mathrm{d}x$;   (2) $\displaystyle\int_{-1}^{2} |x|\,\mathrm{d}x$.

解   (1) 曲线 $y=\sqrt{4-x^2}$,$-2 \leqslant x \leqslant 2$ 与 x 轴所围成的区域是圆心在原点,半径为 2 的上半圆,面积 $A=\dfrac{1}{2}\pi 2^2 = 2\pi$,所以 $\displaystyle\int_{-2}^{2} \sqrt{4-x^2}\,\mathrm{d}x = 2\pi$.

(2) 作出 $y=|x|$,$-1 \leqslant x \leqslant 2$ 的图形(图 4-8),它与 x 轴围成左右两个三角形区域,可分别求出其面积,所以

$$\int_{-1}^{2} |x|\,\mathrm{d}x = \frac{1}{2}1^2 + \frac{1}{2}2^2 = \frac{5}{2}.$$

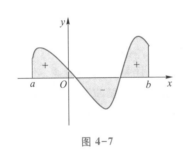

图 4-7

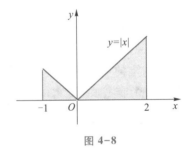

图 4-8

函数的平均值

我们知道,n 个数 $x_1, x_2, \cdots, x_n$ 的算术平均值是 $\dfrac{x_1+x_2+\cdots+x_n}{n}$. 对于在 $[a,b]$ 上的连续函数 $f(x)$,因 $f(x)$ 有无穷多个函数值,该如何求其平均值?

我们可以在区间 $[a,b]$ 上有次序地取样,把 $[a,b]$ 进行 n 等分,则 $\Delta x = \dfrac{b-a}{n}$,且在每个子区间 $[x_{i-1}, x_i]$ 上任取一点 $\xi_i (i=1,2,\cdots,n)$,则这 n 个样本的平均值是 $\dfrac{f(\xi_1)+f(\xi_2)+\cdots+f(\xi_n)}{n}$. 又

$$\frac{f(\xi_1)+f(\xi_2)+\cdots+f(\xi_n)}{n} = \frac{1}{n}\sum_{i=1}^{n} f(\xi_i)$$

$$= \frac{\Delta x}{b-a} \sum_{i=1}^{n} f(\xi_i) = \frac{1}{b-a} \sum_{i=1}^{n} f(\xi_i) \Delta x.$$

当对区间 $[a,b]$ 无限细分时,即 $n \to +\infty$ 时,有 $\Delta x \to 0$,则

$$\lim_{n \to +\infty} \frac{f(\xi_1) + f(\xi_2) + \cdots + f(\xi_n)}{n} = \frac{1}{b-a} \int_a^b f(x) \, \mathrm{d}x.$$

若 $f(x)$ 在 $[a,b]$ 上可积,则称 $\bar{f} = \frac{1}{b-a} \int_a^b f(x) \, \mathrm{d}x$ 为 $f(x)$ 在 $[a,b]$ 上的平均值.

例 5   求 $f(x) = \sqrt{4-x^2}$ 在 $[-2,2]$ 上的平均值.

解 $\bar{f} = \frac{1}{b-a} \int_a^b f(x) \, \mathrm{d}x = \frac{1}{2-(-2)} \int_{-2}^{2} \sqrt{4-x^2} \, \mathrm{d}x = \frac{1}{4} \cdot 2\pi = \frac{\pi}{2}.$

■ 定积分中值定理

前面讨论了定积分的几何意义,即定积分 $\int_a^b f(x) \, \mathrm{d}x$ 表示由函数 $y=f(x)$,$x=a$,$x=b$ 与 x 轴所围成曲边梯形的面积. 该曲边梯形的面积能否用某个简单图形的面积去表示? 定积分中值定理断言,在闭区间 $[a,b]$ 上必定能找到一个点 c,使得以 $[a,b]$ 为底、高为 $f(c)$ 的矩形面积恰好等于该曲边梯形的面积(图 4-9).

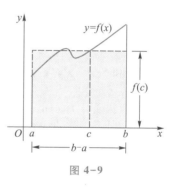

图 4-9

定理 2   定积分中值定理

若函数 $f(x)$ 在 $[a,b]$ 上连续,则在 $[a,b]$ 中至少存在一点 c,使

$$\int_a^b f(x) \, \mathrm{d}x = (b-a)f(c).$$

定积分中值定理也可以如下表述:

如果 $f(x)$ 在 $[a,b]$ 上连续,则在 $[a,b]$ 内必存在点 c,使得

$$f(c) = \frac{1}{b-a} \int_a^b f(x) \, \mathrm{d}x.$$

如此一来,定积分中值定理中的 $f(c)$ 就是连续函数 $f(x)$ 在 $[a,b]$ 上的平均值。

例 6   求 $f(x) = 4-x$ 在 $[0,3]$ 上的平均值和 $f(x)$ 在 $[0,3]$ 上取到该平均值的点.

　　解　先求函数的平均值 $\bar{f} = \dfrac{1}{b-a}\displaystyle\int_a^b f(x)\,\mathrm{d}x = \dfrac{1}{3-0}\int_0^3 (4-x)\,\mathrm{d}x$，这个定积分恰好是一个梯形的面积，因此

$$\bar{f} = \frac{1}{3} \cdot \frac{1}{2}(4+1)\cdot 3 = \frac{5}{2},$$

所以，$f(x)$ 在 $[0,3]$ 上的平均值为 $\dfrac{5}{2}$.

　　当 $f(x) = 4-x = \dfrac{5}{2}$，即 $x = \dfrac{3}{2}$ 时，函数取到平均值.

■ 定积分的性质

　　在把 $\displaystyle\int_a^b f(x)\,\mathrm{d}x$ 定义为黎曼和 $S_n = \displaystyle\sum_{i=1}^n f(\xi_i)\Delta x_i$ 的极限时，我们是从左到右划分区间 $[a,b]$ 的. 若往反方向积分会怎样呢？即积分变为 $\displaystyle\int_b^a f(x)\,\mathrm{d}x$，此时 $\Delta x_i < 0$，所以黎曼和 $S_n = \displaystyle\sum_{i=1}^n f(\xi_i)\Delta x_i$ 中每一项的符号都改变了，最终改变了定积分的符号，这就意味着 $\displaystyle\int_b^a f(x)\,\mathrm{d}x = -\int_a^b f(x)\,\mathrm{d}x$. 我们可以把这一结论视作定积分定义的逻辑延伸.

　　显然 $[a,a]$ 从技术上看并不是区间，定积分定义的另一个逻辑延伸是 $\displaystyle\int_a^a f(x)\,\mathrm{d}x = 0$.

　　若 $f(x)$，$g(x)$ 在 $[a,b]$ 上的定积分都存在，下面列出定积分的主要性质.

　　性质 1（积分的次序）　$\displaystyle\int_b^a f(x)\,\mathrm{d}x = -\int_a^b f(x)\,\mathrm{d}x.$

　　性质 2（零）　$\displaystyle\int_a^a f(x)\,\mathrm{d}x = 0.$

　　性质 3（数乘运算）　$\displaystyle\int_a^b kf(x)\,\mathrm{d}x = k\int_a^b f(x)\,\mathrm{d}x\,(\forall k \in \mathbf{R}).$

　　性质 4（和差运算）　$\displaystyle\int_a^b [f(x) \pm g(x)]\,\mathrm{d}x = \int_a^b f(x)\,\mathrm{d}x \pm \int_a^b g(x)\,\mathrm{d}x.$

　　性质 5（积分区间的可加性）　$\displaystyle\int_a^c f(x)\,\mathrm{d}x + \int_c^b f(x)\,\mathrm{d}x = \int_a^b f(x)\,\mathrm{d}x\,(\forall a,b,c \in \mathbf{R}).$

　　性质 6（单调性）　在 $[a,b]$ 上，若 $f(x) \geqslant g(x)$，则 $\displaystyle\int_a^b f(x)\,\mathrm{d}x \geqslant \int_a^b g(x)\,\mathrm{d}x.$

性质 7(定积分的估值性质) 若 $f(x)$ 在 $[a,b]$ 上的最大值、最小值分别为 M,m,则

$$m(b-a) \leqslant \int_a^b f(x)\,\mathrm{d}x \leqslant M(b-a).$$

除了前两条性质外,其他性质都可由黎曼和的极限来证明,有兴趣的同学可自行证明.

性质 5 的说明 (1) 若 c 是 $[a,b]$ 内的一个分点,则

$$\sum_{[a,b]} f(\xi_i)\Delta x_i = \sum_{[a,c]} f(\xi_i)\Delta x_i + \sum_{[c,b]} f(\xi_i)\Delta x_i,$$

两边取极限,即得

$$\int_a^c f(x)\,\mathrm{d}x + \int_c^b f(x)\,\mathrm{d}x = \int_a^b f(x)\,\mathrm{d}x.$$

(2) 若 c 是 $[a,b]$ 外的一个点,如图 4-10,此时 $\int_a^b f(x)\,\mathrm{d}x + \int_b^c f(x)\,\mathrm{d}x = \int_a^c f(x)\,\mathrm{d}x$,则

$$\int_a^c f(x)\,\mathrm{d}x - \int_b^c f(x)\,\mathrm{d}x = \int_a^b f(x)\,\mathrm{d}x,$$

由性质 1,得

$$\int_a^c f(x)\,\mathrm{d}x + \int_c^b f(x)\,\mathrm{d}x = \int_a^b f(x)\,\mathrm{d}x.$$

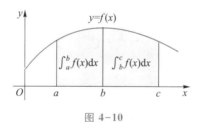

图 4-10

由上面的讨论可知,无论 a,b,c 的大小关系如何,积分区间的可加性均成立.

性质 7 的证明 对任意 $\xi_i \in [x_{i-1},x_i]$,$m \leqslant f(\xi_i) \leqslant M$,所以

$$m(b-a) = m\sum_{i=1}^n \Delta x_i = \sum_{i=1}^n m\Delta x_i \leqslant \sum_{i=1}^n f(\xi_i)\Delta x_i \leqslant \sum_{i=1}^n M\Delta x_i$$

$$= M\sum_{i=1}^n \Delta x_i = M(b-a),$$

即 $f(x)$ 在 $[a,b]$ 上的黎曼和满足如上不等式,于是作为黎曼和极限的定积分也

满足该不等式,即 $m(b-a) \leqslant \int_a^b f(x)\,\mathrm{d}x \leqslant M(b-a)$.

现在我们由性质 7 来证明定理 2.

定积分中值定理的证明   由性质 7 的结论, $m(b-a) \leqslant \int_a^b f(x)\,\mathrm{d}x \leqslant M(b-a)$,

不等号两边均除以 $b-a$, 得 $m \leqslant \dfrac{1}{b-a} \int_a^b f(x)\,\mathrm{d}x \leqslant M$. 这表明,确定的数值

$\dfrac{1}{b-a} \int_a^b f(x)\,\mathrm{d}x$ 介于函数 $f(x)$ 的最小值与最大值之间. 根据闭区间上连续函数的介

值定理(1.7 节定理3),在 $[a,b]$ 上至少存在一点 c,使得 $f(c) = \dfrac{1}{b-a} \int_a^b f(x)\,\mathrm{d}x$, 将此

式变形即得所要证的等式.

例 7   若已知 $\int_{-1}^1 f(x)\,\mathrm{d}x = 5, \int_1^4 f(x)\,\mathrm{d}x = -2, \int_{-1}^1 g(x)\,\mathrm{d}x = 7$, 则

(1) $\int_4^1 f(x)\,\mathrm{d}x = -\int_1^4 f(x)\,\mathrm{d}x = 2$;

(2) $\int_{-1}^1 [2f(x) + 3g(x)]\,\mathrm{d}x = 2\int_{-1}^1 f(x)\,\mathrm{d}x + 3\int_{-1}^1 g(x)\,\mathrm{d}x = 2 \times 5 + 3 \times 7 = 31$;

(3) $\int_{-1}^4 f(x)\,\mathrm{d}x = \int_{-1}^1 f(x)\,\mathrm{d}x + \int_1^4 f(x)\,\mathrm{d}x = 5 + (-2) = 3$.

例 8   估计 $\int_0^\pi \sqrt{1 + \cos x}\,\mathrm{d}x$ 的取值范围.

解   因 $\sqrt{1+\cos x}$ 在 $[0,\pi]$ 上的最大值是 $\sqrt{1+1} = \sqrt{2}$, 最小值是 $\sqrt{1-1} = 0$, 由
定积分的估值性质, 有

$$0 = 0 \cdot (\pi - 0) \leqslant \int_0^\pi \sqrt{1 + \cos x}\,\mathrm{d}x \leqslant \sqrt{2} \cdot (\pi - 0) = \sqrt{2}\,\pi.$$

习题 4.2

1. 把下列极限表示为定积分:

(1) $\lim\limits_{\lambda \to 0} \sum\limits_{i=1}^n x_i^2 \Delta x_i$, 对 $[0,2]$ 的任意划分;

(2) $\lim\limits_{\lambda \to 0} \sum\limits_{i=1}^n (x_i^2 - 3x_i) \Delta x_i$, 对 $[-7,5]$ 的任意划分;

(3) $\lim\limits_{\lambda \to 0} \sum\limits_{i=1}^n 2x_i^2 \Delta x_i$, 对 $[-1,0]$ 的任意划分;

(4) $\lim\limits_{n \to \infty} \sum\limits_{i=1}^{n} \dfrac{1}{n} \sqrt{1 + \dfrac{i}{n}}$，对 $[0,1]$ 进行 n 等分，取 $\xi_i = \dfrac{i}{n}$；

(5) $\lim\limits_{n \to \infty} \dfrac{1}{n} \sum\limits_{i=1}^{n} \sqrt{4 - \left(\dfrac{i}{n}\right)^2}$，对 $[0,1]$ 进行 n 等分，取 $\xi_i = \dfrac{i}{n}$.

2. 用几何意义求下列定积分：

(1) $\displaystyle\int_0^3 \sqrt{9 - x^2}\,\mathrm{d}x$；　　　　　　　　(2) $\displaystyle\int_{-2}^1 |x|\,\mathrm{d}x$；

(3) $\displaystyle\int_{-2}^4 \left(\dfrac{x}{2} + 5\right)\mathrm{d}x$；　　　　　(4) $\displaystyle\int_{-\pi}^{\pi} \sin x\,\mathrm{d}x$.

3. 求下列函数在给定区间上的平均值：

(1) $f(x) = |x|$，$[-2,2]$；　　　　　(2) $f(x) = 2-x$，$[0,2]$；

(3) $f(x) = \sqrt{1-x^2}$，$[0,1]$.

4. 已知 $f(x)$ 和 $g(x)$ 是连续函数，而且 $\displaystyle\int_1^2 f(x)\,\mathrm{d}x = -4$，$\displaystyle\int_1^5 f(x)\,\mathrm{d}x = 6$，$\displaystyle\int_1^5 g(x)\,\mathrm{d}x = 8$，求下列积分值：

(1) $\displaystyle\int_2^2 g(x)\,\mathrm{d}x$；　　　　　　　(2) $\displaystyle\int_5^1 g(x)\,\mathrm{d}x$；

(3) $\displaystyle\int_1^2 3f(x)\,\mathrm{d}x$；　　　　　　(4) $\displaystyle\int_2^5 f(x)\,\mathrm{d}x$；

(5) $\displaystyle\int_1^5 [f(x) - g(x)]\,\mathrm{d}x$；　　　(6) $\displaystyle\int_1^5 [4f(x) - g(x)]\,\mathrm{d}x$.

5. 已知 $f(x)$ 是连续函数，而且 $\displaystyle\int_0^3 f(z)\,\mathrm{d}z = 3$，$\displaystyle\int_0^4 f(z)\,\mathrm{d}z = 7$，求下列积分值：

(1) $\displaystyle\int_3^4 f(z)\,\mathrm{d}z$；　　　　　　　(2) $\displaystyle\int_4^3 -2f(t)\,\mathrm{d}t$；

(3) $\displaystyle\int_3^0 -\sqrt{2} f(u)\,\mathrm{d}u$；　　　　(4) $\displaystyle\int_0^3 \dfrac{f(x)}{\sqrt{3}}\,\mathrm{d}x$.

6. 比较下列定积分的大小：

(1) $I_1 = \displaystyle\int_0^1 x^2\,\mathrm{d}x$，$I_2 = \displaystyle\int_0^1 x^4\,\mathrm{d}x$；　　　　(2) $I_1 = \displaystyle\int_1^2 x^2\,\mathrm{d}x$，$I_2 = \displaystyle\int_1^2 x^4\,\mathrm{d}x$；

(3) $I_1 = \displaystyle\int_3^4 \ln x\,\mathrm{d}x$，$I_2 = \displaystyle\int_3^4 (\ln x)^3\,\mathrm{d}x$；　(4) $I_1 = \displaystyle\int_0^1 x\,\mathrm{d}x$，$I_2 = \displaystyle\int_0^1 \ln(1 + x)\,\mathrm{d}x$；

(5) $I_1 = \displaystyle\int_0^1 \mathrm{e}^x\,\mathrm{d}x$，$I_2 = \displaystyle\int_0^1 (1 + x)\,\mathrm{d}x$.

7. 估计下列定积分的值：

(1) $\displaystyle\int_1^4 (x^2 + 1)\,\mathrm{d}x$；　　　　(2) $\displaystyle\int_{\frac{\pi}{4}}^{\frac{5\pi}{4}} (1 + \cos^2 x)\,\mathrm{d}x$.

~~~~~~

8. 设 $f(x)$ 和 $g(x)$ 在 $[a,b]$ 上连续 $(a<b)$,证明:

(1) 若在 $[a,b]$ 上,$f(x) \geqslant 0$ 且 $f(x) \not\equiv 0$,则 $\displaystyle\int_a^b f(x)\mathrm{d}x > 0$;

(2) 若在 $[a,b]$ 上,$f(x) \geqslant 0$ 且 $\displaystyle\int_a^b f(x)\mathrm{d}x = 0$,则在 $[a,b]$ 上,$f(x) \equiv 0$;

(3) 若在 $[a,b]$ 上,$f(x) \leqslant g(x)$ 且 $\displaystyle\int_a^b f(x)\mathrm{d}x = \int_a^b g(x)\mathrm{d}x$,则在 $[a,b]$ 上,$f(x) \equiv g(x)$.

9. 已知由抛物线 $y = x^2 + 1$,直线 $x = a$,$x = b(b>a)$ 及 x 轴所围成图形为 D.

(1) 若把区间 $[a,b]$ 进行 n 等分,ξ_i 取小区间的右端点,试将 D 的面积用黎曼和近似表示;

(2) 用定积分表示 D 的面积.

— 4.3   微积分基本定理 —

> 　　微积分基本定理之所以被称为基本定理,是因为它联系了微积分学中微分与积分两大分支.微分是由曲线的切线问题引出的,而定积分是由解决不规则图形的面积发展起来的.这两类问题看上去没有直接的联系,但牛顿的老师巴罗(Barrow)发现它们其实是密切相关的,事实上,他已认识到微分与积分其实是两个相反的过程,而牛顿和莱布尼茨充分认识了两者之间的关系,且利用这种关系把微积分发展成一个系统的数学方法,并建立了微积分基本定理.利用微积分基本定理能轻松地去计算定积分,而不必再去计算烦琐的黎曼和的极限.
>
> 　　本节分两部分来介绍微积分基本定理,分别是微积分第一基本定理和微积分第二基本定理.为了找到微分与积分两者之间的关系,先从实际问题中寻找解决问题的线索.接下来,我们来讨论变速直线运动中位置函数与速度函数之间的联系.

　　引例　已知做自由落体运动的质点在时刻 t 的位置函数 $s(t) = \dfrac{1}{2}gt^2$,速度函数 $v(t) = gt$,讨论该质点从第 8 s 到第 10 s 经过的距离 S.

　　显然 $s'(t) = v(t)$.以下用两种方法来求时间段 $[8,10]$ 内质点经过的距离:

　　解　方法 1　用速度函数 $v(t) = gt$ 计算,由定积分定义可知

$$S = \int_8^{10} v(t)\,\mathrm{d}t = \int_8^{10} gt\,\mathrm{d}t = 18g\,(\mathrm{m}).\quad (\text{由几何意义计算定积分}.)$$

方法 2 用位置函数 $s(t) = \dfrac{1}{2}gt^2$ 计算可得

$$S = s(10) - s(8) = \frac{1}{2}g \cdot 10^2 - \frac{1}{2}g \cdot 8^2 = 18g\,(\mathrm{m}).$$

所以,质点在时间段 $[8,10]$ 内经过的距离为 $18g$ m.

由以上两种方法可得出

$$\int_8^{10} v(t)\,\mathrm{d}t = s(10) - s(8),\quad \text{且 } s'(t) = v(t),$$

即

$$\int_8^{10} s'(t)\,\mathrm{d}t = s(10) - s(8).$$

对一般函数 $f(x)$,若 $F'(x) = f(x)$,是否也有 $\int_a^b f(t)\,\mathrm{d}t = F(b) - F(a)$ 这样的结论呢? 若成立,定积分的计算方法也就解决了. 这就是微积分基本定理的结论,下面我们分两部分来讨论这个问题.

■ 微积分第一基本定理

设 $f(x)$ 在 $[a,b]$ 上连续,x 为 $[a,b]$ 上的一点. 我们来考察 $f(x)$ 在部分区间 $[a,x]$ 上的定积分 $\int_a^x f(x)\,\mathrm{d}x$.

首先,因为 $f(x)$ 在 $[a,x]$ 上仍连续,因此这个积分必存在. 这里,x 既表示积分的上限,又表示积分变量. 因定积分的值与积分变量的记法无关,所以,为了明确起见,把积分变量 x 改为 t,即 $\int_a^x f(x)\,\mathrm{d}x = \int_a^x f(t)\,\mathrm{d}t$.

其次,若上限 x 在 $[a,b]$ 上任意变动,那么对于每一个取定的 x 值,有确定的定积分的值与之对应,所以它在 $[a,b]$ 上定义了一个函数,记作 $\Phi(x) = \int_a^x f(t)\,\mathrm{d}t$,$a \leqslant x \leqslant b$.

我们称形如 $\Phi(x) = \int_a^x f(t)\,\mathrm{d}t$ 的函数为 $f(x)$ 的积分上限函数.

这个以积分形式定义的函数具有以下非常重要的性质:

定理 1 微积分第一基本定理

若函数 $f(x)$ 在 $[a,b]$ 上连续,则积分上限函数 $\Phi(x) = \int_a^x f(t)\,\mathrm{d}t$ 在 $[a,b]$ 上可

导,且它的导函数 $\Phi'(x) = \dfrac{\mathrm{d}}{\mathrm{d}x} \displaystyle\int_a^x f(t)\,\mathrm{d}t = f(x)$.

这个结论是令人惊奇的. 为了强调它的重要性,我们把它称为微积分第一基本定理. 该定理指出每个连续函数 $f(x)$ 必是另外一个函数 $\Phi(x)$ 的导函数,即连续函数 $f(x)$ 必存在一个以积分形式定义的原函数 $\Phi(x) = \displaystyle\int_a^x f(t)\,\mathrm{d}t$. 这就证明了 4.1 节中的原函数存在定理. 反过来,积分上限函数的导数就是被积函数. 在本节引例中,$s(t) = \displaystyle\int_8^t v(x)\,\mathrm{d}x$ 就是一个积分上限函数,$s'(t) = \dfrac{\mathrm{d}}{\mathrm{d}t} \displaystyle\int_8^t v(x)\,\mathrm{d}x = v(t)$,积分上限函数的导数就是被积函数. 其物理含义是,位置函数的导函数就是速度函数. 这个结论在前面的微分学中早有应用.

该定理一方面肯定了连续函数的原函数必定是存在的;另一方面初步揭示了积分学中的定积分与微分之间的密切关系.

微积分第一基本定理证明   任给 $x \in (a,b)$,根据导数的定义和定积分的性质,

$$
\begin{aligned}
\frac{\mathrm{d}}{\mathrm{d}x} \int_a^x f(t)\,\mathrm{d}t = \Phi'(x) &= \lim_{h \to 0} \frac{\Phi(x+h) - \Phi(x)}{h} \\
&= \lim_{h \to 0} \frac{1}{h} \Big[\int_a^{x+h} f(t)\,\mathrm{d}t - \int_a^x f(t)\,\mathrm{d}t \Big] = \lim_{h \to 0} \frac{1}{h} \int_x^{x+h} f(t)\,\mathrm{d}t \\
&= \lim_{h \to 0} \frac{1}{h} \big[hf(c) \big] \;(\text{其中 } c \text{ 介于 } x \text{ 与 } x+h \text{ 之间, 当 } h \to 0 \text{ 时},\, c \to x) \\
&= \lim_{c \to x} f(c) = f(x),
\end{aligned}
$$

即积分上限函数 $\Phi(x)$ 可导,且 $\Phi'(x) = f(x)$.

例 1   利用微积分第一基本定理求:

$(1)\ \dfrac{\mathrm{d}}{\mathrm{d}x} \displaystyle\int_p^x \sin t\,\mathrm{d}t;$ $(2)\ \dfrac{\mathrm{d}}{\mathrm{d}x} \displaystyle\int_1^x \dfrac{1}{1+t^2}\,\mathrm{d}t.$

解   (1) 因为 $f(t) = \sin t$,所以 $\dfrac{\mathrm{d}}{\mathrm{d}x} \displaystyle\int_p^x \sin t\,\mathrm{d}t = \sin x$;

(2) 因为 $f(t) = \dfrac{1}{1+t^2}$,所以 $\dfrac{\mathrm{d}}{\mathrm{d}x} \displaystyle\int_1^x \dfrac{1}{1+t^2}\,\mathrm{d}t = \dfrac{1}{1+x^2}$.

可以看出,要求出积分上限函数的导数,只要把上限 x 代入被积函数即可.

例 2   若 $y = \displaystyle\int_1^{x^2} \sin t\,\mathrm{d}t$,求 $\dfrac{\mathrm{d}y}{\mathrm{d}x}$.

解   注意到积分上限不是 x 而是 x^2,则 y 可看成由 $y = \displaystyle\int_1^u \sin t\,\mathrm{d}t$ 和 $u = x^2$ 复

合而成,由求导的链式法则,

$$\frac{\mathrm{d}y}{\mathrm{d}x} = \frac{\mathrm{d}y}{\mathrm{d}u} \cdot \frac{\mathrm{d}u}{\mathrm{d}x} = \sin u \cdot \frac{\mathrm{d}u}{\mathrm{d}x} = \sin u \cdot 2x = 2x\sin(x^2).$$

除了积分上限函数,类似也可以定义形如 $\int_x^b f(t)\mathrm{d}t$ 的 $f(x)$ 的**积分下限函数**. 我们把积分上限函数与积分下限函数统称为**积分函数**.

例 3 对以下定义的积分函数,求 $\dfrac{\mathrm{d}y}{\mathrm{d}x}$:

(1) $y = \displaystyle\int_{1+3x^2}^{4} \frac{1}{2+t^3}\mathrm{d}t$;   (2) $y = \displaystyle\int_{x^2}^{x^3} \frac{1}{\sqrt{1+t^4}}\mathrm{d}t$.

解 (1) $\dfrac{\mathrm{d}y}{\mathrm{d}x} = \dfrac{\mathrm{d}}{\mathrm{d}x}\displaystyle\int_{1+3x^2}^{4} \frac{1}{2+t^3}\mathrm{d}t = \dfrac{\mathrm{d}}{\mathrm{d}x}\left(-\int_{4}^{1+3x^2} \frac{1}{2+t^3}\mathrm{d}t\right)$

$$= -\frac{\mathrm{d}}{\mathrm{d}x}\int_{4}^{1+3x^2} \frac{1}{2+t^3}\mathrm{d}t = -\frac{6x}{2+(1+3x^2)^3};$$

(2) $\dfrac{\mathrm{d}y}{\mathrm{d}x} = \dfrac{\mathrm{d}}{\mathrm{d}x}\displaystyle\int_{x^2}^{x^3} \frac{1}{\sqrt{1+t^4}}\mathrm{d}t = \dfrac{\mathrm{d}}{\mathrm{d}x}\left(\int_{x^2}^{a} \frac{1}{\sqrt{1+t^4}}\mathrm{d}t + \int_{a}^{x^3} \frac{1}{\sqrt{1+t^4}}\mathrm{d}t\right)$

$$= -\frac{2x}{\sqrt{1+x^8}} + \frac{3x^2}{\sqrt{1+x^{12}}}.$$

注 由以上两例,可归纳总结出各类积分函数的求导公式:

$$\frac{\mathrm{d}}{\mathrm{d}x}\int_{a}^{\varphi(x)} f(t)\mathrm{d}t = f[\varphi(x)] \cdot \varphi'(x),$$

$$\frac{\mathrm{d}}{\mathrm{d}x}\int_{\psi(x)}^{b} f(t)\mathrm{d}t = -f[\psi(x)] \cdot \psi'(x),$$

$$\frac{\mathrm{d}}{\mathrm{d}x}\int_{\psi(x)}^{\varphi(x)} f(t)\mathrm{d}t = f[\varphi(x)] \cdot \varphi'(x) - f[\psi(x)] \cdot \psi'(x).$$

例 4 计算 $\displaystyle\lim_{x\to 0} \frac{\displaystyle\int_0^{\sin x} \mathrm{e}^{-t^2}\mathrm{d}t}{x}$.

解 所求极限是 $\dfrac{0}{0}$ 型的不定型,可考虑运用洛必达法则求极限,于是

$$\lim_{x\to 0} \frac{\displaystyle\int_0^{\sin x} \mathrm{e}^{-t^2}\mathrm{d}t}{x} = \lim_{x\to 0} \frac{\mathrm{e}^{-\sin^2 x} \cdot \cos x}{1} = 1.$$

■　微积分第二基本定理

微积分第一基本定理描述了定积分与微分之间的关系,虽然还看不出不定积分与定积分之间的联系,但前两者之间的关系给我们提供了一种强有力的工具来揭示后两者之间的关系. 这个工具就是微积分第二基本定理,利用它可以借助原函数来直接计算定积分,从而理清不定积分与定积分之间的关系.

定理 2　微积分第二基本定理

若函数 $f(x)$ 在 $[a,b]$ 上连续, $F(x)$ 是 $f(x)$ 在 $[a,b]$ 上的任意一个原函数,则

$$\int_a^b f(x)\,\mathrm{d}x = \left[F(x) \right]_a^b = F(b) - F(a) . \qquad (*)$$

证明　设 $\varPhi(x) = \int_a^x f(t)\,\mathrm{d}t$, 则 $\varPhi(x)$ 是 $f(x)$ 的一个原函数,又已知 $F(x)$ 是 $f(x)$ 的一个原函数,所以 $F(x) = \varPhi(x) + C$,因而

$$F(b) - F(a) = \left[\varPhi(b) + C \right] - \left[\varPhi(a) + C \right] = \varPhi(b) - \varPhi(a)$$
$$= \int_a^b f(t)\,\mathrm{d}t - \int_a^a f(t)\,\mathrm{d}t = \int_a^b f(t)\,\mathrm{d}t = \int_a^b f(x)\,\mathrm{d}x.$$

所以 $\int_a^b f(x)\,\mathrm{d}x = F(b) - F(a)$ 成立.

公式 $(*)$ 又被称为牛顿-莱布尼茨公式,最早出现在莱布尼茨 1677 年的一篇手稿中. 它给出了计算定积分的一种有效又简便的方法. 要计算任何连续函数 $f(x)$ 的定积分,只要求出 $f(x)$ 的一个原函数 $F(x)$,并求出 $F(x)$ 在 $[a,b]$ 上的增量即可. $f(x)$ 的原函数(积分上限函数本身也是 $f(x)$ 的一个原函数)是微积分两大基本定理中两个公式的连接纽带与桥梁,以后要求出 $f(x)$ 的不定积分或定积分,我们只要找到 $f(x)$ 的任意一个原函数就可以了.

下面计算几个简单的定积分.

例 5　计算:(1) $\int_0^1 x^2\,\mathrm{d}x$; 　　(2) $\int_{-2}^{-1} \dfrac{1}{x}\,\mathrm{d}x$.

解　(1) 因为 $\dfrac{x^3}{3}$ 是 x^2 的一个原函数,所以 $\int_0^1 x^2\,\mathrm{d}x = \left[\dfrac{x^3}{3} \right]_0^1 = \dfrac{1}{3}$;

(2) $\int_{-2}^{-1} \dfrac{1}{x}\,\mathrm{d}x = \left[\ln |x| \right]_{-2}^{-1} = \ln |-1| - \ln |-2| = -\ln 2.$

例 6(求面积)　在 $[0,\pi]$ 上,求 $y = \sin x$ 与 $y = 0$ 所围图形的面积.

解　$A = \int_0^\pi \sin x\,\mathrm{d}x = \left[-\cos x \right]_0^\pi = -\cos \pi + \cos 0 = 2.$

例 7 已知 $f(x)=\begin{cases}1+x, & |x|<1, \\ \mathrm{e}^x, & |x|\geqslant 1,\end{cases}$ 计算 $\displaystyle\int_{-2}^{3}f(x)\,\mathrm{d}x$.

解 因被积函数是分段函数,可利用积分区间的可加性来逐段进行计算,即

$$\int_{-2}^{3}f(x)\,\mathrm{d}x = \int_{-2}^{-1}\mathrm{e}^x\,\mathrm{d}x + \int_{-1}^{1}(1+x)\,\mathrm{d}x + \int_{1}^{3}\mathrm{e}^x\,\mathrm{d}x$$

$$= \left[\mathrm{e}^x\right]_{-2}^{-1} + \left[x+\frac{1}{2}x^2\right]_{-1}^{1} + \left[\mathrm{e}^x\right]_{1}^{3}$$

$$= \mathrm{e}^{-1}-\mathrm{e}^{-2}+2+\mathrm{e}^3-\mathrm{e}.$$

注 利用积分区间的可加性,分段函数要分段积分;同样,若被积函数中含有绝对值函数,也须先去掉绝对值符号,然后再分段计算.

累积的变化率

微积分第二基本定理也可表示成 $\displaystyle\int_a^b F'(x)\,\mathrm{d}x = F(b)-F(a)$.

这个公式的实际含义可以这样来理解,若 $F(t)$ 描述了某种物质的数量关于时间 t 的变化规律,那么 $F'(t)$ 表示该物质数量在时刻 t 的瞬时变化率,而 $\displaystyle\int_a^b F'(t)\,\mathrm{d}t$ 则表示该物质数量的瞬时变化率从 $t=a$ 到 $t=b$ 之间的叠加,也即累积变化率,它恰好等于该物质在 $t=b$ 时的数量减去在 $t=a$ 时的数量,也就是在时间间隔 $[a,b]$ 内该物质数量的总的增量.

例 8 水从一个容积为 55 L 的水箱底部以 $V'(t)=11-t$ 的速度(单位:L/h)流出. 设水箱起初是满的,问从时间 $t=3$ h 到 $t=5$ h 共有多少水流出?

解 $V(t)$ 表示时间为 t 时所流出的水量,从 $t=3$ h 到 $t=5$ h 流出的水量等于 $V'(t)$ 在 $[3,5]$ 上的积分. 因此

$$V(5)-V(3) = \int_3^5 V'(t)\,\mathrm{d}t = \int_3^5 (11-t)\,\mathrm{d}t$$

$$= \left[11t-\frac{1}{2}t^2\right]_3^5 = 14(\mathrm{L}).$$

所以,从 $t=3$ h 到 $t=5$ h 之间共有 14 L 的水从水箱流出.

微积分第二基本定理能应用到自然和社会中各类变化率问题上. 下面举一些累积变化率的实例:

(1) 一物体沿直线运动的位置函数为 $s(t)$,那么它的速度是 $v(t)=s'(t)$,所以 $\displaystyle\int_{t_1}^{t_2}v(t)\,\mathrm{d}t = s(t_2)-s(t_1)$ 表示在时间段 $[t_1,t_2]$ 内物体经过的路程.

（2）若沿直线运动物体的加速度为 $a(t) = v'(t)$，那么 $\int_{t_1}^{t_2} a(t)\,\mathrm{d}t = v(t_2) - v(t_1)$ 表示在时间段 $[t_1, t_2]$ 内物体速度的改变量.

（3）若 $C(x)$ 表示车间生产 x 件产品的成本，那么该产品的边际成本就是 $C'(x)$，则该产品的产量从 x_1 件增加到 x_2 件时增加的总成本为 $\int_{x_1}^{x_2} C'(x)\,\mathrm{d}x = C(x_2) - C(x_1)$.

（4）若 $V(t)$ 表示 t 时刻蓄水池里水的体积，那么 $V'(t)$ 表示 t 时刻流进蓄水池里水的速度，则 $\int_{t_1}^{t_2} V'(t)\,\mathrm{d}t = V(t_2) - V(t_1)$ 表示在时间 $[t_1, t_2]$ 内流进蓄水池里水的总量.

（5）若 $\dfrac{\mathrm{d}N}{\mathrm{d}t}$ 表示某地区在 t 时刻的人口增长率，则 $\int_{t_1}^{t_2} N'(t)\,\mathrm{d}t = N(t_2) - N(t_1)$ 表示该地区从 t_1 时刻到 t_2 时刻的人口总增长数.

（6）若 $C(t)$ 表示一个化学反应中某物质在时刻 t 的浓度，其导数 $C'(t)$ 表示该物质在时刻 t 的浓度变化率，那么 $\int_{t_1}^{t_2} C'(t)\,\mathrm{d}t = C(t_2) - C(t_1)$ 表示在时间 $[t_1, t_2]$ 内该物质浓度的总改变量.

习题 4.3

1. 求以下积分上限函数的导数：

（1）$\dfrac{\mathrm{d}}{\mathrm{d}x} \int_0^x \sqrt{1 + t^2}\,\mathrm{d}t$；   （2）$\dfrac{\mathrm{d}}{\mathrm{d}x} \int_0^{\sqrt{x}} \cos t\,\mathrm{d}t$；   （3）$\dfrac{\mathrm{d}}{\mathrm{d}x} \int_1^{\sin x} 3t^2\,\mathrm{d}t$；

（4）$\dfrac{\mathrm{d}}{\mathrm{d}t} \int_0^{t^4} \sqrt{u}\,\mathrm{d}u$；   （5）$\dfrac{\mathrm{d}}{\mathrm{d}\theta} \int_0^{\tan\theta} \sec^2 y\,\mathrm{d}y$；   （6）$\dfrac{\mathrm{d}}{\mathrm{d}x} \int_{x^2}^{x^3} \dfrac{1}{\sqrt{1 + t^3}}\,\mathrm{d}t$；

（7）$\dfrac{\mathrm{d}}{\mathrm{d}x} \int_{\sin x}^{\cos x} \cos(\pi t^2)\,\mathrm{d}t$.

2. 求由 $\int_0^y \mathrm{e}^{-t^2}\,\mathrm{d}t + \int_0^{2x} \cos t^2\,\mathrm{d}t = 0$ 所确定的隐函数对 x 的导数 $\dfrac{\mathrm{d}y}{\mathrm{d}x}$.

3. 求由参数表达式 $x = \int_0^t \sin u^2\,\mathrm{d}u, y = \int_0^t \dfrac{\cos u}{u}\,\mathrm{d}u$ 所确定的函数对 x 的导数 $\dfrac{\mathrm{d}y}{\mathrm{d}x}$.

4. 求以下积分的值：

（1）$\displaystyle\int_0^a (3x^2 - x)\,\mathrm{d}x$；　　　　（2）$\displaystyle\int_1^2 \left(x^2 + \frac{1}{x^4} \right)\mathrm{d}x$；

（3）$\displaystyle\int_1^0 \sqrt{x}\,(1 + \sqrt{x})\,\mathrm{d}x$；　　　（4）$\displaystyle\int_{\frac{1}{\sqrt{3}}}^0 \frac{1}{1 + x^2}\,\mathrm{d}x$；

（5）$\displaystyle\int_0^{\frac{1}{2}} \frac{1}{\sqrt{1 - x^2}}\,\mathrm{d}x$；　　　（6）$\displaystyle\int_{-1}^0 \frac{3x^4 + 3x^2 + 2}{1 + x^2}\,\mathrm{d}x$；

（7）$\displaystyle\int_0^{\frac{\pi}{4}} \tan^2 x\,\mathrm{d}x$；　　　　（8）$\displaystyle\int_0^{2\pi} |\sin x|\,\mathrm{d}x$；

（9）$\displaystyle\int_0^\pi \frac{1}{2}(\cos x + |\cos x|)\,\mathrm{d}x$.

5. 求下列极限：

（1）$\displaystyle\lim_{x\to 0} \frac{\displaystyle\int_0^x \cos t^2\,\mathrm{d}t}{x}$；　　　　（2）$\displaystyle\lim_{x\to 0} \frac{\displaystyle\int_{\cos x}^1 \mathrm{e}^{-t^2}\,\mathrm{d}t}{x^2}$；

（3）$\displaystyle\lim_{x\to 0} \frac{\left(\displaystyle\int_0^x \sin t^2\,\mathrm{d}t \right)^2}{\displaystyle\int_0^x t^2 \sin t^3\,\mathrm{d}t}$；　　　（4）$\displaystyle\lim_{x\to a} \frac{x}{x - a}\int_a^x f(t)\,\mathrm{d}t$，其中 $f(x)$ 连续.

6. 在某地区，当消费者个人收入为 x 元时，消费支出 $W(x)$ 的变化率 $W'(x) = \dfrac{15}{\sqrt{x}}$，当个人收入由 900 元增加到 1 600 元时，消费支出增加多少？

7. 若 $\displaystyle\int_0^x f(t)\,\mathrm{d}t = x\cos \pi x$，求 $f(4)$.

8. 若 $\displaystyle\int_1^x f(t)\,\mathrm{d}t = x^2 - 2x + 1$，求 $f(x)$.

9. 设 $f(x)$ 在 $[0,1]$ 上连续，且满足 $f(x) = x\displaystyle\int_0^1 f(t)\,\mathrm{d}t - 1$，求 $\displaystyle\int_0^1 f(x)\,\mathrm{d}x$，$f(x)$.

10. 设 $f(x)$ 在 $[a,b]$ 上连续，在 (a,b) 内可导且 $f'(x) \leqslant 0$，证明函数

$$F(x) = \frac{1}{x - a}\int_a^x f(t)\,\mathrm{d}t$$

在 (a,b) 内的导数 $F'(x) \leqslant 0$.

11. 假设 $f(x) = \begin{cases} \dfrac{\sin x}{2}, & 0 \leqslant x \leqslant \pi, \\ 0, & x < 0 \text{ 或者 } x > \pi. \end{cases}$　　求 $\varPhi(x) = \displaystyle\int_0^x f(t)\,\mathrm{d}t$ 在 $(-\infty, +\infty)$ 内的表达式.

12. 设 $f(x)$ 在 $[0, +\infty)$ 内连续,且 $\lim\limits_{x \to +\infty} f(x) = 1$,证明函数 $y = \mathrm{e}^{-x} \int_0^x \mathrm{e}^t f(t) \, \mathrm{d}t$ 满足方程 $\dfrac{\mathrm{d}y}{\mathrm{d}x} + y = f(x)$,并求 $\lim\limits_{x \to +\infty} y(x)$.

— 4.4 换元积分法 —

　　求初等函数的导数只需要利用基本导数公式和求导法则就可以直接得到,而且其导数还是初等函数. 但是求函数的积分要复杂得多,它的计算涉及一些技巧和许多方法,并且它的结果并不总是初等函数. 比如,$\mathrm{e}^{-x^2}, \dfrac{\sin x}{x}$ 等函数的不定积分都不是初等函数.

　　由微积分第二基本定理可知,求不定积分与定积分的关键是找到被积函数的一个原函数,但仅利用前面所学的基本积分表与积分运算法则,能直接找到原函数的积分是非常有限的. 因此,有必要进一步研究积分的计算方法. 常用的积分方法是换元积分法和分部积分法.

　　如何求得复合函数的不定积分与定积分? 我们把复合函数的微分法则反过来运用,利用积分变量的代换将被积表达式转化为易于求得不定积分的形式,这种方法称为**换元积分法**.

■ 不定积分的换元积分法

　　若 $F(u)$ 是 $f(u)$ 的一个原函数,即

$$F'(u) = f(u), \quad \int f(u) \, \mathrm{d}u = F(u) + C.$$

如果 $u = g(x)$ 可微,当要求的积分形式为 $\int f[g(x)] g'(x) \, \mathrm{d}x$ 时,由于

$$\mathrm{d}F[g(x)] = f[g(x)] g'(x) \, \mathrm{d}x = f[g(x)] \, \mathrm{d}g(x),$$

从而

$$\int f[g(x)] g'(x) \, \mathrm{d}x = \int f[g(x)] \, \mathrm{d}g(x) = \left[\int f(u) \, \mathrm{d}u \right]_{u = g(x)}.$$

定理 1 不定积分换元公式

设 $f(u)$ 有原函数,$u = g(x)$ 可导,则

$$\int f\left[g(x)\right]g'(x)\,\mathrm{d}x = \left[\int f(u)\,\mathrm{d}u\right]_{u=g(x)}.$$

换元积分法的解题步骤

1. 对 $\int f\left[g(x)\right]g'(x)\,\mathrm{d}x$，作代换 $u=g(x)$，则 $\mathrm{d}u=g'(x)\,\mathrm{d}x$，代入原不定积分，得到新的不定积分 $\int f(u)\,\mathrm{d}u$；

2. 求出关于 u 的不定积分 $\int f(u)\,\mathrm{d}u$；

3. 在上一步的结果中用 $g(x)$ 代换 u.

例 1   求不定积分 $\int \cos(3x+5)\,\mathrm{d}x$.

解   令 $u=3x+5$，则 $\mathrm{d}u=\mathrm{d}(3x+5)=3\mathrm{d}x$，所以

$$\int \cos(3x+5)\,\mathrm{d}x = \int \cos u \cdot \frac{1}{3}\,\mathrm{d}u = \frac{1}{3}\sin u + C = \frac{1}{3}\sin(3x+5) + C.$$

例 2   求不定积分 $\int x^2\sin(x^3)\,\mathrm{d}x$.

解   令 $u=x^3$，则 $\mathrm{d}u=\mathrm{d}(x^3)=3x^2\mathrm{d}x$，所以

$$\int x^2\sin(x^3)\,\mathrm{d}x = \int \frac{1}{3}\sin u\,\mathrm{d}u = -\frac{1}{3}\cos u + C = -\frac{1}{3}\cos(x^3) + C.$$

由例 2 可看出，在进行换元积分法时，令 $u=g(x)$，被积函数中除了 $f\left[g(x)\right]$ 外，还必须有因式 $g'(x)$，才可得到新的积分，也就是在必要时还必须凑一个因子，简称凑微分. 所以，这类换元积分法通常又称为凑微分法.

例 3   求不定积分 $\int \dfrac{1}{3+2x}\,\mathrm{d}x$.

解   令 $u=3+2x$，$\mathrm{d}u=\mathrm{d}(3+2x)=2\mathrm{d}x$，所以

$$\int \frac{1}{3+2x}\,\mathrm{d}x = \int \frac{1}{2}\cdot\frac{1}{u}\,\mathrm{d}u = \frac{1}{2}\ln|u| + C = \frac{1}{2}\ln|3+2x| + C.$$

例 4   求不定积分 $\int \dfrac{x}{\sqrt[3]{x^2+1}}\,\mathrm{d}x$.

解   方法 1   令 $u=x^2+1$，$\mathrm{d}u=\mathrm{d}(x^2+1)=2x\mathrm{d}x$，所以

$$\int \frac{x}{\sqrt[3]{x^2+1}}\,\mathrm{d}x = \int \frac{1}{2}\cdot\frac{1}{\sqrt[3]{u}}\,\mathrm{d}u = \frac{1}{2}\int u^{-\frac{1}{3}}\,\mathrm{d}u$$

$$= \frac{1}{2}\cdot\frac{3}{2}u^{\frac{2}{3}} + C = \frac{3}{4}(x^2+1)^{\frac{2}{3}} + C.$$

换元积分法的关键是找到一个适当的代换. 作为一种尝试，若第一次代换

失败,我们可以尝试用多步联合的代换来化简被积函数. 或者我们已找到了一个好的代换,也可再尝试有无其他可行的代换. 比如在上例中,我们可以尝试如下的代换.

方法 2　令 $u = \sqrt[3]{x^2+1}$,则 $u^3 = x^2+1$,$3u^2\mathrm{d}u = 2x\mathrm{d}x$,所以

$$\int \frac{x}{\sqrt[3]{x^2+1}}\mathrm{d}x = \int \frac{1}{2}\frac{3u^2}{u}\mathrm{d}u = \frac{3}{2}\int u\mathrm{d}u$$

$$= \frac{1}{2}\cdot\frac{3}{2}u^2 + C = \frac{3}{4}(x^2+1)^{\frac{2}{3}} + C.$$

在对变量代换比较熟练以后,就不一定写出中间变量 u,看下面两个例子.

例 5　求不定积分 $\int \dfrac{\sec^2 x}{\tan x}\mathrm{d}x$.

解　$\displaystyle\int \frac{\sec^2 x}{\tan x}\mathrm{d}x = \int \frac{1}{\tan x}(\tan x)'\mathrm{d}x = \int \frac{1}{\tan x}\mathrm{d}(\tan x) = \ln|\tan x| + C.$

例 6　求不定积分 $\displaystyle\int \frac{1}{\sqrt{a^2-x^2}}\mathrm{d}x \quad (a > 0).$

解　$\displaystyle\int \frac{1}{\sqrt{a^2-x^2}}\mathrm{d}x = \int \frac{1}{a\cdot\sqrt{1-\left(\dfrac{x}{a}\right)^2}}\mathrm{d}x = \int \frac{1}{\sqrt{1-\left(\dfrac{x}{a}\right)^2}}\mathrm{d}\left(\frac{x}{a}\right) = \arcsin\frac{x}{a} + C.$

例 7　求不定积分 $\displaystyle\int \tan x\,\mathrm{d}x$.

解　$\displaystyle\int \tan x\mathrm{d}x = \int \frac{\sin x}{\cos x}\mathrm{d}x = \int \frac{-1}{\cos x}\mathrm{d}(\cos x) = -\ln|\cos x| + C.$

类似可求得如下积分:

$$\int \cot x\mathrm{d}x = \ln|\sin x| + C.$$

例 8　求不定积分 $\displaystyle\int \sec x\mathrm{d}x$.

解　$\displaystyle\int \sec x\mathrm{d}x = \int \frac{1}{\cos x}\mathrm{d}x = \int \frac{\cos x}{\cos^2 x}\mathrm{d}x$

$$= \int \frac{\mathrm{d}(\sin x)}{1-\sin^2 x} = \int \frac{\mathrm{d}(\sin x)}{(1-\sin x)(1+\sin x)}$$

$$= \frac{1}{2}\int \frac{\mathrm{d}(\sin x)}{1+\sin x} + \frac{1}{2}\int \frac{\mathrm{d}(\sin x)}{1-\sin x}$$

$$= \frac{1}{2}\int \frac{\mathrm{d}(1+\sin x)}{1+\sin x} - \frac{1}{2}\int \frac{\mathrm{d}(1-\sin x)}{1-\sin x}$$

$$= \frac{1}{2}\ln|1 + \sin x| - \frac{1}{2}\ln|1 - \sin x| + C$$

$$= \frac{1}{2}\ln\left|\frac{1 + \sin x}{1 - \sin x}\right| + C = \frac{1}{2}\ln\left|\frac{(1 + \sin x)^2}{1 - \sin^2 x}\right| + C$$

$$= \frac{1}{2}\ln\left|\frac{1 + \sin x}{\cos x}\right|^2 + C = \ln|\sec x + \tan x| + C.$$

类似可求得

$$\int \csc x\,dx = \ln|\csc x - \cot x| + C.$$

可以看出,换元积分法是求不定积分的一种有效方法. 那么是否也可用换元积分法去求定积分呢? 答案是肯定的,并且定积分的换元积分法有两种有效途径:一种是由变量代换求对应的不定积分,再通过牛顿-莱布尼茨公式求定积分的值;另一种方法就是直接运用定积分的换元公式.

定积分的换元积分法

若 $\int f(x)\,dx = F(x) + C$,且 $u = g(x)$ 可导,则

$$\int f[g(x)]g'(x)\,dx = F[g(x)] + C,$$

于是

$$\int_\alpha^\beta f[g(x)]g'(x)\,dx = F[g(\beta)] - F[g(\alpha)]$$

$$= [F(u)]_{g(\alpha)}^{g(\beta)} = \int_{g(\alpha)}^{g(\beta)} f(u)\,du.$$

就得到了以下的定积分换元公式.

定理 2   定积分换元公式

设 $f(u)$ 有原函数,$u = g(x)$ 可导,则

$$\int_\alpha^\beta f[g(x)]g'(x)\,dx = \int_{g(\alpha)}^{g(\beta)} f(u)\,du.$$

定积分的换元公式与不定积分的换元公式不同的是:进行变量代换后,积分区间也相应改变. 我们只要计算具有新的积分变量、新的被积函数和新的积分区间的定积分,从而省去了将新变量代换为原变量的麻烦.

例 9   计算定积分 $\int_{-1}^1 3x^2\sqrt{1 + x^3}\,dx$.

解   方法 1 (用定积分换元公式)

令 $t = 1 + x^3$，则 $dt = 3x^2 dx$，且当 $x = -1$ 时，$t = 0$；$x = 1$ 时，$t = 2$，所以

$$\int_{-1}^{1} 3x^2 \sqrt{1 + x^3}\, dx = \int_{0}^{2} \sqrt{t}\, dt = \left[\frac{2}{3} t^{\frac{3}{2}} \right]_{0}^{2} = \frac{4\sqrt{2}}{3}.$$

方法 2（用不定积分换元公式）

令 $t = 1 + x^3$，则 $dt = 3x^2 dx$，得

$$\int 3x^2 \sqrt{1 + x^3}\, dx = \int \sqrt{t}\, dt = \frac{2}{3} t^{\frac{3}{2}} + C = \frac{2}{3} (1 + x^3)^{\frac{3}{2}} + C,$$

所以

$$\int_{-1}^{1} 3x^2 \sqrt{1 + x^3}\, dx = \left[\frac{2}{3} (1 + x^3)^{\frac{3}{2}} \right]_{-1}^{1} = \frac{4\sqrt{2}}{3}.$$

以上两种方法，哪种方法更好？在上例中，直接用定积分的换元公式看来更简单些，但并非所有题目都这样. 作为解题方法，最好这两种方法都掌握，并且能够灵活运用.

例 10 $\displaystyle\int_{0}^{\frac{\pi}{2}} \cos^5 x \sin x\, dx$.

解   令 $t = \cos x$，则 $dt = -\sin x\, dx$，且当 $x = 0$ 时，$t = 1$；$x = \frac{\pi}{2}$ 时，$t = 0$，所以

$$\int_{0}^{\frac{\pi}{2}} \cos^5 x \sin x\, dx = \int_{1}^{0} -t^5 dt = \int_{0}^{1} t^5 dt$$

$$= \left[\frac{1}{6} t^6 \right]_{0}^{1} = \frac{1}{6}.$$

注   利用定积分的换元公式时，必须注意积分变量、被积函数、积分区间三要素同时相应改变.

例 11   计算 $\displaystyle\int_{0}^{\pi} \sqrt{\sin^3 x - \sin^5 x}\, dx$.

解 $\displaystyle\int_{0}^{\pi} \sqrt{\sin^3 x - \sin^5 x}\, dx = \int_{0}^{\pi} \sin^{\frac{3}{2}} x \, | \cos x |\, dx$

$$= \int_{0}^{\frac{\pi}{2}} \sin^{\frac{3}{2}} x \cos x\, dx - \int_{\frac{\pi}{2}}^{\pi} \sin^{\frac{3}{2}} x \cos x\, dx$$

$$= \int_{0}^{\frac{\pi}{2}} \sin^{\frac{3}{2}} x\, d(\sin x) - \int_{\frac{\pi}{2}}^{\pi} \sin^{\frac{3}{2}} x\, d(\sin x)$$

$$= \left[\frac{2}{5} \sin^{\frac{5}{2}} x \right]_{0}^{\frac{\pi}{2}} - \left[\frac{2}{5} \sin^{\frac{5}{2}} x \right]_{\frac{\pi}{2}}^{\pi}$$

$$= \frac{2}{5} - \left(-\frac{2}{5} \right) = \frac{4}{5}.$$

在上例中,我们没有明确引入新的积分变量 ($t=\sin x$),而是仍采用原变量,这时上、下限不用发生改变,即 $\displaystyle\int_\alpha^\beta f\left[g(x)\right]g'(x)\mathrm{d}x = \int_\alpha^\beta f\left[g(x)\right]\mathrm{d}g(x) = \left[F\left[g(x)\right]\right]_\alpha^\beta.$

例 12（奇偶函数的积分）　证明:

(1) 若 $f(x)$ 在 $[-a,a]$ 上连续且为偶函数,则 $\displaystyle\int_{-a}^a f(x)\mathrm{d}x = 2\int_0^a f(x)\mathrm{d}x$;

(2) 若 $f(x)$ 在 $[-a,a]$ 上连续且为奇函数,则 $\displaystyle\int_{-a}^a f(x)\mathrm{d}x = 0.$

证明　因 $\displaystyle\int_{-a}^a f(x)\mathrm{d}x = \int_{-a}^0 f(x)\mathrm{d}x + \int_0^a f(x)\mathrm{d}x$,对右边第一个积分作代换 $x=-t$,得

$$\int_{-a}^0 f(x)\mathrm{d}x = \int_a^0 f(-t)\mathrm{d}(-t) = -\int_a^0 f(-t)\mathrm{d}t = \int_0^a f(-t)\mathrm{d}t = \int_0^a f(-x)\mathrm{d}x,$$

所以

$$\int_{-a}^a f(x)\mathrm{d}x = \int_0^a \left[f(x) + f(-x)\right]\mathrm{d}x.$$

(1) 当 $f(x)$ 是偶函数时,$f(-x)=f(x)$,因此 $\displaystyle\int_{-a}^a f(x)\mathrm{d}x = \int_0^a 2f(x)\mathrm{d}x$;

(2) 当 $f(x)$ 是奇函数时,$f(-x)=-f(x)$,因此 $\displaystyle\int_{-a}^a f(x)\mathrm{d}x = 0.$

该结论非常有用,可简化计算奇偶函数在对称区间上的定积分,建议作为公式记住,并能灵活应用.

例如,$\displaystyle\int_{-\pi}^\pi \cos^5 x \sin^3 x\mathrm{d}x = 0$,因为积分区间是对称区间,且 $f(x) = \cos^5 x \sin^3 x$ 是奇函数. 同理可知,$\displaystyle\int_{-5}^5 \frac{x^5}{x^2 + 4}\mathrm{d}x = 0.$

习题 4.4

1. 利用换元积分法求下列不定积分:

(1) $\displaystyle\int \mathrm{e}^{3x}\mathrm{d}x$;

(2) $\displaystyle\int (3 + 2x)^3\mathrm{d}x$;

(3) $\displaystyle\int \frac{7}{3 + 2x}\mathrm{d}x$;

(4) $\displaystyle\int \frac{1}{\sqrt[3]{3 + 2x}}\mathrm{d}x$;

(5) $\displaystyle\int \frac{\sin\sqrt{t}}{\sqrt{t}}\mathrm{d}t$;

(6) $\displaystyle\int 3y\sqrt{7 - 3y^2}\,\mathrm{d}y$;

(7) $\int x \sin x^2 \mathrm{d}x$;

(8) $\int x^2 \mathrm{e}^{-x^3} \mathrm{d}x$;

(9) $\int \dfrac{x}{\sqrt{2 - 3x^2}} \mathrm{d}x$;

(10) $\int \dfrac{3x^3}{1 + x^4} \mathrm{d}x$;

(11) $\int \sec^2(3x + 5) \mathrm{d}x$;

(12) $\int \sin^2 \dfrac{x}{2} \cos \dfrac{x}{2} \mathrm{d}x$;

(13) $\int \tan^8 x \sec^2 x \mathrm{d}x$;

(14) $\int \tan^3 x \sec x \mathrm{d}x$;

(15) $\int \cos^3 x \mathrm{d}x$;

(16) $\int \dfrac{6 \cos t}{(2 + \sin t)^3} \mathrm{d}t$;

(17) $\int \dfrac{1}{t^2} \cos\left(\dfrac{1}{t} - 1\right) \mathrm{d}t$;

(18) $\int \dfrac{\mathrm{d}x}{x \sqrt{1 - \ln^2 x}}$;

(19) $\int \sqrt{\cot y} \, \csc^2 y \mathrm{d}y$;

(20) $\int \dfrac{\cos \sqrt{t}}{\sqrt{t} \, \sin^2 \sqrt{t}} \mathrm{d}t$.

2. 利用换元积分法求下列定积分：

(1) $\int_{\frac{\pi}{3}}^{\pi} \sin\left(x + \dfrac{\pi}{3}\right) \mathrm{d}x$;

(2) $\int_{-2}^{1} \dfrac{1}{(9 + 4x)^3} \mathrm{d}x$;

(3) $\int_{0}^{\frac{\pi}{2}} \sin \varphi \cos^2 \varphi \mathrm{d}\varphi$;

(4) $\int_{0}^{\pi} (1 - \sin^3 \theta) \, \mathrm{d}\theta$;

(5) $\int_{0}^{\sqrt{2}} x \sqrt{2 - x^2} \mathrm{d}x$;

(6) $\int_{0}^{1} x \mathrm{e}^{-x^2} \mathrm{d}x$;

(7) $\int_{1}^{e^2} \dfrac{1}{x \sqrt{1 + \ln x}} \mathrm{d}x$;

(8) $\int_{-2}^{-1} \dfrac{1}{x^2 + 4x + 5} \mathrm{d}x$;

(9) $\int_{0}^{\pi} \sqrt{1 + \cos 2x} \mathrm{d}x$;

(10) $\int_{-\frac{\pi}{2}}^{\frac{\pi}{2}} \sqrt{\cos x - \cos^3 x} \mathrm{d}x$.

3. 利用函数的奇偶性计算下列积分：

(1) $\int_{-\pi}^{\pi} x^4 \sin x \mathrm{d}x$;

(2) $\int_{-\frac{1}{2}}^{\frac{1}{2}} \dfrac{(\arcsin x)^2}{\sqrt{1 - x^2}} \mathrm{d}x$;

(3) $\int_{-5}^{5} \dfrac{x^2 \sin x^3}{x^4 + 2x^2 + 1} \mathrm{d}x$;

(4) $\int_{-\frac{\pi}{2}}^{\frac{\pi}{2}} (4 \cos^2 x + \sqrt{1 + x^2} \sin x) \mathrm{d}x$;

(5) $\int_{-1}^{1} \left[\sin x \ln(1 + x^2) + \sqrt{1 - x^2}\right] \mathrm{d}x$;

(6) $\int_{-\frac{\pi}{2}}^{\frac{\pi}{2}} \cos x \cos 2x \mathrm{d}x$.

4. 计算下列积分：

（1）$\int \dfrac{\sin x - \cos x}{\sqrt[3]{\sin x + \cos x}}\mathrm{d}x$；

（2）$\int \tan\sqrt{1 + x^2} \cdot \dfrac{x}{\sqrt{1 + x^2}}\mathrm{d}x$；

（3）$\int \dfrac{\arctan\sqrt{x}}{\sqrt{x}\,(1 + x)}\mathrm{d}x$；

（4）$\int \dfrac{10^{\arccos x}}{\sqrt{1 - x^2}}\mathrm{d}x$；

（5）$\int \dfrac{1}{(\arcsin x)^2} \cdot \dfrac{1}{\sqrt{1 - x^2}}\mathrm{d}x$；

（6）$\int \dfrac{\ln(\tan x)}{\cos x \sin x}\mathrm{d}x$；

（7）$\int \dfrac{1 + \ln x}{(x\ln x)^2}\mathrm{d}x$；

（8）$\int \dfrac{x^3}{1 + x^2}\mathrm{d}x$；

（9）$\int \dfrac{\cos(\ln x + 3)}{x}\mathrm{d}x$；

（10）$\int \dfrac{2}{x\sqrt{1 - 4\ln^2 x}}\mathrm{d}x$.

5. 证明：

（1）若 $f(x)$ 是连续函数且为奇函数，则 $\displaystyle\int_0^x f(t)\mathrm{d}t$ 是偶函数；

（2）若 $f(x)$ 是连续函数且为偶函数，则 $\displaystyle\int_0^x f(t)\mathrm{d}t$ 是奇函数.

6. 设 $f(x)=\begin{cases} xe^{-x^2}, & x\geq 0, \\ \dfrac{1}{1+\cos x}, & -1<x<0, \end{cases}$ 计算 $\displaystyle\int_1^4 f(x - 2)\mathrm{d}x$.

7. 证明下列各等式：

（1）$\displaystyle\int_x^1 \dfrac{1}{1 + x^2}\mathrm{d}x = \int_1^{\frac{1}{x}} \dfrac{1}{1 + x^2}\mathrm{d}x \quad (x > 0)$；

（2）$\displaystyle\int_0^1 x^m (1 - x)^n \mathrm{d}x = \int_0^1 x^n (1 - x)^m \mathrm{d}x\,(m, n \in \mathbf{Z}^+)$；

（3）$\displaystyle\int_0^\pi \cos^{10}x\,\mathrm{d}x = 2\int_0^{\frac{\pi}{2}} \cos^{10}x\,\mathrm{d}x$.

— 4.5　分部积分法 —

　　前面我们在复合函数求导法则的基础上建立了换元积分法. 现在我们利用两个函数乘积的求导法则，来推导另一种求积分的基本方法，称为分部积分法.

■   不定积分的分部积分法

当 u,v 是 x 的可微函数时，$(uv)' = u'v + uv'$，移项可得
$$uv' = (uv)' - u'v,$$
两端关于 x 积分，即
$$\int uv'\mathrm{d}x = \int [(uv)' - u'v]\mathrm{d}x = uv - \int u'v\mathrm{d}x = uv - \int v\mathrm{d}u.$$
这样便得到不定积分的分部积分公式
$$\int uv'\mathrm{d}x = \int u\mathrm{d}v = uv - \int v\mathrm{d}u.$$

该积分公式把被积函数看成 u 和 v' 的乘积，利用公式把积分 $\int u\mathrm{d}v$ 转换成不定积分 $\int v\mathrm{d}u$. 在解题时，恰当选取 u 和 v' 是一个关键，目的是使得第二个积分 $\int v\mathrm{d}u$ 容易求出.

分部积分法的解题步骤

1. 把被积函数看成两部分 u 和 v' 的乘积，并把 $v'\mathrm{d}x$ 凑成 $\mathrm{d}v$，即凑得积分 $\int u\mathrm{d}v$；

2. 运用公式 $\int u\mathrm{d}v = uv - \int v\mathrm{d}u$，公式两边 u 和 v 恰好交换了位置；

3. 计算 $\int v\mathrm{d}u$，只要这个积分比原积分容易计算，此方法就奏效了.

例 1　求不定积分 $\int x\cos x\mathrm{d}x$.

解　选取 $u = x, v' = \cos x$，则可取 $v = \sin x$. 由分部积分公式得
$$\int x\cos x\mathrm{d}x = \int x\mathrm{d}(\sin x) = x\sin x - \int \sin x\mathrm{d}x$$
$$= x\sin x + \cos x + C.$$

注　在本例中，若取 $u = \cos x, v' = x$，则会导出 $v = \dfrac{1}{2}x^2$，由分部积分公式得
$$\int x\cos x\mathrm{d}x = \int \left(\frac{x^2}{2}\right)'\cos x\mathrm{d}x = \int \cos x\mathrm{d}\left(\frac{x^2}{2}\right) = \frac{x^2}{2}\cos x - \int \frac{x^2}{2}\mathrm{d}(\cos x)$$
$$= \frac{x^2}{2}\cos x - \int \frac{x^2}{2}\cdot(-\sin x)\mathrm{d}x,$$

不难看出，右端的积分比原积分更为复杂. 这时就要尝试互换 u 和 v'. 求积分成

功与否取决于对 u 和 v' 的选取是否恰当,这要靠大量的练习来摸索和总结. 一般来说,选取 u 和 v' 有规律可循,通常选 u 的优先顺序为"反函数、对数函数、幂函数、三角函数、指数函数",记忆口诀为"反、对、幂、三、指".

例 2　求不定积分 $\int x^2 e^x dx$.

解　选取 $u = x^2, v' = e^x$,则 $v = e^x$,由分部积分公式得

$$\int x^2 e^x dx = \int x^2 de^x = x^2 e^x - \int e^x dx^2 = x^2 e^x - \int 2x e^x dx$$

（被积函数中幂函数降了一次）

$$= x^2 e^x - \left[2x e^x - \int e^x d(2x) \right]　\text{（第二次分部积分）}$$

$$= x^2 e^x - 2x e^x + \int 2 e^x dx = x^2 e^x - 2x e^x + 2 e^x + C.$$

一般地,当被积函数为多项式与三角函数或指数函数的乘积时,常选择多项式为 u 进行积分,多项式通过微分后次数降低一次,所以该分部积分法颇为有效. 根据多项式的次数相应进行多次分部积分即可. 比如,例 2 是二次多项式,就用了两次分部积分.

例 3　求不定积分 $I = \int e^x \sin x dx$.

解　$I = \int e^x \sin x dx = \int \sin x de^x = \sin x e^x - \int e^x d(\sin x)$

（第一次分部积分）

$$= \sin x e^x - \int e^x \cos x dx　\text{（出现同类型的积分）}$$

$$= \sin x e^x - \int \cos x de^x = \sin x e^x - \left[\cos x e^x - \int e^x d(\cos x) \right]$$

（第二次分部积分）

$$= \sin x e^x - \cos x e^x - \int e^x \sin x dx,　\text{（再次出现原积分）}$$

即有 $I = (\sin x - \cos x) e^x - I$,移项可得

$$I = \int e^x \sin x dx = \frac{1}{2} (\sin x - \cos x) e^x + C.$$

当被积函数是指数函数与正(余)弦函数的乘积时,这两类函数无论是积分还是微分两次,都会重复出现同类型的函数,只是系数可能会变化. 所以在进行分部积分时,两边会出现同类型的积分,我们通过移项,就可解出所求积分. 最后,要记住在积分结果中加上任意常数 C.

例 4　求不定积分 $\int \ln x dx$.

解   这里被积函数仅有自然对数,并非两个函数乘积的形式. 我们把 dx 看成 dv,即取 $u=\ln x, v=x$, 所以

$$\int \ln x\,dx = x\ln x - \int x\,d(\ln x)$$

$$= x\ln x - \int x \cdot \frac{1}{x}dx = x\ln x - x + C.$$

例 5   求不定积分 $\int \arctan x\,dx$.

解
$$\int \arctan x\,dx = x\arctan x - \int x\,d(\arctan x)$$

$$= x\arctan x - \int x \cdot \frac{1}{1+x^2}dx$$

$$= x\arctan x - \frac{1}{2}\ln(1+x^2) + C.$$

类似地,定积分也能建立相应的分部积分法.

■ 定积分的分部积分法

当 u,v 是 x 的可微函数时,$(uv)' = u'v + uv'$,移项可得

$$uv' = (uv)' - u'v,$$

等式两端取关于 x 由 a 到 b 的定积分,即得

$$\int_a^b uv'\,dx = \int_a^b [(uv)' - u'v]\,dx = [uv]_a^b - \int_a^b u'v\,dx.$$

于是便得到定积分的分部积分公式

$$\int_a^b uv'\,dx = \int_a^b u\,dv = [uv]_a^b - \int_a^b v\,du.$$

例 6   计算 $\int_0^{\frac{1}{2}} \arcsin x\,dx$.

解
$$\int_0^{\frac{1}{2}} \arcsin x\,dx = [x\arcsin x]_0^{\frac{1}{2}} - \int_0^{\frac{1}{2}} x\,d(\arcsin x)$$

$$= \frac{1}{2} \cdot \frac{\pi}{6} - \int_0^{\frac{1}{2}} x \cdot \frac{1}{\sqrt{1-x^2}}dx$$

$$= \frac{\pi}{12} + \left[\frac{1}{2} \cdot 2(1-x^2)^{\frac{1}{2}}\right]_0^{\frac{1}{2}} = \frac{\pi}{12} + \frac{\sqrt{3}}{2} - 1.$$

例 7　计算积分 $\displaystyle\int_1^4 \frac{\ln x}{\sqrt{x}}\mathrm{d}x$.

解　　　　　　$\displaystyle\int_1^4 \frac{\ln x}{\sqrt{x}}\mathrm{d}x = \int_1^4 2\ln x\,\mathrm{d}\sqrt{x}$

$$= \left[\, 2\ln x \cdot \sqrt{x}\,\right]_1^4 - 2\int_1^4 \sqrt{x} \cdot \frac{1}{x}\mathrm{d}x$$

$$= 4\ln 4 - 2\int_1^4 x^{-\frac{1}{2}}\mathrm{d}x$$

$$= 8\ln 2 - \left[\, 4\sqrt{x}\,\right]_1^4 = 8\ln 2 - 4.$$

例 8　证明定积分公式（也称为华里士（Wallis）公式）

$$I_n = \int_0^{\frac{\pi}{2}} \sin^n x\,\mathrm{d}x \left(= \int_0^{\frac{\pi}{2}} \cos^n x\,\mathrm{d}x\right) = \begin{cases} \dfrac{n-1}{n} \cdot \dfrac{n-3}{n-2}\cdots\dfrac{3}{4} \cdot \dfrac{1}{2} \cdot \dfrac{\pi}{2}, & n \text{ 为正偶数}, \\[3mm] \dfrac{n-1}{n} \cdot \dfrac{n-3}{n-2}\cdots\dfrac{4}{5} \cdot \dfrac{2}{3}, & n \text{ 为大于 1 的奇数}. \end{cases}$$

证明　令 $u = \sin^{n-1} x, v' = \sin x$，所以 $v = -\cos x$，

$$I_n = \int_0^{\frac{\pi}{2}} \sin^n x\,\mathrm{d}x = -\int_0^{\frac{\pi}{2}} \sin^{n-1} x\,\mathrm{d}(\cos x)$$

$$= \left[\, -\cos x \cdot \sin^{n-1} x\,\right]_0^{\frac{\pi}{2}} + \int_0^{\frac{\pi}{2}} \cos x \cdot (n-1) \cdot \sin^{n-2} x \cdot \cos x\,\mathrm{d}x$$

$$= 0 + \int_0^{\frac{\pi}{2}} (n-1) \sin^{n-2} x \cdot (1 - \sin^2 x)\,\mathrm{d}x$$

$$= (n-1)I_{n-2} - (n-1)I_n,$$

整理得 $I_n = \dfrac{n-1}{n}I_{n-2}$. 这个等式叫做积分 I_n 关于下标的递推公式.

由于 $I_0 = \displaystyle\int_0^{\frac{\pi}{2}} \mathrm{d}x = \dfrac{\pi}{2}$，所以 n 为正偶数时，由递推公式可得

$$I_n = \frac{n-1}{n} \cdot \frac{n-3}{n-2}\cdots\frac{3}{4} \cdot \frac{1}{2} \cdot \frac{\pi}{2};$$

又由于 $I_1 = \displaystyle\int_0^{\frac{\pi}{2}} \sin x\,\mathrm{d}x = 1$，所以当 $n>1$ 是奇数时，由递推公式可得

$$I_n = \frac{n-1}{n} \cdot \frac{n-3}{n-2}\cdots\frac{4}{5} \cdot \frac{2}{3} \cdot 1.$$

这个公式在定积分计算中非常有用. 例如，

$$\int_0^{\frac{\pi}{2}} \sin^4 x \cos^2 x \mathrm{d}x = \int_0^{\frac{\pi}{2}} (\sin^4 x - \sin^6 x)\ \mathrm{d}x$$

$$= \frac{3}{4} \cdot \frac{1}{2} \cdot \frac{\pi}{2} - \frac{5}{6} \cdot \frac{3}{4} \cdot \frac{1}{2} \cdot \frac{\pi}{2} = \frac{\pi}{32}.$$

习题 4.5

1. 利用分部积分法求下列不定积分:

(1) $\int x\sin x\mathrm{d}x$;

(2) $\int x\arctan x\mathrm{d}x$;

(3) $\int t^2\sin t\mathrm{d}t$;

(4) $\int x\mathrm{e}^{-x}\mathrm{d}x$;

(5) $\int \arcsin x\mathrm{d}x$;

(6) $\int x^3\ln x\mathrm{d}x$;

(7) $\int x\cos\frac{x}{3}\mathrm{d}x$;

(8) $\int x\tan^2 x\mathrm{d}x$;

(9) $\int x^2\arctan x\mathrm{d}x$;

(10) $\int x\sin x\cos x\mathrm{d}x$;

(11) $\int x\cos^2\frac{x}{2}\mathrm{d}x$;

(12) $\int (t^2+1)\sin 2t\mathrm{d}t$;

(13) $\int x\ln(x+1)\mathrm{d}x$;

(14) $\int \frac{\ln^2 x}{x^2}\mathrm{d}x$;

(15) $\int \mathrm{e}^x\cos x\mathrm{d}x$.

2. 利用分部积分法求下列定积分:

(1) $\int_1^2 \ln x\mathrm{d}x$;

(2) $\int_1^2 x^6\ln x\mathrm{d}x$;

(3) $\int_0^1 x\mathrm{e}^x\mathrm{d}x$;

(4) $\int_0^{2\pi} x\sin x\mathrm{d}x$;

(5) $\int_0^{\frac{\pi}{3}} \frac{x}{\cos^2 x}\mathrm{d}x$;

(6) $\int_0^{\frac{\pi}{2}} \mathrm{e}^{2x}\cos x\mathrm{d}x$;

(7) $\int_0^1 x\arctan x\mathrm{d}x$.

3. 计算下列积分:

(1) $\int \mathrm{e}^{-x}\cos^2 x\mathrm{d}x$;

(2) $\int (\arcsin x)^2\mathrm{d}x$;

(3) $\int_2^3 \frac{\ln 2x^5}{x^2}\mathrm{d}x$;

(4) $\int \cos(\ln x)\mathrm{d}x$;

(5) $\int x(\ln x)^2\mathrm{d}x$;

(6) $\int_1^{\mathrm{e}} \sin(\ln x)\mathrm{d}x$.

— 4.6 三角函数代换法、部分分式积分法 —

当被积函数中含有根号时,计算积分比较麻烦,一般地,可以运用变量代换来消去根号并完成此类积分. 例如,若 $\sqrt{ax+b}$ 出现在被积函数中,我们可以直接令 $u=\sqrt{ax+b}$ 来解决问题. 这类题目常用的变量代换主要有三角函数代换和无理函数代换. 这里主要介绍三角函数代换法.

■ 三角函数代换法

当被积函数含有形如 $\sqrt{a^2-x^2}$,$\sqrt{a^2+x^2}$,$\sqrt{x^2-a^2}$ 的二次根式时,我们将根据勾股定理,把上述根式连同 x,a 作为一个直角三角形三条边的边长,再令其中一个锐角为 t,那么 x 和根式均可表示为 t 的三角函数,从而找到合适的变量代换. 这种方法就称为三角函数代换法.

如图 4-11,$x=a\sin t$,$\sqrt{a^2-x^2}=a\cos t$.

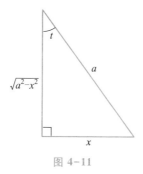

图 4-11

下面举例说明三角函数代换法的应用.

例 1(采用代换 $x=a\sin t$)   计算积分 $\int \sqrt{a^2-x^2}\,\mathrm{d}x$ $(a>0)$.

解 设 $x=a\sin t$,$-\dfrac{\pi}{2}<t<\dfrac{\pi}{2}$,则 $\sqrt{a^2-x^2}=a\cos t$,所以

$$\int \sqrt{a^2-x^2}\,\mathrm{d}x = \int a\cos t\,\mathrm{d}(a\sin t) = \int a^2\cos^2 t\,\mathrm{d}t$$

$$= \int a^2 \frac{1 + \cos 2t}{2} \mathrm{d}t = \frac{a^2}{2}\left(t + \frac{1}{2}\sin 2t\right) + C$$

$$= \frac{a^2}{2}t + \frac{a^2}{2}\sin t\cos t + C.$$

因为 $x = a\sin t, -\frac{\pi}{2} < x < \frac{\pi}{2}$，如图 4-11 构造辅助三角形，则 $t = \arcsin \frac{x}{a}$，$\cos t$

$= \frac{\sqrt{a^2 - x^2}}{a}$，代入上式，于是所求积分为

$$\int \sqrt{a^2 - x^2}\,\mathrm{d}x = \frac{a^2}{2}\arcsin \frac{x}{a} + \frac{x}{2}\sqrt{a^2 - x^2} + C.$$

注   对不定积分进行变量代换后，最后必须代回原积分变量. 如在例 1 中，当利用三角函数代换法时，通常可构造相应辅助三角形，就容易进行变量代回.

例 2（采用代换 $x = a\tan t$）   计算积分 $\displaystyle\int \frac{1}{\sqrt{a^2 + x^2}}\mathrm{d}x$ $(a > 0)$.

解   设 $x = a\tan t, -\frac{\pi}{2} < t < \frac{\pi}{2}$，如图 4-12 构造辅助三角形，则 $\sqrt{a^2 + x^2} = a\sec t$，代入积分得

$$\int \frac{1}{\sqrt{a^2 + x^2}}\mathrm{d}x = \int \frac{1}{a\sec t}\mathrm{d}(a\tan t) = \int \sec t\mathrm{d}t$$

$$= \ln |\sec t + \tan t| + C$$

$$= \ln \left| \frac{\sqrt{a^2 + x^2}}{a} + \frac{x}{a} \right| + C.$$

一般地，若被积函数含有根式 $\sqrt{a^2 - x^2}$，可以作代换 $x = a\sin t$ 化去根式；若被积函数含有根式 $\sqrt{a^2 + x^2}$，可以作代换 $x = a\tan t$ 化去根式；若被积函数含有根式 $\sqrt{x^2 - a^2}$，可以作代换 $x = \pm a\sec t$ 化去根式.

例 3（采用代换 $x = a\sec t$）   计算积分 $\displaystyle\int \frac{1}{\sqrt{25x^2 - 4}}\mathrm{d}x$ $\left(x > \frac{2}{5}\right)$.

解 $\sqrt{25x^2 - 4} = \sqrt{(5x)^2 - 2^2}$，如图 4-13 构造辅助三角形，则 $5x = 2\sec t$，所以 $x = \frac{2}{5}\sec t$，$\mathrm{d}x = \frac{2}{5}\sec t\tan t\mathrm{d}t, 0 < t < \frac{\pi}{2}$，代入积分得

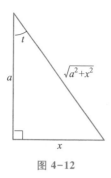

图 4-12

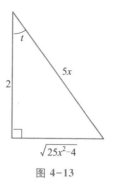

图 4-13

$$\int \frac{1}{\sqrt{25x^2 - 4}} dx = \int \frac{\dfrac{2}{5}\sec t \tan t}{\sqrt{4 \sec^2 t - 4}} dt = \frac{1}{5}\int \frac{\sec t \tan t}{\tan t} dt$$

$$= \frac{1}{5}\int \sec t \, dt = \frac{1}{5}\ln |\sec t + \tan t| + C$$

$$= \frac{1}{5}\ln \left| \frac{5x}{2} + \frac{\sqrt{25x^2 - 4}}{2} \right| + C.$$

例 4（定积分的三角代换） 计算 $\int_0^a \sqrt{a^2 - x^2}\,\mathrm{d}x$ （$a > 0$）.

解 令 $x = a\sin t$，则 $\mathrm{d}x = a\cos t\,\mathrm{d}t$，且当 $x = 0$ 时，$t = 0$；$x = a$ 时，$t = \dfrac{\pi}{2}$，所以

$$\int_0^a \sqrt{a^2 - x^2}\,\mathrm{d}x = \int_0^{\frac{\pi}{2}} a\cos t \cdot a\cos t\,\mathrm{d}t = \frac{a^2}{2}\int_0^{\frac{\pi}{2}}(1 + \cos 2t)\,\mathrm{d}t$$

$$= \left[\frac{a^2}{2}\left(t + \frac{1}{2}\sin 2t \right) \right]_0^{\frac{\pi}{2}} = \frac{\pi a^2}{4}.$$

由例 4，大家可看到：含有根式的定积分同样也可进行三角函数代换，在进行三角代换时，积分区间也跟着进行相应变化. 我们只要计算具有新的积分变量、新的被积函数和新的积分区间的定积分，从而省去了代回原变量的麻烦. 读者可对例 1 和例 4 进行比较.

三角函数代换法有时还可以帮助我们求包含二次式整次幂的积分，如例 5.

例 5 求不定积分 $\displaystyle\int \frac{1}{(x^2 + a^2)^2}\mathrm{d}x$.

解 设 $x = a\tan t$，$-\dfrac{\pi}{2} < t < \dfrac{\pi}{2}$，则 $a^2 + x^2 = a^2\sec^2 t$，所以

$$\int \frac{1}{(x^2 + a^2)^2}\mathrm{d}x = \int \frac{1}{a^4 \sec^4 t}\mathrm{d}(a\tan t) = \int \frac{1}{a^3 \sec^2 t}\mathrm{d}t$$

$$= \frac{1}{a^3}\int \cos^2 t\,\mathrm{d}t = \frac{1}{a^3}\int \frac{1 + \cos 2t}{2}\mathrm{d}t$$

$$= \frac{1}{a^3}\left(\frac{t}{2} + \frac{1}{4}\sin 2t\right) + C$$

$$= \frac{1}{2a^3}\arctan \frac{x}{a} + \frac{x}{2a^2(a^2 + x^2)} + C.$$

▍ 无理函数代换法

若在被积函数中出现 $\sqrt[n]{ax+b}$，$\sqrt[n]{\dfrac{ax+b}{cx+d}}$ 等无理式，我们可以直接采用 $u = \sqrt[n]{ax+b}$，$u = \sqrt[n]{\dfrac{ax+b}{cx+d}}$ 等变量代换来解决问题.

例 6　求不定积分 $\displaystyle\int \frac{1}{1 + \sqrt[3]{x + 2}}\mathrm{d}x$.

解　令 $u = \sqrt[3]{x+2}$，则 $u^3 = x+2, 3u^2\mathrm{d}u = \mathrm{d}x$，所以

$$\int \frac{1}{1 + \sqrt[3]{x + 2}}\mathrm{d}x = \int \frac{3u^2}{1 + u}\mathrm{d}u = \int 3\left(u - 1 + \frac{1}{1 + u}\right)\mathrm{d}u$$

$$= \frac{3}{2}u^2 - 3u + 3\ln|1+u| + C$$

$$= \frac{3}{2}\sqrt[3]{(x+2)^2} - 3\sqrt[3]{x+2} + 3\ln|1 + \sqrt[3]{x+2}| + C.$$

在这两节的例题中，有几个积分是经常会遇到的，所以它们通常也被当作公式使用. 常用的积分公式除了基本积分表以外，再添加以下公式（其中常数 $a>0$).

⑭ $\displaystyle\int \tan x\,\mathrm{d}x = -\ln|\cos x| + C$;

⑮ $\displaystyle\int \cot x\,\mathrm{d}x = \ln|\sin x| + C$;

⑯ $\displaystyle\int \sec x\,\mathrm{d}x = \ln|\sec x + \tan x| + C$;

⑰ $\displaystyle\int \csc x\,\mathrm{d}x = \ln|\csc x - \cot x| + C$;

⑱ $\displaystyle\int \frac{1}{\sqrt{a^2 - x^2}}\mathrm{d}x = \arcsin \frac{x}{a} + C$;

⑲ $\displaystyle\int \frac{1}{a^2 + x^2}\mathrm{d}x = \frac{1}{a}\arctan \frac{x}{a} + C$;

⑳ $\displaystyle\int \frac{1}{x^2 - a^2}\mathrm{d}x = \frac{1}{2a}\ln \left|\frac{x - a}{x + a}\right| + C$;

㉑ $\displaystyle\int \frac{1}{\sqrt{x^2 + a^2}}\mathrm{d}x = \ln(x + \sqrt{x^2 + a^2}) + C$;

㉒ $\displaystyle\int \frac{1}{\sqrt{x^2 - a^2}}\mathrm{d}x = \ln|x + \sqrt{x^2 - a^2}| + C$.

■ 部分分式积分法

两个多项式的商 $\dfrac{P(x)}{Q(x)}$ 所表示的函数称为有理函数,又称有理分式. 当分子 $P(x)$ 的次数小于分母 $Q(x)$ 的次数时,称这个有理函数为真分式,否则称为假分式. 而任何一个假分式都可以表示成一个整式与一个真分式的和. 所以对有理函数的积分只需考虑真分式的积分即可.

理论上,任何一个真分式都可以表示为若干个部分分式的代数和. 下面先通过一个具体的例子了解有理函数的部分分式积分法,该方法可以程序化地在相关的数学软件上实现.

例 7 计算积分 $\displaystyle\int \frac{x + 3}{x^2 - 5x + 6}\mathrm{d}x$.

解 对被积函数进行分解,我们有

$$\frac{x+3}{x^2-5x+6} = \frac{x+3}{(x-2)(x-3)} = \frac{A}{x-2} + \frac{B}{x-3}$$

$$= \frac{A(x-3)+B(x-2)}{(x-2)(x-3)} = \frac{(A+B)x-3A-2B}{(x-2)(x-3)},$$

比较上式两端分子中同次幂的系数,则有 $\begin{cases} A+B=1, \\ -3A-2B=3, \end{cases}$ 解得 $\begin{cases} A=-5, \\ B=6, \end{cases}$ 故

$$\int \frac{x + 3}{x^2 - 5x + 6}\mathrm{d}x = \int\left(\frac{-5}{x-2} + \frac{6}{x-3}\right)\mathrm{d}x = -5\ln|x - 2| + 6\ln|x - 3| + C.$$

由例7,可归纳出部分分式积分法的一般步骤.

部分分式积分法的解题步骤

1. 将有理分式 $\dfrac{P(x)}{Q(x)}$ 的分母 $Q(x)$ 进行因式分解,分解成形式如下的一次因式与二次质因式的乘积:

$$(x-a)^k, \quad (x^2+px+q)^s \, (\text{其中 } p^2-4q<0);$$

2. 若 $(x-a)^k$ 是分母 $Q(x)$ 的一个一次因式,则这一因式对应特定的 k 个部分分式之和: $\dfrac{A_1}{x-a}+\dfrac{A_2}{(x-a)^2}+\cdots+\dfrac{A_k}{(x-a)^k}$. 对分母 $Q(x)$ 的每个一次因式都如此操作;

3. 若 $(x^2+px+q)^s$ 是分母 $Q(x)$ 的一个二次质因式,则这一因式对应特定的 s 个部分分式之和: $\dfrac{B_1x+C_1}{x^2+px+q}+\dfrac{B_2x+C_2}{(x^2+px+q)^2}+\cdots+\dfrac{B_sx+C_s}{(x^2+px+q)^s}$. 对分母 $Q(x)$ 的每个二次质因式都如此操作;

4. 把被积有理分式 $\dfrac{P(x)}{Q(x)}$ 表示成所有这些部分分式之和,再进行通分,并用待定系数法求出系数 $A_i, B_j, C_j (i=1,2\cdots,k; j=1,2,\cdots,s)$;

5. 计算每个部分分式的积分.

例 8　求不定积分 $\displaystyle\int \dfrac{1}{x(x-1)^2}\mathrm{d}x$.

解　被积函数的分母仅含一次因式,将被积函数化为部分分式之和,我们有

$$\frac{1}{x(x-1)^2}=\frac{A}{x}+\frac{B}{x-1}+\frac{C}{(x-1)^2} \qquad (\text{因式 }(x-1)^2\text{ 对应两个部分分式})$$

$$=\frac{A(x-1)^2+Bx(x-1)+Cx}{x(x-1)^2}$$

$$=\frac{(A+B)x^2+(-2A-B+C)x+A}{x(x-1)^2},$$

比较上式两端分子中同次幂的系数,则有 $\begin{cases}A+B=0,\\ -2A-B+C=0,\\ A=1,\end{cases}$ 解得 $\begin{cases}A=1,\\ B=-1,\\ C=1,\end{cases}$ 故

$$\int \frac{1}{x(x-1)^2}\mathrm{d}x=\int\left[\frac{1}{x}-\frac{1}{x-1}+\frac{1}{(x-1)^2}\right]\mathrm{d}x$$

$$=\ln|x|-\ln|x-1|-\frac{1}{x-1}+C.$$

例 9 求不定积分 $\int \dfrac{-2x+4}{(x^2+1)(x-1)^2}dx$.

解 被积函数的分母含一次因式和二次质因式,将被积函数化为部分分式之和,我们有

$$\frac{-2x+4}{(x^2+1)(x-1)^2} = \frac{Ax+B}{x^2+1} + \frac{C}{x-1} + \frac{D}{(x-1)^2}$$

$$= \frac{(A+C)x^3+(-2A+B-C+D)x^2+(A-2B+C)x+(B-C+D)}{(x^2+1)(x-1)^2},$$

比较上式两端分子中同次幂的系数,则有 $\begin{cases} A+C=0, \\ -2A+B-C+D=0, \\ A-2B+C=-2, \\ B-C+D=4, \end{cases}$ 解得 $\begin{cases} A=2, \\ B=1, \\ C=-2, \\ D=1, \end{cases}$ 故

$$\int \frac{-2x+4}{(x^2+1)(x-1)^2}dx = \int \left[\frac{2x+1}{x^2+1} + \frac{-2}{x-1} + \frac{1}{(x-1)^2} \right] dx$$

$$= \ln(x^2+1) + \arctan x - 2\ln|x-1| - \frac{1}{x-1} + C.$$

例 10 求不定积分 $\int \dfrac{2x^3-4x^2-x-3}{x^2-2x-3}dx$.

解 被积函数是一个假分式,先把它化为整式与真分式之和,即有

$$\frac{2x^3-4x^2-x-3}{x^2-2x-3} = 2x + \frac{5x-3}{x^2-2x-3}.$$

所以

$$\int \frac{2x^3-4x^2-x-3}{x^2-2x-3}dx = \int 2x dx + \int \frac{5x-3}{x^2-2x-3}dx$$

$$= x^2 + \int \left(\frac{2}{x+1} + \frac{3}{x-3} \right) dx$$

$$= x^2 + 2\ln|x+1| + 3\ln|x-3| + C.$$

以上有理函数的部分分式积分法对于定积分也同样适用.

例 11 计算定积分 $\int_0^1 \dfrac{1}{(x+1)(x^2+1)}dx$.

解 被积函数的分母含一次因式和二次质因式,将被积函数化为部分分式之和,我们有

$$\frac{1}{(x+1)(x^2+1)} = \frac{A}{x+1} + \frac{Bx+C}{x^2+1}$$

$$= \frac{(A+B)x^2 + (B+C)x + (A+C)}{(x+1)(x^2+1)}.$$

比较系数得 $\begin{cases} A+B=0, \\ B+C=0, \\ A+C=1, \end{cases}$ 所以 $\begin{cases} A = \dfrac{1}{2}, \\ B = -\dfrac{1}{2}, \\ C = \dfrac{1}{2}, \end{cases}$ 故

$$\int_0^1 \frac{1}{(x+1)(x^2+1)} dx = \int_0^1 \left(\frac{\dfrac{1}{2}}{x+1} + \frac{-\dfrac{x}{2} + \dfrac{1}{2}}{x^2+1} \right) dx$$

$$= \left[\frac{1}{2}\ln|x+1| \right]_0^1 - \frac{1}{2}\int_0^1 \frac{x-1}{x^2+1} dx$$

$$= \frac{1}{2}\ln 2 - \frac{1}{2}\left[\frac{1}{2}\ln(x^2+1) - \arctan x \right]_0^1$$

$$= \frac{1}{4}\ln 2 + \frac{\pi}{8}.$$

习题 4.6

1. 用三角函数或无理函数代换法求下列积分:

(1) $\displaystyle\int \frac{1}{\sqrt{9+x^2}} dx$;

(2) $\displaystyle\int \sqrt{25-t^2}\, dt$;

(3) $\displaystyle\int \frac{x^2}{\sqrt{4-x^2}} dx$;

(4) $\displaystyle\int \frac{1}{\sqrt{(x^2+1)^3}} dx$;

(5) $\displaystyle\int \frac{1}{\sqrt{4x^2-49}} dx \left(x > \frac{7}{2} \right)$;

(6) $\displaystyle\int \frac{x^3}{\sqrt{4+x^2}} dx$;

(7) $\displaystyle\int \frac{1}{(x+7)\sqrt{x-2}} dx$;

(8) $\displaystyle\int e^{\sqrt{2x+1}} dx$;

(9) $\displaystyle\int_{2\sqrt{2}}^4 \frac{\sqrt{x^2-4}}{x} dx$;

(10) $\displaystyle\int_0^1 x^2\sqrt{1-x^2}\, dx$;

$(11)\ \displaystyle\int_{\frac{1}{\sqrt{2}}}^{1}\frac{\sqrt{1-x^2}}{x^2}\mathrm{d}x;$ $\qquad$ $(12)\ \displaystyle\int_{1}^{\sqrt{3}}\frac{1}{x^2\sqrt{1+x^2}}\mathrm{d}x;$

$(13)\ \displaystyle\int_{\frac{1}{3}}^{1}\frac{1}{\sqrt{x}\,(x+1)}\mathrm{d}x;$ $\qquad$ $(14)\ \displaystyle\int_{0}^{\frac{\pi^2}{4}}\sin\sqrt{x}\,\mathrm{d}x.$

2. 把下列有理函数展开成部分分式之和：

$(1)\ \dfrac{5x-13}{(x-3)(x-2)};$ $\qquad$ $(2)\ \dfrac{1}{x(x^2+1)};$ $\qquad$ $(3)\ \dfrac{x+4}{(x+1)^2};$

$(4)\ \dfrac{-2x+4}{(x^2+1)(x-1)^2};$ $\qquad$ $(5)\ \dfrac{x+1}{x^2(x-1)};$ $\qquad$ $(6)\ \dfrac{x-1}{(x+1)^3};$

$(7)\ \dfrac{t^2+8}{t^2-5t+6};$ $\qquad$ $(8)\ \dfrac{t+4}{t^3+3t^2-10t}.$

3. 用部分分式积分法求下列积分：

$(1)\ \displaystyle\int\frac{x^3}{x+2}\mathrm{d}x;$ $\qquad$ $(2)\ \displaystyle\int\frac{3x+1}{x^2+3x-10}\mathrm{d}x;$

$(3)\ \displaystyle\int\frac{6}{x^3+1}\mathrm{d}x;$ $\qquad$ $(4)\ \displaystyle\int\frac{x^5+x^4-8}{x^3-x}\mathrm{d}x;$

$(5)\ \displaystyle\int\frac{1-x}{(x+1)(x^2+1)}\mathrm{d}x;$ $\qquad$ $(6)\ \displaystyle\int_{2}^{3}\frac{1+x^2}{(x+1)^2(x-1)}\mathrm{d}x;$

$(7)\ \displaystyle\int_{0}^{1}\frac{x+3}{x^2-5x+6}\mathrm{d}x;$ $\qquad$ $(8)\ \displaystyle\int_{-2}^{1}\frac{x}{(4x+9)^2}\mathrm{d}x;$

$(9)\ \displaystyle\int_{0}^{1}\frac{1}{(1+2x)(1+x^2)}\mathrm{d}x.$

4. 用指定的变量代换求下列不定积分：

$(1)\ \displaystyle\int\frac{1}{\sqrt{x(1-x)}}\mathrm{d}x,\quad x=\sin^2 t;$

$(2)\ \displaystyle\int\frac{1}{\sqrt{x^2+2x+2}}\mathrm{d}x,\quad x=\tan t-1;$

$(3)\ \displaystyle\int\frac{1}{\sqrt{x^2-4x}}\mathrm{d}x,\quad x=2+2\sec t;$

$(4)\ \displaystyle\int\frac{x}{\sqrt{1-x^4}}\mathrm{d}x,\quad x^2=\sin t.$

— 4.7 反 常 积 分 —

前面所讨论的定积分必须同时具备两个条件:首先,积分区间$[a,b]$是一个有限闭区间;其次,被积函数$f(x)$在这个积分区间上是有界的.但在许多实际应用中,我们经常会遇到积分区间为无穷区间,或被积函数为无界函数的情形.这类问题要求我们对前面引进的定积分进行推广,从而有了反常积分的概念.

■ 无穷限的反常积分

考虑在第一象限中位于曲线$y=e^{-\frac{x}{2}}$之下的无界区域的面积(图4-14).直观上你可能认为这个区域有无穷的面积,但事实上这个面积是有确定值的.要求出这个面积,我们首先求出其被$x=b$截出的区域的面积$A(b)$,然后再让b向右延伸(图4-15),直至趋于无穷.

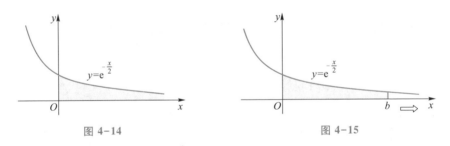

图 4-14   图 4-15

因为$A(b)=\int_0^b e^{-\frac{x}{2}}dx=\left[-2e^{-\frac{x}{2}}\right]_0^b=-2e^{-\frac{b}{2}}+2$,当$b\to+\infty$时,$A(b)$的极限为

$$\lim_{b\to+\infty}A(b)=\lim_{b\to+\infty}(-2e^{-\frac{b}{2}}+2)=2.$$

所以,第一象限中位于$y=e^{-\frac{x}{2}}$之下的无界区域的面积应为$A=\lim_{b\to+\infty}\int_0^b e^{-\frac{x}{2}}dx=2$.

定义 1 无穷限的反常积分

具有无穷积分限的积分统称为无穷限的反常积分.

一端无穷区间上的反常积分

(1) 设 $f(x)$ 在 $[a,+\infty)$ 上连续. 若 $\lim\limits_{b\to+\infty}\int_a^b f(x)\mathrm{d}x\,(b>a)$ 存在,则称反常积分 $\int_a^{+\infty} f(x)\mathrm{d}x$ 收敛,且收敛于这个极限值,记作 $\int_a^{+\infty} f(x)\mathrm{d}x=\lim\limits_{b\to+\infty}\int_a^b f(x)\mathrm{d}x$;若上述极限不存在,则称反常积分 $\int_a^{+\infty} f(x)\mathrm{d}x$ 发散.

(2) 设 $f(x)$ 在 $(-\infty,b]$ 上连续、若 $\lim\limits_{a\to-\infty}\int_a^b f(x)\mathrm{d}x\,(b>a)$ 存在,则称反常积分 $\int_{-\infty}^b f(x)\mathrm{d}x$ 收敛,且收敛于这个极限值,记作 $\int_{-\infty}^b f(x)\mathrm{d}x=\lim\limits_{a\to-\infty}\int_a^b f(x)\mathrm{d}x$;若上述极限不存在,则称反常积分 $\int_{-\infty}^b f(x)\mathrm{d}x$ 发散.

无穷区间 $(-\infty,+\infty)$ 上的反常积分

(3) 设 $f(x)$ 在 $(-\infty,+\infty)$ 上连续,若对某个 $c\in\mathbf{R}$,反常积分 $\int_{-\infty}^c f(x)\mathrm{d}x$ 和 $\int_c^{+\infty} f(x)\mathrm{d}x$ 同时收敛,则称 $\int_{-\infty}^{+\infty} f(x)\mathrm{d}x$ 是收敛的,且 $\int_{-\infty}^{+\infty} f(x)\mathrm{d}x=\int_{-\infty}^c f(x)\mathrm{d}x+\int_c^{+\infty} f(x)\mathrm{d}x$,否则称反常积分 $\int_{-\infty}^{+\infty} f(x)\mathrm{d}x$ 是发散的.

注　定义 1(3) 中的 $c\in\mathbf{R}$ 可以是任意一个实数,通常可取 $c=0$.

例 1(求 $[a,+\infty)$ 上的反常积分)　求在第一象限中位于曲线 $y=x\mathrm{e}^{-x}$ 下方的面积 A.

解
$$A=\int_0^{+\infty} x\mathrm{e}^{-x}\mathrm{d}x=\lim\limits_{b\to+\infty}\int_0^b x\mathrm{e}^{-x}\mathrm{d}x=\lim\limits_{b\to+\infty}\int_0^b x\mathrm{d}(-\mathrm{e}^{-x})$$
$$=\lim\limits_{b\to+\infty}\left([-x\mathrm{e}^{-x}]_0^b+\int_0^b \mathrm{e}^{-x}\mathrm{d}x\right)$$
$$=\lim\limits_{b\to+\infty}(-b\mathrm{e}^{-b}-[\mathrm{e}^{-x}]_0^b)$$
$$=\lim\limits_{b\to+\infty}(-b\mathrm{e}^{-b}-\mathrm{e}^{-b}+1)=1.$$

例 2(求 $(-\infty,+\infty)$ 上的反常积分)　计算 $\int_{-\infty}^{+\infty}\dfrac{1}{1+x^2}\mathrm{d}x$.

解　取 $c=0$,那么 $\int_{-\infty}^{+\infty}\dfrac{1}{1+x^2}\mathrm{d}x=\int_{-\infty}^0\dfrac{1}{1+x^2}\mathrm{d}x+\int_0^{+\infty}\dfrac{1}{1+x^2}\mathrm{d}x$.

先计算上式右侧第一个积分,有
$$\int_{-\infty}^0\dfrac{1}{1+x^2}\mathrm{d}x=\lim\limits_{a\to-\infty}\int_a^0\dfrac{1}{1+x^2}\mathrm{d}x=\lim\limits_{a\to-\infty}[\arctan x]_a^0$$
$$=\lim\limits_{a\to-\infty}(\arctan 0-\arctan a)=0-\left(-\dfrac{\pi}{2}\right)=\dfrac{\pi}{2}.$$

类似可计算 $\int_0^{+\infty} \dfrac{1}{1+x^2}dx = \dfrac{\pi}{2}$. 所以

$$\int_{-\infty}^{+\infty} \frac{1}{1+x^2}dx = \frac{\pi}{2} + \frac{\pi}{2} = \pi.$$

例 3(讨论收敛性)　讨论反常积分 $\int_1^{+\infty} \dfrac{1}{x^p}dx$ 的收敛性？若收敛时，求出其值.

解　当 $p=1$ 时，
$$\int_1^{+\infty} \frac{1}{x}dx = \lim_{b \to +\infty} \int_1^b \frac{1}{x}dx$$
$$= \lim_{b \to +\infty} \big[\ln x \big]_1^b = \lim_{b \to +\infty} \ln b = +\infty.$$

当 $p \neq 1$ 时，
$$\int_1^{+\infty} \frac{1}{x^p}dx = \lim_{b \to +\infty} \int_1^b \frac{1}{x^p}dx = \lim_{b \to +\infty} \left[\frac{1}{-p+1}x^{-p+1} \right]_1^b$$
$$= \lim_{b \to +\infty} \frac{1}{1-p}\left(\frac{1}{b^{p-1}} - 1 \right)$$
$$= \begin{cases} \dfrac{1}{p-1}, & p > 1, \\ +\infty, & p < 1. \end{cases}$$

所以，当 $p>1$ 时，$\int_1^{+\infty} \dfrac{1}{x^p}dx$ 收敛，且其值为 $\dfrac{1}{p-1}$；$p \leqslant 1$ 时，$\int_1^{+\infty} \dfrac{1}{x^p}dx$ 发散.

■　无界函数的反常积分

反常积分的另一类型是被积函数在积分区间上有无界不连续点的情形.

例如，考虑在第一象限中位于曲线 $y = \dfrac{1}{\sqrt{x}}$ 之下在 $x=0$ 到 $x=1$ 之间的无界区域的面积（图 4-16），因 $\lim\limits_{x \to 0^+} \dfrac{1}{\sqrt{x}} = +\infty$，即 $x=0$ 是无界不连续点. 要求出这个面积，我们首先求出从 $x=c(0<c<1)$ 到 $x=1$ 那部分的面积 $A(c)$，然后再让 c 向左边延伸（图 4-17），直至趋于 0.

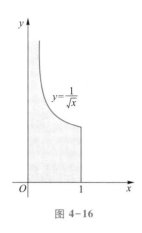

图 4-16

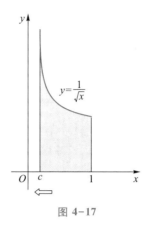

图 4-17

不难求得 $A(c) = \int_c^1 \frac{1}{\sqrt{x}}\mathrm{d}x = \left[2\sqrt{x}\right]_c^1 = 2 - 2\sqrt{c}$. 当 $c\to0^+$ 时,$A(c)$ 的极限为

$$\lim_{c\to0^+}A(c) = \lim_{c\to0^+}(2-2\sqrt{c}) = 2.$$

所以,第一象限中位于 $y = \dfrac{1}{\sqrt{x}}$ 之下的无界区域的面积 $A = \lim\limits_{c\to0^+}\int_c^1 \dfrac{1}{\sqrt{x}}\mathrm{d}x = 2$.

定义 2　无界函数的反常积分

无界函数的积分统称为无界函数的反常积分.

被积函数在区间一端端点无界的反常积分

（1）设 $f(x)$ 在 $(a,b]$ 上连续,且 $x=a$ 是无界不连续点. 若 $\lim\limits_{c\to a^+}\int_c^b f(x)\mathrm{d}x$ 存在,则称反常积分 $\int_a^b f(x)\mathrm{d}x$ 收敛,且收敛于这个极限值,记作 $\int_a^b f(x)\mathrm{d}x = \lim\limits_{c\to a^+}\int_c^b f(x)\mathrm{d}x$; 若上述极限不存在,则称反常积分 $\int_a^b f(x)\mathrm{d}x$ 发散.

（2）设 $f(x)$ 在 $[a,b)$ 上连续,且 $x=b$ 是无界不连续点. 若 $\lim\limits_{c\to b^-}\int_a^c f(x)\mathrm{d}x$ 存在,则称反常积分 $\int_a^b f(x)\mathrm{d}x$ 收敛,且收敛于这个极限值,记作 $\int_a^b f(x)\mathrm{d}x = \lim\limits_{c\to b^-}\int_a^c f(x)\mathrm{d}x$; 若上述极限不存在,则称反常积分 $\int_a^b f(x)\mathrm{d}x$ 发散.

被积函数在区间内某点无界的反常积分

（3）设 $f(x)$ 在 $[a,c)\cup(c,b]$ 上连续,且 $x=c$ 是 $f(x)$ 的无界不连续点. 若反常积分 $\int_a^c f(x)\mathrm{d}x$ 和 $\int_c^b f(x)\mathrm{d}x$ 同时收敛,则称反常积分 $\int_a^b f(x)\mathrm{d}x$ 收敛,且 $\int_a^b f(x)\mathrm{d}x = $

$\int_a^c f(x)\,\mathrm{d}x + \int_c^b f(x)\,\mathrm{d}x$；否则称反常积分 $\int_a^b f(x)\,\mathrm{d}x$ 发散.

例 4（求反常积分）   计算 $\int_0^a \dfrac{1}{\sqrt{a^2 - x^2}}\mathrm{d}x\,(a > 0)$.

解   因 $\lim\limits_{x \to a}\dfrac{1}{\sqrt{a^2 - x^2}} = +\infty$，即 $x = a$ 是无界不连续点，所以

$$\int_0^a \frac{1}{\sqrt{a^2 - x^2}}\mathrm{d}x = \lim_{c \to a^-}\int_0^c \frac{1}{\sqrt{a^2 - x^2}}\mathrm{d}x$$

$$= \lim_{c \to a^-}\left[\arcsin\frac{x}{a}\right]_0^c = \lim_{c \to a^-}\arcsin\frac{c}{a} = \frac{\pi}{2}.$$

例 5（讨论收敛性）   讨论 $\int_{-1}^1 \dfrac{1}{x^2}\mathrm{d}x$ 的收敛性.

解   因 $\lim\limits_{x \to 0}\dfrac{1}{x^2} = +\infty$，即 $x = 0$ 是无界不连续点.

考虑反常积分 $\int_{-1}^0 \dfrac{1}{x^2}\mathrm{d}x$ 和 $\int_0^1 \dfrac{1}{x^2}\mathrm{d}x$. 由于

$$\int_0^1 \frac{1}{x^2}\mathrm{d}x = \lim_{c \to 0^+}\int_c^1 \frac{1}{x^2}\mathrm{d}x = \lim_{c \to 0^+}\left[-\frac{1}{x}\right]_c^1 = \lim_{c \to 0^+}\left(-1 + \frac{1}{c}\right) = +\infty,$$

即 $\int_0^1 \dfrac{1}{x^2}\mathrm{d}x$ 发散，所以，原反常积分 $\int_{-1}^1 \dfrac{1}{x^2}\mathrm{d}x$ 发散.

类似地，我们同样可以从 $\int_{-1}^0 \dfrac{1}{x^2}\mathrm{d}x$ 发散判定反常积分 $\int_{-1}^1 \dfrac{1}{x^2}\mathrm{d}x$ 发散.

注   本例中，若忽略了 $x = 0$ 是被积函数的无界不连续点，就可能得到以下的错误结果：

$$\int_{-1}^1 \frac{1}{x^2}\mathrm{d}x = \left[-\frac{1}{x}\right]_{-1}^1 = -(1 + 1) = -2.$$

因无界函数反常积分的记法与定积分一样，大家遇到这类问题时一定要细心观察，先判别是否是反常积分，然后再进行相应的计算.

例 6（讨论收敛性）   讨论反常积分 $\int_0^a \dfrac{1}{x^p}\mathrm{d}x\,(a > 0)$ 的收敛性？若收敛时，求出其值.

解   当 $p = 1$ 时，由于

$$\int_0^a \frac{1}{x}\mathrm{d}x = \lim_{c \to 0^+}\int_c^a \frac{1}{x}\mathrm{d}x = \lim_{c \to 0^+}\left[\ln x\right]_c^a = \lim_{c \to 0^+}(\ln a - \ln c) = +\infty,$$

所以 $\displaystyle\int_0^a \frac{1}{x^p}\mathrm{d}x$ 发散；

当 $p \neq 1$ 时，

$$\int_0^a \frac{1}{x^p}\mathrm{d}x = \lim_{c \to 0^+} \int_c^a \frac{1}{x^p}\mathrm{d}x = \lim_{c \to 0^+} \left[\frac{1}{-p+1} x^{-p+1} \right]_c^a$$

$$= \lim_{c \to 0^+} \frac{1}{1-p} \left(\frac{1}{a^{p-1}} - \frac{1}{c^{p-1}} \right)$$

$$= \begin{cases} \dfrac{a^{1-p}}{1-p}, & p<1, \\ +\infty, & p>1. \end{cases}$$

所以，当 $p<1$ 时，$\displaystyle\int_0^a \frac{1}{x^p}\mathrm{d}x$ 收敛，且其值为 $\dfrac{a^{1-p}}{1-p}$；当 $p \geqslant 1$ 时，$\displaystyle\int_0^a \frac{1}{x^p}\mathrm{d}x$ 发散.

习题 4.7

1.（识别反常积分）　说明下列积分为什么是反常积分：

（1）$\displaystyle\int_0^{+\infty} \frac{1}{1+x^2}\mathrm{d}x$；　　　　　（2）$\displaystyle\int_0^1 \frac{1}{\sqrt{x}}\mathrm{d}x$；　　　　　　（3）$\displaystyle\int_{-8}^1 \frac{1}{\sqrt[3]{x}}\mathrm{d}x$；

（4）$\displaystyle\int_{-\infty}^{+\infty} \frac{2x}{(1+x^2)^2}\mathrm{d}x$；　　（5）$\displaystyle\int_0^{\frac{\pi}{2}} \cot x\,\mathrm{d}x$.

2. 讨论下列反常积分的收敛性，若收敛，计算反常积分的值：

（1）$\displaystyle\int_1^{+\infty} \frac{1}{x^3}\mathrm{d}x$；　　　　　（2）$\displaystyle\int_1^{+\infty} \frac{1}{\sqrt[3]{x}}\mathrm{d}x$；　　　　（3）$\displaystyle\int_0^{+\infty} \mathrm{e}^{-4x}\mathrm{d}x$；

（4）$\displaystyle\int_0^{+\infty} \mathrm{e}^{-x}\sin x\,\mathrm{d}x$；　　（5）$\displaystyle\int_{-\infty}^{+\infty} \frac{1}{x^2+4x+5}\mathrm{d}x$；　（6）$\displaystyle\int_0^1 \frac{x}{\sqrt{1-x^2}}\mathrm{d}x$；

（7）$\displaystyle\int_0^2 \frac{1}{(1-x)^3}\mathrm{d}x$；　　（8）$\displaystyle\int_1^{+\infty} \frac{\arctan\sqrt{x}}{(1+x)\sqrt{x}}\mathrm{d}x$；　（9）$\displaystyle\int_1^{+\infty} \frac{1}{x\sqrt{x+1}}\mathrm{d}x$.

3. 当 k 为何值时，反常积分 $\displaystyle\int_2^{+\infty} \frac{1}{x(\ln x)^k}\mathrm{d}x$ 收敛？当 k 为何值时，这个反常积分发散？又当 k 为何值时，这个反常积分取得最小值？

4. 利用递推公式计算反常积分 $I_n = \displaystyle\int_0^{+\infty} x^n \mathrm{e}^{-x}\mathrm{d}x (n \in \mathbf{N})$.

— 本章学习要点 —

　　不定积分和定积分是一元函数积分学的两大基本内容. 本章重点介绍不定积分和定积分的定义、性质和计算,以及揭示两者之间联系的微积分基本定理. 主要内容可归纳如下:

　　1. 不定积分是一元函数积分学的第一个基本内容: 对于给定的函数 $f(x)$, 寻找一个可导函数 $F(x)$, 使 $F'(x)=f(x)$. 求不定积分的问题就是求导问题的逆运算.

　　(1) 理解原函数与不定积分的概念,了解原函数存在定理;

　　(2) 熟练基本积分表中所列的公式;

　　(3) 掌握不定积分的运算法则,能够进行一些简单的原函数与不定积分的计算.

　　2. 定积分是一元函数积分学的另一个基本内容: 计算诸如曲边不规则图形面积等涉及微小量无穷累积的问题时,就引出了定积分的概念.

　　(1) 理解由曲边梯形的面积引入黎曼和的概念,掌握定积分的定义与可积条件;

　　(2) 理解定积分的几何意义,掌握定积分中值定理与函数平均值之间的关系;

　　(3) 掌握定积分的线性运算、区间可加性、单调性和估值性质.

　　3. 由牛顿和莱布尼茨建立的微积分基本公式,把定积分和不定积分这两个基本概念联系了起来.

　　(1) 掌握以积分形式定义的积分上限函数;

　　(2) 熟悉微积分第一基本定理. 该定理描述了积分上限函数的可导性条件,且得出其导数公式,同时也证明了原函数存在定理:即积分上限函数就是连续函数的一个原函数;

　　(3) 利用积分上限函数可导出微积分第二基本定理:即在一定条件下,一个函数的定积分可通过它的原函数方便地计算出来.

　　4. 本章还重点讲解了不定积分与定积分的计算方法,除了利用线性运算与基本积分表外,主要的计算方法还有换元积分法、分部积分法、部分分式积分法. 不同的方法适用于不同类型函数的积分.

　　(1) 当被积函数是复合函数和无理函数(含有根式)时,可考虑用不定积分

与定积分的换元积分法,常用的变量代换有三角函数代换和无理函数代换.要注意不定积分与定积分换元的联系与区别;

（2）当被积函数是两个不同类型函数的乘积时,相应地有不定积分与定积分的分部积分公式.分部积分时,必须恰当选取函数 $u(x)$ 和 $v(x)$,一般选 $u(x)$ 的优先顺序是"反、对、幂、三、指";

（3）当被积函数是有理函数（真分式与假分式）时,可考虑用不定积分与定积分的部分分式积分法.部分分式积分法的解题过程可以按步骤程序化地进行.

5. 最后介绍了两类反常积分:无穷限的反常积分和无界函数的反常积分.要理解这两类反常积分的概念,并能按定义讨论某些简单反常积分的收敛性及计算它们的值. 若要不从定义出发,而是直接判定反常积分的收敛性,可仿照本书下册"无穷级数的审敛法则"进行,这里不做介绍.

第四章自测题

第五章　定积分的应用 ▶▶▶

在上一章中，我们学习了不定积分和定积分. 本章将计算一些几何量和物理量，如几何中的面积、体积、曲线的长度和物理中的功、水压力等. 我们将这些量定义为闭区间上连续函数的黎曼和的极限，所以可以应用定积分来计算.

■　元素法

要用定积分计算某个非均匀量的前提是这个量具有可加性，因为定积分的实质是具有可加性的连续变量的求和问题. 而计算的关键在于把所求的量通过定积分表达出来. 如何找出积分表达式？我们通常采用的方法是元素法. 它的基本方法是：设所求量 U 是一个与某变量（设为 x）的变化区间 $[a,b]$ 有关的量，且关于区间 $[a,b]$ 具有可加性，把 $[a,b]$ 分成 n 个小区间，并把其中一个具有代表性的小区间记作 $[x,x+dx]$，然后寻求相应于这个小区间的部分量 ΔU 的近似值，如果 ΔU 有形如 $f(x)dx$ 的近似表达式（其中 $f(x)$ 为 $[a,b]$ 上的一个连续函数在点 x 处的值，dx 为小区间的长度），且其与 ΔU 的误差是比 dx 高阶的无穷小，那么就把 $f(x)dx$ 称为量 U 的元素（亦称微元），并记作 dU，即 $dU=f(x)dx$. 然后以元素 $f(x)dx$ 作为被积表达式，在 $[a,b]$ 上进行积分，就得到所求量 U 的积分表达式

$$U = \int_a^b f(x)\,dx.$$

根据第四章定积分的定义，元素法可以看成是定积分定义的简化形式. 用元素法来解决实际问题的基本步骤如下：

1. 建立坐标系，确定自变量 x、因变量 U 以及 x 的取值范围 $[a,b]$；

2. 寻求 dU 在小区间 $[x,x+dx]$ 上的表达式，设为 $dU=f(x)dx$，即找到量 U 的元素；

3. 得到定积分表达式 $U = \int_a^b f(x)\,dx$，并计算.

— 5.1 平面图形的面积 —

对于常规的平面图形,我们通常可以利用面积公式求得. 但对于不规则的平面图形,如何求它的面积呢? 本节介绍在直角坐标系和极坐标系下如何借助定积分计算平面图形的面积.

■ 直角坐标系情形

根据上一章介绍的定积分的几何意义可知(如图 5-1),若 $f(x) \geqslant 0$, $\int_a^b f(x) \mathrm{d}x$ 的值就等于曲线 $y=f(x)$,直线 $x=a, x=b$ 与 x 轴所围成的图形面积,其中面积元素为

$$\mathrm{d}A = f(x) \mathrm{d}x.$$

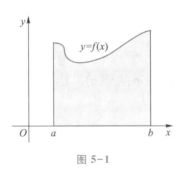

图 5-1

定积分 $\int_a^b f(x) \mathrm{d}x$ 并不总是表示曲线 $y=f(x)$ 下方从 $x=a$ 到 $x=b$ 之间的面积. 事实上,如果在区间 $[a,b]$ 上,该曲线跨越了 x 轴,延伸到其下方时,则该定积分就表示位于 x 轴上方的图形面积减去位于 x 轴下方的图形面积. 如图 5-2,对于 $y=\sin x$,不管是直接计算积分,还是由"x 轴上下两侧的面积完全相等"这个事实,都能得到如下结果:

$$\int_0^{2\pi} \sin x \mathrm{d}x = 0.$$

因此,在解题时,我们必须细心区分净面积(其中在 x 轴下方的面积按负数计算)和总面积,一般来说,求面积往往理解为求"总面积".

如何求总面积

求函数 $y = f(x)$ 在区间 $[a,b]$ 上与 x 轴围成的总面积,一般步骤如下:

1. 求出函数 $f(x)$ 的零点,用 $f(x)$ 的零点分割 $[a,b]$ 为若干个子区间;

2. 在每个子区间上对 $f(x)$ 积分;

3. 把积分的绝对值相加,得到总面积.

例 1(求总面积) 求 x 轴和函数 $f(x) = x^3 - x^2 - 2x$ 在 $-1 \leqslant x \leqslant 2$ 时的图像围成的区域总面积.

解 首先求 $f(x)$ 的零点.

$$f(x) = x^3 - x^2 - 2x = x(x^2 - x - 2)$$

$$= x(x+1)(x-2).$$

$f(x)$ 的零点为 $x = 0, -1$ 和 2. 如图 5-3,零点把 $[-1,2]$ 分割成两个子区间:

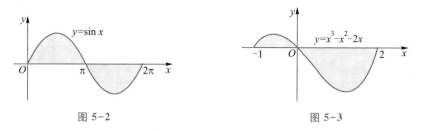

图 5-2   图 5-3

当 $x \in [-1, 0]$ 时,$f(x) \geqslant 0$;当 $x \in [0, 2]$ 时,$f(x) \leqslant 0$.

在每个子区间上对 $f(x)$ 积分,并且把所计算出的值的绝对值相加即得所求总面积.

在 $[-1, 0]$ 上的积分:$\displaystyle\int_{-1}^{0} (x^3 - x^2 - 2x) \, dx = \left[\frac{x^4}{4} - \frac{x^3}{3} - x^2 \right]_{-1}^{0} = \frac{5}{12}$.

在 $[0, 2]$ 上的积分:$\displaystyle\int_{0}^{2} (x^3 - x^2 - 2x) \, dx = \left[\frac{x^4}{4} - \frac{x^3}{3} - x^2 \right]_{0}^{2} = -\frac{8}{3}$.

因此,围成的总面积 $= \dfrac{5}{12} + \left| -\dfrac{8}{3} \right| = \dfrac{37}{12}$.

■ 两条曲线之间的面积

假设有两条曲线 $y = f(x)$ 和 $y = g(x)$(不妨设 $f(x), g(x)$ 在 $[a,b]$ 上连续),我们要求得这两条曲线以及直线 $x = a$ 和 $x = b$ 所围成的平面图形的面积 A.

如图 5-4,为方便起见,在区间 $[a,b]$ 上,假设曲线 $y = f(x)$ 始终保持在曲线 $y = g(x)$ 上方,即对所有 $x, f(x) \geqslant g(x)$. 那么,用元素法来看,面积元素 $dA =$

$[f(x)-g(x)]\mathrm{d}x$(如图 5-4 中的小矩形所示),于是 $f(x)$ 与 $g(x)$ 所围成的面积

$$A = \int_a^b [f(x) - g(x)]\mathrm{d}x.$$

同理,要计算由两条曲线 $x=f(y)$, $x=g(y)$(其中 $f(y)$, $g(y)$ 均在 $[c,d]$ 上连续且 $f(y)\geqslant g(y)$)以及直线 $y=c$, $y=d$ 所围成的平面图形的面积,如图 5-5 中的小矩形所示,面积元素

$$\mathrm{d}A = [f(y)-g(y)]\mathrm{d}y.$$

于是,该平面图形的面积

$$A = \int_c^d [f(y) - g(y)]\mathrm{d}y.$$

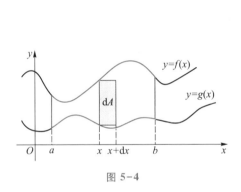

图 5-4　　　　　　　　　　图 5-5

如何求两条曲线之间的面积

求两条曲线在给定区间所围成平面图形的面积,一般步骤如下:

1. 画出曲线的图形,并画出面积元素对应的小矩形. 找到哪条曲线是 f(上曲线),哪条曲线是 g(下曲线);

2. 确定积分上下限 a,b;

3. 写出 $f(x)-g(x)$ 的表达式,并化简;

4. 计算 $\int_a^b [f(x) - g(x)]\,\mathrm{d}x$ 的值即为所求面积.

例 2(相交曲线之间的面积)　求两条曲线 $y=x^2$ 及 $y=x^3$ 之间的面积.

解　步骤 1. 画出曲线与面积元素对应的小矩形的草图(如图 5-6).

步骤 2. 确定积分限. 通过联立 $y=x^2$ 及 $y=x^3$,解得 $x=0$ 及 $x=1$,即积分下限为 0,积分上限为 1.

步骤 3. 写出 $f(x)-g(x)$ 的表达式.

$$f(x)-g(x) = x^2 - x^3.$$

步骤 4. 对上述函数从 0 到 1 进行积分,求出相应面积

$$A = \int_0^1 (x^2 - x^3)\, dx = \left[\frac{x^3}{3} - \frac{x^4}{4} \right]_0^1 = \frac{1}{12}.$$

因此,所求面积为 $\frac{1}{12}$.

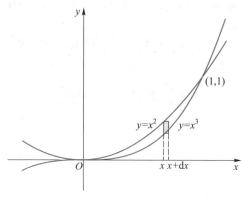

图 5-6

例 3(坐标轴及两条曲线围成的面积)   求第一象限中,由曲线 $y = \sqrt{x}$,直线 $y = x - 2$ 和 x 轴围成的区域面积.

解   步骤 1. 画出曲线与面积元素对应的小矩形的草图(如图 5-7),所围成区域的上边界是曲线 $f(x) = \sqrt{x}$,下边界由两条线段 $g(x) = 0 (0 \leqslant x \leqslant 2)$ 和 $g(x) = x - 2 (2 \leqslant x \leqslant 4)$ 组成,直线 $x = 2$ 把区域分割为 A 和 B 两部分.

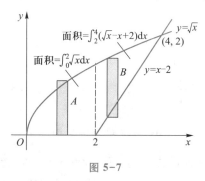

图 5-7

步骤 2. 确定积分限.

区域 A:积分下限为 0,积分上限为 2;

区域 B:积分下限为 2,积分上限需要求出.

通过联立 $y = \sqrt{x}$ 及 $y = x - 2$ 可得 $\sqrt{x} = x - 2$,因此 $x^2 - 5x + 4 = 0$,解得 $x = 1$(舍去)

及 $x=4$,所以区域 B 的积分上限是 $b=4$.

步骤 3. 写出 $f(x)-g(x)$ 的表达式.

区域 $A:0 \leqslant x \leqslant 2, f(x)-g(x)=\sqrt{x}-0=\sqrt{x}$;

区域 $B:2 \leqslant x \leqslant 4, f(x)-g(x)=\sqrt{x}-(x-2)=\sqrt{x}-x+2$.

步骤 4. 求出总面积.

$$S = \underbrace{\int_0^2 \sqrt{x}\,\mathrm{d}x}_{\text{区域}A\text{的面积}} + \underbrace{\int_2^4 (\sqrt{x}-x+2)\,\mathrm{d}x}_{\text{区域}B\text{的面积}} = \left[\frac{2}{3}x^{\frac{3}{2}}\right]_0^2 + \left[\frac{2}{3}x^{\frac{3}{2}} - \frac{x^2}{2} + 2x\right]_2^4 = \frac{10}{3}.$$

我们也可以换一种方式积分,改为对 y 积分.

步骤 1. 画出曲线与面积元素对应的小矩形的草图(如图 5-8);

步骤 2. 确定积分限. 通过联立 $y=\sqrt{x}$ 及 $y=x-2$ 解得 $x=4$,从而 $y=2$. 因此可得积分下限为 0,积分上限为 2.

步骤 3. 写出 $f(y)-g(y)$ 的表达式. 由 $y=x-2$ 得 $x=y+2$,由 $y=\sqrt{x}$ 得 $x=y^2$,所以

$$f(y)-g(y)=y+2-y^2.$$

步骤 4. 将上述函数从 0 到 2 进行积分,可得相应面积

$$S=\int_0^2 (y+2-y^2)\,\mathrm{d}y = \left[\frac{y^2}{2} + 2y - \frac{y^3}{3}\right]_0^2 = \frac{10}{3}.$$

因此,所求面积为 $\frac{10}{3}$.

例 4(椭圆面积)　求椭圆 $\dfrac{x^2}{a^2}+\dfrac{y^2}{b^2}=1$ 所围成的图形的面积.

解　由于这个椭圆关于两条坐标轴都对称(如图 5-9),所以椭圆所围成的图形的面积为 $A=4A_1$,其中 A_1 为这个椭圆在第一象限部分与两条坐标轴所围图形的面积.

步骤 1. 画出曲线与面积元素对应的小矩形的草图(如图 5-9).

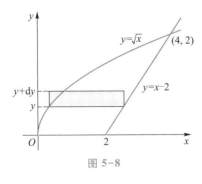

图 5-8

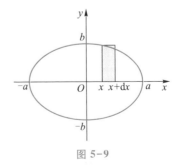

图 5-9

步骤 2. 确定积分限. 椭圆在第一象限部分所对应的积分下限为 0, 积分上限为 a.

步骤 3. 写出 $f(x)-g(x)$ 的表达式.

$$f(x)-g(x) = b\sqrt{1-\frac{x^2}{a^2}}.$$

步骤 4. 对上述函数从 0 到 a 积分, 利用 4.6 节例 4 的结果, 可得面积

$$A = 4A_1 = 4\int_0^a b\sqrt{1-\frac{x^2}{a^2}}\,dx = \frac{4b}{a}\int_0^a \sqrt{a^2-x^2}\,dx$$

$$= 4\frac{b}{a}\cdot\frac{1}{4}\cdot\pi a^2 = \pi ab.$$

因此, 椭圆面积为 πab.

注   对于有些平面图形面积的计算, 可以将边界曲线转化为参数方程, 以便简化计算.

在上例中, 考虑到 $A = 4A_1 = 4\int_0^a y\,dx$, 利用椭圆的参数方程 $\begin{cases} x = a\cos t, \\ y = b\sin t \end{cases}$ $(0 \leqslant t \leqslant 2\pi)$, 对上面的定积分进行换元积分, 注意到 $dx = -a\sin t\,dt$, 当 $x=0$ 时, $t=\dfrac{\pi}{2}$; 当 $x=a$ 时, $t=0$, 于是,

$$A = 4A_1 = 4\int_0^a y\,dx = 4\int_{\frac{\pi}{2}}^0 b\sin t(-a\sin t)\,dt = 4ab\int_0^{\frac{\pi}{2}}\sin^2 t\,dt$$

$$= 4ab\cdot\frac{1}{2}\cdot\frac{\pi}{2} = \pi ab.$$

极坐标系情形

设平面图形由曲线 $r=f(\theta)$ 及射线 $\theta=\alpha$ 和 $\theta=\beta$ 所围成, 称此图形为曲边扇形(如图 5-10), 如何计算它的面积?

由于当 θ 在 $[\alpha,\beta]$ 上变动时, $r=f(\theta)$ 也随之变动, 我们不能利用扇形的面积公式 $A=\dfrac{1}{2}R^2\theta$ 来计算曲边扇形面积.

取 θ 为积分变量, 其变化区间为 $[\alpha,\beta]$, 在 $[\alpha,\beta]$ 上任取一小区间 $[\theta, \theta+d\theta]$, 对应的窄曲边扇形的面积近似等于半径为 $f(\theta)$, 中心角为 $d\theta$ 的扇形面积, 从而得到曲边扇形的面积元素(如图 5-11)

$$dA = \frac{1}{2} f^{2}(\theta) d\theta.$$

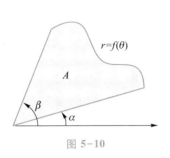

图 5-10

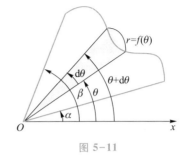

图 5-11

所以曲边扇形 $0 \leq r \leq f(\theta), \alpha \leq \theta \leq \beta$ 的面积为

$$A = \int_{\alpha}^{\beta} \frac{1}{2} f^{2}(\theta) d\theta.$$

例 5   求由心形线 $r = 1 + \cos\theta$ 与射线 $\theta = 0, \theta = \frac{\pi}{2}$ 所围成的区域面积.

解 $r = 1 + \cos\theta$ 的图形如图 5-12 所示. 由上面的结论,可知

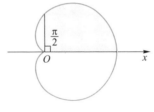

图 5-12

$$A = \int_{0}^{\frac{\pi}{2}} \frac{1}{2}(1 + \cos\theta)^{2} d\theta$$

$$= \int_{0}^{\frac{\pi}{2}} \frac{1}{2}(1 + 2\cos\theta + \cos^{2}\theta) d\theta$$

$$= \frac{1}{2}\left(\frac{\pi}{2} - 0\right) + [\sin\theta]_{0}^{\frac{\pi}{2}} + \frac{1}{2} \cdot \frac{1}{2} \cdot \frac{\pi}{2}$$

$$= \frac{3\pi}{8} + 1.$$

因此,所围区域的面积为 $\frac{3\pi}{8} + 1$.

■ 极坐标系中曲线之间的面积

如图 5-13 所示,假定要计算曲线 $r=f(\theta)$,$r=g(\theta)$ 以及射线 $\theta=\alpha$,$\theta=\beta$ 所围成的图形的面积,这里假定对所有 $\theta\in[\alpha,\beta]$,有 $0\leqslant f(\theta)\leqslant g(\theta)$,则面积元素为

$$\mathrm{d}A=\frac{1}{2}g^2(\theta)\,\mathrm{d}\theta-\frac{1}{2}f^2(\theta)\,\mathrm{d}\theta,$$

所以面积为

$$A=\int_\alpha^\beta\frac{1}{2}g^2(\theta)\,\mathrm{d}\theta-\int_\alpha^\beta\frac{1}{2}f^2(\theta)\,\mathrm{d}\theta$$

$$=\int_\alpha^\beta\frac{1}{2}[g^2(\theta)-f^2(\theta)]\mathrm{d}\theta.$$

例 6(曲线之间的面积)　求在圆 $r=2\cos\theta$ 之内却在圆 $r=1$ 之外的区域面积.

解　步骤 1. 画出所求区域的草图(如图 5-14).

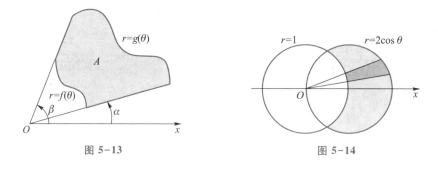

图 5-13　　　　　　　　　　　　图 5-14

步骤 2. 确定积分限. 通过联立 $r=2\cos\theta$,$r=1$ 可得 $\cos\theta=\frac{1}{2}$,解得 $\theta=-\frac{\pi}{3}$ 及 $\theta=\frac{\pi}{3}$,分别为积分的下限和上限.

步骤 3. 写出面积元素.

$$\mathrm{d}A=\frac{1}{2}(2\cos\theta)^2\mathrm{d}\theta-\frac{1}{2}\cdot1^2\mathrm{d}\theta.$$

步骤 4. 求出面积.

$$A=\frac{1}{2}\int_{-\frac{\pi}{3}}^{\frac{\pi}{3}}[(2\cos\theta)^2-1]\,\mathrm{d}\theta=\frac{1}{2}\int_{-\frac{\pi}{3}}^{\frac{\pi}{3}}[4\cos^2\theta-1]\,\mathrm{d}\theta$$

$$= \frac{1}{2} \int_{-\frac{\pi}{3}}^{\frac{\pi}{3}} \left[4 \left(\frac{1 + \cos 2\theta}{2} \right) - 1 \right] d\theta = \frac{1}{2} \int_{-\frac{\pi}{3}}^{\frac{\pi}{3}} (1 + 2\cos 2\theta) \, d\theta$$

$$= \frac{1}{2} \left[\theta + \sin 2\theta \right]_{-\frac{\pi}{3}}^{\frac{\pi}{3}} = \frac{\pi}{3} + \frac{\sqrt{3}}{2}.$$

因此,所求区域面积为 $\frac{\pi}{3} + \frac{\sqrt{3}}{2}$.

此题也可以利用对称性来简化计算,留给读者练习.

例 7(曲线之间的面积)　求心形线 $r = 1 + \cos \theta$ 和圆 $r = 1$ 所围区域的面积 (如图 5-15 所示阴影部分区域).

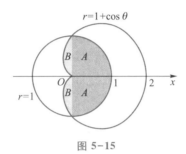

图 5-15

解　步骤 1. 如图 5-15 所示,区域由 A, B 两部分组成.

步骤 2. 确定积分限. 通过联立 $r = 1 + \cos \theta, r = 1$ 可得 $\cos \theta = 0$,解得 $\theta = \frac{\pi}{2}$ 及 $\theta = \frac{3\pi}{2}$.

步骤 3. A 部分的面积元素

$$dA = \frac{1}{2} \cdot 1^2 d\theta = \frac{1}{2} d\theta.$$

B 部分的面积元素

$$dB = \frac{1}{2} (1 + \cos \theta)^2 d\theta.$$

步骤 4. 求出总面积.

$$\text{面积 } A = \frac{1}{2} \int_{-\frac{\pi}{2}}^{\frac{\pi}{2}} 1 d\theta = \frac{\pi}{2} \quad (\text{也可以直接用圆面积来求}).$$

$$\text{面积 } B = \frac{1}{2} \int_{\frac{\pi}{2}}^{\frac{3\pi}{2}} \left[1 + 2\cos \theta + \cos^2 \theta \right] d\theta$$

$$= \frac{1}{2} \int_{\frac{\pi}{2}}^{\frac{3\pi}{2}} \left[1 + 2\cos\theta + \frac{1 + \cos 2\theta}{2} \right] d\theta$$

$$= \frac{1}{2} \left[\theta + 2\sin\theta + \frac{\theta}{2} + \frac{\sin 2\theta}{4} \right]_{\frac{\pi}{2}}^{\frac{3\pi}{2}} = \frac{3}{4}\pi - 2.$$

因此,所围区域的面积为 $\frac{5\pi}{4} - 2$.

在求这部分面积时也可以利用对称性来简化计算.

习题 5.1

1. 画出给定区间上的函数图像,并求该曲线和 x 轴之间的区域面积.

(1) $y = x^2 - 6x + 8, [0,3]$;　　　 (2) $y = 2x - x^2, [0,3]$.

2. 求在曲线 $y = 3 - x^2$ 和直线 $y = -1$ 之间的区域的面积.

3. 求由曲线 $\sqrt{x} + \sqrt{y} = 1$ 与两坐标轴所围成的区域的面积.

4. 求由星形线 $x^{\frac{2}{3}} + y^{\frac{2}{3}} = a^{\frac{2}{3}}$ 所围成的区域的面积, 星形线的参数方程为

$$\begin{cases} x = a\cos^3 t, \\ y = a\sin^3 t \end{cases} \quad (0 \le t \le 2\pi).$$

5. 求摆线的一拱与 x 轴所围成的区域的面积. 摆线的参数方程为

$$\begin{cases} x = a(t - \sin t), \\ y = a(1 - \cos t) \end{cases} \quad (0 \le t \le 2\pi).$$

6. 求在圆周 $r = 1$ 之内而在心形线 $r = 1 - \cos\theta$ 之外的区域的面积.

7. 求阿基米德螺线 $r = a\theta (a > 0)$ 上 θ 从 0 到 2π 的一段弧与极轴所围成的区域的面积.

8. 求在圆周 $r = 6$ 内并且在直线 $r = 3\csc\theta$ 以上的区域的面积.

9. 求 $y = x^2 - x + 2$ 与其通过坐标原点的两条切线所围成的图形面积.

10. 求 $y^2 = 2x$ 与其在点 $\left(\frac{1}{2}, 1 \right)$ 处的法线所围成的图形面积.

11. 试求 a, b 的值,使得由曲线 $y = \cos x \left(0 \le x \le \frac{\pi}{2} \right)$ 与两坐标轴所围成的图形的面积被曲线 $y = a\sin x$ 与 $y = b\sin x$ 三等分.

12. 求由 $r = \sqrt{2}\sin\theta$ 内部和 $r^2 = \cos 2\theta$ 所围成的公共部分的面积.

13. 求三叶玫瑰线 $r = \sin 3\theta$ 的一瓣围成的区域的面积.

14. 设直线 $y=ax(0<a<1)$ 与抛物线 $y=x^2$ 围成的图形的面积为 A_1，它们和直线 $y=1$ 围成的图形面积为 A_2.

（1）求 A_1；（2）求 A_2；（3）确定实数 a，使 A_1+A_2 最小.

15. 求两个椭圆 $\dfrac{x^2}{3}+y^2=1$ 与 $x^2+\dfrac{y^2}{3}=1$ 内部的公共部分的面积.

16. 求曲线 $r=a\sin\theta$ 与 $r=a(1+\sin\theta)$ $(a>0)$ 所围平面图形的面积.

17. 求曲线 $(x^2+y^2)^2=a^2x^2-b^2y^2$ 所围成图形的面积，其中 $a,b>0$.

18. 利用极坐标计算两圆 $x^2+y^2=3x$ 与 $x^2+y^2=\sqrt{3}y$ 的公共部分的面积.

19. 求抛物线 $y=-x^2+4x-3$ 及其在点 $(0,-3)$ 和 $(3,0)$ 处的切线所围成的图形的面积.

― 5.2　用切片法求体积 ―

本节介绍用切片法求已知平行截面面积的立体体积.

现在我们讨论如何计算图 5–16 所示的立体体积，对于区间 $[a,b]$ 中的每一个点 x，该立体过点 x 且垂直于 x 轴的截面是具有面积 $A(x)$ 的区域. 若 $A(x)$ 是 x 的连续函数，则按如下方式可以求得立体的体积：取 x 为积分变量，其变化区间为 $[a,b]$，立体中相应于任一小区间 $[x,x+dx]$ 的薄片的体积近似地等于底面积为 $A(x)$、高为 dx 的扁柱体的体积，从而得到体积元素 $dV=A(x)dx$. 以 $A(x)dx$ 为被积表达式，在闭区间 $[a,b]$ 作定积分，便得到所求立体的体积 $V=\displaystyle\int_a^b A(x)dx$.

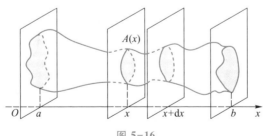

图 5–16

定义　立体的体积

已知一个在平面 $x=a$ 到 $x=b$ 之间的，过点 x 且垂直 x 轴的截面面积为 $A(x)$ 的立体. 如果 $A(x)$ 可积，那么该立体的体积 V 是从 a 到 b 的积分

$$V=\int_a^b A(x)dx.$$

如何用切片法求体积

求已知平行截面面积的立体体积,一般步骤如下:

1. 画出该立体及其横截面的草图;

2. 求出截面面积 $A(x)$ 的表达式;

3. 确定积分上下限 a,b;

4. 计算 $\int_a^b A(x)\,\mathrm{d}x$,即为所求体积.

例 1(棱锥体的体积)   一个棱锥体高 3 m,底是边长为 3 m 的正方形.棱锥体的顶点下方 x m 处垂直于高的截面是边长为 x m 的正方形.求棱锥体的体积.

解   步骤 1.画出草图.图 5–17 是以 x 轴为对称轴,顶点在原点的棱锥体及其过点 x 且垂直于 x 轴的横截面.

步骤 2.确定过点 x 且垂直于 x 轴的截面面积 $A(x)$ 的表达式.由于在点 x 处的截面是一个边长为 x m 的正方形.所以它的面积是 $A(x)=x^2$.

步骤 3.确定积分限.易知积分变量从 $x=0$ 变化到 $x=3$.

步骤 4.用定积分求出体积.

$$V = \int_0^3 A(x)\,\mathrm{d}x = \int_0^3 x^2\,\mathrm{d}x = \left[\frac{x^3}{3}\right]_0^3 = 9\,(\mathrm{m}^3).$$

注   此结论与利用 $V=\dfrac{1}{3}\times(底面积\times高)$ 的计算结果一致.

例 2(祖暅原理)   祖暅原理,又名等幂等积定理,是指所有等高处横截面积相等的两个同高立体其体积也必然相等的定理.祖暅之《缀术》有云:"缘幂势既同,则积不容异."由前述立体体积的定义可得(如图 5–18).因为对这两个立体来说,截面面积函数 $A(x)$ 和积分区间 $[a,b]$ 是相同的.

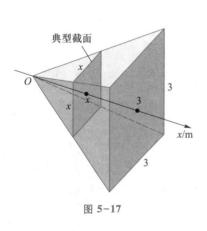

图 5–17

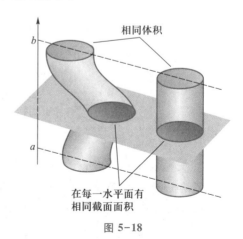

图 5–18

例 3（平面截圆柱的体积）　一平面经过半径为 R 的圆柱体的底圆中心，并且与底面的夹角为 α，计算这个平面截圆柱体所得立体的体积.

解　步骤 1. 画出草图. 如图 5-19，取这个平面与圆柱体的底面的交线为 x 轴，过底圆圆心，且垂直于 x 轴的直线为 y 轴，则底圆的方程为

$$x^2 + y^2 = R^2.$$

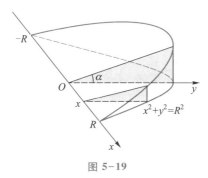

图 5-19

步骤 2. 确定截面积 $A(x)$ 的表达式. 在点 x 处且垂直于 x 轴的截面是直角三角形，两条直角边的长度分别为 $\sqrt{R^2-x^2}$ 与 $\sqrt{R^2-x^2}\tan\alpha$，所以截面面积是 $A(x) = \frac{1}{2}(R^2-x^2)\tan\alpha$.

步骤 3. 确定积分限. 易知积分变量从 $x=-R$ 变化到 $x=R$.

步骤 4. 用定积分求出体积.

$$V = \int_{-R}^{R} \frac{1}{2}(R^2 - x^2)\tan\alpha\,\mathrm{d}x$$

$$= \frac{1}{2}\tan\alpha\left[R^2 x - \frac{x^3}{3}\right]_{-R}^{R} = \frac{2}{3}R^3\tan\alpha.$$

例 4（正劈锥体的体积）　求以半径为 R 的圆为底、平行且等于底圆直径的线段为顶、高为 h 的正劈锥体的体积.

解　取底圆所在的平面为 xOy 平面，圆心 O 为原点，并使 x 轴与正劈锥的顶平行（如图 5-20）. 底圆的方程为 $x^2+y^2=R^2$. 过 x 轴上的点 $x(-R \leqslant x \leqslant R)$ 作垂直于 x 轴的平面，截正劈锥体得一等腰三角形. 这个截面的面积为

$$A(x) = h \cdot y = h\sqrt{R^2 - x^2}.$$

于是所求正劈锥体的体积为

$$V = \int_{-R}^{R} A(x)\,\mathrm{d}x = h\int_{-R}^{R}\sqrt{R^2 - x^2}\,\mathrm{d}x = \frac{\pi R^2 h}{2}. \qquad （由定积分的几何意义可得）$$

由此可知正劈锥体的体积等于同底等高的圆柱体体积的一半.

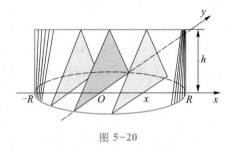

图 5-20

习题 5.2

1. 求以下立体过点 x 且垂直于 x 轴的截面面积 $A(x)$ 的表达式. 在以下每种情况下, 立体均位于垂直于 x 轴的两个平面 $x=-1$ 和 $x=1$ 之间, 且在这两个平面之间垂直于 x 轴的截面边界都与半圆 $y=-\sqrt{1-x^2}$ 及半圆 $y=\sqrt{1-x^2}$ 相交.

(1) 平行截面是直径在 xOy 平面上的圆盘 (如图 5-21);

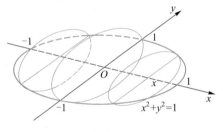

图 5-21

(2) 平行截面是底边在 xOy 平面上的正方形 (如图 5-22);

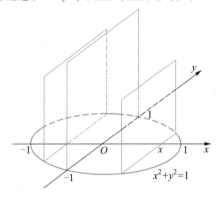

图 5-22

（3）平行截面是对角线在 xOy 平面上的正方形（如图 5-23）（正方形对角线长度是其边长的 $\sqrt{2}$ 倍）；

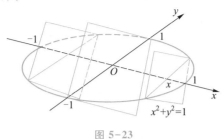

图 5-23

（4）平行截面是底边在 xOy 平面上的等边三角形（如图 5-24）.

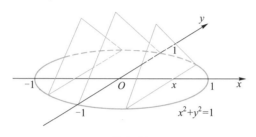

图 5-24

2. 一个立体位于垂直于 x 轴的两个平面 $x=0$ 和 $x=4$ 之间,在区间 $[0,4]$ 上每一点处垂直于 x 轴的截面都是正方形,且其对角线是从抛物线 $y=-\sqrt{x}$ 到抛物线 $y=\sqrt{x}$ 的线段,求该立体的体积.

3. 求由椭球面 $\dfrac{x^2}{a^2}+\dfrac{y^2}{b^2}+\dfrac{z^2}{c^2}=1$ 所围成立体（椭球）的体积（如图 5-25）.

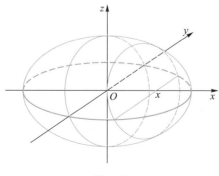

图 5-25

4. 一个立体的底部区域是由曲线 $y=2\sqrt{\sin x}$ 和 x 轴上的区间 $[0,\pi]$ 所围成的,在 $[0,\pi]$ 上每一点处垂直于 x 轴的截面分别是下列情况:

(1) 以从 x 轴到曲线 $y=2\sqrt{\sin x}$ 的线段为底边的等边三角形(如图 5-26);

(2) 以从 x 轴到曲线 $y=2\sqrt{\sin x}$ 的线段为底边的正方形,

求出以上立体的体积.

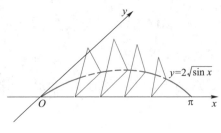

图 5-26

5. 求由两个圆柱面 $x^2+y^2=a^2$ 与 $x^2+z^2=a^2$ 所围成立体的体积.

6. 设有一立体,其底面是长轴为 $2a$,短轴为 $2b$ 的椭圆,而垂直于长轴的截面都是等边三角形,求其体积.

7. 一个立体位于垂直于 x 轴的两个平面 $x=-1$ 和 $x=1$ 之间. 在这两个平面之间垂直于 x 轴的横截面都是正方形,且其对角线是从半圆 $y=-\sqrt{1-x^2}$ 到半圆 $y=\sqrt{1-x^2}$ 的线段. 求此立体的体积.

8. 一个立体位于垂直于 y 轴的两个平面 $y=0$ 和 $y=2$ 之间. 在这两个平面之间垂直于 y 轴的横截面是以从 y 轴到曲线 $x=\sqrt{5}y^2$ 的线段为直径的圆盘. 求此立体的体积.

— 5.3　旋转体的体积 —

本节介绍用圆盘法、垫圈法和圆柱薄壳法来计算旋转体的体积.

定义　旋转体、旋转轴

平面图形绕着它所在平面内的一条直线旋转一周所成的立体称为旋转体,这条直线称为旋转轴.

■ 用圆盘法求旋转体体积

如图 5-27 所示,求曲边梯形 $\{(x,y)\mid 0 \leqslant y \leqslant R(x), a \leqslant x \leqslant b\}$(其中 $R(x)$ 在 $[a,b]$ 上连续)绕 x 轴旋转一周所成立体的体积.

取 x 为积分变量,在 $[a,b]$ 上任取一小区间 $[x,x+\mathrm{d}x]$,考虑相应的窄曲边梯形绕 x 轴旋转而成的薄片,其过点 x 且垂直于 x 轴的截面是半径为 $R(x)$ 的圆盘,它的面积为

$$A(x) = \pi \left[R(x) \right]^2,$$

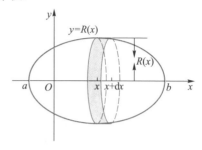

图 5-27

其体积近似于以圆盘为底、$\mathrm{d}x$ 为高的扁圆柱体的体积,所以体积元素

$$\mathrm{d}V = \pi \left[R(x) \right]^2 \mathrm{d}x.$$

于是曲边梯形 $\{(x,y) \mid 0 \leqslant y \leqslant R(x), a \leqslant x \leqslant b\}$ 绕 x 轴旋转一周所成旋转体的体积

$$V = \int_a^b \pi \left[R(x) \right]^2 \mathrm{d}x.$$

用类似的方法可以推出:

曲边梯形 $\{(x,y) \mid 0 \leqslant x \leqslant R(y), c \leqslant y \leqslant d\}$ 绕 y 轴旋转一周所成旋转体的体积

$$V = \int_c^d \pi \left[R(y) \right]^2 \mathrm{d}y.$$

用圆盘法求旋转体体积的一般步骤

1. 画出旋转体的草图并确定其过点 x 且垂直于 x 轴的截面的半径函数 $R(x)$;

2. 求出截面面积 $\pi \left[R(x) \right]^2$;

3. 确定积分上下限 a,b;

4. 计算 $\int_a^b \pi \left[R(x) \right]^2 \mathrm{d}x$,即为所求体积.

例 1 (绕 x 轴旋转的旋转体体积)　求由曲线 $y = \sqrt{x}\,(0 \leqslant x \leqslant 4)$ 和 x 轴之间的区域绕 x 轴旋转一周而成的立体的体积.

解　步骤 1. 画出草图(如图 5-28).

步骤 2. 截面面积 $A(x) = \pi \left[R(x) \right]^2 = \pi \left(\sqrt{x} \right)^2 = \pi x$.

步骤 3. 积分限从 $x=0$ 变化到 $x=4$.

步骤 4. 利用定积分求得立体体积

$$V = \int_0^4 \pi x \mathrm{d}x = \pi \left[\frac{x^2}{2} \right]_0^4 = 8\pi.$$

例 2(绕直线 $y=1$ 旋转的旋转体体积) 求由曲线 $y=\sqrt{x}$ 和直线 $y=1, x=4$ 所围成的区域绕直线 $y=1$ 旋转一周而成的立体的体积.

解 步骤 1. 画出草图(如图 5-29).

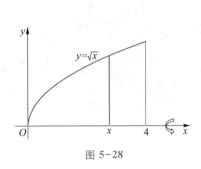

图 5-28　　　　　　　　　　图 5-29

步骤 2. 截面面积 $A(x) = \pi \left[R(x) \right]^2 = \pi \left(\sqrt{x} - 1 \right)^2 = \pi (x - 2\sqrt{x} + 1).$

步骤 3. 积分限从 $x=1$ 变化到 $x=4$.

步骤 4. 利用定积分求得立体体积

$$V = \int_1^4 \pi (x - 2\sqrt{x} + 1) \mathrm{d}x = \pi \left[\frac{x^2}{2} - 2 \cdot \frac{2}{3} \cdot x^{\frac{3}{2}} + x \right]_1^4 = \frac{7}{6}\pi.$$

例 3(绕 y 轴旋转的旋转体体积) 求曲线 $x = \dfrac{2}{y}, 1 \leqslant y \leqslant 4$ 与 y 轴之间的区域绕 y 轴旋转一周而成的立体的体积.

解 步骤 1. 画出草图(如图 5-30).

步骤 2. 截面面积 $A(y) = \pi \left[R(y) \right]^2 = \pi \left(\dfrac{2}{y} \right)^2.$

步骤 3. 积分限从 $y=1$ 变化到 $y=4$.

步骤 4. 利用定积分求得立体体积

$$V = \int_1^4 \pi \frac{4}{y^2} \mathrm{d}y = 4\pi \left[-\frac{1}{y} \right]_1^4 = 3\pi.$$

例 4(绕直线 $x=3$ 旋转的旋转体体积) 求抛物线 $x = y^2 + 1$ 和直线 $x=3$ 所围成的区域绕直线 $x=3$ 旋转一周而成的立体的体积.

解 步骤 1. 画出草图(如图 5-31).

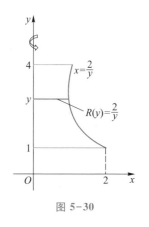

图 5-30

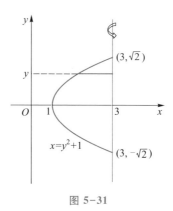

图 5-31

步骤 2. 截面半径 $R(y) = 3-(y^2+1) = 2-y^2$,因此截面面积
$$A(y) = \pi \left[R(y) \right]^2 = \pi \left(2-y^2 \right)^2.$$

步骤 3. 求出积分上下限. 通过联立 $x = y^2+1$ 与 $x = 3$,解得 $y = -\sqrt{2}$ 及 $y = \sqrt{2}$. 所以积分限从 $y = -\sqrt{2}$ 变化到 $y = \sqrt{2}$.

步骤 4. 利用定积分求得立体体积
$$V = \int_{-\sqrt{2}}^{\sqrt{2}} \pi \left(2 - y^2 \right)^2 \mathrm{d}y = \pi \int_{-\sqrt{2}}^{\sqrt{2}} \left(4 - 4y^2 + y^4 \right) \mathrm{d}y$$
$$= \pi \left[4y - \frac{4}{3}y^3 + \frac{y^5}{5} \right]_{-\sqrt{2}}^{\sqrt{2}} = \frac{64\sqrt{2}}{15}\pi.$$

用垫圈法求旋转体体积

如果用于旋转并产生旋转体的区域与旋转轴不相毗邻,或者不包含旋转轴,那么该旋转体就有洞(如图 5-32 所示),这时垂直于旋转轴的截面不是圆盘而是垫圈. 设旋转区域的变化区间为 $[a, b]$,垫圈的外半径为 $R(x)$,内半径为 $r(x)$,则垫圈的面积是
$$A(x) = \pi \left[R(x) \right]^2 - \pi \left[r(x) \right]^2 = \pi \left\{ \left[R(x) \right]^2 - \left[r(x) \right]^2 \right\},$$
旋转体的体积为
$$V = \int_a^b \pi \left\{ \left[R(x) \right]^2 - \left[r(x) \right]^2 \right\} \mathrm{d}x.$$

用垫圈法求旋转体体积的一般步骤

1. 画出旋转区域的草图,并在区域上画一条垂直于旋转轴的线段,当这个区域旋转一周时,随着立体的产生,这条线段同时生成该立体的一个垫圈截面;

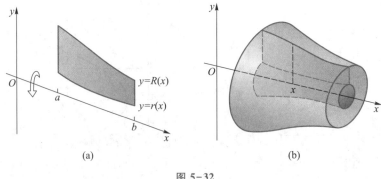

图 5-32

2. 确定积分上下限；

3. 求线段所生成的垫圈的内外半径，以此确定被积函数；

4. 利用定积分求出体积.

例 5（绕 x 轴旋转的垫圈形截面）   求由曲线 $y = x^2 + 1$ 和直线 $y = -x + 3$ 围成的区域绕 x 轴旋转一周产生的立体的体积.

解   步骤 1. 画出草图（如图 5-33），并画一条垂直于旋转轴的线段.

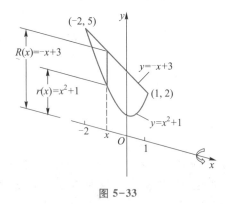

图 5-33

步骤 2. 确定积分限. 通过联立 $y = x^2 + 1$ 和 $y = -x + 3$，解得 $x = -2$ 及 $x = 1$. 所以积分限从 $x = -2$ 变化到 $x = 1$.

步骤 3. 求内外半径. $R(x) = -x + 3$，$r(x) = x^2 + 1$. 因此垫圈形截面积为
$$A(x) = \pi [(-x+3)^2 - (x^2+1)^2].$$

步骤 4. 计算定积分，可得立体体积
$$V = \int_{-2}^{1} \pi [(-x+3)^2 - (x^2+1)^2] \, dx = \pi \int_{-2}^{1} [8 - 6x - x^2 - x^4] \, dx$$

$$= \pi \left[8x - 3x^2 - \frac{x^3}{3} - \frac{x^5}{5} \right]_{-2}^{1} = \frac{117}{5}\pi.$$

例 6(绕 y 轴旋转的垫圈形截面)　求在第一象限内的抛物线 $y = x^2$ 和直线 $y = 2x$ 所围成的区域绕 y 轴旋转一周而成的立体的体积.

解　步骤 1. 画出草图(如图 5-34),并在区域上画一条垂直于旋转轴的线段.

步骤 2. 确定积分限. 通过联立 $y = x^2$ 与 $y = 2x$,解得 $x = 0, y = 0$ 以及 $x = 2, y = 4$,所以积分限从 $y = 0$ 变化到 $y = 4$.

步骤 3. 求内外半径. $R(y) = \sqrt{y}$,$r(y) = \dfrac{y}{2}$. 因此垫圈形截面积为

$$A(y) = \pi \left[(\sqrt{y})^2 - \left(\frac{y}{2}\right)^2 \right].$$

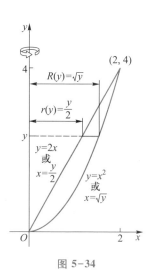

图 5-34

步骤 4. 计算定积分,可得立体体积

$$V = \int_0^4 \pi \left[(\sqrt{y})^2 - \left(\frac{y}{2}\right)^2 \right] \mathrm{d}y = \pi \int_0^4 \left(y - \frac{y^2}{4} \right) \mathrm{d}y = \pi \left[\frac{y^2}{2} - \frac{y^3}{12} \right]_0^4 = \frac{8}{3}\pi.$$

■ 用圆柱薄壳法求旋转体体积

如图 5-35 所示,求曲边梯形 $0 \leqslant y \leqslant f(x)$, $a \leqslant x \leqslant b$ 绕 y 轴旋转所得立体的体积.

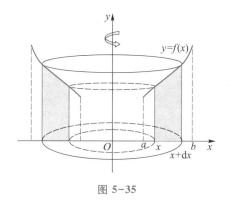

图 5-35

取 x 为积分变量,在 $[a, b]$ 上任取一小区间 $[x, x + \mathrm{d}x]$,相应的窄曲边梯形绕

y 轴旋转生成一个圆柱薄壳,其体积近似于 $2\pi xf(x)\,\mathrm{d}x$,即体积元素 $\mathrm{d}V = 2\pi xf(x)\,\mathrm{d}x$. 所以可得所求旋转体的体积为

$$V = \int_a^b 2\pi x f(x)\,\mathrm{d}x.$$

直观上,介于连续函数 $y=f(x)\geqslant 0$,$a\leqslant x\leqslant b$ 与 x 轴之间的区域绕一条铅直直线旋转一周而成的立体体积是

$$V = \int_a^b 2\pi \cdot (圆柱薄壳半径)\cdot(圆柱薄壳高度)\,\mathrm{d}x.$$

用圆柱薄壳法求旋转体体积的步骤

1. 画出旋转区域的草图,并在区域上画一条平行于旋转轴的线段. 给线段的高度(圆柱薄壳高度)、线段到旋转轴的距离(圆柱薄壳半径)引入记号;

2. 确定积分限,并以"$2\pi \cdot$(圆柱薄壳半径)$\cdot$(圆柱薄壳高度)"为被积函数,写出体积的积分表达式;

3. 利用定积分求出体积.

例 7(绕 y 轴旋转的圆柱薄壳)　求由曲线 $y=\sqrt{x}$,x 轴和直线 $x=4$ 所围成的区域绕 y 轴旋转一周而成的立体体积.

解　步骤 1. 画出草图(如图 5-36),并画一条平行于旋转轴的线段,给线段的高度(圆柱薄壳高度)、线段到旋转轴的距离(圆柱薄壳半径)引入记号,分别是 $f(x)$ 和 x.

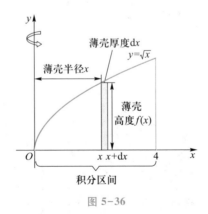

图 5-36

步骤 2. 写出体积的积分表达式.

$$V = \int_a^b 2\pi \cdot (圆柱薄壳半径)\cdot(圆柱薄壳高度)\,\mathrm{d}x$$

$$= \int_0^4 2\pi \cdot x \cdot \sqrt{x}\,\mathrm{d}x.$$

步骤 3. 计算定积分,可得立体体积

$$V = \int_0^4 2\pi \cdot x \cdot \sqrt{x}\, \mathrm{d}x$$

$$= 2\pi \int_0^4 x^{\frac{3}{2}}\, \mathrm{d}x = 2\pi \left[\frac{2}{5} x^{\frac{5}{2}}\right]_0^4 = \frac{128}{5}\pi.$$

例 8（绕 x 轴、绕直线旋转的圆柱薄壳）　求由曲线 $x = \dfrac{y^4}{4} - \dfrac{y^2}{2}$（$y \geqslant 0$）和 $x = \dfrac{y^2}{2}$ 所围成的区域分别绕以下直线旋转所得的旋转体的体积:

（1）x 轴；　（2）直线 $y = 2$.

解　（1）步骤 1. 画出草图（如图 5-37）,并画一条平行于旋转轴的线段,线段的高度为 $\dfrac{y^2}{2} - \left(\dfrac{y^4}{4} - \dfrac{y^2}{2}\right)$,线段到旋转轴的距离为 y.

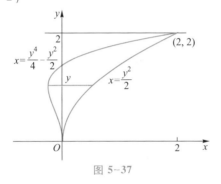

图 5-37

步骤 2. 写出体积的积分表达式.

$$V = \int_a^b 2\pi \cdot (\text{圆柱薄壳半径}) \cdot (\text{圆柱薄壳高度})\, \mathrm{d}y$$

$$= \int_0^2 2\pi \cdot y \cdot \left[\frac{y^2}{2} - \left(\frac{y^4}{4} - \frac{y^2}{2}\right)\right]\, \mathrm{d}y$$

$$= \int_0^2 2\pi y \left(y^2 - \frac{y^4}{4}\right)\, \mathrm{d}y.$$

步骤 3. 计算定积分,可得立体体积

$$V = \int_0^2 2\pi y \left(y^2 - \frac{y^4}{4}\right)\, \mathrm{d}y$$

$$= 2\pi \int_0^2 \left(y^3 - \frac{y^5}{4}\right)\, \mathrm{d}y$$

$$= 2\pi \left[\frac{y^4}{4} - \frac{y^6}{24}\right]_0^2 = 2\pi \left(\frac{16}{4} - \frac{64}{24}\right) = \frac{8}{3}\pi.$$

因此,该区域绕 x 轴旋转所得的旋转体的体积为 $\dfrac{8}{3}\pi$.

（2）步骤 1. 画出草图（如图 5-37）,并画一条平行于旋转轴的线段,线段的高度为 $\dfrac{y^2}{2}-\left(\dfrac{y^4}{4}-\dfrac{y^2}{2}\right)$,线段到旋转轴的距离为 $2-y$.

步骤 2. 写出体积的积分表达式.

$$V = \int_a^b 2\pi \cdot (\text{圆柱薄壳半径}) \cdot (\text{圆柱薄壳高度})\,\mathrm{d}y$$

$$= \int_0^2 2\pi \cdot (2-y) \cdot \left[\frac{y^2}{2}-\left(\frac{y^4}{4}-\frac{y^2}{2}\right)\right]\,\mathrm{d}y = \int_0^2 2\pi(2-y)\left(y^2-\frac{y^4}{4}\right)\,\mathrm{d}y.$$

步骤 3. 计算定积分,可得立体体积

$$V = \int_0^2 2\pi(2-y)\left(y^2-\frac{y^4}{4}\right)\,\mathrm{d}y = 2\pi\int_0^2\left(2y^2-y^3-\frac{y^4}{2}+\frac{y^5}{4}\right)\,\mathrm{d}y$$

$$= 2\pi\left[\frac{2}{3}y^3-\frac{y^4}{4}-\frac{y^5}{10}+\frac{y^6}{24}\right]_0^2 = 2\pi\left(\frac{16}{3}-4-\frac{32}{10}+\frac{64}{24}\right) = \frac{8}{5}\pi.$$

因此,该区域绕直线 $y=2$ 旋转所得的旋转体的体积为 $\dfrac{8}{5}\pi$.

习题 5.3

1. 计算由椭圆 $\dfrac{x^2}{a^2}+\dfrac{y^2}{b^2}=1$ 围成的区域绕 x 轴旋转一周所成的旋转体（旋转椭球体）的体积.

2. 计算抛物线 $y^2=4x$ 与直线 $x=1$ 所围成的区域绕 x 轴旋转所得的旋转体的体积.

3. 如图 5-38,求阴影所示区域绕 x 轴旋转而成的立体的体积.

4. 求由曲线 $y=x^2+1$,$y=x+3$ 所围成的区域绕 x 轴旋转而成的立体的体积.

5. 计算由下半圆周 $y=1-\sqrt{2x-x^2}$ 与直线 $y=1$ 所围成的半圆分别绕 x 轴和 y 轴而成的旋转体体积.

6. 如图 5-39,用圆柱薄壳法求阴影区域绕以下指定轴旋转所得立体的体积:

（1）x 轴；   （2）直线 $y=1$；   （3）直线 $y=\dfrac{8}{5}$；   （4）直线 $y=-\dfrac{2}{5}$.

7. 分别用以下方法计算曲线 $y=x^2$ 和直线 $y=x$ 所围成的区域绕每一个坐标轴旋转所得立体的体积:（1）圆柱薄壳法;（2）垫圈法.

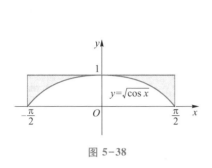

图 5-38

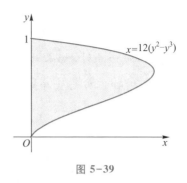

图 5-39

8. 如图 5-40 所示的区域绕 x 轴旋转产生一个立体. 请问圆盘法、垫圈法和圆柱薄壳法中哪一种方法可以用来求这个立体的体积. 在每一种情况下, 要计算多少次积分? 给出理由.

9. 求摆线 $\begin{cases} x=a(t-\sin t), \\ y=a(1-\cos t) \end{cases}$ $(0\leqslant t\leqslant 2\pi)$ 的

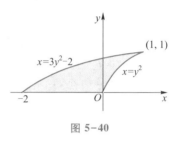

图 5-40

一拱与 x 轴围成的图形绕直线 $y=2a$ 旋转所得旋转体的体积.

10. 设有抛物线 $\Gamma:y=a-bx^2(a>0,b>0)$, 试确定常数 a,b 的值, 使得 Γ 满足以下两个条件:

(1) Γ 与直线 $y=x+1$ 相切;

(2) Γ 与 x 轴所围成的区域绕 y 轴旋转所得旋转体的体积最大.

11. 求圆盘 $x^2+y^2\leqslant a^2$ 绕直线 $x=-b(b>a>0)$ 旋转所得旋转体的体积.

─ 5.4 平面曲线的弧长 ─

我们知道, 圆的周长可以利用圆的内接正多边形的周长当边数无限增多时的极限来确定. 本节用类似的方法来建立平面上的连续曲线弧长的概念, 并介绍在直角坐标系和极坐标系下, 如何用定积分求平面曲线的弧长.

定义 1 曲线的弧长

设 A,B 是曲线弧的两个端点. 在弧 $\overparen{AB}$ 上依次任取分点 $A=M_0,M_1,\cdots,$

$M_i, \cdots, M_n = B$,并依次连接相邻的分点得一折线
(如图 5-41).当分点的数目无限增加且每个小段
$\widehat{M_{i-1}M_i}$ 都缩向一点时,如果此折线的长度的极限
存在,则称此极限为曲线弧 $\widehat{AB}$ 的弧长,并称此曲
线弧 $\widehat{AB}$ 是可求长的.

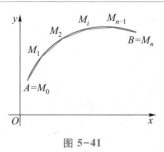

图 5-41

定义 2　光滑曲线

具有一阶连续导数的函数是光滑的,它的图像是光滑曲线.

定理　光滑曲线弧是可求长的.

(证明略.)

■ 用直角坐标求曲线的弧长

如图 5-42 所示,设曲线弧由直角坐标方程 $y = f(x)$ $(a \leqslant x \leqslant b)$ 给出,其中
$f(x)$ 在 $[a,b]$ 上具有一阶连续导数,现在用元素法来计算这条曲线弧的长度.

取横坐标 x 为积分变量,其变化区间为 $[a,b]$.曲线 $y = f(x)$ 对应于 $[a,b]$ 上
任一小区间 $[x, x+dx]$ 的一段弧的长度 Δs 可以用该曲线在点 $M(x, f(x))$ 处的切
线上的相应的一小段的长度来近似代替,而这相应的切线段的长度为
$\sqrt{(dx)^2 + (dy)^2} = \sqrt{1 + y'^2}\,dx$,以此作为弧长元素 ds,即有 $ds = \sqrt{1 + y'^2}\,dx$,则光滑
曲线弧 $y = f(x)$ $(a \leqslant x \leqslant b)$ 的长度为

$$s = \int_a^b \sqrt{1 + y'^2}\,dx.$$

例 1(曲线弧的长度)　计算曲线 $y = x^{\frac{3}{2}}$ 上相应于 $0 \leqslant x \leqslant 4$ 的一段弧(如
图 5-43)的长度.

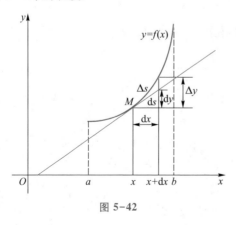

图 5-42

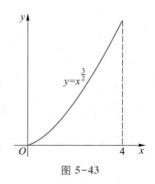

图 5-43

解 注意到 $y' = \dfrac{3}{2}x^{\frac{1}{2}}$，我们有

$$
\begin{aligned}
\mathrm{d}s &= \sqrt{1+y'^2}\,\mathrm{d}x \\
&= \sqrt{1+\left(\dfrac{3}{2}x^{\frac{1}{2}}\right)^2}\,\mathrm{d}x = \sqrt{1+\dfrac{9}{4}x}\,\mathrm{d}x = \dfrac{1}{2}\sqrt{4+9x}\,\mathrm{d}x,
\end{aligned}
$$

因此，所求的弧长为

$$
\begin{aligned}
s &= \int_0^4 \dfrac{1}{2}\sqrt{4+9x}\,\mathrm{d}x \\
&= \dfrac{1}{2}\cdot\dfrac{1}{9}\cdot\left[\dfrac{(4+9x)^{\frac{3}{2}}}{1+\dfrac{1}{2}}\right]_0^4 = \dfrac{1}{27}(80\sqrt{10}-8).
\end{aligned}
$$

同理，光滑曲线弧 $x=g(y)$（$c\leqslant y\leqslant d$）（$g(y)$ 在 $[c,d]$ 上具有一阶连续导数）的长度为

$$
s = \int_c^d \sqrt{1+x'^2}\,\mathrm{d}y.
$$

例 2（曲线弧的长度） 计算曲线 $x=\dfrac{y^3}{6}+\dfrac{1}{2y}$ 上从 $y=2$ 到 $y=3$ 的曲线弧的长度.

解 因为 $x' = \dfrac{3}{6}y^2+\dfrac{1}{2}\left(-\dfrac{1}{y^2}\right) = \dfrac{1}{2}\left(y^2-\dfrac{1}{y^2}\right)$，所以，弧长元素为

$$
\mathrm{d}s = \sqrt{1+x'^2}\,\mathrm{d}y = \sqrt{1+\left[\dfrac{1}{2}\left(y^2-\dfrac{1}{y^2}\right)\right]^2}\,\mathrm{d}y = \dfrac{1}{2}\sqrt{y^4+\dfrac{1}{y^4}+2}\,\mathrm{d}y = \dfrac{1}{2}\left(y^2+\dfrac{1}{y^2}\right)\mathrm{d}y,
$$

于是，所求的弧长为

$$
s = \int_2^3 \dfrac{1}{2}\left(y^2+\dfrac{1}{y^2}\right)\mathrm{d}y = \dfrac{1}{2}\left[\dfrac{y^3}{3}-\dfrac{1}{y}\right]_2^3 = \dfrac{13}{4}.
$$

■ 以参数方程表示的曲线的弧长

设曲线弧由参数方程 $\begin{cases} x=\varphi(t), \\ y=\psi(t) \end{cases}$（$\alpha\leqslant t\leqslant\beta$）给出，其中 $\varphi(t),\psi(t)$ 在 $[\alpha,\beta]$ 上具有连续导数，且其导数不同时为零. 现在用元素法来计算此曲线弧的长度. 此时的弧长元素为

$$
\begin{aligned}
\mathrm{d}s &= \sqrt{(\mathrm{d}x)^2+(\mathrm{d}y)^2} = \sqrt{[\varphi'(t)]^2(\mathrm{d}t)^2+[\psi'(t)]^2(\mathrm{d}t)^2} \\
&= \sqrt{[\varphi'(t)]^2+[\psi'(t)]^2}\,\mathrm{d}t,
\end{aligned}
$$

则光滑曲线弧 $x = \varphi(t), y = \psi(t)(\alpha \leqslant t \leqslant \beta)$ 的长度为

$$s = \int_\alpha^\beta \sqrt{[\varphi'(t)]^2 + [\psi'(t)]^2}\,\mathrm{d}t.$$

例 3（用参数方程求弧长）　计算摆线 $\begin{cases} x = a(t - \sin t), \\ y = a(1 - \cos t) \end{cases}$ $(a > 0)$ 的一拱（$0 \leqslant$ $t \leqslant 2\pi$）的长度（如图 5-44）.

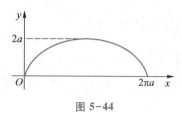

图 5-44

解　弧长元素

$$\begin{aligned}
\mathrm{d}s &= \sqrt{[\varphi'(t)]^2 + [\psi'(t)]^2}\,\mathrm{d}t \\
&= \sqrt{[a(1 - \cos t)]^2 + (a\sin t)^2}\,\mathrm{d}t \\
&= a\sqrt{2(1 - \cos t)}\,\mathrm{d}t = 2a\left|\sin\frac{t}{2}\right|\mathrm{d}t.
\end{aligned}$$

因此，所求的弧长为

$$s = \int_0^{2\pi} 2a\left|\sin\frac{t}{2}\right|\mathrm{d}t = 2a\left[-2\cos\frac{t}{2}\right]_0^{2\pi} = 8a.$$

例 4（用参数方程求弧长）　求椭圆 $\dfrac{x^2}{a^2} + \dfrac{y^2}{b^2} = 1\,(a > b > 0)$ 的周长.

解　将椭圆用参数方程表示成 $\begin{cases} x = a\sin t, \\ y = b\cos t \end{cases}$ $(0 \leqslant t \leqslant 2\pi)$. 那么，弧长元素为

$$\begin{aligned}
\mathrm{d}s &= \sqrt{[\varphi'(t)]^2 + [\psi'(t)]^2}\,\mathrm{d}t = \sqrt{a^2\cos^2 t + b^2\sin^2 t}\,\mathrm{d}t \\
&= \sqrt{a^2 - (a^2 - b^2)\sin^2 t}\,\mathrm{d}t = a\sqrt{1 - \varepsilon^2\sin^2 t}\,\mathrm{d}t,
\end{aligned}$$

其中 $\varepsilon = \dfrac{\sqrt{a^2 - b^2}}{a}$.

再利用椭圆的对称性，可得椭圆周长 $s = 4a\displaystyle\int_0^{\frac{\pi}{2}} \sqrt{1 - \varepsilon^2\sin^2 t}\,\mathrm{d}t$. 此积分称为椭圆积分. 由于被积函数的原函数不是初等函数，得到的椭圆积分不能用牛顿－莱布尼茨公式计算. 可借助数学软件得到近似的积分值.

用极坐标求曲线的弧长

设曲线弧由极坐标方程 $r=r(\theta)(\alpha\leqslant\theta\leqslant\beta)$ 给出,其中 $r=r(\theta)$ 在 $[\alpha,\beta]$ 上具有连续导数,现在用元素法来计算此曲线弧的长度.

由直角坐标与极坐标的关系可知

$$\begin{cases} x=r(\theta)\cos\theta, \\ y=r(\theta)\sin\theta \end{cases} \quad (\alpha\leqslant\theta\leqslant\beta).$$

因此弧长元素为

$$\begin{aligned}
\mathrm{d}s &= \sqrt{[x'(\theta)]^2+[y'(\theta)]^2}\,\mathrm{d}\theta \\
&= \sqrt{[r'(\theta)\cos\theta-r(\theta)\sin\theta]^2+[r'(\theta)\sin\theta+r(\theta)\cos\theta]^2}\,\mathrm{d}\theta \\
&= \sqrt{r^2(\theta)+r'^2(\theta)}\,\mathrm{d}\theta,
\end{aligned}$$

则光滑曲线弧 $r=r(\theta)(\alpha\leqslant\theta\leqslant\beta)$ 的长度为

$$s = \int_\alpha^\beta \sqrt{r^2(\theta)+r'^2(\theta)}\,\mathrm{d}\theta.$$

例 5(用极坐标求弧长) 求心形线 $r=1-\cos\theta$ 的长度.

解 如图 5-45,θ 从 0 到 2π,弧长元素

$$\begin{aligned}
\mathrm{d}s &= \sqrt{r^2(\theta)+r'^2(\theta)}\,\mathrm{d}\theta \\
&= \sqrt{(1-\cos\theta)^2+(\sin\theta)^2}\,\mathrm{d}\theta \\
&= \sqrt{2(1-\cos\theta)}\,\mathrm{d}\theta.
\end{aligned}$$

因此,所求的弧长为

$$\begin{aligned}
s &= \int_0^{2\pi}\sqrt{2(1-\cos\theta)}\,\mathrm{d}\theta = \int_0^{2\pi}\sqrt{4\sin^2\frac{\theta}{2}}\,\mathrm{d}\theta \\
&= \int_0^{2\pi}\left|2\sin\frac{\theta}{2}\right|\mathrm{d}\theta = \int_0^{2\pi}2\sin\frac{\theta}{2}\mathrm{d}\theta = \left[-4\cos\frac{\theta}{2}\right]_0^{2\pi} = 8.
\end{aligned}$$

例 6(用极坐标求弧长) 求曲线 $r=a\left(\sin\dfrac{\theta}{3}\right)^3(0\leqslant\theta\leqslant3\pi)$ 的长度.

解 如图 5-46,θ 从 0 到 3π. 注意到 $r'=3a\left(\sin\dfrac{\theta}{3}\right)^2\cdot\cos\dfrac{\theta}{3}\cdot\dfrac{1}{3}=a\left(\sin\dfrac{\theta}{3}\right)^2\cos\dfrac{\theta}{3}$,因此,弧长元素

$$\mathrm{d}s = \sqrt{r^2(\theta)+r'^2(\theta)}\,\mathrm{d}\theta$$

$$= \sqrt{a^2 \left(\sin \frac{\theta}{3}\right)^6 + a^2 \left(\sin \frac{\theta}{3}\right)^4 \left(\cos \frac{\theta}{3}\right)^2} \, d\theta = a \left(\sin \frac{\theta}{3}\right)^2 d\theta.$$

因此,所求的弧长为

$$s = \int_0^{3\pi} a \left(\sin \frac{\theta}{3}\right)^2 d\theta = \frac{3\pi a}{2}.$$

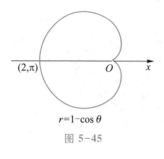

$r = 1 - \cos \theta$

图 5-45

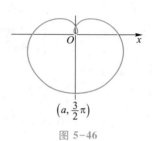

图 5-46

习题 5.4

1. 计算曲线 $y = \left(\dfrac{x}{2}\right)^{\frac{2}{3}}$ 相应于 $0 \le x \le 2$ 的一段弧长.

2. 计算曲线 $x = \dfrac{y^3}{3} + \dfrac{1}{4y}$ 相应于 $1 \le y \le 3$ 的一段弧长.

3. 计算星形线 $x^{\frac{2}{3}} + y^{\frac{2}{3}} = a^{\frac{2}{3}}$ 的全长.

4. 计算对数螺线 $r = e^{2\theta}$ 相应于 $0 \le \theta \le 2\pi$ 的一段弧长.

5. 计算曲线 $r = \cos^3 \dfrac{\theta}{3}$ 相应于 $0 \le \theta \le \dfrac{\pi}{4}$ 的一段弧长.

6. 计算 $x = t^3, y = \dfrac{3}{2} t^2$ 相应于 $0 \le t \le \sqrt{3}$ 的一段弧长.

7. 计算曲线 $y = \ln x$ 相应于 $\sqrt{3} \le x \le \sqrt{8}$ 的一段弧长.

8. 在摆线 $x = a(t - \sin t), y = a(1 - \cos t)$ 上,求分摆线第一拱的弧长成 $1:3$ 的点的坐标.

9. 已知 $x = \displaystyle\int_0^y \sqrt{\sec^4 t - 1} \, dt$,求相应于 $-\dfrac{\pi}{4} \le y \le \dfrac{\pi}{4}$ 的一段弧长.

10. 计算半立方抛物线 $y^2 = \dfrac{2}{3}(x-1)^3$ 被抛物线 $y^2 = \dfrac{x}{3}$ 截得的一段弧的长度.

11. 已知曲线 $y^2 = x^3$ 上一点处的切线与 x 轴成 $\dfrac{\pi}{4}$ 角，求 $y^2 = x^3$ 上从原点到该切点的弧长.

— 5.5 变力沿直线做功 —

> 本节主要介绍定积分的一个物理应用——变力沿直线做功，并通过气体压力做功、力对弹簧做功和从容器中抽出液体做功等具体的例子，说明如何用定积分计算力做功的问题.

从物理学知道，如果物体在一个不变的力 F 的作用下做直线运动，且力的方向与物体的运动方向一致. 那么在物体移动了距离 s 时，力 F 对物体所做的功为

$$W = F \cdot s.$$

■ 变力沿直线做功

如果物体在运动过程中所受到的力是变化的，就会遇到变力对物体做功的问题.

假定做功的力沿一条直线作用，取该直线为 x 轴，而力的大小 F 是位置的连续函数，现在要求物体从 $x = a$ 移动到 $x = b$ 的过程中变力所做的功. 我们可以用元素法：分割区间 $[a, b]$ 成 n 个小区间，并且在每个子区间 $[x_{k-1}, x_k]$ 上，任意选择一点 c_k. 在此区间上做的功近似为 $\Delta W_k \approx F(c_k) \Delta x_k$，其中 $\Delta x_k = x_k - x_{k-1}$，$k = 1$，$2, \cdots, n$，所以功元素为 $\mathrm{d}W = F(x)\,\mathrm{d}x$，则物体在移动过程中力 F 所做的功为

$$W = \int_a^b F(x)\,\mathrm{d}x.$$

例 1（变力沿直线做功） 变力 $F(x) = \dfrac{1}{x^2}$（单位：N）沿 x 轴从 $x = 1$ m 到 $x = 10$ m 所做的功是多少？

解 $W = \int_a^b F(x)\,\mathrm{d}x = \int_1^{10} \dfrac{1}{x^2}\,\mathrm{d}x = \left[-\dfrac{1}{x} \right]_1^{10} = -\dfrac{1}{10} + 1 = 0.9\ (\mathrm{J}).$

例 2   为清除井底污泥，用缆绳将抓斗放入井底，抓起污泥后提出井口（如图 5-47）. 已知井深 30 m，抓斗自重 400 N，缆绳每米重 50 N，抓斗抓起的污泥重 2 000 N，抓斗的提升速度为 3 m/s. 在提升过程中，污泥以 20 N/s 的速率从抓斗

缝隙中漏掉,现将装了污泥的抓斗提至井口,问克服重力需做多少功?

解   如图 5-47 建立坐标轴,x(单位:m)为抓斗从井底提升的距离.

将装了污泥的抓斗提至井口需要做功

$$W = W_1 + W_2 + W_3.$$

其中 W_1 是克服抓斗自身重力所做的功,由题设

$$W_1 = 400 \times 30 = 12\ 000\ (\mathrm{J});$$

W_2 是克服缆绳重力所做的功,由于将缆绳从 x 提升至 $x+\mathrm{d}x$ 时所做的功为 $\mathrm{d}W_2 = 50(30-x)\,\mathrm{d}x$,所以

$$W_2 = \int_0^{30} 50(30 - x)\,\mathrm{d}x = 22\ 500\ (\mathrm{J});$$

W_3 是将污泥从井底提升至井口所做的功. 设 t(单位:s)为提升污泥所用的时间,从井底到井口需用时 $30 \div 3 = 10(\mathrm{s})$,由于在时间间隔 $[t,t+\mathrm{d}t]$ 内提升污泥所做的功为 $\mathrm{d}W_3 = 3(2\ 000-20t)\,\mathrm{d}t$,所以

$$W_3 = \int_0^{10} 3(2\ 000 - 20t)\,\mathrm{d}t = 57\ 000(\mathrm{J}).$$

所以,共需要做功 $W = 12\ 000+22\ 500+57\ 000 = 91\ 500(\mathrm{J})$.

例 3(气体压力做功)   内燃机动力的产生可简化为如下的模型:把汽缸体看成一个圆柱形容器,在圆柱形容器中盛有一定量的气体. 在等温条件下,由于气体的膨胀,把容器中的活塞从一点处推移到另一点处. 经过一定的机械装置将活塞的这一直线运动的动力传输出去. 如果活塞的面积为 S,计算从点 a 移到点 b 的过程中气体压力所做的功.

解   如图 5-48 建立坐标轴. 活塞的位置可以用坐标 x 来表示. 由物理学知道,一定量的气体在等温条件下,压强 p 与体积 V 的乘积是常数 k,即 $pV = k$ 或 $p = \dfrac{k}{V}$.

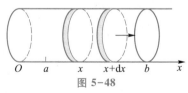

图 5-48

因为 $V = xS$,所以 $p = \dfrac{k}{xS}$,于是作用在活塞上的力

$$F = p \cdot S = \frac{k}{xS} \cdot S = \frac{k}{x}.$$

在气体膨胀过程中，x 是变化的，所以作用在活塞上的力也是变化的.

取 x 为积分变量（$a \le x \le b$），则功元素 $\mathrm{d}W = \dfrac{k}{x}\mathrm{d}x$，所以所求的功为

$$W = \int_a^b \frac{k}{x}\mathrm{d}x = k\left[\ln x\right]_a^b = k\ln\frac{b}{a}.$$

■ 力对弹簧做功

胡克定律告诉我们，使弹簧从它的自然长度（不受力时）伸长或压缩 x 个长度单位所施加的力与长度 x 成正比，即 $F = kx$，其中常数 k 是弹簧的特征，称为劲度系数（或弹簧常数）（如图 5-49）.

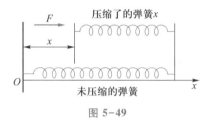

图 5-49

例 4（力对弹簧做功）　一个弹簧的自然长度为 1 m，用 24 N 的力可将弹簧拉长到 1.8 m.

（1）求劲度系数 k；

（2）为把弹簧从其自然长度拉长 2 m 需要做多少功？

（3）45 N 的力能把弹簧拉长多少？

解　（1）已知 24 N 的力把弹簧拉长 0.8 m，于是由胡克定律可得

$$24 = k \cdot 0.8 \Rightarrow k = \frac{24}{0.8} = 30(\text{N/m}).$$

（2）如图 5-50 建立坐标轴，弹簧沿 x 轴方向悬挂，未受力时其自由端在 $x = 0$ m 处.

把弹簧从它的自然长度拉长 x m，需要的力就是把弹簧的自由端从原点拉到 x 单位所需的力. 由胡克定律可知，$k = 30$ 时，$F = 30x$，所以 $\mathrm{d}W = 30x\mathrm{d}x$.

弹簧从 $x = 0$ m 到 $x = 2$ m 所做的功是

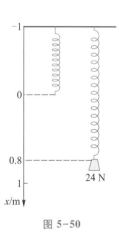

图 5-50

$$W = \int_a^b F(x)\,dx = \int_0^2 30x\,dx = 15\,[x^2]_0^2 = 60\,(\text{J}).$$

（3）把 $F = 45$ N 代入等式 $F = 30x$，得 $45 = 30x$，解得 $x = 1.5$ m. 于是 45 N 的力可拉长弹簧 1.5 m，求这个值无须利用积分.

从容器中抽出液体做功

如何求从容器中抽出全部或部分液体所做的功？我们设想将液体分成若干水平薄层，可求得抽取一薄层液体所做的功，当薄层厚度变得越来越薄，而薄层数目越来越多时，就可以利用定积分来计算了.

例 5（圆柱形罐中抽水） 从充满水的底半径为 5 m、高为 10 m 的圆柱形罐中把水抽到罐顶以上 4 m 高处，要做多少功？

解 如图 5-51 建立坐标轴. 在区间 $[0,10]$ 做一个划分，在各点处垂直于 x 轴的平面将罐中的水分成水平薄层，夹在 x 和 $x+dx$ 的平面之间的薄层体积

$$\Delta V = \pi\,(\text{半径})^2 \cdot (\text{厚度}) = \pi \cdot 5^2\,dx = 25\pi\,dx\,(\text{m}^3).$$

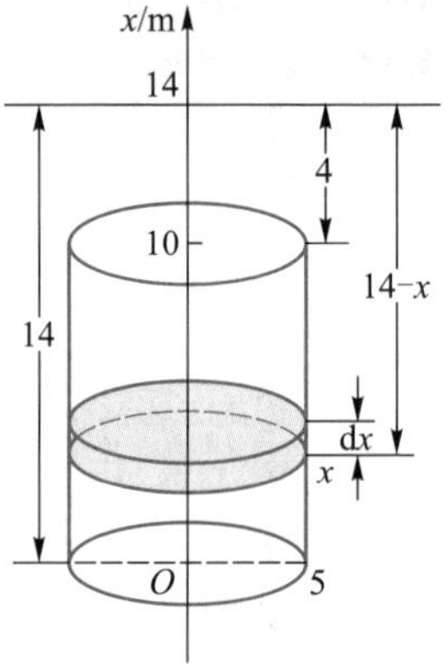

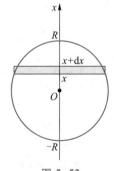

图 5-51

提升薄层所需要的力等于其所受重力 $F = \rho g \Delta V = 25\pi\rho g\,dx$（其中 ρ（单位：kg/m^3）为水的密度，g 为重力加速度），F 的作用距离是 $(14-x)$ m，因此提升该薄层做的功，亦即功元素是

$$dW = 25\pi\rho g(14-x)\,dx,$$

所以，所做的功为 $W = \displaystyle\int_0^{10} 25\pi\rho g(14-x)\,dx = 25\pi\rho g\left[14x - \dfrac{x^2}{2}\right]_0^{10} = 2\,250\pi\rho g\,(\text{J}).$

例 6（球形罐中抽水） 一个半径为 R 的球形储水罐内盛满了某种液体. 如果把罐内的液体从顶部全部抽出，需要做多少功？

解 如图 5-52 建立坐标轴. $x = 0$ 是球心的位置. 取 x 为积分变量（$-R \le x \le R$），相应于小区间 $[x, x+dx]$ 的薄层液体的底面积近似为 $\pi(R^2-x^2)$，高度为 dx，所以薄层液体的体积近似为 $\pi(R^2-x^2)\,dx$，若液体的密度为 ρ，重力加速度为 g，则这一层液体的重力近似为 $\rho g\pi(R^2-x^2)\,dx$，且这层液体离顶部的距离为 $(R-x)$，因此提升该薄层做的功，亦即功元素是

$$dW = \rho g\pi(R^2-x^2)(R-x)\,dx,$$

图 5-52

所以,把液体从顶部全部抽出所做的功为

$$W = \int_{-R}^{R} \rho g \pi (R^2 - x^2)(R - x)\,dx = R\rho g\pi \int_{-R}^{R}(R^2 - x^2)\,dx - \rho g\pi \int_{-R}^{R} x(R^2 - x^2)\,dx$$

$$= 2R\rho g\pi \int_{0}^{R}(R^2 - x^2)\,dx - 0 = \frac{4}{3}\rho g\pi R^4.$$

习题 5.5

1. 一根弹簧的自然长度为 0.6 m,10 N 的力使它伸长到 1 m.问使弹簧从 0.9 m 伸长到 1.1 m 时需要做的功.

2. 一圆柱形的储水桶高 5 m,底圆半径为 3 m,桶内盛满了水.试问要把桶内的水全部吸出需做多少功?

3. 一物体按规律 $x = ct^3$(t 为时间)做直线运动,介质的阻力与速度的平方成正比.计算物体从 $x = 0$ 移到 $x = a$ 时克服阻力所做的功.

4. 设有一圆锥形储水池,深为 15 m,底半径为 10 m,盛满水.今用泵将水吸尽,问要做多少功?

5. 用铁锤将一铁钉击入木板,设木板对铁钉的阻力与铁钉击入木板的深度成正比.在锤击第一次时,将铁钉击入木板 1 cm,如果每次锤击铁钉所做的功都相等,问锤击第二次时,铁钉又击入多少?

6. 有一半径为 4 m 的半球形水池蓄满了水,现在要将水全部抽到距水池原水面 6 m 高的水箱内,问至少要做多少功?

— 5.6 液 体 压 力 —

本节介绍定积分的另一个物理应用——液体压力.

由中学物理的知识,我们知道,静止液体中,在液体深度 h 处的压强为 $p = \rho g h$,其中 ρ 是液体的密度,g 是重力加速度.

我们观察到,水坝的底部总是比顶部更厚,这是什么原因? 水坝受的压强随着深度而增加.深度越大,压强也就越大.为阻挡增长的压力,越往水深处,水坝建得越厚.由于深度 h 是一个变量,整个水坝受到的压强无法用一个固定的公式 $p = \rho g h$ 来计算,压力也无法用 $F = pA$(其中 A 表示深度 h 处的面积)来计算.下面我们将用定积分来解决这个问题.

■　液体压力的公式

如果有一面积为 A 的平板水平地置于液体深度 h 处,那么平板一侧所受到的液体压力为

$$F = pA = \rho g h A.$$

■　作用在铅直平板上的液体压力

如果平板非水平地置于液体中,由于在不同深度的压强不相等,平板一侧所受的水压力就不能用上述方法计算.

如图 5-53 所示,一平板铅直浸入密度为 ρ 的液体中,平板在 x 轴上从 $x=a$ 延伸到 $x=b$, $L(x)$(假定 $L(x)$ 是 x 的连续函数)是在水平面 x 处沿平板表面从左到右的长度.按通常方式分割 $[a,b]$,将区域切成窄条,相应于 $[x, x+\Delta x]$ 的窄条平板面积为其宽度 Δx 乘长度 $L(x)$,则该窄条形板的一侧所受到的液体压力近似等于

$$\Delta F = (沿底边的压强) \cdot (面积)$$
$$= \rho g \cdot (条形深度) \cdot L(x) \Delta x.$$

即液体压力元素为 $dF = \rho g \cdot (条形深度) \cdot L(x) dx$.当分割充分细时,平板一侧所受到的液体压力可用定积分表示为

$$F = \int_a^b \rho g \cdot (条形深度) \cdot L(x) dx.$$

例 1 (圆形闸门的水压力)　如图 5-54 所示为一管道的圆形闸门,其半径为 3 m,问水平面齐及直径时,闸门所受到的水的压力为多大?

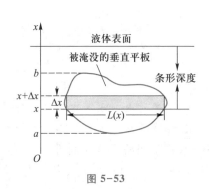

图 5-53

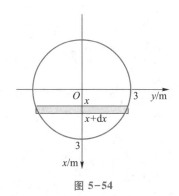

图 5-54

解　如图 5-54 建立坐标系,则圆的方程为 $x^2+y^2=9$.

闸门上从深度 x 到 $x+\mathrm{d}x$ 这一窄条上所受到的水压力元素为

$$\mathrm{d}F = \rho g \cdot x \cdot 2\sqrt{9-x^2}\,\mathrm{d}x.$$

所以,水压力

$$
\begin{aligned}
F &= \int_0^3 2\rho g x \sqrt{9-x^2}\,\mathrm{d}x \\
&= -\rho g \int_0^3 \sqrt{9-x^2}\,\mathrm{d}(9-x^2) \\
&= -\rho g \left[\frac{2}{3}(9-x^2)^{\frac{3}{2}} \right]_0^3 = 18\rho g\,(\mathrm{N}).
\end{aligned}
$$

例 2(三角形平板的水压力)　一个等腰直角三角形平板底边长为 6 m,高为 3 m,铅直淹没在游泳池中,其底边朝上,且在水面以下 2 m 处与其平行,求水对于平板一侧的作用力.

解　如图 5-55,沿三角形平板斜边上的高所在直线作 x 轴,方向向上,并取该平板的直角顶点为原点. 在水面 x 处的窄条的长度为 $L(x)=2x$,在水面以下的深度为 $(5-x)$ m,则水压力元素为

$$\mathrm{d}F = \rho g \cdot (5-x) \cdot 2x\,\mathrm{d}x,$$

所以,水压力为 $F = \int_0^3 2\rho g(5-x)x\,\mathrm{d}x = \left[5\rho g x^2 - \frac{2}{3}\rho g x^3 \right]_0^3 = 27\rho g\,(\mathrm{N})$.

例 3(与液面有夹角的矩形薄板的水压力)　边长为 a 和 b 的矩形薄板与液面成 α 角斜沉于液体内,长边平行于液面且位于深度为 h 处,设 $a>b$,液体的密度为 γ,试求薄板每面所受的压力.

解　如图 5-56 建立坐标轴. 设坐标原点位于液面上,x 轴正向垂直向下,则矩形薄板位于区间 $[h, h+b\sin\alpha]$ 上. 在 $[h, h+b\sin\alpha]$ 上任取一小区间 $[x, x+\mathrm{d}x]$,对应此小区间的窄条矩形的面积为 $a\dfrac{\mathrm{d}x}{\sin\alpha}$,所受的水压力元素为 $\gamma g x a\dfrac{\mathrm{d}x}{\sin\alpha}$(其中 g 为重力加速度),故整个矩形薄板每一侧所受的水压力为

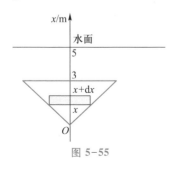

图 5-55

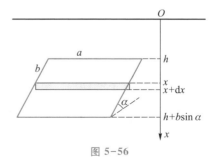

图 5-56

$$F = \int_{h}^{h+b\sin\alpha} \gamma g x \frac{a}{\sin\alpha} \mathrm{d}x = \gamma g \left(\frac{1}{2} a b^2 \sin\alpha + abh \right).$$

习题 5.6

1. 如图 5-57,有一个横放着的圆柱形水桶,桶内盛有半桶水. 设桶的底半径为 R,水的密度为 ρ. 计算桶的一个端面上所受到的水压力.

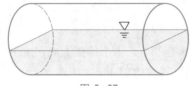

图 5-57

2. 有一闸门,它的形状和尺寸如图 5-58 所示,水面超过闸门顶边 2 m,求闸门上所受的水压力.

3. 某水库的闸门形状为等腰梯形. 它的两条底边各长 10 m 和 6 m,高为 20 m,较长的底边与水面相齐. 计算闸门的一侧所受的水压力.

4. 有一梯形水坝垂直立于水中,上底长 a m,下底长 b m,高 h m.求水坝受到的水压力.

5. 某闸门的形状与大小如图 5-59 所示,其中直线 l 为对称轴,闸门的上部为矩形 $ABCD$,下部由二次抛物线与线段 AB 所围成.当水面与闸门的上端相平时,欲使闸门矩形部分承受的水压力与闸门下部承受的水压力之比为 $5:4$,闸门矩形部分的高 h 应为多少?

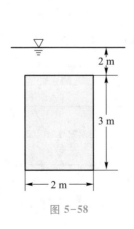

图 5-58

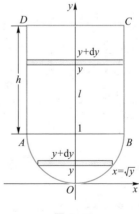

图 5-59

— 本章学习要点 —

本章介绍了用定积分计算平面图形面积、计算已知截面面积的立体体积、旋转体体积、平面曲线的弧长、变力沿直线做功、水压力等定积分在几何与物理上的应用. 其主要思想就是利用元素法,找到面积元素、体积元素、弧长元素、功元素和压力元素. 主要内容可以归纳如下:

1. 求平面图形的面积

按照所给图形边界函数的情形,可以分为在直角坐标系和在极坐标系两种情形下求面积. 针对每个图形要找准相应的面积元素. 一般在直角坐标系中可以将平面图形切成许多窄条而得到面积公式 $A = \int_a^b [f(x) - g(x)] dx$,在极坐标系中可以将图形分割成许多窄曲边扇形而得到面积公式 $A = \int_\alpha^\beta \frac{1}{2} [g^2(\theta) - f^2(\theta)] d\theta$.

2. 求立体体积

(1) 已知立体的截面面积 $A(x)$ 可用切片法求体积,即按照元素法将由立体切出的每块薄片的截面面积乘其厚度 dx 进行"累加"即可得到立体体积,即 $V = \int_a^b A(x) dx$;

(2) 求旋转体体积. 由不同的平面图形绕不同的轴(或平行于坐标轴的直线)旋转,我们有圆盘法 $\left(V = \int_a^b \pi [R(x)]^2 dx \right)$,垫圈法 $\left(V = \int_a^b \pi \{[R(x)]^2 \cdot [r(x)]^2\} dx \right)$ 及圆柱薄壳法 $\left(V = \int_a^b 2\pi \cdot (\text{圆柱薄壳半径}) \cdot (\text{圆柱薄壳高度}) dx \right)$.

3. 求平面曲线的弧长. 将平面曲线弧切成许多小段而得到弧元素 $\sqrt{(dx)^2 + (dy)^2}$. 在直角坐标系下弧长公式为 $s = \int_a^b \sqrt{1 + y'^2} dx$,在参数方程下弧长公式为 $s = \int_a^b \sqrt{[x'(t)]^2 + [y'(t)]^2} dt$,在极坐标系下弧长公式为 $s = \int_\alpha^\beta \sqrt{r^2(\theta) + r'^2(\theta)} d\theta$.

4. 求变力沿直线做功. 假定做功的力沿一条直线作用,取该直线为 x 轴,而力的大小 F 是位置的连续函数. 力将物体从 $x = a$ 移动到 $x = b$ 所做的功为

$$W = \int_a^b F(x)\,dx.$$

5. 求液体压力. 假定有一个铅直淹没在密度为 ρ 的液体内的平板, 平板在 x 轴上从 $x=a$ 延伸到 $x=b$, 将平板切成窄条矩形, 令 $L(x)$ 是在水平面 x 处沿平板表面从左到右的长度, 则平板一侧所受到液体压力是 $F = \int_a^b \rho g \cdot (条形深度) \cdot L(x)\,dx.$

在求以上物理量的时候要注意以下几点:

(1) 一个物理问题的提出通常并不附带坐标系(轴), 而建立物理量的积分表达式则离不开坐标系(轴), 所以从实际情况出发建立恰当的坐标系(轴)与参数方程对物理量的计算是至关重要的. 坐标系(轴)的选择是否恰当常常会影响到积分表达式及其计算过程的繁简;

(2) 物理量的计算离不开量纲, 计算时在同一问题中对同类量要采用统一单位.

第五章自测题

第六章　微分方程 >>>

在对现实世界很多现象的科学研究中,建立数学模型是对现象定性刻画和对相关问题给出数值结果的重要途径,而在这些模型中,微分方程模型(即涉及某些变量的变化率的一类关系式)占据着重要位置. 求解微分方程或对微分方程进行定性分析不仅是微积分自身发展的自然产物,也是现实研究所迫切需要的. 所谓微分方程就是联系着自变量、未知函数及其导数的关系式,它是描述所讨论未知变量随时间(或空间)连续变化规律的主要数学工具之一.

本章所涉及的函数及导数皆为一元函数及其导数,称相关的微分方程为常微分方程,简称为微分方程. 本章将从几个简单的微分方程模型出发,介绍一阶微分方程的初等积分法、一阶自治微分方程的简单相直线分析法和二阶线性微分方程的基本理论.

― 6.1　微分方程模型 ―

首先介绍几个简单的经典微分方程模型,它们的解容易由前面所学的不定积分的方法求得. 通过积分法,我们可以得到描述物理、生物问题的微分方程的解的显式表达式,从而初步感受微分方程在解决诸多实际问题时发挥的重要作用.

例1(自由落体运动)　考虑一质量为 m 的物体在距离地面 h 高处由静止落下,研究此物体在只受重力作用下的运动规律.

解　如图 6-1 建立坐标轴,设在 t 时刻物体的高度为 $x(t)$. 物体只受重力作用由静止落下,可由力学知识建立微分方程. 从导数的物理意义可知,物体在 t 时刻的速度等于位移 $x(t)$ 关于时间 t 的变化率,即 $x'(t)$,而其在 t 时刻的加速度为速度 $x'(t)$ 关于时间 t 的变化率,即位移关于时间 t 的二阶导数 $x''(t)$. 注意到重力方向向下,由牛顿第二运动定律:物体所受到的外力之和

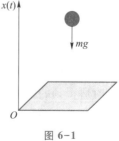

图 6-1

等于其质量乘以加速度,建立如下微分方程:
$$-mg = mx''(t),$$
约去 m,得到刻画自由落体运动的微分方程
$$x''(t) = -g, \tag{1}$$
式中 g 是重力加速度. 这是一个微分方程,我们把微分方程中出现的未知函数关于自变量的最高阶导数的阶数称为微分方程的阶,因此 (1) 式为二阶微分方程.

物体在时刻 t 的运动状态由位移 $x(t)$ 和速度 $x'(t)$ 完全确定. 物体在距离地面 h 高处由静止落下,即在初始时刻 t_0,其位移为 h,速度为 0,亦即
$$x(t_0) = h, \quad x'(t_0) = 0. \tag{2}$$
(2) 式称为初始条件,它描述了物体在初始时刻的状态. 接下来我们将看到,物体在时刻 t 的运动规律可由二阶微分方程 (1) 和初始条件 (2) 完全确定. 为此,我们需要求出微分方程 (1) 的解, 即求出一个函数,使得这个函数及其关于自变量的导数满足微分方程 (1).

由不定积分的定义,从微分方程 (1) 可知,
$$x'(t) = \int (-g)\, \mathrm{d}t = -gt + C_1,$$
再一次积分有
$$x(t) = \int (-gt + C_1)\, \mathrm{d}t = -\frac{1}{2} g t^2 + C_1 t + C_2, \tag{3}$$
其中 C_1 和 C_2 是任意常数. 这个含两个任意常数的一元二次函数 (3) 包含了微分方程 (1) 的所有解. 如果微分方程的解中含有相互独立的任意常数 (即不能通过合并而减少任意常数的个数),且任意常数的个数与微分方程的阶数相同,这样的解称为微分方程的通解. 因此,(3) 式为微分方程 (1) 的通解.

将 (3) 式代入初始条件 (2),可唯一确定两个任意常数
$$C_1 = g t_0, \quad C_2 = h - \frac{1}{2} g t_0^2.$$
这样,就得到了微分方程 (1) 满足初始条件 (2) 的解
$$x(t) = -\frac{1}{2} g (t - t_0)^2 + h, \tag{4}$$
它给出了物体在距离地面 h 高处由静止落下的运动规律. 通解中任意常数取特定值时所得到的解称为微分方程的特解. 显然,(4) 式为微分方程 (1) 的一个特解. 容易求得物体到达地面的时刻 $t_1 = t_0 + \sqrt{2h/g}$. 当 $t_0 \leqslant t \leqslant t_1$ 时,物体在时刻 t 的运动状态完全由函数 (4) 所描述,即由二阶微分方程 (1) 和初始条件 (2) 完全

确定. 由微分方程(1)和初始条件(2)一起组成的问题称为初值问题.

例 2(RC 电路) 研究 RC 电路(包含电阻 R、电容 C 和电源)中电容器的充放电过程. 设有如图 6-2 所示的 RC 电路, 电阻 R 和电源电压 E 为常数, 一开始电路开关断开时电容 C 上无电荷, 两端电压为零, 将开关 S 转至端口 A 处后, 形成由电源、电阻 R 和电容 C 组成的闭合回路, 开始对电容进行充电, 电容 C 两端的电压 u_C 逐渐升高. 经过一段时间后, 电容两端的电压达到最大值, 充电过程结束, 再将开关 S 转至端口 B, 此时形成

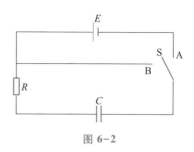

图 6-2

了由电阻 R 和电容 C 组成的闭合回路, 电容开始放电. 求电容 C 两端电压 u_C 关于时间 t 的变化规律.

解 首先考虑充电过程. 由基尔霍夫电压定律:沿着闭合回路所有元件两端的电压降的代数和等于零,可建立如下方程:

$$RI + u_C = E, \tag{5}$$

其中 I 是电流强度,它表示通过电路的电量 $Q(t)$ 关于时间 t 的变化率,即 $I = \dfrac{\mathrm{d}Q}{\mathrm{d}t}$.

由电学知识,电容的电量 $Q = Cu_C$,从而 $I = C\dfrac{\mathrm{d}u_C}{\mathrm{d}t}$. 将之代入方程(5),得到 u_C 满足的微分方程

$$RC\frac{\mathrm{d}u_C}{\mathrm{d}t} + u_C = E, \tag{6}$$

注意到开关闭合前电路电压为零,因而初始条件为

$$u_C(0) = 0. \tag{7}$$

为求解初值问题(6)—(7),当 $u_C \neq E$ 时可将(6)式改写为

$$\frac{\mathrm{d}u_C}{u_C - E} = -\frac{\mathrm{d}t}{RC},$$

两边取不定积分,有

$$\int \frac{\mathrm{d}u_C}{u_C - E} = -\int \frac{\mathrm{d}t}{RC},$$

积分得

$$\ln|u_C - E| = -\frac{t}{RC} + C_1,$$

即有

$$u_c = E + C_2 \mathrm{e}^{-\frac{t}{RC}}, \tag{8}$$

其中 $C_2 = \pm \mathrm{e}^{C_1}$，$C_1$ 是任意常数. 因为 $u_c = E$ 也是方程(6)的解，故微分方程(6)的通解为式(8)，其中 C_2 可取任意实数.

将(8)式代入初始条件(7)得到初值问题(6)—(7)的解为

$$u_c = E(1 - \mathrm{e}^{-\frac{t}{RC}}).$$

这个函数刻画了 RC 电路充电过程中电容 C 两端电压随着时间的变化规律. 当 $t \to +\infty$ 时，$u_c \to E$，其图像如图 6-3(a)所示. 在充电的开始阶段，电压 u_c 随时间增加上升较快，随着 u_c 逐渐趋近于 E，其上升速度变缓. 理论上说，要使电容器完全充满是需要无限长时间的，但当 $t = 3RC$ 时，$u_c = E(1 - \mathrm{e}^{-3}) \approx 0.95E$，即经过 $3RC$ 时间后，电容 C 上的电压已达到外加电压的 95%，此时可以认为电容器基本充满，充电过程基本结束. 通常称 $\tau = RC$ 为时间常数，它描述电容的充电和放电速度.

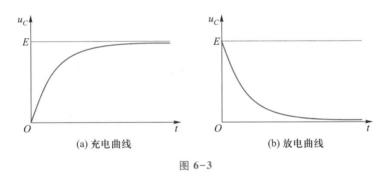

图 6-3

接下来考虑放电过程. 当开关 S 转至端口 B 时，电路中只有电阻 R 和电容 C. 再由基尔霍夫电压定律可得

$$RI + u_c = 0, \tag{9}$$

由 $I = C \dfrac{\mathrm{d}u_c}{\mathrm{d}t}$ 得

$$RC \frac{\mathrm{d}u_c}{\mathrm{d}t} + u_c = 0. \tag{10}$$

注意到开关闭合前电容电压为 E，因而初始条件为

$$u_c(0) = E. \tag{11}$$

类似于前面的求解过程，易得初值问题(10)—(11)的解为

$$u_c = E \mathrm{e}^{-\frac{t}{RC}}.$$

它描述了电容的放电过程，当 $t \to +\infty$ 时，$u_c \to 0$，其图像如图 6-3(b)所示. 在放

电的开始阶段,电压 u_c 随时间增加下降较快,而后期下降速度变缓. 当 $t = 3\tau =$ $3RC$ 时,$u_c \approx 0.05E$,此时可以认为电容器的电荷基本放光,放电过程已完成.

例 3(连续单种群模型) 单种群是构成整个生态系统的基本单元,对单种群模型的研究是理解复杂生态系统的基础. 英国人口统计学家马尔萨斯(Malthus)根据一百多年的人口统计资料,于 1798 年在其著作《人口原理》一书中提出了著名的马尔萨斯人口增长模型. 他的基本假设是,人口的净增长率 r 为常数,换句话说,单位时间内人口的增长量与当时的人口数量成正比. 如果用 $N(t)$ 表示 t 时刻人口的数量,则据以上假设,$N(t)$ 满足一阶微分方程

$$\frac{\mathrm{d}N(t)}{\mathrm{d}t} = rN(t),\tag{12}$$

设 t_0 时刻的人口总数为 N_0,即初始条件为

$$N(t_0) = N_0.\tag{13}$$

初值问题(12)—(13)就是著名的马尔萨斯人口模型,也称为指数增长模型.

为了求微分方程(12)的通解,将其改写为

$$\frac{\mathrm{d}N(t)}{N(t)} = r\mathrm{d}t,$$

两边同时积分得

$$\ln|N(t)| = rt + \overline{C},$$

其中 $\overline{C}$ 是任意常数. 再由对数定义,可将上式写为

$$N(t) = \widetilde{C}\mathrm{e}^{rt},\tag{14}$$

其中 $\widetilde{C} = \pm\mathrm{e}^{\overline{C}}$. 注意到 $N(t) \equiv 0$ 亦是方程(12)的解,故这里的 $\widetilde{C}$ 可取任意实数.

将通解(14)代入初始条件(13),可得初值问题(12)—(13)的解为

$$N(t) = N_0\mathrm{e}^{r(t-t_0)}.$$

由此可见,如果 $r>0$,即人口出生率大于死亡率,人口规模将呈指数增长,这在人口规模不大,生存空间和环境资源充裕的前提下是可能的. 因此,指数增长模型对局部地研究种群动力学有着重要价值. 当种群规模较大,考虑到环境资源的制约和种群内的竞争等因素,马尔萨斯人口模型对长时间预测显然是不合理的.

考虑到种群数量对环境资源的依赖性,荷兰生物学家威尔赫斯特(Verhulst)在 1838 年提出了逻辑斯谛(logistic)微分方程

$$\frac{\mathrm{d}N(t)}{\mathrm{d}t} = r\left[1 - \frac{N(t)}{N_\mathrm{m}}\right]N(t),\tag{15}$$

这里常数 N_m 为种群的容纳量,它表示可用资源能继续支持的种群规模;r 称为

内禀增长率,它表示种群规模较小、资源限制忽略时可达到的个体平均增长率. 初值问题(15),(13)称为逻辑斯谛模型.

将(15)式改写为

$$\frac{\mathrm{d}N(t)}{N(t)\,[\,N_\mathrm{m}-N(t)\,]}=\frac{r}{N_\mathrm{m}}\mathrm{d}t,$$

对上式两端取不定积分,有

$$\int\frac{N_\mathrm{m}\mathrm{d}N(t)}{N(t)\,[\,N_\mathrm{m}-N(t)\,]}=\int r\mathrm{d}t,$$

利用部分分式分解,可得

$$\int\frac{N_\mathrm{m}\mathrm{d}N(t)}{N(t)\,[\,N_\mathrm{m}-N(t)\,]}=\int\frac{\mathrm{d}N(t)}{N(t)}+\int\frac{\mathrm{d}N(t)}{N_\mathrm{m}-N(t)}=\int r\mathrm{d}t.$$

积分得通解

$$N(t)=\frac{N_\mathrm{m}}{1+\widetilde{C}\mathrm{e}^{-rt}}, \tag{16}$$

其中 $\widetilde{C}$ 为任意常数. 将初始条件(13)代入(16)式得到逻辑斯谛模型的解为

$$N(t)=\frac{N_\mathrm{m}}{1+\left(\dfrac{N_\mathrm{m}}{N_0}-1\right)\mathrm{e}^{-r(t-t_0)}}.$$

从以上逻辑斯谛模型解的表达式,易见对 $N_0>0$,当 $t\to+\infty$ 时,种群规模趋于极限 N_m. 对 $0<N_0<N_\mathrm{m}$,逻辑斯谛模型预测种群规模开始增长很快,随着时间的增加,种群的增长速度降低,最后种群规模趋于极限(图 6-4),这种性态与所观察到的许多种群的性态一致,此时,逻辑斯谛方程所描述的模型也称为逻辑斯谛增长模型,它是描述种群规模变化的一种重要手段.

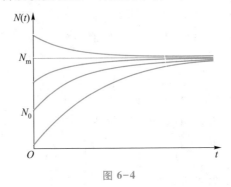

图 6-4

本节所介绍的几个微分方程模型仅是众多微分方程模型中的较为简单的例子而已.在自然科学和社会科学的研究中,已出现了各种微分方程模型,如天体力学中的运动方程、化学反应动力学模型、传染病模型、肿瘤模型、交通模型、经济模型、作战模型,等等.因本书知识所限,我们将不在本章介绍这些模型.

习题 6.1

1. 指出下列微分方程的阶数:

(1) $\dfrac{\mathrm{d}y}{\mathrm{d}x}=x^2+y^2$;

(2) $\dfrac{\mathrm{d}^3y}{\mathrm{d}t^3}-t\left(\dfrac{\mathrm{d}y}{\mathrm{d}t}\right)^4=y$;

(3) $\cos\left(\dfrac{\mathrm{d}y}{\mathrm{d}x}\right)-x^2=y^3$;

(4) $\dfrac{\mathrm{d}^2y}{\mathrm{d}x^2}-x\dfrac{\mathrm{d}y}{\mathrm{d}x}+y=\sin x$.

2. 验证下列函数是相应微分方程的解:

(1) $y=\sin 2x$,$y''+4y=0$.

(2) $y=\mathrm{e}^x$,$y'\mathrm{e}^{-x}+y^2-2y\mathrm{e}^x=1-\mathrm{e}^{2x}$.

3. 求下列初值问题的解:

(1) $x''=-2t-1$,$x(0)=1$,$x'(0)=2$.

(2) $x'''=3$,$x(0)=1$,$x'(0)=2$,$x''(0)=0$.

4. 从离地面 10 m 处以 100 m/s 的速度向上竖直投掷一铁球.假设铁球在飞行过程中仅受重力作用,重力加速度为 9.8 m/s^2.求铁球落到地面所需的时间.

5. 一列火车从静止开始启动,随后均匀地加速,在 5 min 时速度达到 120 km/h.求这段时间内该火车行进的路程.

6. 细菌的增长率与总数成正比.如果培养的细菌总数在 24 h 内由 100 增长到 400,那么 12 h 后的细菌总数是多少?

7. 假设一个种群满足逻辑斯谛模型,容纳量为 1 000,当 $t=0$ 时的种群规模为 10,当 $t=10$ 时的种群规模为 100.求该种群的内禀增长率.

8. 坐标平面上有一曲线,它的任一切线介于坐标轴之间的部分被切点分成相等的两段,试建立此曲线所满足的微分方程.

9. 一个半球状的雪堆,其体积融化的速率与半球面面积 S 成正比,比例常数 $k>0$.假设在融化过程中雪堆始终保持半球状,试建立雪堆体积 $V(t)$ 所满足的微分方程.

— 6.2   一阶可分离变量微分方程 —

我们首先介绍一类可以用初等积分的方法直接求解的一阶微分方程:

如果一个一阶微分方程可以通过初等的代数运算使得其因变量(通常用 y 表示)和自变量(通常用 x 表示)各自位于方程的两边,我们就称这个一阶微分方程为**一阶可分离变量微分方程**. 具体地来说,考虑一般的一阶微分方程

$$\frac{\mathrm{d}y}{\mathrm{d}x}=f(x,y),\tag{1}$$

这里 $f(x,y)$ 是定义在 xOy 平面的某个区域上的函数,称为二元函数. 如果函数 $f(x,y)$ 可以表示为两个以 x 和 y 为变元的一元函数的乘积,即 $f(x,y)=g(x)\cdot h(y)$,则方程(1)可写为

$$\frac{\mathrm{d}y}{\mathrm{d}x}=g(x)h(y).\tag{2}$$

我们称方程(2)为一阶可分离变量微分方程,这是因为如果 $h(y)\neq 0$,可将自变量和因变量分离成如下形式:

$$\frac{\mathrm{d}y}{h(y)}=g(x)\mathrm{d}x,\tag{3}$$

它们恰好位于方程的两边. 如果存在 y_0 使得 $h(y_0)=0$,则显然 $y=y_0$ 是方程(2)的一个解,这个解称为**常数解**或**平衡解**.

如何求解微分方程(2)或(3)? 我们先以一个简单的例子来学习这个方法——**分离变量法**.

例 1   解微分方程

$$\frac{\mathrm{d}y}{\mathrm{d}x}=2xy.\tag{4}$$

解   将方程中的变量分离($y\neq 0$),有

$$\frac{\mathrm{d}y}{y}=2x\mathrm{d}x.\tag{5}$$

如果此时作一个变量代换 $z=\ln|y|$,那么 $\mathrm{d}z=\mathrm{d}y/y$,从而方程(5)就化成了一个更为简单的形式

$$\mathrm{d}z=2x\mathrm{d}x.$$

这时,回想不定积分的定义,就有

$$z = \int 2x \mathrm{d}x = x^2 + \widetilde{C},$$

其中 $\widetilde{C}$ 是任意常数,再代回原变量就有

$$y = \pm e^z = \pm e^{x^2 + \widetilde{C}} = \pm e^{\widetilde{C}} e^{x^2}.$$

注意到 $y=0$ 也是微分方程(4)的解,因此方程(4)的通解可表示为

$$y = C e^{x^2},$$

其中 C 是任意常数.

我们再回头看看求解过程,会发现变量代换是没有必要的. 如果对方程(5)两边直接积分,有

$$\int \frac{\mathrm{d}y}{y} = \int 2x \mathrm{d}x, \tag{6}$$

左边的积分变量是 y,右边的积分变量是 x,分别积分可以得到

$$\ln |y| = x^2 + \widetilde{C},$$

进而可以得到方程(4)的通解. 事实上,可以发现前面用到的变量代换 $z = \ln |y|$ 只是为了方便求解(6)式左边的积分而已.

由此,我们已经找到求解微分方程(3)的方法,即对(3)式两边直接积分

$$\int \frac{\mathrm{d}y}{h(y)} = \int g(x) \mathrm{d}x.$$

如果 $H(y)$ 是 $\dfrac{1}{h(y)}$ 的一个原函数,$G(x)$ 是 $g(x)$ 的一个原函数,那么微分方程(3)的通解可表示为

$$H(y) = G(x) + C, \tag{7}$$

其中 C 是任意常数. 通常,不能从(7)式显式地解出 y 或 x,我们称(7)式为隐式通解.

可以说,一阶可分离变量微分方程都是可以求出通解的,至少通解是可以用积分来表示的,尽管从形式上看它是相当特殊的一类微分方程,但是,值得欣慰的是,有相当多的来源于物理、生物等领域的微分方程都是可分离变量微分方程. 从 6.1 节的例 2 和例 3 我们已经看到,描述 RC 电路和种群变化的一阶微分方程都是可分离变量的. 接下来我们再举两个物理上的应用例子,更多的例子将作为习题.

例 2(茶的冷却） 一杯刚冲泡好的绿茶温度是 85 ℃,把它静置在室温中 5 min 后,绿茶的温度是 50 ℃,10 min 后绿茶的温度是 35 ℃,问室温是多少?

解 绿茶温度的下降规律可以用牛顿冷却定律解释. 这个定律是说,把一

个初始温度为 T_0 的物体置于温度恒定(为 T_s)的环境中,那么这个物体温度 T 随时间的变化率正比于 $T-T_s$. 我们用微分方程刻画此定律,假设比例常数为 k (<0),即有

$$\frac{\mathrm{d}T}{\mathrm{d}t} = k(T-T_s),\tag{8}$$

注意到初始条件为

$$T(0) = T_0.\tag{9}$$

方程(8)是可分离变量方程,分离变量得

$$\frac{\mathrm{d}T}{T-T_s} = k\mathrm{d}t,$$

两边积分后得方程(8)的通解为

$$T = T_s + Ce^{kt},$$

其中 C 是任意常数. 代入初始条件可确定 $C = T_0 - T_s$,即得到初值问题(8)—(9)的解为

$$T = T_s + (T_0 - T_s)e^{kt}.\tag{10}$$

下面我们将公式(10)应用到例 2,此处 $T_0 = 85$,T_s 为待求量,设初始时刻为 $t=0$,由题设条件知

$$50 = T_s + (85 - T_s)e^{5k},$$
$$35 = T_s + (85 - T_s)e^{10k}.$$

从以上两式消去 k,可得关于 T_s 的方程

$$\left(\frac{50 - T_s}{85 - T_s}\right)^2 = \frac{35 - T_s}{85 - T_s},$$

解之得 $T_s = 23.75$.

注   从(10)式可知当 $t\to+\infty$ 时,$T\to T_s$,即当时间足够长后,物体的温度与周围环境的温度一致. 牛顿冷却定律同样适用于加热过程(见习题 6.2 的第 3 题).

例 3(水箱排水)   按照物理学中的托里拆利(Torricelli)定律,从开口水箱底部一小孔流出的水速等于从水面自由下落到小孔处的速度. 现有一装满水的直圆柱形水箱,其底圆半径为 1.5 m,高为 5 m,在 $t=0$ 时从其底部穿一半径为 5 cm 的小圆孔. 问多久后水箱内的水排完? (重力加速度 $g = 9.8$ m/s^2.)

解   如图 6-5 建立坐标轴,设 t 时刻水面的高度为 $h(t)$,水从底部小孔流出的速度为 v. 由托里拆利定律,水

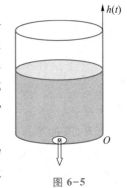

图 6-5

面自由下落到小孔处的速度可由下式确定(水下落的势能转化为流出水的动能):

$$mgh = \frac{1}{2}mv^2,$$

因而可得 $v = \sqrt{2gh}$.

注意到,水箱水体积 $V(t)$ 的变化率由小孔的面积和流出水的速度决定,即

$$\frac{\mathrm{d}V}{\mathrm{d}t} = -\pi(0.05)^2 v.$$

因为 $V(t) = \pi(1.5)^2 h(t)$,将之代入到以上方程得到关于 h 的微分方程

$$\pi(1.5)^2 \frac{\mathrm{d}h}{\mathrm{d}t} = -\pi(0.05)^2 \sqrt{2gh},$$

化简后得

$$\frac{\mathrm{d}h}{\mathrm{d}t} = -\frac{1}{900}\sqrt{2gh}. \tag{11}$$

开始时水箱装满水,高度为 5 m,故初始条件为

$$h(0) = 5. \tag{12}$$

现求解初值问题(11)—(12).微分方程(11)是一阶可分离变量方程,利用分离变量法得

$$\frac{\mathrm{d}h}{\sqrt{h}} = -\frac{\sqrt{2g}}{900}\mathrm{d}t.$$

对上式两边积分得通解为

$$h = \left(C - \frac{\sqrt{2g}}{1\,800}t\right)^2,$$

其中 C 是任意常数.代入初始条件(12)得 $C = \sqrt{5}$.因而初值问题(11)—(12)的解为

$$h = \left(\sqrt{5} - \frac{\sqrt{2g}}{1\,800}t\right)^2.$$

因此,当 $h = 0$ 时,得 $t = \frac{1\,800\sqrt{5}}{\sqrt{2g}} \approx 908.8(\mathrm{s}) \approx 15(\mathrm{min})$,即大约 15 min 后水箱排空.

习题 6.2

1. 求下列微分方程的通解:

(1) $\dfrac{\mathrm{d}y}{\mathrm{d}x} = \dfrac{y^2}{x+1}$;　　　　　　　　(2) $(1+x)y\mathrm{d}x + (1-y)x\mathrm{d}y = 0$;

（3）$\tan y \mathrm{d}x = \cot x \mathrm{d}y$；　　　　　（4）$\dfrac{\mathrm{d}y}{\mathrm{d}x} = \mathrm{e}^{x-y}$.

2. 一杯咖啡的初始温度是 55 ℃，把它静置在恒为 20 ℃ 的室温中 5 min 后，咖啡的温度是 40 ℃，问 20 min 后咖啡的温度是多少？咖啡冷却至 25 ℃ 需要多长时间？

3. 一杯柠檬水的初始温度是 5 ℃，把它静置在恒为 25 ℃ 的室温中 10 min 后，柠檬水的温度上升至 10 ℃，问 30 min 后柠檬水的温度是多少？柠檬水上升至 20 ℃ 需要多长时间？

4. 有一种医疗手段，是把染色示踪剂注射到胰脏里去检查其功能. 正常胰脏每分钟吸收掉染色剂的 40%，现内科医生给某人注射了 0.3 g 染色剂，30 min 后还剩下 0.1 g，试建立染色剂用量所满足的一阶微分方程，并判断此人的胰脏是否正常？（提示：染色剂的衰减率为当前剂量的 40%.）

5. 20 世纪初发现，某些"放射性"元素的原子是不稳定的，它能够自发地从不稳定的原子核内部放出粒子或射线，同时释放能量，最终衰变形成稳定的元素而停止放射. 这种性质称为放射性，这一过程叫做放射性衰变. 实验指出，放射性元素的衰减速率近似地正比于现有放射性原子核的数目. 试建立放射性元素衰变过程满足的微分方程，计算原子核半衰期的公式.

6. 丙戊酸钠是一种不含氮的广谱抗癫痫药，它在人体内的半衰期约为 15 h. 设在服用该药物 t h 后仍残留在人体内的剂量为 $Q(t)$，它满足微分方程 $\dfrac{\mathrm{d}Q}{\mathrm{d}t} = -kQ$.

（1）利用半衰期求出方程中 k；

（2）在多长时间后，原来服用剂量的 10% 仍残留在体内？

7. 有一笔钱存入一个银行账户，假设年利率为 4%，约定按照连续复利计息，该账户除这笔钱外无其他资金存入或取出.

（1）写出 t 年后该账户资金总额 $A(t)$ 满足的微分方程；

（2）如果初始存款为 10 万元人民币，10 年后该账户将有多少钱？

8. 设固定资产的折旧额与其当时价值 P 成正比，试建立固定资产价值 P 与时间 t 的关系. 假定某固定资产 5 年前购买时的价格为 1 万元，而现在价值为 6 000 元，试估算固定资产再过 10 年后的价值.

9. 形如 $\dfrac{\mathrm{d}y}{\mathrm{d}x} = g\left(\dfrac{y}{x}\right)$ 的方程称为齐次微分方程，这里 $g(u)$ 为 u 的一元连续函数. 证明：通过变量代换 $u = \dfrac{y}{x}$，可将齐次微分方程变为一阶可分离变量方程

$$\frac{\mathrm{d}u}{\mathrm{d}x} = \frac{g(u)-u}{x}.$$

10. 利用第 9 题的方法求下列齐次微分方程的通解：

$(1)\ \dfrac{\mathrm{d}y}{\mathrm{d}x} = \dfrac{y}{x} + \tan\dfrac{y}{x};$ $(2)\ \dfrac{\mathrm{d}y}{\mathrm{d}x} = \dfrac{2y-x}{2x-y}.$

— 6.3 一阶线性微分方程 —

在 6.2 节里，我们可以用直接积分的方法求出可分离变量方程的通解（或隐式通解），另一类可以用初等积分方法求解的微分方程是所谓的**一阶线性微分方程**，就是微分方程关于因变量和因变量的一阶导数都是一次有理整式，具体地说，一阶线性微分方程可以写成如下形式：

$$\frac{\mathrm{d}y}{\mathrm{d}x} + P(x)y = Q(x), \tag{1}$$

其中 $P(x)$ 和 $Q(x)$ 是给定区间上自变量 x 的一元函数. 方程（1）也称为一阶线性微分方程的标准形式. 如果 $Q(x) \equiv 0$，即微分方程（1）变成

$$\frac{\mathrm{d}y}{\mathrm{d}x} + P(x)y = 0, \tag{2}$$

则称微分方程（2）为**一阶齐次线性微分方程**；如果 $Q(x) \not\equiv 0$，则称（1）为**一阶非齐次线性微分方程**.

先从简单的一阶齐次线性微分方程开始，探讨如何求解一阶线性微分方程. 显而易见，方程（2）是一个可分离变量微分方程. 利用 6.2 节的分离变量法，将（2）改写为

$$\frac{\mathrm{d}y}{y} = -P(x)\mathrm{d}x \quad (y \neq 0),$$

两边积分得

$$\ln|y| = -\int P(x)\mathrm{d}x + \widetilde{C},$$

为了表示的方便，我们约定 $\int P(x)\mathrm{d}x$ 代表 $P(x)$ 的任意一个确定的原函数. 对上式利用对数定义得

$$y = C\mathrm{e}^{-\int P(x)\mathrm{d}x}, \tag{3}$$

其中 $C=\pm\mathrm{e}^{\tilde{C}}$,注意到 $y=0$ 也是方程(2)的解,因而上式中 C 可取任意常数.这样我们得到了微分方程(2)的通解(3).

我们看到,一阶齐次线性微分方程的解包含指数形式函数 $\mathrm{e}^{-\int P(x)\mathrm{d}x}$,我们想知道相应的非齐次线性微分方程(1)是否仍包含这种形式的解.为此,假设已经知道方程(1)的解为 $y=\varphi(x)$,仍旧按照求解方程(2)的思路,将方程(1)改写为

$$\frac{\mathrm{d}y}{y}=\left[-P(x)+\frac{Q(x)}{y}\right]\mathrm{d}x=\left[-P(x)+\frac{Q(x)}{\varphi(x)}\right]\mathrm{d}x,$$

对上式两边积分,有

$$\ln|y|=\int\left[-P(x)+\frac{Q(x)}{\varphi(x)}\right]\mathrm{d}x=-\int P(x)\mathrm{d}x+\int\frac{Q(x)}{\varphi(x)}\mathrm{d}x,$$

化简可得

$$y=u(x)\mathrm{e}^{-\int P(x)\mathrm{d}x}, \tag{4}$$

式中 $u(x)=\pm\mathrm{e}^{\int\frac{Q(x)}{\varphi(x)}\mathrm{d}x}$.

可见,非齐次线性微分方程(1)的解仍包含 $\mathrm{e}^{-\int P(x)\mathrm{d}x}$,其解的形式(4)与对应齐次方程(2)的通解(3)类似,不同之处在于通解表达式(3)中的常数 C 变成了(4)式中的一般函数 $u(x)$.

从非齐次微分方程(1)的解的形式(4)可知,为了求其通解,我们自然寻求形如(4)式的解,这种方法称为常数变易法——把对应齐次微分方程通解中的常数变为函数.

在微分方程(1)中,令

$$y=u(x)\mathrm{e}^{-\int P(x)\mathrm{d}x},$$

则

$$\frac{\mathrm{d}y}{\mathrm{d}x}=u'(x)\mathrm{e}^{-\int P(x)\mathrm{d}x}-u(x)P(x)\mathrm{e}^{-\int P(x)\mathrm{d}x}.$$

将它们代入微分方程(1)中得

$$u'(x)\mathrm{e}^{-\int P(x)\mathrm{d}x}-u(x)P(x)\mathrm{e}^{-\int P(x)\mathrm{d}x}+u(x)P(x)\mathrm{e}^{-\int P(x)\mathrm{d}x}=Q(x),$$

化简后得

$$u'(x)=Q(x)\mathrm{e}^{\int P(x)\mathrm{d}x}.$$

因此,

$$u(x)=\int Q(x)\mathrm{e}^{\int P(x)\mathrm{d}x}\mathrm{d}x+C,$$

其中 C 是任意常数.

这样,我们得到了微分方程(1)的解

$$y = \left(\int Q(x) e^{\int P(x) dx} dx + C \right) e^{-\int P(x) dx},\tag{5}$$

它是方程(1)的通解,因为它包含了一个任意常数,式中不定积分代表被积函数的任意一个原函数.

可以把通解公式(5)写成两部分之和,即

$$y = C e^{-\int P(x) dx} + e^{-\int P(x) dx} \int Q(x) e^{\int P(x) dx} dx.$$

上式中的第一部分为相应齐次微分方程(2)的通解,而第二部分(即通解公式中 $C = 0$)为非齐次微分方程(1)的一个特解. 由此,我们得到一阶非齐次线性微分方程解的结构性质:一阶非齐次线性微分方程的通解等于相应的齐次线性微分方程的通解与非齐次线性微分方程的一个特解之和.

例1 求微分方程 $x \dfrac{dy}{dx} - 3y = x^4 (x > 0)$ 的通解.

解 首先将原方程化为标准形式,即方程两边同除以 x,

$$\frac{dy}{dx} - \frac{3}{x} y = x^3,$$

利用通解公式(5),此处 $P(x) = -\dfrac{3}{x}$,$Q(x) = x^3$,可得

$$y = \left(\int x^3 e^{\int -\frac{3}{x} dx} dx + C \right) e^{\int \frac{3}{x} dx}$$

$$= \left(\int x^3 \frac{1}{x^3} dx + C \right) x^3$$

$$= x^4 + C x^3.$$

例2(静脉输液问题) 通过静脉注射葡萄糖使其直接进入血液循环是一种重要的医疗手段. 葡萄糖在体内完全氧化生成 CO_2 和水,经肺和肾排出体外,同时产生能量,也可转化成糖原和脂肪贮存. 设 $G(t)$ 为 t 时刻血液中葡萄糖含量,葡萄糖以每分钟 k 克的固定速率输入到血液中,与此同时,血液中的葡萄糖还会转化为其他物质或转移到其他地方,其速率与血液中的葡萄糖含量成正比. 试探讨 $G(t)$ 关于时间 t 的变化规律.

解 注意到血液中葡萄糖含量的变化率 $\dfrac{dG}{dt}$ 等于增加速率减去减少速率,减少速率正比于血液中的葡萄糖含量 $G(t)$,设比例常数为 μ,则 $G(t)$ 满足的微分方程为

$$\frac{dG}{dt} = k - \mu G.$$

这是一阶线性微分方程,由常数变易公式(5)得通解为

$$G(t) = \left(\int k e^{\int \mu \mathrm{d}t} \mathrm{d}t + C \right) e^{-\int \mu \mathrm{d}t}$$

$$= \left(\frac{k}{\mu} e^{\mu t} + C \right) e^{-\mu t}$$

$$= \frac{k}{\mu} + C e^{-\mu t},$$

其中 C 是任意常数. 设初始时刻 $t=0$ 时葡萄糖含量为 G_0,即初始条件为

$$G(0) = G_0.$$

将初始条件代入以上通解可得 $C = G_0 - \dfrac{k}{\mu}$. 这样我们得到 $G(t)$ 的表达式

$$G(t) = \frac{k}{\mu} + \left(G_0 - \frac{k}{\mu} \right) e^{-\mu t}.$$

由上式可见,当 $t \to +\infty$ 时,$G(t) \to \dfrac{k}{\mu}$,即当时间足够大时,葡萄糖含量趋于常数.

例 3 (*RL* 电路)　研究 *RL* 电路(包含电阻 R、电感 L 和电源)中电流随时间的变化规律. 设有如图 6-6 所示的 *RL* 电路,电阻 R 和电源电压 E 为常数. 在 $t=0$ 时将开关 S 闭合,求电路中的电流 $I(t)$.

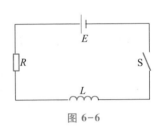

图 6-6

解　由电学知识,电感 L 上的电压为 $L \dfrac{\mathrm{d}I}{\mathrm{d}t}$. 由基尔霍夫电压定律知 I 满足如下微分方程:

$$L \frac{\mathrm{d}I}{\mathrm{d}t} + RI = E,$$

即

$$\frac{\mathrm{d}I}{\mathrm{d}t} + \frac{R}{L} I = \frac{E}{L}, \tag{6}$$

初始条件为

$$I(0) = 0. \tag{7}$$

方程(6)是一阶非齐次线性微分方程,由常数变易公式(5)得

$$I(t) = \left(\int \frac{E}{L} e^{\int \frac{R}{L} \mathrm{d}t} \mathrm{d}t + C \right) e^{-\int \frac{R}{L} \mathrm{d}t}$$

$$= \left(\frac{E}{R} e^{\frac{R}{L} t} + C \right) e^{-\frac{R}{L} t}$$

$$= \frac{E}{R} + C e^{-\frac{R}{L}t},$$

其中 C 是常数. 将初始条件(7)代入以上通解表达式得到 $C = -\dfrac{E}{R}$, 故初值问题 (6)—(7)的解为

$$I(t) = \frac{E}{R}(1 - e^{-\frac{R}{L}t}).$$

易见当 $t \to +\infty$ 时, $I(t) \to \dfrac{E}{R}$, 即随着时间流逝, 电流趋于稳态值 $\dfrac{E}{R}$. 电路中如无电感, 则电流将恒为 $\dfrac{E}{R}$, 因此它称为方程的稳态解.

例 4（溶液混合问题） 有一水箱开始盛有浓度为 1 g/L 的盐水 100 L, 将浓度为 2 g/L 的盐水以 5 L/min 的速率注入水箱, 充分搅拌混合后以 4 L/min 的速率流出. 求混合 20 min 后水箱中盐的浓度是多少?

解 这是一类典型的液体混合问题, 因牵涉变化率, 故可用微分方程建模. 注意到, 水箱中盐的变化率为注入盐的速率减去流出盐的速率. 记在 t 时刻水箱中盐的总量为 $y(t)$ g, 盐水的总量为 $V(t)$ L, 那么

$$V(t) = 100 + 5t - 4t = 100 + t.$$

因此, 盐的流出速率为

$$4\frac{y(t)}{V(t)} = \frac{4y}{100 + t},$$

而盐的注入速率为 $2 \times 5 = 10 \,(\text{g/min})$. 由此, 可建立如下微分方程:

$$\frac{\mathrm{d}y}{\mathrm{d}t} = 10 - \frac{4y}{100 + t}, \tag{8}$$

相应的初始条件为

$$y(0) = 100. \tag{9}$$

为求解初值问题(8)—(9). 把方程(8)写成标准形式

$$\frac{\mathrm{d}y}{\mathrm{d}t} + \frac{4}{100 + t}y = 10,$$

它是一阶非齐次线性微分方程, 由通解公式(5)得

$$y(t) = \frac{2(100 + t)^5 + C}{(100 + t)^4},$$

代入初始条件(9)可得 $C = -100^5$. 故初值问题(8)—(9)的解为

$$y(t) = \frac{2(100 + t)^5 - 100^5}{(100 + t)^4}.$$

为了求 20 min 后盐的浓度,注意到 $y(20) = \dfrac{62\,135}{324}$, $V(20) = 120$,因此 20 min 后盐的浓度为 $\dfrac{y(20)}{V(20)} \approx 1.598$ g/L.

　注　我们已经看到,一阶可分离变量微分方程和一阶线性微分方程是可以用初等积分的方法求解的.从一阶微分方程的分类角度看,这两类一阶微分方程有何关系呢? 前面出现的一阶微分方程有些既是可分离变量的又是线性的,如第 6.1 节的例 2、第 6.2 节的例 2、本节的例 2 和例 3;有些是可分离变量的但不是线性的,如第 6.1 节的逻辑斯谛方程、第 6.2 节的例 3;有些是线性的但不是可分离变量的,如本节的例 4.由此可见,这两类一阶微分方程有公共的部分,且没有互为包含的关系.

习题 6.3

1. 求下列一阶微分方程的通解:

（1）$x' = xt$;　　　　　　　（2）$tx' = -x + e^t$;

（3）$x' + tx = x$;　　　　　　（4）$x' + x\cot t = 2t\csc t$.

2. 求以下初值问题的解:

（1）$t\dfrac{\mathrm{d}x}{\mathrm{d}t} - x = t^3$, $x(1) = 3$;

（2）$\dfrac{\mathrm{d}x}{\mathrm{d}t} - x = \sin t$, $x(0) = 0$;

（3）$\dfrac{\mathrm{d}x}{\mathrm{d}t} = \dfrac{2x - t^2}{t}$, $x(1) = 2$.

3. 有一笔钱存入一个银行账户,年利率为 4%,约定按照连续复利计息,该账户每年固定支出 1 万元,共支出 10 年.

（1）写出表示该账户资金流量 $A(t)$ 变化的微分方程,其中 t 以年为单位;

（2）如果初始存款为 10 万元人民币,10 年后该账户将有多少钱?

4. 如图 6-7 所示的 RL 电路,电源电压 $E = 50$ V,$R_1 = 10\ \Omega$, $R_2 = 10\ \Omega$, $L = 2$ H.试求:

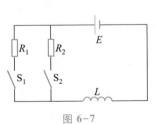

图 6-7

（1）当开关 S_1 闭合 5 s 后电感 L 上的电流;

（2）S_1 闭合 5 s 后再将 S_2 闭合,求 S_2 闭合 10 s 后电感 L 上的电流.

5. 设有一个面积为 $10\ 800\ m^3$ 的车间,其空气中含有 0.12% 的 CO_2,如需要在 $10\ min$ 后 CO_2 的含量不超过 0.06%(设新鲜空气中 CO_2 的含量为 0.04%,需通入新鲜空气),试建立车间内 CO_2 含量所满足的一阶微分方程,并计算每分钟应通入多少立方米的新鲜空气?

6. 某湖泊的水量为 V,每年排入湖泊内含污染物 A 的污水量为 $\dfrac{V}{6}$,流入湖泊内不含 A 的水量为 $\dfrac{V}{6}$,流出湖泊的水量为 $\dfrac{V}{3}$. 已知 1999 年底湖中 A 的含量为 $5m_0$,超出国家规定指标. 为了治理污染,从 2000 年起,限定排入湖泊中含 A 的污水的浓度不超过 $\dfrac{m_0}{V}$. 问至多经过多少年,湖泊中污染物 A 的含量降至 m_0 以内? (假设湖水中 A 的浓度是均匀的.)

7. 形如

$$\frac{\mathrm{d}y}{\mathrm{d}x}+P(x)y=Q(x)y^n$$

的方程,称为伯努利(Bernoulli)方程. 当 $n=0$ 或 1 时,它是一阶线性微分方程. 请验证:通过变量代换 $z=y^{1-n}$ 可将伯努利方程化为一阶线性微分方程

$$\frac{\mathrm{d}z}{\mathrm{d}x}+(1-n)P(x)z=(1-n)Q(x).$$

并用以上方法求下列微分方程的通解:

(1) $xy'+y=x^4y^3$;　　　　　　　　　(2) $xy^2y'+y^3=x\cos x$.

─ 6.4　一阶自治微分方程的定性分析 ─

从前面两节我们知道,一阶可分离变量微分方程和一阶线性微分方程是可以用初等积分求解的,但是科学研究中出现的很多微分方程,特别是非线性微分方程是难以写出精确解的表达式的. 即便对于有些可以求解的微分方程(如生物学中的逻辑斯谛方程等),相较于精确解,我们更关注微分方程的定性性态,如方程中参数的变化对解的影响等. 本节将不求解微分方程而对一类一阶微分方程(自治微分方程)做初步的定性分析.

我们首先介绍一阶微分方程解的几何描述.

■ 积分曲线、斜率场

一阶微分方程

$$\frac{\mathrm{d}x}{\mathrm{d}t} = f(t, x) \tag{1}$$

的解 $x = \varphi(t)$ 是 tOx 平面上的一条曲线 Γ，称为微分方程的积分曲线. 例如，图 6-4 描绘的是 6.1 节逻辑斯谛方程(15)的积分曲线. 对于积分曲线 Γ 上任一点 $P_0(t_0, x_0)$，其坐标满足 $x_0 = \varphi(t_0)$. 因为 $x = \varphi(t)$ 是方程(1)的解，所以积分曲线 Γ 在点 P_0 的切线斜率为

$$\varphi'(t_0) = f(t_0, \varphi(t_0)).$$

因而，积分曲线 Γ 在点 P_0 的切线方程为

$$x = x_0 + f(t_0, x_0)(t - t_0).$$

如果微分方程(1)的任意解 $x = \varphi(t)$ 都在 $(-\infty, +\infty)$ 上存在，那么对 tOx 平面内任一点 $P(t, x)$，我们不用求解微分方程(1)就可以作出一个以 $f(t, x)$ 为斜率的短直线段，它是积分曲线在该点切线的一部分. 换句话说，对 tOx 平面上的任一点 $P(t, x)$，有一个向量 $(1, f(t, x))$ 与之对应，该向量为积分曲线在点 $P(t, x)$ 处的切向量. 全体向量 $(1, f(t, x))$ 称为微分方程(1)的斜率场或方向场. 对每个固定的常数 k，$f(t, x) = k$ 是 tOx 平面上的一条曲线，方程(1)在这条曲线上每点的切线斜率都为 k，因此我们称之为斜率场的等斜线. 在画斜率场时，作出等斜线通常是有帮助的.

例 1 作出微分方程 $\dfrac{\mathrm{d}x}{\mathrm{d}t} = -\dfrac{t}{x}$ 的斜率场.

解 本例的斜率场在原点没有意义，我们不考虑原点. 注意到斜率场的等斜线为 $-\dfrac{t}{x} = k$，即 $x = -\dfrac{1}{k}t$. 这意味着切线斜率为 k 的所有点，都在直线 $x = -\dfrac{1}{k}t$ 上. 等斜线的斜率与斜率场的斜率之积为 $-\dfrac{1}{k} \times k = -1$. 因此积分曲线在 $P(t, x)$ 点的切线与等斜线是垂直相交的，斜率场如图 6-8 所示. 事实上，我们容易验证它的积分曲线为 $t^2 + x^2 = C$，其中 C 为常数.

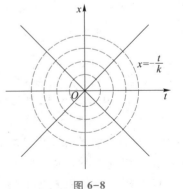

图 6-8

■　自治微分方程的定性分析

我们先从一个简单的指数模型开始. 考虑

$$\frac{\mathrm{d}x}{\mathrm{d}t} = kx, \tag{2}$$

这个方程前面被用于刻画电容的充放电过程($k<0$)和人口增长模型($k>0$),它也可用于描述细菌的繁殖、银行存款的连续复利和放射性元素的衰变等问题. 我们已经知道其通解为 $x = Ce^{kt}$. 首先观察一下在解空间——tOx 平面上积分曲线的分布情况,微分方程(2)的积分曲线如图 6-9 所示,k 的符号对解的定性性态有着重要的影响.

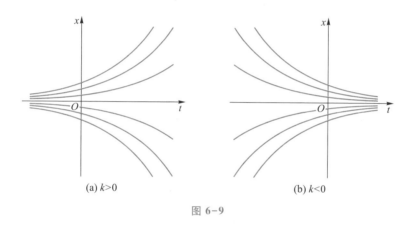

(a) $k>0$　　　　　　　　(b) $k<0$

图 6-9

　　注意到微分方程(2)恒有常数解 $x(t) \equiv 0$,这个解称为平衡解或平衡点,平衡解通常是微分方程中最重要的解. 当 $k>0$ 时,所有的非零解当 $t \to +\infty$ 时以指数的速率离开平衡解,此时平衡点称为源;当 $k<0$ 时,所有的非零解当 $t \to +\infty$ 时以指数的速率趋近平衡解,此时平衡点称为汇.

　　另一种描述定性性态的方式是将解投影到 x 轴上,把因变量 x 的变化空间(即 x 轴)称为相直线. 不妨将 $x(t)$ 看作描述粒子沿直线运动的位移,平衡点 $x = 0$ 对应于粒子的驻定态,即若粒子开始时位于平衡点 $x = 0$,则其将永远驻定在平衡点. 对 $k>0$ 的情形,粒子不管初始时位于平衡点的左边还是右边,都将远离平衡点运动;对 $k<0$ 的情形,粒子不管初始时位于平衡点的左边还是右边,都将趋近平衡点运动,当 $t \to +\infty$ 时无限趋近平衡点. 图 6-10 也称为微分方程(2)的相图. 我们不需要求解微分方程(2),只需注意到一阶导数的符号,即可在相直线上画出解的变化规律.

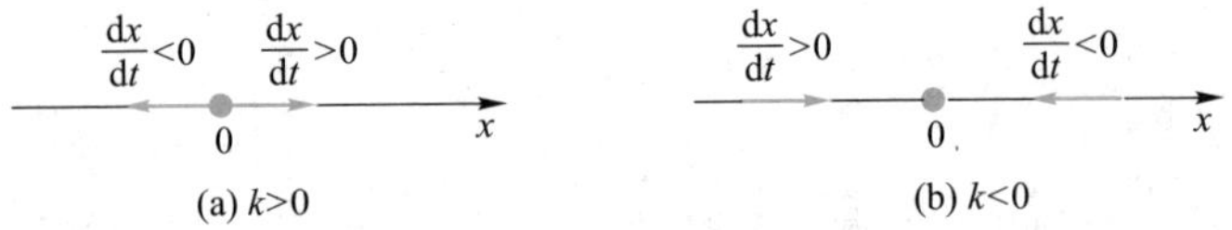

$$\frac{dx}{dt}<0 \qquad \frac{dx}{dt}>0$$

$$\frac{dx}{dt}>0 \qquad \frac{dx}{dt}<0$$

(a) $k>0$ (b) $k<0$

图 6-10

定义 自治微分方程

若一阶微分方程

$$\frac{dx}{dt}=f(x) \tag{3}$$

的右端函数 f 不显含自变量 t,则称为是自治的,函数 $f(x)$ 的零点称为微分方程 (3) 的平衡点或平衡解. 设 x^* 为微分方程 (3) 的平衡点. 如果 $\dfrac{df(x^*)}{dx}<0$,我们称平衡点 x^* 是渐近稳定的 (或称平衡点为汇); 如果 $\dfrac{df(x^*)}{dx}>0$,我们称平衡点 x^* 是不稳定的 (或称平衡点为源).

粗略地说,稳定性可解释为解的初始数据 x_0 的微小改变对 $t\to+\infty$ 时解的性态仅有微小影响. 在生物学上,如果种群初始规模的小扰动会引起解的大的变化,那么所考虑的解就没有什么意义.

例 2   考虑逻辑斯谛微分方程

$$\frac{dx}{dt}=rx\left(1-\frac{x}{K}\right)\equiv f(x), \tag{4}$$

这里 r 为内禀增长率,K 为种群容纳量. 从微分方程 (4) 可看出,当种群数量 $x(t)$ 较小时,$x'(t)\approx rx$,种群数量呈指数式增长; 当 $x(t)$ 逐渐逼近于 K 但仍小于 K 时,$x'(t)$ 变小但仍是正的,这时种群数量仍在增长,而增长速率放缓; 如果种群数量超过 K,那么 $x'(t)$ 是负的,因此种群数量逐渐减少. 这些可以从逻辑斯谛曲线 $f(x)=rx\left(1-\dfrac{x}{K}\right)$ 看出,而不必求出微分方程 (4) 的解,如图 6-11 所示.

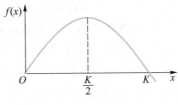

图 6-11

微分方程(4)有两个平衡点 $x=0$ 和 $x=K$,由 $f(x)$ 的符号即可知 $x'(t)$ 的符号,以及:平衡点 $x=0$ 是源,是不稳定的;平衡点 $x=K$ 是汇,是渐近稳定的.这说明不管种群的初始规模是小于还是大于 K,经历长时间发展后种群规模都将趋近其容纳量 K.图 6-12 给出了逻辑斯谛方程的相图.

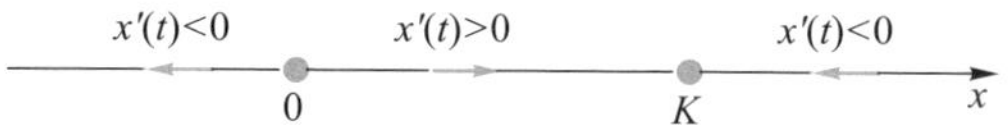

图 6-12

例 3(具有常数收获能力的种群模型)　渔业资源是一种再生资源,为了可持续发展,需要在保持渔场鱼量持续稳定的前提下追求捕鱼量.假设在 t 时刻渔场鱼量为 $x(t)$,在无捕捞的环境下其服从逻辑斯谛增长模型.现考虑常数捕捞能力(即单位时间内捕捞量与总量的比值为常数 E(称为捕捞强度))下的鱼量模型,这样 $x(t)$ 满足微分方程

$$\frac{\mathrm{d}x}{\mathrm{d}t} = rx\left(1 - \frac{x}{K}\right) - Ex \equiv f(x) - Ex. \tag{5}$$

其中 r 为内禀增长率,K 为种群容纳量.令 $g(x) \equiv f(x) - Ex$.由 $g(x) = f(x) - Ex = 0$ 易得方程(5)有两个平衡点 $x_1 = 0$ 和 $x_2 = K\left(1 - \dfrac{E}{r}\right)$.直接计算有 $g'(x) = f'(x) - E$ $= r - \dfrac{2r}{K}x - E$,易见 $g'(x_1) = r - E, g'(x_2) = E - r$.因此,当 $E < r$ 时,x_1 不稳定,x_2 渐近稳定;而当 $E > r$ 时,x_1 渐近稳定,x_2 不稳定.注意到当 $E > r$ 时,$x_2 < 0$,方程(5)仅有一个非负平衡点 $x_1 = 0$,它是渐近稳定的,这意味着不管开始的鱼量是多少,一段时间后鱼群将终因过度捕捞而灭绝.因此,这种情况下渔场不可能持续发展.

那么在渔场鱼量稳定的情况下,如何控制捕捞强度 E 而使持续产量最大呢?为此,我们首先在 xOy 平面画出函数 $y = f(x)$ 和函数 $y = Ex$ 的图像(如图 6-13).当捕捞强度从 0 增长到 r 时,平衡点 x_2 的值从 K 减少到 0.对给定的捕捞强度 E,其捕捞量为

$$Ex_2 = KE - \frac{KE^2}{r}.$$

这个捕捞量在 $E = \dfrac{r}{2}$ 时达到最大值 $\dfrac{rK}{4}$,此时 $x_2 = \dfrac{K}{2}$.当捕捞强度超过 $\dfrac{r}{2}$ 时捕捞量将减少.因此,当捕捞强度为 $E = \dfrac{r}{2}$ 时,我们将获得最大捕捞量 $\dfrac{rK}{4}$,此时最优捕捞率(最大捕捞量与捕捞强度之比)为 $\dfrac{K}{2}$.

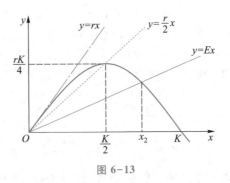

图 6-13

习题 6.4

1. 考虑微分方程 $\dfrac{\mathrm{d}y}{\mathrm{d}x}=xy$, 其积分曲线在点 $(2,1)$ 处切线的斜率是多少?

2. 作出下列微分方程的斜率场:

(1) $y'=y^2$;　　　　　　　　(2) $y'+y=1$.

3. 指出下列微分方程中哪些是自治的, 如果是自治的, 求出平衡点并判断其稳定性.

(1) $\dfrac{\mathrm{d}x}{\mathrm{d}t}=x(1-x^2)$;　　　　(2) $\dfrac{\mathrm{d}x}{\mathrm{d}t}=(x+1)\mathrm{e}^t$;　　　　(3) $\dfrac{\mathrm{d}x}{\mathrm{d}t}=x^2-x$.

4. 某一物种的增长规律满足冈珀茨 (Gompertz) 模型

$$\frac{\mathrm{d}x}{\mathrm{d}t}=rx\ln\frac{K}{x},$$

其中 r 为内禀增长率, K 为种群容纳量. 在相直线上分析该方程的平衡点及其稳定性.

5. 设具有常数捕捞强度的渔场模型为

$$\frac{\mathrm{d}x}{\mathrm{d}t}=rx\mathrm{e}^{\left(1-\frac{x}{K}\right)}-Ex,$$

其中 r 为内禀增长率, K 为鱼群容纳量, E 为捕捞强度. 求方程的平衡点并分析其稳定性, 计算最优捕捞率.

6. 二级化学反应是指两种物质的分子相互作用产生一种新物质分子的过程. 设两种物质为 P 和 Q, 新物质为 X, 其化学反应过程可表示为 $P+Q\to X$. 设 P 和 Q 的初始浓度分别为 p 和 q ($p\neq q$), $x(t)$ 为 X 在 t 时刻的浓度. 那么, $p-x(t)$ 和 $q-x(t)$ 分别是 P 和 Q 在 t 时刻的浓度, 反应速率(浓度 $x(t)$ 随时间的变化率)

满足如下微分方程

$$\frac{\mathrm{d}x}{\mathrm{d}t} = \alpha(p-x)(q-x),$$

其中 α 是正常数.

(1) 若 $x(0)=0$,不解微分方程求极限 $\lim\limits_{t \to +\infty} x(t)$;

(2) 在相直线上分析该方程的平衡点及其稳定性.

〰〰〰〰〰〰〰〰〰〰〰〰〰〰〰〰〰〰

7. 有一圆锥形池塘,其圆底面半径为 a,高为 h. 假设水以常速 k 流进池塘,同时池塘的水因蒸发而损失,蒸发的速率正比于池塘的表面积.

(1) 证明池塘中水的体积 $V(t)$ 满足微分方程

$$\frac{\mathrm{d}V}{\mathrm{d}t} = k - \alpha\pi\sqrt[3]{\left(\frac{3aV}{\pi h}\right)^2},$$

其中 α 是蒸发系数;

(2) 求池塘深度的平衡点,此平衡点是否渐近稳定?

(3) 给出池塘水不至于溢出的条件.

— 6.5 二阶线性微分方程 —

二阶微分方程一般可表示为

$$\frac{\mathrm{d}^2 x}{\mathrm{d}t^2} = F\left(t, x, \frac{\mathrm{d}x}{\mathrm{d}t}\right), \tag{1}$$

这里 F 是一个给定的三元函数. 如果 F 关于 x' 和 x 是线性的,即 F 具有如下形式

$$F\left(t, x, \frac{\mathrm{d}x}{\mathrm{d}t}\right) = -p(t)\frac{\mathrm{d}x}{\mathrm{d}t} - q(t)x + f(t),$$

其中 $p(t)$,$q(t)$ 和 $f(t)$ 是自变量 t 的一元函数,则称微分方程(1)为二阶线性微分方程. 也就是说,二阶线性微分方程有如下一般形式:

$$\frac{\mathrm{d}^2 x}{\mathrm{d}t^2} + p(t)\frac{\mathrm{d}x}{\mathrm{d}t} + q(t)x = f(t). \tag{2}$$

如果 $f(t) \equiv 0$,即方程(2)变为

$$\frac{\mathrm{d}^2 x}{\mathrm{d}t^2} + p(t)\frac{\mathrm{d}x}{\mathrm{d}t} + q(t)x = 0, \tag{3}$$

则称微分方程(3)为二阶齐次线性微分方程. 若在给定区间上 $f(t)$ 不恒为零,则称方程(2)为二阶非齐次线性微分方程.

■　二阶线性微分方程解的结构及常数变易公式

设 $x_1(t)$ 和 $x_2(t)$ 是方程(3)的两个解,由求导运算的线性性质,易验证对任意常数 C_1 和 C_2,

$$x = C_1 x_1(t) + C_2 x_2(t),\tag{4}$$

仍是(3)的解,这称为二阶齐次线性微分方程解的叠加原理.

我们知道,方程(3)的通解包含两个任意常数,那么包含两个常数的解(4)是否一定是方程(3)的通解呢? 我们先看一个简单的例子. 容易验证 $x_1 = \cos t$ 和 $x_2 = -\cos t$ 都是二阶齐次线性微分方程 $x'' + x = 0$ 的解,但是 $x = C_1 \cos t - C_2 \cos t$ (C_1 和 C_2 为任意常数)不是它的通解. 这是因为我们容易发现 $x = \sin t$ 也是方程 $x'' + x = 0$ 的解,但是它不包含在以上通解的表达式中,也就是说,我们找不到合适的常数 C_1 和 C_2,使得 $\sin t = C_1 \cos t - C_2 \cos t$. 事实上,这两个解 x_1 和 x_2 是"不独立"的,它们之间是线性依赖的($x_1 = -x_2$),即其中一个解可以用另一个解线性表示. 因此,为了给出(3)的通解表示,我们需要找到方程(3)的两个相互"独立"的解.

定义　解的线性关系

如果 $x_1(t)$ 和 $x_2(t)$ 是方程(3)的两个解,并且它们的比值不恒为常数,我们就称这两个解是线性无关的,否则就称为是线性相关的.

例如,e^t 和 e^{-t} 是方程 $x'' - x = 0$ 的两个线性无关的解,它的通解为 $x = C_1 e^t + C_2 e^{-t}$,其中 C_1 和 C_2 为任意常数. 我们把二阶齐次线性方程解的结构总结成如下定理.

定理 1　设 $x_1(t)$ 和 $x_2(t)$ 是方程(3)的两个线性无关的解,则(3)的通解为
$$x = C_1 x_1(t) + C_2 x_2(t),$$
其中 C_1 和 C_2 为任意常数.

下面考虑非齐次方程(2). 从 6.3 节中一阶非齐次线性微分方程的常数变易公式知道,一阶非齐次线性微分方程的通解等于相应的齐次线性微分方程的通解与非齐次线性微分方程的一个特解之和. 事实上,这个结论对于二阶线性微分方程仍然成立.

定理 2　设 $x_1(t)$ 和 $x_2(t)$ 是齐次微分方程(3)的两个线性无关的解,$x^*(t)$ 为非齐次微分方程(2)的一个特解,则方程(2)的通解为
$$x = C_1 x_1(t) + C_2 x_2(t) + x^*(t),$$

其中 C_1 和 C_2 为任意常数.

例如,我们容易观察到 $x=-1$ 为微分方程 $x''-x=1$ 的一个特解,因此,它的通解为 $x=C_1\mathrm{e}^t+C_2\mathrm{e}^{-t}-1$,其中 C_1 和 C_2 为任意常数.

对于非齐次微分方程

$$\frac{\mathrm{d}^2x}{\mathrm{d}t^2}+p(t)\frac{\mathrm{d}x}{\mathrm{d}t}+q(t)x=f_1(t),\tag{5}$$

和

$$\frac{\mathrm{d}^2x}{\mathrm{d}t^2}+p(t)\frac{\mathrm{d}x}{\mathrm{d}t}+q(t)x=f_2(t),\tag{6}$$

我们也有如下的叠加原理.

定理 3　非齐次微分方程的叠加原理

设 $\bar{x}(t)$ 是方程(5)的解,$\tilde{x}(t)$ 是方程(6)的解,则 $\bar{x}(t)+\tilde{x}(t)$ 是非齐次微分方程

$$\frac{\mathrm{d}^2x}{\mathrm{d}t^2}+p(t)\frac{\mathrm{d}x}{\mathrm{d}t}+q(t)x=f_1(t)+f_2(t)$$

的解.

在第 6.3 节中我们知道,如果已知一阶齐次线性微分方程的通解,我们可以通过常数变易法求出相应非齐次方程的特解. 那么,对于二阶线性微分方程,如果已知对应齐次方程的通解,我们能否通过变易常数而得到相应非齐次方程的一个特解呢?

设 $x_1(t)$ 和 $x_2(t)$ 是方程(3)的两个线性无关的解,则(3)的通解为 $x=C_1x_1(t)+C_2x_2(t)$. 我们将常数 C_1 和 C_2 变易为函数,即我们寻求(2)的形如

$$x^*=u(t)x_1(t)+v(t)x_2(t)\tag{7}$$

的解,这里 $u(t)$ 和 $v(t)$ 为待求函数. 对(7)式求导,利用乘积求导法则得

$$x^{*\prime}=u'(t)x_1(t)+v'(t)x_2(t)+u(t)x_1'(t)+v(t)x_2'(t).\tag{8}$$

需要说明的是,我们有两个待求函数,而只有一个条件(即 x^* 满足方程(2)),因此满足此条件的 $u(t)$ 和 $v(t)$ 应该是不唯一的. 所以,为了便于求二阶导数,我们不妨强加一个条件

$$u'(t)x_1(t)+v'(t)x_2(t)=0.\tag{9}$$

这样在条件(9)下,对(8)式两边求导得

$$x^{*\prime\prime}=u'(t)x_1'(t)+v'(t)x_2'(t)+u(t)x_1''(t)+v(t)x_2''(t).\tag{10}$$

现将(7)—(10)式代入方程(2)并整理得

$$u'(t)x_1'(t)+v'(t)x_2'(t)+u(t)\left[x_1''(t)+p(t)x_1'(t)+q(t)x_1(t)\right]+$$

$$v(t)\left[x''_2(t)+p(t)x'_2(t)+q(t)x_2(t)\right]=f(t).$$

注意到 $x_1(t)$ 和 $x_2(t)$ 是对应齐次方程(3)的解,因此上式简化为

$$u'(t)x'_1(t)+v'(t)x'_2(t)=f(t). \tag{11}$$

由此,我们得到关于 $u'(t)$ 和 $v'(t)$ 的一个线性方程组(9)和(11)

$$\begin{cases} u'(t)x_1(t)+v'(t)x_2(t)=0, \\ u'(t)x'_1(t)+v'(t)x'_2(t)=f(t). \end{cases}$$

从这个方程组可以解出

$$u'(t)=\frac{-x_2(t)f(t)}{x_1(t)x'_2(t)-x'_1(t)x_2(t)}, \quad v'(t)=\frac{x_1(t)f(t)}{x_1(t)x'_2(t)-x'_1(t)x_2(t)}.$$

直接积分得到

$$u(t)=\int\frac{-x_2(t)f(t)\,\mathrm{d}t}{x_1(t)x'_2(t)-x'_1(t)x_2(t)}, \quad v(t)=\int\frac{x_1(t)f(t)\,\mathrm{d}t}{x_1(t)x'_2(t)-x'_1(t)x_2(t)},$$

我们只需求出一个特解,因此可选取

$$u(t)=\int_{t_0}^{t}\frac{-x_2(s)f(s)\,\mathrm{d}s}{x_1(s)x'_2(s)-x'_1(s)x_2(s)}, \quad v(t)=\int_{t_0}^{t}\frac{x_1(s)f(s)\,\mathrm{d}s}{x_1(s)x'_2(s)-x'_1(s)x_2(s)},$$

这里 t_0 是任意确定的实数.

这样我们得到了(2)的一个特解

$$x^*(t)=x_1(t)\int_{t_0}^{t}\frac{-x_2(s)f(s)\,\mathrm{d}s}{x_1(s)x'_2(s)-x'_1(s)x_2(s)}+x_2(t)\int_{t_0}^{t}\frac{x_1(s)f(s)\,\mathrm{d}s}{x_1(s)x'_2(s)-x'_1(s)x_2(s)}.$$

$$\tag{12}$$

从而,方程(2)的通解为

$$x=C_1x_1(t)+C_2x_2(t)+\int_{t_0}^{t}\frac{x_1(s)x_2(t)-x_1(t)x_2(s)}{x_1(s)x'_2(s)-x'_1(s)x_2(s)}f(s)\,\mathrm{d}s,$$

其中 C_1 和 C_2 为任意常数.它称为二阶非齐次线性微分方程(2)的常数变易公式.

由常数变易公式可知,只要知道对应齐次微分方程的两个线性无关的解,非齐次微分方程的通解便可得到.

例1　求微分方程 $x''-x=\mathrm{e}^t$ 的通解.

解　前面已知对应齐次微分方程 $x''-x=0$ 有两个线性无关的解 $x_1=\mathrm{e}^t$ 和 $x_2=\mathrm{e}^{-t}$,此例中 $f(t)=\mathrm{e}^t$,t_0 取为 0. 代入常数变易公式可得通解为

$$x=C_1\mathrm{e}^t+C_2\mathrm{e}^{-t}+\int_0^t\frac{\mathrm{e}^s\mathrm{e}^{-t}-\mathrm{e}^t\mathrm{e}^{-s}}{-\mathrm{e}^s\mathrm{e}^{-s}-\mathrm{e}^s\mathrm{e}^{-s}}\mathrm{e}^s\mathrm{d}s$$

$$=C_1\mathrm{e}^t+C_2\mathrm{e}^{-t}-\frac{1}{4}\mathrm{e}^t+\frac{1}{4}\mathrm{e}^{-t}+\frac{1}{2}t\mathrm{e}^t,$$

其中 C_1 和 C_2 为任意常数.

对于一般的二阶齐次线性微分方程,求出它的两个线性无关的解并非易事,但如果这个二阶齐次线性微分方程是常系数的,即 $p(t)$ 和 $q(t)$ 是常函数时,我们总能用代数的方法求出两个线性无关的解.

■ 二阶常系数齐次线性微分方程

二阶常系数齐次线性微分方程可写为如下形式

$$\frac{\mathrm{d}^2 x}{\mathrm{d}t^2} + p\frac{\mathrm{d}x}{\mathrm{d}t} + qx = 0, \tag{13}$$

其中 p 和 q 是常数.

我们已经知道,一阶齐次线性微分方程 $x' + ax = 0$ 的通解为 $x = Ce^{-at}$. 我们自然也想知道,二阶常系数齐次方程(13)是否也有指数形式的解呢? 为此,我们寻求方程(13)的形如

$$x = e^{rt} \tag{14}$$

的解,其中 r 为待定常数.

将(14)式代入方程(13)得

$$r^2 e^{rt} + pre^{rt} + qe^{rt} = e^{rt}(r^2 + pr + q) = 0.$$

因为对任何实数 t,e^{rt} 都不为零,所以从上式可见,若要方程(13)具有形如(14)式的解,则 r 必须满足一元二次方程

$$r^2 + pr + q = 0. \tag{15}$$

代数方程(15)称为微分方程(13)的特征方程,它的根称为特征根. 下面我们分三种情形讨论.

(1)特征方程(15)有两个不同的实根 r_1 和 r_2,即 $p^2 - 4q > 0$. 此时我们得到方程(13)的两个线性无关的解

$$x_1 = e^{r_1 t}, \quad x_2 = e^{r_2 t},$$

因而方程(13)的通解为

$$x = C_1 e^{r_1 t} + C_2 e^{r_2 t}.$$

(2)特征方程(15)有两个相同的实根 $r_1 = r_2 = -\dfrac{p}{2}$,即 $p^2 - 4q = 0$. 此时我们只能得到方程(13)的一个指数形式的解

$$x_1 = e^{-\frac{p}{2}t}.$$

为了寻求另一个与 x_1 线性无关的解,我们令 $x_2 = u(t)x_1 = u(t)e^{-\frac{p}{2}t}$,这里 $u(t)$ 是待定的函数. 将 x_2 的表达式代入(13)式得

$$(u''x_1 + 2u'x'_1 + ux''_1) + p(u'x_1 + ux'_1) + qux_1 = 0.$$

按 u 的各阶导数重新合并,得

$$u''x_1 + u'(px_1 + 2x'_1) + u(x''_1 + px'_1 + qx_1) = 0.$$

由 x_1 的表达式,上式可化简为

$$u'' = 0.$$

我们不妨取其一个特解 $u = t$,此时 $x_2 = tx_1 = te^{-\frac{p}{2}t}$,它是与 x_1 线性无关的另一个解. 这样我们得到了方程(13)的通解为

$$x = C_1 e^{-\frac{p}{2}t} + C_2 te^{-\frac{p}{2}t} = (C_1 + C_2 t) e^{-\frac{p}{2}t}.$$

(3) 特征方程(15)有一对共轭复根 $\alpha \pm \beta i$,即 $p^2 - 4q < 0$. 此时我们得到方程(13)的两个线性无关的复值函数解

$$x_1 = e^{(\alpha + \beta i)t}, \quad x_2 = e^{(\alpha - \beta i)t}.$$

为寻求实形式的解,对以上复值函数解应用欧拉公式

$$e^{i\theta} = \cos\theta + i\sin\theta,$$

可得

$$e^{(\alpha \pm \beta i)t} = e^{\alpha t} e^{\pm \beta i t} = e^{\alpha t}(\cos\beta t \pm i\sin\beta t),$$

容易验证它的实部 $e^{\alpha t}\cos\beta t$ 和虚部 $e^{\alpha t}\sin\beta t$ 都是方程(13)的解,并且它们是线性无关的. 因此,方程(13)的通解为

$$x = (C_1 \cos\beta t + C_2 \sin\beta t) e^{\alpha t}.$$

以上三种情形下通解中的 C_1, C_2 均为任意常数.

例 2 求微分方程 $x'' + 3x' - 4x = 0$ 的通解.

解 特征方程为 $r^2 + 3r - 4 = 0$,它有两个不同实根 $r_1 = 1$ 和 $r_2 = -4$. 故其通解为

$$x = C_1 e^t + C_2 e^{-4t},$$

其中 C_1 和 C_2 为任意常数.

例 3 求微分方程 $x'' - 4x' + 4x = 0$ 的通解.

解 特征方程为 $r^2 - 4r + 4 = 0$,它有两个相等实根 $r_1 = r_2 = 2$. 故其通解为

$$x = (C_1 + C_2 t) e^{2t},$$

其中 C_1 和 C_2 为任意常数.

例 4 求微分方程 $x'' - 2x' + 2x = 0$ 的通解.

解 特征方程为 $r^2 - 2r + 2 = 0$,它有一对共轭复根 $r = 1 \pm i$. 故其通解为

$$x = (C_1 \cos t + C_2 \sin t) e^t,$$

其中 C_1 和 C_2 为任意常数.

例 5(有阻力的落体运动) 考虑质量为 m 的物体在 $t = 0$ 时从高为 h 处由

静止垂直下落,在下落过程中所受空气阻力的大小与其速率成正比,研究此物体的运动规律.

　　解　本题是在 6.1 节例 1 的基础上考虑空气的阻力,设阻力系数为 $\mu(>0)$,注意到所受阻力大小为 $-\mu v = -\mu\dfrac{\mathrm{d}x}{\mathrm{d}t}$,其方向向上.因此 t 时刻物体的高度 $x(t)$ 满足微分方程

$$-\mu x'(t) - mg = mx''(t).$$

方程两边同除以 m 后得

$$x'' + ax' = -g, \tag{16}$$

这里 $a = \dfrac{\mu}{m} > 0$.方程(16)是一个二阶常系数非齐次线性微分方程.对应齐次方程的特征方程 $r^2 + ar = 0$ 有两个不同实根 0 和 $-a$,故齐次方程的通解为

$$x = C_1 + C_2 \mathrm{e}^{-at}.$$

再由常数变易公式可求出方程(16)的通解.然而,对于本例,为了避免计算积分,我们也容易观察出 $x = -\dfrac{gt}{a}$ 为方程(16)的一个特解,这样方程(16)的通解为

$$x = C_1 + C_2 \mathrm{e}^{-at} - \frac{gt}{a}. \tag{17}$$

注意到物体是从静止状态下落,初始条件为

$$x(0) = h, \quad x'(0) = 0.$$

将以上初始条件代入通解表达式,可解出 $C_1 = h + \dfrac{g}{a^2}, C_2 = -\dfrac{g}{a^2}$.因此物体下落的高度 $x(t)$ 由以下函数刻画:

$$x = h + \frac{g}{a^2}(1 - \mathrm{e}^{-at}) - \frac{gt}{a},$$

它的速度函数为

$$v = x' = -\frac{g}{a}(1 - \mathrm{e}^{-at}).$$

可见,当 $t \to +\infty$ 时,它的速度 v 趋于常数 $-\dfrac{g}{a}$.

　　注　本例中的物体运动规律也可用速度方程 $v' + av = -g$ 来描述,它是一阶非齐次线性微分方程.事实上,观察到方程(16)中不显含因变量 x ,因此如令 $x' = v$,即可将原二阶微分方程变为一阶微分方程 $v' + av = -g$.这种降阶法对于一般的不显含因变量的二阶微分方程也是有用的.

■　二阶常系数非齐次线性微分方程的待定系数法

从常数变易公式,我们知道,只要求出齐次线性微分方程的两个线性无关的解就可以得到非齐次微分方程的通解,但有时常数变易公式中的积分较难计算.对于具有某些特殊的非齐次项 $f(t)$ 的二阶常系数非齐次线性微分方程

$$\frac{d^2 x}{dt^2} + p\frac{dx}{dt} + qx = f(t),$$

我们有另一种求特解的方法——待定系数法. 我们先看一些有启发性的例子.

例 6　求微分方程 $x'' - 3x' - 4x = 4t^2 + 2t - 9$ 的通解.

解　对应齐次微分方程的特征方程为 $r^2 - 3r - 4 = 0$,它有两个不同实根 -1 和 4,其通解为 $x = C_1 e^{-t} + C_2 e^{4t}$.

为了求原非齐次微分方程的特解,注意到方程右边的非齐次项是个一元二次多项式,因为多项式的导数还是多项式,我们自然猜测特解有类似形式,设有如下形式的特解:

$$x^* = at^2 + bt + c. \tag{18}$$

为确定待定的系数 a, b 和 c,将(18)式代入原方程得

$$2a - 3(2at + b) - 4(at^2 + bt + c) = 4t^2 + 2t - 9.$$

比较等号两边 t 的同次幂系数有

$$\begin{cases} -4a = 4, \\ -6a - 4b = 2, \\ 2a - 3b - 4c = -9. \end{cases}$$

从以上线性方程组求得 $a = -1, b = c = 1$. 故原方程有特解 $x^* = -t^2 + t + 1$. 所以原方程的通解为

$$x = C_1 e^{-t} + C_2 e^{4t} - t^2 + t + 1.$$

从这个例子可以看出,如果非齐次项是一个一般的 m 次多项式,它一般拥有同样次数的多项式特解. 当然有些情况是例外的,例如可以验证二次多项式不可能为微分方程 $x'' - x' = t^2$ 的特解,这时我们需要寻求三次多项式形式的特解.

例 7　求微分方程 $x'' - x = e^{2t}$ 的通解.

解　由本节例 1 已知对应齐次微分方程的通解为 $x = C_1 e^t + C_2 e^{-t}$. 关键是求出非齐次微分方程的一个特解. 由于指数函数 e^{2t} 的导数为 $2e^{2t}$,仍然是同类型的指数函数,我们自然猜测原方程有 Ae^{2t} 形式的解. 将 $x^* = Ae^{2t}$ 代入原方程得

$$4Ae^{2t} - Ae^{2t} = e^{2t},$$

易见 $A = \dfrac{1}{3}$. 所以原方程的通解为

$$x = C_1 \mathrm{e}^t + C_2 \mathrm{e}^{-t} + \frac{1}{3} \mathrm{e}^{2t}.$$

例 8 求微分方程 $x'' - x = 2\mathrm{e}^t$ 的通解.

解 如同例 7,只需求出非齐次微分方程的一个特解. 然而,此时非齐次项 e^t 为对应齐次方程的解,因此原方程不可能有形如 $A\mathrm{e}^t$ 的解(请验证!). 我们自然需要做稍微复杂的猜想:原方程是否有 $At\mathrm{e}^t$ 形式的解? 将 $x^* = At\mathrm{e}^t$ 代入原方程得

$$2A\mathrm{e}^t + At\mathrm{e}^t - At\mathrm{e}^t = 2\mathrm{e}^t.$$

由此解得 $A = 1$. 所以原方程的通解为

$$x = C_1 \mathrm{e}^t + C_2 \mathrm{e}^{-t} + t\mathrm{e}^t.$$

例 9 求微分方程 $x'' - 3x' - 4x = 2\sin t$ 的通解.

解 如同例 6,只需求出非齐次微分方程的一个特解. 考虑到非齐次项,我们先看看原方程是否有形如 $x^* = A\sin t$ 的特解. 将 $x^* = A\sin t$ 代入原方程得

$$-5A\sin t - 3A\cos t = 2\sin t,$$

合并得

$$(2 + 5A)\sin t + 3A\cos t = 0.$$

注意到 $\sin t$ 和 $\cos t$ 是线性无关的,因此不存在常数 A 使得上式成立. 上式中 $\cos t$ 的出现提醒我们需要修正初始的猜想. 现寻求形如 $x^* = A\sin t + B\cos t$ 的特解,经求导运算有 $x^{*\prime} = A\cos t - B\sin t, x^{*\prime\prime} = -A\sin t - B\cos t$. 将它们代入原方程可得

$$(-A + 3B - 4A)\sin t + (-B - 3A - 4B)\cos t = 2\sin t. \tag{19}$$

比较(19)式中 $\sin t$ 和 $\cos t$ 的系数有

$$-5A + 3B = 2, \quad -3A - 5B = 0.$$

因此 $A = -\dfrac{5}{17}, B = \dfrac{3}{17}$. 所以原方程的通解为

$$x = C_1 \mathrm{e}^{-t} + C_2 \mathrm{e}^{4t} - \frac{5}{17}\sin t + \frac{3}{17}\cos t.$$

当二阶非齐次常系数线性微分方程的非齐次项是多项式、指数函数、正弦函数和余弦函数的组合时,我们可以利用非齐次微分方程的叠加原理(定理 3)求出其特解.

例 10 写出下列微分方程适当的特解形式,而不必求其系数.

(1) $x'' + x = 2\mathrm{e}^{2t} - 6t^3$;   (2) $x'' - 3x' - 4x = 2\mathrm{e}^{-2t} + 4\cos 3t$.

解 (1) 如例 7,对非齐次项 $2\mathrm{e}^{2t}$,可知有特解形式 $A\mathrm{e}^{2t}$;如例 6,对非齐次项 $-6t^3$,可知有特解形式 $B_0 t^3 + B_1 t^2 + B_2 t + B_3$. 因此原方程有如下形式特解:

$$x^* = Ae^{2t} + B_0 t^3 + B_1 t^2 + B_2 t + B_3.$$

（2）如例 7，对非齐次项 $2e^{-2t}$，可知有特解形式 Ae^{-2t}；如例 9，对非齐次项 $4\cos 3t$，可知有特解形式 $B_1 \sin 3t + B_2 \cos 3t$. 因此原方程有如下形式特解：

$$x^* = Ae^{-2t} + B_1 \sin 3t + B_2 \cos 3t.$$

从例 6—例 10 我们可以看出，当二阶常系数非齐次线性微分方程的非齐次项是多项式、多项式与指数函数的乘积、多项式与正弦函数或余弦函数的乘积、多项式与指数函数、正弦函数或余弦函数的乘积时，我们都可以选取适当的特解形式，通过待定系数的方法求出特解，当然上面的几个例子并没有包含所有情形，下面我们将 $x'' + px' + qx = f(t)$ 中更一般的非齐次项与相应的特解形式总结成下表，以方便使用待定系数法求特解，关于它们的严格证明读者可参考其他教材.

非齐次项 $f(t)$	特解形式 $x^*(t)$	k 的取值
$P_n(t) = a_0 t^n + a_1 t^{n-1} + \cdots + a_n$	$t^k (A_0 t^n + A_1 t^{n-1} + \cdots + A_n)$	若 0 不是对应齐次方程的特征根，k 取 0；若 0 是对应齐次方程的 1（或 2）重特征根，$k = 1$（或 2）
$P_n(t) e^{\lambda t}$	$t^k (A_0 t^n + A_1 t^{n-1} + \cdots + A_n) e^{\lambda t}$	若 λ 不是对应齐次方程的特征根，k 取 0；若 λ 是对应齐次方程的 1（或 2）重特征根，$k = 1$（或 2）
$P_n(t) e^{\lambda t} \sin \omega t$ $P_n(t) e^{\lambda t} \cos \omega t$	$t^k e^{\lambda t} [(A_0 t^n + A_1 t^{n-1} + \cdots + A_n) \sin \omega t + (B_0 t^n + B_1 t^{n-1} + \cdots + B_n) \cos \omega t]$	若 $\lambda \pm \omega i$ 不是对应齐次方程的特征根，$k = 0$；若 $\lambda \pm \omega i$ 是对应齐次方程的特征根，$k = 1$

　　例 11（力学自由振动模型）　如图 6-14 所示，一质量为 m 的物体系于一弹簧末端. 当物体偏离平衡位置后，因弹簧的回复力作用，物体将沿铅直方向运动，现研究其运动规律. 如图建立坐标轴，平衡位置对应 $x = 0$. 假设物体在 x_0 处从静止释放，即初始条件为 $x(0) = x_0, x'(0) = 0$. 我们分两种情形讨论.

　　（1）无阻尼

　　我们首先讨论物体仅受重力和弹簧的回复力

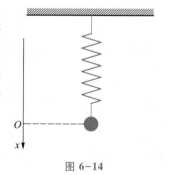

图 6-14

作用. 设弹簧的弹性系数为 k, 在平衡位置时弹簧的拉伸或压缩长度为 l, 由胡克定律, 物体在位置 x 处所受的回复力为 $-k(x+l)$. 注意在平衡位置有 $mg=kl$. 因此由牛顿第二运动定律知

$$mx'' = mg - k(x+l) = -kx,$$

即有

$$x'' + \frac{k}{m}x = 0. \tag{20}$$

初始条件为

$$x(0) = x_0, \quad x'(0) = 0. \tag{21}$$

方程 (20) 是二阶常系数齐次线性微分方程, 其特征方程为

$$r^2 + \frac{k}{m} = 0.$$

因此, 方程 (20) 的通解为

$$x = C_1 \cos\left(\sqrt{\frac{k}{m}}\, t\right) + C_2 \sin\left(\sqrt{\frac{k}{m}}\, t\right),$$

其中 C_1, C_2 为任意常数. 满足初始条件 $x(0)=x_0, x'(0)=0$ 的特解为

$$x = x_0 \cos\left(\sqrt{\frac{k}{m}}\, t\right).$$

可见在无阻力的情形之下, 物体进行周期运动, 运动的周期为

$$T = \frac{2\pi}{\sqrt{\dfrac{k}{m}}} = 2\pi\sqrt{\frac{m}{k}},$$

运动的频率, 即单位时间内的振动次数为

$$\frac{1}{T} = \frac{1}{2\pi}\sqrt{\frac{k}{m}}.$$

对于固定的质量, 若增大弹性系数, 即增强弹簧的刚性, 则周期减小, 频率增大; 而对于固定的弹性系数, 若增大质量, 则周期增大, 频率减小.

(2) 有阻尼

现假设物体除受到弹力和重力外, 还受到阻力, 阻力的大小与其速度成正比. 此时, 运动方程中增加 $-\mu x'$, 这里 μ 为阻尼系数. 这样, 运动方程变为

$$mx'' = -kx - \mu x',$$

即有

$$x'' + \frac{\mu}{m}x' + \frac{k}{m}x = 0. \tag{22}$$

为简化记号, 令 $a = \sqrt{\dfrac{k}{m}}, b = \dfrac{\mu}{2m}$, 则方程(22)变为

$$x'' + 2bx' + a^2 x = 0, \tag{23}$$

其特征方程为

$$r^2 + 2br + a^2 = 0.$$

它的特征根可表示为

$$r_1 = -b - \sqrt{b^2 - a^2}, \quad r_2 = -b + \sqrt{b^2 - a^2}.$$

为了写出方程(22)的通解, 我们需要分三种情况讨论.

（ⅰ）大阻尼情形, 即 $b > a$. 此时特征方程有两个不同实根 r_1 和 r_2, 因此通解为

$$x = C_1 e^{r_1 t} + C_2 e^{r_2 t} \quad (C_1, C_2 \text{ 为任意常数}).$$

代入初始条件(21)得 $C_1 = \dfrac{x_0 r_2}{r_2 - r_1}, C_2 = -\dfrac{x_0 r_1}{r_2 - r_1}$. 因此方程(23)满足初始条件(21)的特解为

$$x = \frac{x_0}{r_2 - r_1}(r_2 e^{r_1 t} - r_1 e^{r_2 t}).$$

注意到 $r_1 < r_2 < 0$, 因而对 $t \geq 0$,

$$r_2 e^{r_1 t} - r_1 e^{r_2 t} > r_2 e^{r_2 t} - r_1 e^{r_2 t} = e^{r_2 t}(r_2 - r_1) > 0.$$

因此, 若 $x_0 < 0$, 则对 $t \geq 0$ 有 $x(t) < 0$; 若 $x_0 > 0$, 则对 $t \geq 0$ 有 $x(t) > 0$. 由解的表达式知 $\lim\limits_{t \to +\infty} x(t) = 0$. 可见, 在大阻尼情形下, 当把物体拉离平衡位置之后, 它不会振动, 仅会回到平衡位置.

（ⅱ）临界阻尼情形, 即 $b = a$. 此时特征方程有两个相同实根 $r_1 = r_2 = -b$, 因此通解为

$$x = (C_1 + C_2 t) e^{-bt} \quad (C_1, C_2 \text{ 为任意常数}).$$

代入初始条件(21)可得特解为

$$x = x_0(1 + bt) e^{-bt} = x_0 \left(1 + \frac{\mu}{2m} t\right) e^{-\frac{\mu}{2m} t}.$$

注意到对 $t \geq 0, 1 + \dfrac{\mu}{2m} t > 0$, 且 $\lim\limits_{t \to +\infty} x(t) = 0$, 因而物体会随着时间增大回到平衡位置, 而不会振动.

（ⅲ）小阻尼情形, 即 $b < a$. 此时特征方程有一对共轭复根 $r_{1,2} = -b \pm \omega \mathrm{i}$, 其中 $\omega = \sqrt{a^2 - b^2}$. 因此通解为

$$x = (C_1 \cos \omega t + C_2 \sin \omega t) e^{-bt} \quad (C_1, C_2 \text{ 为任意常数}).$$

代入初始条件(21)可得特解为

$$x = \frac{x_0}{\omega}(\omega \cos \omega t + b \sin \omega t)\, \mathrm{e}^{-bt}.$$

令 $\theta = \tan^{-1}\left(\dfrac{b}{\omega}\right)$，则 $\cos \theta = \dfrac{\omega}{\sqrt{\omega^2 + b^2}}$，$\sin \theta = \dfrac{b}{\sqrt{\omega^2 + b^2}}$. 利用三角函数公式,有

$$
\begin{aligned}
x &= \frac{x_0}{\omega}(\omega \cos \omega t + b \sin \omega t)\, \mathrm{e}^{-bt} \\
&= \frac{x_0 \sqrt{\omega^2 + b^2}}{\omega}\left(\frac{\omega}{\sqrt{\omega^2 + b^2}}\cos \omega t + \frac{b}{\sqrt{\omega^2 + b^2}}\sin \omega t\right)\mathrm{e}^{-bt} \\
&= \frac{x_0}{\omega}\sqrt{\frac{k}{m}}\,(\cos \theta \cos \omega t + \sin \theta \sin \omega t)\, \mathrm{e}^{-bt} \\
&= \frac{x_0}{\omega}\sqrt{\frac{k}{m}}\cos(\omega t - \theta)\, \mathrm{e}^{-bt}.
\end{aligned}
$$

同样有 $\lim\limits_{t \to +\infty} x(t) = 0$,物体离开平衡位置后将作振动,但其振幅随时间流逝而呈指数式衰减. 图 6-15 描绘了当 $m = 5, k = 10, \mu = 5, x_0 = 2$ 时解的图像.

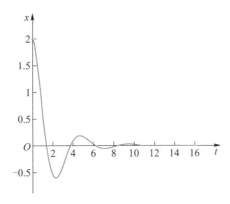

图 6-15

习题 6.5

1. 求下列常系数线性微分方程的通解:

(1) $x'' + x' + x = 0$;

(2) $x'' - 9x = 0$;

(3) $x'' - 2x' - 3x = \mathrm{e}^{2t}$;

（4）$x''+2x'+5x=3\sin 2t$；

（5）$x''-2x'-3x=-3te^{-t}$；

（6）$2x''+3x'+x=t^2+3\sin t$；

（7）$x''+9x=t^2e^{3t}+3$；

（8）$x''-2x'+2x=te^t\cos t$.

2. 求下列初值问题的解：

（1）$x''+2x'+x=e^{-t}$，$x(0)=x'(0)=0$；

（2）$x''+x=2\sin t$，$x(0)=x'(0)=1$.

3. 当冰雹由高空落下时，它除了受到地球重力的作用外，还受到空气的阻力. 阻力的大小与冰雹的形状和运动速度有关，一般可对阻力作两种假设：

（1）阻力大小与下落速度成正比；

（2）阻力大小与速度的平方成正比.

试根据两种不同假设，分别计算冰雹的下落速度.

4. 加农炮以仰角 θ 发射炮弹，初始速度为 900 m/s，不计空气阻力.

（1）求弹道曲线；

（2）问仰角为多少时，射程最远？

————————————————————————————————————

5. 在本节例 11 的力学自由振动模型中，如果考虑到有外力作用，设外力为 $F(t)$，则物体所满足的运动方程为

$$x''+\frac{\mu}{m}x'+\frac{k}{m}x=\frac{F(t)}{m}.$$

若 $F(t)=F_0\sin \omega_0 t$，试求出以上方程满足初始条件（21）的特解，并分析解的性态.

6.（RLC 电路）　研究 RLC 电路（包含电阻 R、电容 C、电感 L 和电源 $e(t)$）中电流的变化规律. 设有如图 6-16 所示的 RLC 电路，R,L 和 C 为常数，$e(t)=E_0\sin \omega t$. 证明：开关闭合后，电路中电流强度 I 满足如下二阶微分方程

$$\frac{d^2I}{dt^2}+\frac{R}{L}\frac{dI}{dt}+\frac{1}{LC}I=\frac{\omega E_0}{L}\cos \omega t,$$

试求出以上微分方程的通解.

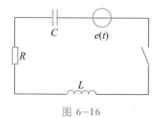

图 6-16

— 本章学习要点 —

本章从物理学和生物学中的几个简单的常微分方程模型出发,介绍了两类一阶微分方程的初等积分法、一阶自治微分方程的简单相直线分析法和二阶线性微分方程的基本理论. 主要内容概括如下:

1. 一阶可分离变量微分方程

$$\frac{\mathrm{d}y}{\mathrm{d}x} = g(x)h(y)$$

可通过先分离变量再两边积分的方法求出其隐式通解

$$H(y) = G(x) + C,$$

其中 $H(y)$ 是 $\dfrac{1}{h(y)}$ 的一个原函数, $G(x)$ 是 $g(x)$ 的一个原函数, C 是任意常数. 注意,若 $h(y_0) = 0$, $y = y_0$ 亦是原方程的解.

2. 一阶线性微分方程

$$\frac{\mathrm{d}y}{\mathrm{d}x} + P(x)y = Q(x)$$

的通解为

$$y = \left(\int Q(x)\,\mathrm{e}^{\int P(x)\,\mathrm{d}x}\,\mathrm{d}x + C \right) \mathrm{e}^{-\int P(x)\,\mathrm{d}x},$$

其中 C 是任意常数,式中不定积分代表被积函数的任意一个原函数.

3. 一阶自治微分方程

$$\frac{\mathrm{d}x}{\mathrm{d}t} = f(x)$$

的平衡解(即函数 $f(x)$ 的零点)的稳定性可由 $f'(x)$ 的符号确定. 设 x^* 为微分方程的平衡点,如果 $\dfrac{\mathrm{d}f(x^*)}{\mathrm{d}x} < 0$,我们称平衡点 x^* 是渐近稳定的;如果 $\dfrac{\mathrm{d}f(x^*)}{\mathrm{d}x} > 0$,我们称平衡点 x^* 是不稳定的. 由此,我们得到一阶自治微分方程的相图,可分析其任意解关于时间变化的定性性态.

4. 二阶线性微分方程有如下一般形式

$$\frac{\mathrm{d}^2 x}{\mathrm{d}t^2} + p(t)\frac{\mathrm{d}x}{\mathrm{d}t} + q(t)x = f(t).$$

（1）关于解的性质

二阶线性微分方程解的主要性质是：（Ⅰ）齐次线性微分方程解的叠加性；（Ⅱ）非齐次线性微分方程解的叠加性；（Ⅲ）非齐次线性微分方程的通解可表为它的一个特解与对应齐次线性微分方程的通解之和.

（2）关于求解方法

关于线性微分方程的解法，我们主要介绍了三种常用的方法：（Ⅰ）求解常系数齐次线性微分方程解的特征根法，其要点是把微分方程的求解问题转化为代数方程的求根问题；（Ⅱ）求一般非齐次线性微分方程特解的常数变易法；（Ⅲ）求某些具有特殊非齐次项的常系数非齐次线性微分方程特解的待定系数法，此方法主要针对非齐次项 $f(t)$ 为多项式、指数函数、正弦（或余弦）函数以及它们的某种乘积组合的情形.

第六章自测题

附录 常用三角函数公式 >>>

1. 毕达哥拉斯公式

$$\sin^2 x + \cos^2 x = 1;$$
$$1 + \tan^2 x = \sec^2 x;$$
$$1 + \cot^2 x = \csc^2 x.$$

2. 余角公式

$$\sin\left(\frac{\pi}{2} - x\right) = \cos x;$$

$$\cos\left(\frac{\pi}{2} - x\right) = \sin x;$$

$$\tan\left(\frac{\pi}{2} - x\right) = \cot x.$$

3. 和角公式

$$\sin(x+y) = \sin x\cos y + \cos x\sin y;$$
$$\cos(x+y) = \cos x\cos y - \sin x\sin y;$$
$$\tan(x+y) = \frac{\tan x + \tan y}{1 - \tan x\tan y}.$$

4. 倍角公式

$$\sin 2x = 2\sin x\cos x;$$
$$\cos 2x = \cos^2 x - \sin^2 x = 2\cos^2 x - 1 = 1 - 2\sin^2 x;$$
$$\tan 2x = \frac{2\tan x}{1 - \tan^2 x}.$$

5. 万能公式

作变换 $\tan \dfrac{x}{2} = u$，则

$$\sin x = \frac{2\tan \dfrac{x}{2}}{1 + \tan^2 \dfrac{x}{2}} = \frac{2u}{1 + u^2};$$

$$\cos x = \frac{1-\tan^2 \frac{x}{2}}{1+\tan^2 \frac{x}{2}} = \frac{1-u^2}{1+u^2};$$

$$\tan x = \frac{2\tan \frac{x}{2}}{1-\tan^2 \frac{x}{2}} = \frac{2u}{1-u^2}.$$

6. 和差化积公式

$$\sin x + \sin y = 2\sin \frac{x+y}{2}\cos \frac{x-y}{2};$$

$$\cos x + \cos y = 2\cos \frac{x+y}{2}\cos \frac{x-y}{2};$$

$$\sin x - \sin y = 2\sin \frac{x-y}{2}\cos \frac{x+y}{2};$$

$$\cos x - \cos y = -2\sin \frac{x+y}{2}\sin \frac{x-y}{2}.$$

7. 积化和差公式

$$\sin x\sin y = -\frac{1}{2}\left[\cos(x+y)-\cos(x-y)\right];$$

$$\cos x\cos y = \frac{1}{2}\left[\cos(x+y)+\cos(x-y)\right];$$

$$\sin x\cos y = \frac{1}{2}\left[\sin(x+y)+\sin(x-y)\right].$$

8. 与反正弦和反余弦有关的恒等式

$$\arcsin(-x) = -\arcsin x, \ \arccos(-x) = \pi-\arccos x;$$

$$\sin(\arcsin x) = x, x \in [-1,1], \arcsin(\sin x) = x, x \in \left[-\frac{\pi}{2},\frac{\pi}{2}\right];$$

$$\cos(\arccos x) = x, x \in [-1,1], \arccos(\cos x) = x, x \in [0,\pi];$$

$$\arcsin x + \arccos x = \frac{\pi}{2}.$$

参考文献 ▶▶▶

［1］同济大学数学系.高等数学.7 版.北京:高等教育出版社,2014.

［2］同济大学数学系.微积分.3 版. 北京:高等教育出版社,2010.

［3］GIORDANO F W. 托马斯微积分.10 版.中文版. 叶其孝,王耀东,唐兢,译. 北京:高等教育出版社,2003.

［4］GIORDANO F W. Thomas' CALCULUS. 11 版. 影印版. 北京:高等教育出版社,2016.

［5］斯图尔特.微积分.6 版.张乃岳,编译. 北京:中国人民大学出版社,2009.

［6］ARMSTRONG B,DAVIS D. Brief Calculus. 2 版. 影印版. 北京:高等教育出版社,2004.

［7］布里格斯,科克伦,吉勒特.微积分. 北京:中国人民大学出版社,2012.

［8］杨永发,徐勇. 向量分析与场论.2 版.天津:南开大学出版社,2006.

［9］华东师范大学数学系. 数学分析.4 版. 北京:高等教育出版社,2010.

［10］STEWART J. CALCULUS:Early Transcendentals. 8th ed. Boston:Cengage Learning,2016.

［11］上海交通大学数学科学学院微积分课程组. 大学数学——微积分. 2 版. 北京:高等教育出版社, 2016.

［12］VARBERG D,PURCELL E J,RIGDON S E. 微积分. 9 版. 刘深泉,张万芹,张同斌,等,译.北京:机械工业出版社, 2011.

［13］BOYCE W E, DIPRIMA R C D. Elementary Differential Equations and Boundary Value Problems .10th ed. New York:John Wiley & Sons, Inc., 2012.

［14］ SIMMONS G F, KRANTZ S G. Differential Equations: Theory, Technique, and Practice. 影印版. 北京:清华大学出版社,2009.

［15］丁同仁,李承治.常微分方程教程.2 版. 北京:高等教育出版社,2004.

郑重声明

高等教育出版社依法对本书享有专有出版权。任何未经许可的复制、销售行为均违反《中华人民共和国著作权法》,其行为人将承担相应的民事责任和行政责任;构成犯罪的,将被依法追究刑事责任。为了维护市场秩序,保护读者的合法权益,避免读者误用盗版书造成不良后果,我社将配合行政执法部门和司法机关对违法犯罪的单位和个人进行严厉打击。社会各界人士如发现上述侵权行为,希望及时举报,我社将奖励举报有功人员。

反盗版举报电话　　(010)58581999　58582371
反盗版举报邮箱　　dd@hep.com.cn
通信地址　北京市西城区德外大街4号　高等教育出版社法律事务部
邮政编码　100120

读者意见反馈

为收集对教材的意见建议,进一步完善教材编写并做好服务工作,读者可将对本教材的意见建议通过如下渠道反馈至我社。

咨询电话　400-810-0598
反馈邮箱　hepsci@pub.hep.cn
通信地址　北京市朝阳区惠新东街4号富盛大厦1座
　　　　　高等教育出版社理科事业部
邮政编码　100029

防伪查询说明

用户购书后刮开封底防伪涂层,使用手机微信等软件扫描二维码,会跳转至防伪查询网页,获得所购图书详细信息。

防伪客服电话　　(010)58582300